제2판

건강가정론

문혁준 · 손서희 · 김상림 · 양성은 · 임양미 · 전영주

창지사

머리말

가정은 인간의 도덕적 삶이 구현되는 모든 인간관계의 기본 단위로서 가정에서부터 생긴 문제가 결국은 이웃과 사회, 그리고 국가와 인류 전체의 문제로 확대된다. 이처럼 중요한 가정이 오늘날 여러 국면에서 위기상황을 맞고 있는 것이 현실이며, 건강가정을 유지하기가 상당히 어려운 상태이다. 즉, 가족의 구조 변화, 가족의 기능 약화, 가족의 가치와 생활의 변화뿐만 아니라 빈곤가족의 증대와 낮은 출산율, 높은 이혼율, 고령화 사회 등의 문제들이 동시다발적으로 발생하고 있다. 아울러 대가족에서 핵가족으로의 변화는 대가족이 갖고 있던 많은 기능의 감퇴에 따르는 안정성이 결여되고, 가족 구성원 간에 정서적인 역동은 더욱 강렬해지면서 서로의 성격이나 갈등이 증폭되어 가족 간의 갈등이 빈번히 나타나고 있다.

건강가정은 건강과 가정의 합성어로 건강이란 개념은 신체적 건강에 더욱 적합하고 익숙해져 있는 개념이나 단순히 질병이 없는 상태만이 아닌 신체적, 정신적 행복의 상태로 규정하고 있기 때문에 신체적 건강과 정신적 건강이 모두 포함된 영역이라 할 수 있다. 즉, 총체적인 혹은 전인적인 개념으로 다양한 구성 요소, 즉 신체적, 정신적, 사회적 상태의 건강을 의미한다. 건강한 가정은 가족 간의 친밀감, 개방적인 의사소통, 역할과 책임을 함께 공유함으로써 가족 구성원 개개인의 행복과 건강한 사회의 초석이 되며, 건강한 가정은 문제가 전혀 없는 가정이 아니라, 문제가 발생할지라도 해결의 실마리를 찾기 위해 가족 구성원이 함께 노력하는 가정을 일컫는다.

이 책은 건강가정의 개념, 관련 이론에 대한 개관, 건강가정기본법의 등장 배경과 법의 체계와 내용, 건강가정 관련사업과 프로그램, 전달체계와 건강가정지원센터 등을 다루고 있다. 이를 통해 건강가정에 대한 영역을 전반적으로 이해하는 것뿐만 아니라, 건강가정사로서의 이론과 자질을 함양함으로써 현대 가정의 많은 문제들을 예방하고 해결할 수 있도록 도움을 주는 데 목표를 두었다.

이 책은 사회학, 가정학, 여성학, 아동학, 사회복지학, 보육학, 청소년학, 심리학, 교육학 등 학부생이 교재로 사용할 뿐만 아니라 건강가정에 대한 기본 지식을 이해하고자 하는 일반인에게 유용한 지침서로 활용될 수 있도록 목차를 계획하였다.

건강가정 교과목에서 다루어야 할 내용은 많지만 한 학기 강의에 맞춰 9장으로 구성하였으며, 가톨릭대학교 문혁준 교수, 숙명여자대학교 손서희 교수, 인천대학교 김상림 교수, 인하대학교 양성은 교수, 전주대학교 임양미 교수, 신라대학교 전영주 교수가 저자로 참여하였다.

넘치는 의욕과 열정으로 시작하였으나 집필 후의 소감은 항상 아쉬움이 남는다. 앞으로 부족한 부분을 보완해 나갈 것을 약속드리며, 기탄없는 비판과 충고를 부탁드린다.

끝으로 출판을 맡아 수고해 주신 창지사의 노고에 진심으로 감사드린다.

2015년 7월

저자 일동

차례

Chapter 9. 건강가정사의 실천기술 및 현장실습 221

Introduction to Healthy Families

CHAPTER 1

가족에 대한 이해

부부와 자녀로 구성된 규범적 가족의 형태는 지난 반세기 동안 대안가족의 등장으로 변화되고 있다. 이에 따라, 가족에 대한 개념도 점차 다양화되고 있다. 본 장에서는 가족에 대한 전통적인 시각을 살펴보고, 현대의 가족 개념과 기능이 어떻게 변화되었는지를 고찰하고자 한다.

1. 가족의 개념

가족은 개인이 태어나서 양육되는 최초의 집단이다. 개인은 가족으로부터 신체적 보호와 심리적 지지를 받으며, 가족 외부 환경에서 생존할 수 있는 기술과 지식을 배우게 된다. 전통적인 정의에 의하면, 가족은 한 세대 이상의 연합체로서 친인척 집단을 포괄한다. 인구 주택 총 조사에서는 '가구(household)'를 조사 단위로 하고 있는데, 가구란 '1인 또는 2인 이상이 모여서 취사, 취침 및 생계를 같이하는 생활단위'를 말한다. 이는 결혼이나 혈연과 관계없는 동거 집단으로서 경제적 협력과 주거공간을 공유하는 단위를 의미한다.

가족에 대한 대표적인 정의를 살펴보면, Murdock(1949)은 가족을 공동거주, 경제적 협력, 생식을 하는 부부와 그들의 자녀로 구성된 집단으로 보는 핵가족 중심의 기능론적 입장을 제안하였다. 하지만, Levi–Strauss는 가족이 결혼을 통해 시작되며 부부와 그들 사이에 출생한 자녀로 구성되지만 이들 이외에 가까운 친척이 포함될 수 있음을 주장하며 가족 범위를 확대하였다. 한편, Burgess(1963)는 상호작용하는 인격체들의 집합으로 가족을 정의하였다. 이에 따르면, 가족 내에서 가족원 각자는 자신의 역할을 수행하며, 상호작용과 유대 관계를 맺으며 공통의 문화를 창조하고 유지한다(이태희, 2008).

이후, 가족이 혈연의 범위에서 확대될 수 있다는 인식이 확산되면서 Anderson과 Sabatelli(1999)는 가족원 간의 인간관계와 기능을 강조한 보다 포괄적인 가족의 범위를 주장하였다. Olson과 Defrain(2003)도 가족을 2인 이상의 구성원들이 서로 돕고, 헌신하며, 자원을 나누는 집단으로 보고, 애정, 친밀감, 공통적 가치관 등의 정서이고 관계적인 측면을 강조하였다. 국내 학계에서는 "애정과 친밀감을 갖는 가족원들이 지속적으로 공동생활을 하는 집단"으로 가족을 정의한 바 있다(유영주 · 김순옥 · 김경신, 2008).

정리해보면, 전통적인 의미의 가족은 남편, 아내, 그 자녀라는 혼인 및 혈연에 기초한 집단으로 볼 수 있다. 일반적으로 가족원들은 공동거주를 하며, 자녀출산 및 양육, 성적 배타성, 경제적 공동체, 정서적 지지 및 유대감, 집단으로서의 정체성 및 문화의 세대 간 전달 등의 기능을 상당히 영속적으로 수행하는 공동체를 의미한다. 특히, 초기 구조기능주의자들은 사회 유지를 위해 필수적인 기능을 행하는 사회제도의 하나로 가족을 봄으로써 가족 내 개인의 자율성을 간과해 왔다. 또한, 가족을 사회로부터 고립된 자족적이고 자립적인 사적 영역으로 보고, 가족과 사회를 별도의 분리된 영역으로 인식한다.

한편, 가족에 대한 전통적 개념은 한국 사회의 급속한 산업화 및 정보화로 인하여 많은 변화를 보이고 있다. 여성의 사회 진출 확대, 출산율의 감소, 이혼의 증가, 국제결혼의 증가, 노인부양 문제 등이 우리 사회의 특징으로 나타나고 있다. 또한, 부부와 자녀로 구성된 규범적 가족의 형태 외에 맞벌이가족, 한부모가족, 재혼가족, 무자녀가족, 분거가족, 다문화가족 등 다양한 가족도 증가하고 있다.

사회변화에 따라 발생하는 다양한 가족을 올바르게 이해하기 위해서는 유일한 형태의 가족(the family)이라는 고정된 시각에서 다양한 형태의 가족들(families)을 인정할 필요가 있다. 또한, 현대의 가족 개념은 기존의 전통적 가족이 중요시했던 혈연관계를 필수조건으로 하는 대신 정서적, 심리적 기능을 중요시하는 경향이 높아졌다. 가족은 사회의 변화에 적응하는 동시에 독자적인 가족가치관이나 형태를 창출함으로써 거시체계의 변화를 이끄는 주체가 되기도 한다.

2. 가족의 기능

가족의 기능이란 가족이 수행하는 역할을 의미한다. 가족이라는 집단이 개별 가족원들을 위해 수행하는 역할과 전체 사회를 위해 기여하는 역할로 나누어 볼 수 있다. 가족이 수행하는 기능은 가족원의 욕구 충족과 사회의 유지 및 발전에 영향을 준다. 가족의 기능은 역사적 변화와 문화적 맥락에 따라 다양하게 나타나며 끊임없이 변화하고 있다. 학자들에 따라 강조하는 점이 다르나 보편적으로 현대 가족에서 중요하게 수행되고 있는 기능을 구체적으로 살펴보면 다음과 같다.

1) 경제적 기능

가족은 경제 공동체로서 공유재산을 모으고, 소비와 지출을 함께하기로 합의한 집단이다. 흔히 가족을 낭만적인 부부관계와 헌신적인 부모-자녀관계로 묘사하는 경향이 있지만, 가족은 구성원들 간의 엄격한 경제적 권리와 의무를 부여한다. 우리나라 민법에서도 혼인한 배우자 간에 부양의 의무가 있음을 규정하며, 부양의무 불이행은 악의의 유기로서 이혼의 원인이 될 수 있다. 또한, 이혼시 배우자는 재산분할청구권을 행사할 수 있는데, 이는 혼인 기간 동안 축적한 재산은 부부 공동의 것이라는 의미를 지닌다. 부모는 미성년 자녀에 대한 양육비를 지출해야 하고, 경제적 능력이 없는 노부모에 대한 부양의무가 있다.

가족의 경제적 기능은 가족 내적으로 수행하는 생산 및 소비 기능과 가족 외부인 사회에 노동력을 제공하는 기능으로 구분할 수 있다. 과거 농경사회에서 가족은 생산의 주체인 동시에 소비의 주체였다. 그러나 현대사회는 산업화를 통해 공적 영역인 직장과 사적 영역인 가족을 분리하였고, 가족은 더 이상 생산현장이 아니다. 대신 가정은 사회에 노동력을 제공하고, 그 대가로 임금을 받아 필요한 상품을 구매하는 소비주체로 부상하였다. 가족이 일상생활을 유지하기 위해 물품을 소비하는 기능은 특히, 도시지역의 경우 그 비중이 더 높게 나타난다. 가족의 생산과 소비행동은 국가경제의 순환에 직결되며, 가족이 일상적으로 행하는 경제활동은 사회의 산업구조를 변화시키기도 한다.

한편, 현대 산업사회의 가족은 소비 공동체로서 한정된 수입으로 전체 가족원의 욕구를 충족시킬 수 있는 합리적인 재정 관리를 중요시하게 되었다. 경제적 공동체라는 가족의 기능 측면에서 가족원들은 합법적으로 재산을 공유하며, 자원을 공평하게 향유하고, 노동을 분담해야 할 법적, 사회적 기대가 있다.

2) 사회적 지위 부여의 기능

가족은 구성원들에게 다양한 사회적 지위를 부여한다. 예를 들어, 전통사회에서는 가족이 속한 계급이 양반인지 천민인지에 따라 그 개인의 신분이 정해졌다. 현대사회에서는 가족이 속한 사회경제적 계층에 따라 그 개인이 기초수급대상이 될 수도 있고, 중산층으로 분류될 수도 있다.

지위 부여의 기능은 결혼이 개인의 선택이라기보다 가족 간의 결합으로 여겨지는 사회에서 특히 중요한 의미를 갖는다. 이러한 사회에서는 개인 간의 애정을 바탕으로 하는 연애혼보다 집안끼리의 계약에 따른 중매혼이 중요하다. 사람들은 자신과 비슷한 인종, 연령, 신체적 특성, 교육수준, 종교, 도덕적 가치관, 가족 배경 등을 지닌 배우자를 찾는 동질혼(homogamy)의 경향성이 있다.

한편, 가족의 각 구성원들은 출생순위나 성별에 따라 가족 내에서 다른 지위를 획득하게 된다. 장남인지 막내인지 또는 딸인지 아들인지에 따라 가족 내 지위와 권력에 차이가 생기는 것이다. 가족이 속한 사회경제적 지위 및 가족 내 지위는 개인의 심리적 특성, 사회적 관계, 성취 등에 영향을 미칠 수 있다.

3) 성적 욕구 충족 및 통제의 기능

모든 사회는 개인의 성적 욕구를 충족시키기 위한 제도를 가지고 있다. 가족의 가장 기본적 기능 중 하나가 혼인을 통해 성인 남녀의 성적 욕구를 합법적으로 충족시키는 것이다. 그것은 가족 외부에서 성적 욕구를 해소하는 것을 바람직하지 않은 것으로 간주하겠다는 의미를 지닌다. 이는 가족을 통해 성적 무질서를 통제하려는 사회적 합의를 반영한다.

구체적으로, 결혼을 통해 두 배우자는 상호 간의 성행위를 합법적으로 인정받게 되며, 동시에 상대방에 대한 배타적 성적 권리를 획득한다. 배타적 성적 권리란 결혼을 통해 보장받는 배우자의 성적 행위에 대한 독점적 권리를 의미한다.

결혼은 개인에게 성욕을 합법적으로 충족시키는 기회를 마련해주는 것이지만 성

관계의 해방을 의미하는 것이 아니라 성 관계를 규제하고 통제하는 공인된 사회적 방법이라고 볼 수 있다(유영주 외, 2008). 즉, 가족은 부부로 인정된 성인 남녀의 성적 욕구를 충족시키는 기능을 하지만, 동시에 매춘이나 혼외정사를 부정적인 것으로 배격하여 사회의 성적 무질서를 통제한다.

4) 자녀 출산 · 양육 · 사회화의 기능

가족은 사회를 유지하기 위해 필요한 새로운 구성원을 출산하여 보충한다. 가족의 가장 중요한 기능 중 하나가 혼인한 성인 남녀 사이에 출생한 자녀에게 합법적인 권리와 지위를 부여하는 것이다. 이는 혼외 자녀에게 가해지는 사회적 차별을 고려해보면 첨예하게 드러난다. 자녀 출산은 대부분의 문화권에서 바람직한 미덕으로 간주되며, 부모 되기는 결혼한 성인의 사회적 의무로 여겨지는 경향이 있다.

부모는 아동이 성인이 되기까지 필요한 의식주를 제공하며 양육할 의무를 지니며, 아동의 인지적, 도덕적 발달에 대한 책임이 있다. 자녀 교육의 기능이 학교로 이관되었지만, 자녀를 사회화하는 기능은 아직까지 가족에게 남아있다. 가족은 자녀가 사회에 적응하기 위해 필요한 주요 가치, 관습, 규범 등을 가르친다. 가족은 자녀의 인격 형성에 막대한 영향을 주며, 성숙한 사회인이 되기 위한 기본 자질을 길러내는 중요한 기능을 수행한다. 가족의 자녀양육과 사회화 기능을 통해 자녀는 사회생활에 적응해 나가는 데 필요한 지식과 기술을 배우게 된다. 그 외에도 가족문화를 전달하고 바람직한 가치관을 심어 주며 올바른 시민이 되도록 하는 일은 아직도 가족의 기능으로 남아있다.

5) 보호 및 돌봄의 기능

가족은 구성원을 보호하고 돌보는 기능을 수행한다. 돌봄은 재정적 지원, 신체적 수발, 정서적 지원 등을 모두 포함하는 개념이다. 돌봄 기능의 일차 대상은 가족 내 아동과 노인이다. 부부 사이 및 부모와 미성년 자녀 사이의 부양의무는 생활 유지를 위한 가족공동체의 본질이라고 할 수 있다. 그밖에도 질병이나 사고로 일상적 기능을 수행하지 못하는 구성원이 발생하면 가족이 이들을 돌보게 된다. 우리나라 민법에서는 직계 혈족 및 배우자 사이의 부양 의무뿐만 아니라 생계를 같이 하는 그 밖의 친족 사이에도 부양의무를 명시하고 있다.

어린이집, 노인복지시설, 의료기관 등의 발달로 가족 내 돌봄 기능이 과거에 비해 약화되었지만, 아직까지 가족 구성원을 돌보는 일차적 책임은 그 가족에게 있다. 특히, 노부모 부양의 문제는 현재 우리 사회의 위기로 대두되고 있다. 사회 전반에 효 사상이 퇴조하고, 가족이 소규모화되고, 수명은 연장되면서 노인을 돌보는 기능을 개별 가족이 수행하기 어려워졌다. 아직까지 사회보장제도가 미비한 우리나라의 경우, 노부모 부양의 문제는 개별 가족에게 경제적 부담과 심리적 갈등을 유발하는 심각한 사안이 되었다.

6) 애정적 기능

일반적으로 가족은 서로 사랑하는 남녀의 혼인을 기반으로 시작된다. 전근대 사회에서는 결혼이 봉건적 신분제도를 유지하기 위한 수단이었기 때문에 중매를 통한 가족 간의 결합으로 여겨졌다. 이후 법 앞의 만인 평등과 개인의 자유가 실현되면서 성인은 "서로 사랑하기 때문에" 결혼을 할 수 있게 되었다. 현대사회에서는 애정이 결혼의 유일한 원인은 아닐지라도 주요한 원인임에는 틀림없다. 과거에는 부부간의 애정보다는 부모-자녀관계를 더 중요시했으나 현대사회에서 결혼이 성인 남녀의 자발적 선택에 의해 이루어지면서 부부관계도 권위적 관계가 아닌 동료적 관계로 전환되었고, 이에 따라 부부의 애정이 가족제도를 유지시키는 본질적인 요소로 인식되고 있다.

부부는 애정을 갖고 자녀를 양육하며, 노부모의 정서적 욕구를 충족시키고자 노력한다. 가족은 구성원들에게 사랑, 이해, 격려, 신뢰, 친밀감 등을 제공하며, 서로를 수용하며 지지하는 기능을 수행한다. 현대의 가족은 제도적 가족에서 우애적 가족으로 변화하였고, 이에 따라 가족의 애정적 기능이 더욱 중요시되고 있다. 또한,

경쟁이 심화된 현대사회에서 가족이 제공하는 애정적 기능은 개인의 심리적 안정과 건강을 위해 강조되고 있다.

한편, 가족의 애정적 기능이 지나치게 강조되거나 미화되면 오히려 가족의 위기로 연결될 수도 있다. 예를 들어, 가족의 애정적 기능에 대해 높은 기대를 가진 부부일수록 배우자 간의 일상적 갈등에 대해서도 실망감을 크게 느낄 수 있고, 타협과 조정을 통한 관계 개선 대신 이혼을 대안으로 생각할 가능성이 있다. 가족의 애정적 기능에 대한 비현실적 기대는 증가하는 가족 문제의 원인으로 진단된다.

7) 휴식 및 오락의 기능

공적 영역과 사적 영역의 구분이 명확한 현대사회에서는 가족을 구성원들이 긴장과 스트레스를 풀고, 휴식을 취하고, 새로운 에너지를 재충전하는 장소로 여긴다. 가족 구성원들은 함께 여가를 즐기면서 가족 내 응집력을 강화하고, 다양한 오락적 행위(예: 함께 영화 보기, 함께 놀이공원 가기 등)를 공유하면서 상대방과 함께 있는 것에 기쁨을 느끼며, 이를 통해 가족의 다른 기능들을 더 잘 수행할 수 있게 된다. 휴식 및 오락의 기능은 부부관계 및 부모-자녀관계의 친밀감을 높이고, 자연스럽게 자녀를 사회화시키는 것에 기여한다.

3. 가족에 대한 이론적 접근

모든 사회적 현상에는 이를 바라보고 분석하는 이론적 관점이 존재한다. 특히, 가족이라는 제도는 오래된 역사만큼 다양한 이론을 양산해 왔다. 가족이 갖는 문화적 의미, 가족의 구조와 기능, 가족원의 역할과 지위, 가족관계 등이 거시체계의 변화와 맞물려 끊임없이 변화해 왔고, 이에 따라 가족을 바라보는 관점도 다양해질 수밖에 없다. 본 장에서는 주요 가족 이론을 학습함으로써 가족에 대한 심층적 이해를 도모하고자 한다.

1) 구조기능주의 이론

(1) 핵심 개념

구조기능주의 이론은 사회를 하나의 유기체로 가정한다. 예를 들어, 대부분의 포유동물은 영양분의 섭취를 담당하는 소화기관, 불필요한 잔여물을 외부로 배출하는 배설기관, 산소를 공급하는 호흡기관, 자손 번식을 위한 생식기관을 갖고 있다. 각 기관은 고유의 역할을 수행하는 동시에 서로 연결되어 있기 때문에 어느 한부분에 질환이나 장애가 생기면 유기체는 제대로 기능하지 못하게 된다.

구조기능주의 이론은 사회라는 유기체가 살아가기 위해 각 내적 구조들이 고유한 기능을 가지고 있다고 설명한다. 구체적으로, 사회에는 경제제도, 종교 규범, 교육 기관, 행정 조직, 결혼제도, 가족체계 등이 상호의존적 관계 속에서 맡은 바 기능을 수행하고 있다. 각 부분은 사회를 유지하고 발전시킨다는 대의명분을 가지며, 무질서나 혼란을 방지하기 위해 규제나 처벌을 가하기도 한다.

가족체계는 사회를 구성하는 한 부분, 즉 하나의 하위 단위로서 사회에 이바지하는 특정한 기능을 수행한다. 결혼제도는 사회 구성원들의 성적 욕구를 합법적으로 충족시키는 동시에 성적 무질서를 통제하고, 노동력을 지속적으로 공급하기 위한 자녀 출산 및 양육을 장려하는 효과적인 수단이다. 또한, 가족체계는 각각의 구성원에게 기본적 지위를 할당하고, 적응을 위한 사회화를 담당하며, 심리적 지지 및 휴식을 제공하고, 동시에 개별 가족원을 통제하는 기능을 수행한다.

구조기능주의 이론에 따르면, 가족은 가족 구성원들이 질서를 유지하면서 조화롭게 연결되어 있는 구조이며, 개인은 이런 가족의 영향력 안에서 살아가는 부분적 존재이다. 가족은 통합과 안정의 방향으로 움직이며, 개인을 비롯한 가족 구성원들은 이 통합과 안정에 필요한 기능을 수행하고, 이는 결국 사회의 안정과 연결되는 것이다.

구조기능주의 이론에서는 다양한 가족 형태 중에서도 핵가족을 기본 단위로 본다. 대표적 학자인 Parsons(1954, 김태현 · 전길양 · 이영자 · 임선영, 2004, 재인용)

는 산업화의 요구에 가장 적합한 가족 형태는 핵가족 제도라고 주장하였다. 핵가족 내에서 아버지가 도구적 역할을 수행하고, 어머니는 표현적 역할을 수행하는 것이 기능적이라고 보았다. Goode(1959, 김태현 외, 2004, 재인용)는 산업화가 진행될수록 부부 가족(conjugal type)의 형태가 증가하며, 이 가족 형태의 주요 특징은 일상생활에서 광범위한 친인척을 배제하는 것이라고 보았다.

이처럼 구조기능주의 이론은 결혼 및 가족이 사회와 가족 구성원 개인에 대해 어떤 기능을 하며, 사회와 어떻게 연계되어 있는지를 설명하는 데 기여해 왔다. 특히, 사회가 가장 잘 기능하고 유지되기 위해 결혼과 가족의 구조와 기능이 어떻게 변화했고 변화되어야 하는지에 초점을 두었다. 그러나 성별에 따른 노동 분업이나 사회 질서의 유지를 지나치게 강조하는 점 등은 보수적이고 성차별적이라는 비판도 받아왔다. 또한, 사회적 변화와 갈등을 간과했다는 한계를 지닌다. 사회의 통합과 안정을 우선시하는 구조기능주의 이론은 현재의 가족 질서를 옹호하기 때문에 극단적 보수주의와 연계될 가능성도 있다.

(2) 건강가정에 대한 관점

구조기능주의 이론에서 가족은 사회 체제의 유지와 통합에 기여하는 것이 바람직하다. 또한, 가족 구성원들도 가족이라는 공동체를 유지하기 위해 기존 가치관과 규범을 준수하는 것이 적절하다고 본다. 부부관계 및 부모자녀 간에는 수행해야 하는 역할이 분명한데, 구체적으로 성별에 따른 역할 분담, 부모의 책임, 자녀의 효 등이 여전히 중요하게 강조된다. 특히, 부모와 자녀로 이루어진 규범적 가족구조를 중요시하기 때문에 이를 위협하는 독신가구, 한부모가족, 미혼모가족 등을 역기능적 가족으로 보는 경향이 강하다. 특히, 이혼을 '가족 해체'로 규정하면서 이혼 후 한부모가족에 대한 사회적 낙인을 조장하기도 한다. 가족건강성에 대한 제한적 정의는 구조기능주의에 대한 한계로 지적된다.

2) 상징적 상호작용 이론

(1) 핵심 개념

상징적 상호작용 이론은 다양한 상호작용 이론 가운데 가장 핵심이 되는 이론이다. 널리 알려진 상호작용 이론에는 Cooley의 '거울자아 또는 영상자아(looking glass self)' 개념, James의 '자아(self)' 개념, Dewy의 '실용주의' 개념이 있고 이를 토대로 Mead의 '정신 · 자아 · 사회' 개념에 의해 비로소 상호작용론으로 체계화되었다. 또한, 이후 Blumer와 Kuhn 등이 상징적 상호작용론 형성에 기초를 마련하였다.

상징적 상호작용이란 사람이 사회생활에서 관계를 맺고 살아가면서 서로에게 영향을 주고받는 일종의 교환 활동이라고 할 수 있다. 인간은 기본적으로 사회라는 큰 틀 속에서 관계를 맺으며 살고 있다. 두 사람 이상이 상대방과 상호작용을 통해 관계를 형성해 나간다. 상호작용적 입장에서는 개인과 사회의 단위보다는 궁극적으로 서로 간의 관계에 초점을 둔다. 따라서 상징적 상호작용 이론에서는 개인 간의 상호작용 과정에 관심이 있으며, 상호작용의 결과가 개인과 사회에 어떠한 영향을 미치는가에 주목한다. 여기서 상징적이란 것은 상호작용 과정에서 사용되는 언어, 몸짓 등을 말한다.

상호작용 이론가들은 국가, 제도, 계급 등의 이면에는 인간과 인간 사이에서 의미 있는 상징적 상호작용이 일어난다고 여긴다. 인간은 자신의 현실을 주관적으로 해석하고 의미를 부여하며, 행동으로 표출한다. 결국, 개인의 주관적 의미가 몸짓이나 언어를 통해 소통되면서 사회적인 것으로 파생되며, 다양한 상황 속에서 개인적, 사회적 공유의 경험을 형성한다.

상호작용은 행위자와 행위 목적에 따라 맥락이 다르게 나타난다. 그래서 복합적이고, 비정형화되어 있는 것처럼 여겨진다. 하지만, 지속적인 상호작용은 질서를 만들고, 사회적인 일종의 관습을 만들어 낸다. 이런 의미에서 상징적 상호작용 이론은 개인을 중심으로 사회 · 문화 현상을 이해하는 미시적 관점, 또는 상징적 상호작용론이라고 불린다.

상징적 상호작용 이론은 인간들이 언어적, 비언어적으로 어떠한 상호작용을 하며, 상호작용 결과 사회에 어떤 영향을 미치는가에 초점을 맞춘다. 또한, 역으로 사회를 기능하게 해주는가를 체계적으로 이해하는 유용한 이론적 틀이다.

(2) 건강가정에 대한 관점

상호작용은 가족의 본질을 이해하는 가장 핵심적인 요소 중 하나이다. 가족이 형성되는 모든 과정에서 이루어지는 다양한 형태의 상호작용은 개인의 정체성, 부부역할, 부부 권력, 부모-자녀관계, 가족 의사결정 등에 영향을 미치며 그 결과 결혼만족도, 가족 안정성 등에 근간이 되기 때문이다. 가족 분야에서 상징적 상호작용론을 적용하는 것은 가족 내의 역동을 이해하고, 본질적인 통찰을 가능하게 한다. 배우자 선택, 결혼 동기, 세대갈등, 가족의 스트레스 등 여러 방면의 개념을 접목하여 건강한 가족을 형성하는 데 도움이 되며, 상징적 상호작용 이론에서 강조하고 있는 자아 개념, 지위와 역할, 사회화 과정에도 영향을 미친다고 할 수 있다.

3) 갈등 이론

(1) 핵심 개념

갈등 이론은 사회적 갈등을 과소평가한 기능주의에 반대하면서 생겨난 이론이다. Marx나 Simmel 등의 갈등 이론가들은 인간은 자기중심적이며, 자신의 욕구를 우선시 한다고 가정한다. 사회 자원이 충분하지 못하기 때문에 사회 구성원 모두가 만족할 만큼 자원을 갖지 못한다고 여긴다. 즉, 제한적인 자원을 가지고 있기 때문에 불충분한 자원을 획득하기 위해 개인은 지속적으로 경쟁해야 하며, 이 과정에서 갈등이 생성된다는 것이다. 하지만, 사회 구성원들 사이에서 오는 갈등은 자연스러운 것이며, 부정적이라기보다는 사회적 발전을 위해 필요한 것이라고 보았다.

갈등 이론의 주요 개념은 경쟁, 협상, 합의, 동의 4가지로 요약된다. 먼저, 경쟁은 각 개인의 방식으로 타인을 희생시켜 자신의 보상을 얻는 과정으로 갈등과 유사한 개념이다. 협상은 이해 당사자들 간에 조직적으로 교환을 진행하는 과정으로 서로 간에 최대한 많은 자원을 획득하여 자신의 이익을 극대화하는 것이다. 한편, 합의는 갈등 문제에 관련된 당사자들이 모두 동일한 의견에 이르는 것을 말하며, 동의는 특정 사안을 두고 모든 당사자들끼리 같은 의견을 갖는 것이다.

갈등 이론에서는 가족원 간의 합의와 조화가 가능한 것인가에 의문을 갖는다. 가족 내의 지위나 권력 등은 가족 내 의사를 결정짓는데, 각기 다른 욕구를 가지고 있는 가족 구성원들은 이로 인해 끊임없이 갈등을 겪는다. 이에 갈등 이론가들은 가족 상호 간의 갈등을 인정하고 갈등 해소보다는 갈등 관리에 목적을 두어야 한다고 주장한다. 갈등의 관리 능력은 가족의 해체 · 유지의 중요한 부분이 다. 예를 들어, 명절이 되었을 때 가족 내 지속적으로 불평등하게 역할이 분배되면 갈등은 축적될 수 있다. 명절이 되면 주부들이 음식 장만, 설거지 등 평소보다 많아진 가사노동으로 명절증후군을 겪는 것도 이와 같은 갈등 이론으로 해석될 수 있다.

가족 분야에서 적용되는 갈등 이론은 성과 연령에 따른 권력과 관계가 깊다. 우리나라는 전통적으로 경제적 생산의 주요 책임자는 남성으로 간주하고, 남성들이 가족 내 권력을 독점해 상대적으로 여성과 아동은 남성에게 종속되는 구조의 제도를 존속했다. 이에 갈등 이론의 관점에서는 가족제도의 불평등을 궁극적으로 제거하기 위해서는 자본주의에 대한 투쟁이 필요하다고 주장하였다. 하지만, 갈등 이론은 가족의 애정, 친밀감, 희생 등의 긍정적인 정서들을 간과하고, 갈등에만 초점을 둔다는 제한점을 갖고 있다.

(2) 건강가정에 대한 관점

갈등 이론이 건강가정에 대한 관점과 접목되는 점은 가족 내 갈등적인 측면을 이해하고 기능적인 측면으로 발전시킬 수 있다는 것이다. 예를 들어, 하나 밖에 없는 장난감을 갖고 싶어 하는 두 명의 형제가 있다고 하자. 한정된 자원인 장난감을 모두 갖고 놀고 싶은 형제의 욕구를 어떻게 효과적으로 분배할 것인가에 따라 갈등이 소거되거나 증폭될 수 있다. 갈등을 해결하는 과정에서 서로의 욕구를 인정하고 가족 간에 협동과 조화를 이루기도 하지만 투쟁이나 싸움이 발생하기도 한다.

4) 사회적 교환 이론

(1) 핵심 개념

사회적 교환 이론은 거시적 차원에서 구조적 기능주의의 대안 이론으로 제기되었고 실용주의 경제학, 문화인류학, 사회학 등의 영향을 받았다. 사회적 교환 이론에서는 개인, 가족, 사회현상을 미시적 차원으로 분석한다. 인간은 누구나 이기적인 존재라서 손해를 피하고자 하며, 비용을 최소화하고 보상을 극대화하는 상호 관계를 추구한다는 것을 전제로 한다. 상대에게 주는 교환자원은 비용이 되고 상대에게서 받는 교환자원은 보상이 된다. 여기서 말하는 보상은 사회적 교환 과정에서 발생하는 이익을 말하며, 비용은 사회적 교환 관계에 참여함으로써 특정 행위를 의무적으로 수행 · 처벌하는 투자비용, 직접비용, 기회비용 등을 말한다.

인간은 가능한 한 보상이 최대인 방향으로 행동하는 경향이 있기 때문에 사회적 교환 이론에서 보는 가족제도는 구성원에게 보상을 제공하는 원천이 되며, 개인의 자발성에 의해 지속적으로 유지되는 제도라고 본다. 특히, 사회적 교환 이론은 배우자 선택과정, 부부권력, 의사소통, 결혼의 안정성, 성역할, 성행동, 가정 폭력, 이혼 등의 현상을 유용하게 설명할 수 있다.

구체적으로, 사회적 교환 이론의 관점에서 볼 때 불평등한 부부관계를 지속하는 것은 비합리적이다. 따라서 당사자들은 불평등한 부부관계를 유지할 것인가, 아니면 이혼할 것인가 하는 대안을 두고 보상과 비용을 평가하게 된다. 만약 이혼이 두 사람 각자에게 더 나은 보상으로 평가된다면 이혼으로 종결하는 것이 바람직하다고 여긴다.

사회적 교환 이론은 교환 관계의 균형에 중점을 둔다. 서로 간 동등한 가치의 자원이 보상되어야 하며, 그렇지 못했을 경우 다른 보상 원천을 개발하고 새로운 자격이나 지위를 부여한다. 한편, 취약한 교환 당사자들은 연합을 통해 당면한 문제들을 효과적으로 해결하도록 할 수 있다. 하지만, 사회적 교환 이론은 인간이 언제나 합리적으로 행동하지 않는다는 점을 간과하였다. 가족이 갖고 있는 애정, 효, 존중, 친밀감 등은 단순히 보상과 비용으로 맞바꿀 수 없는 특성을 지닌다. 이러한 심리적 특성들은 주관적이어서 객관적으로 평가하기 어렵다. 예를 들어, 효를 보상할 자원이 무엇인가에 대해서는 객관적으로 분석하기 어려운 한계를 갖고 있다. 또한, 개인은 불공평한 교환이 이루어지더라도 주관적으로 행복하다고 평가하는 경우도 있다.

(2) 건강가정에 대한 관점

사회적 교환 이론은 건강가정 분야에서 널리 적용될 수 있다. 배우자 선택, 임신 결정, 일과 가정 선택 등 가족원들의 사회적 행동을 설명하는 데 근간이 될 수 있는 이론적 틀이다. 예를 들어, 신혼부부는 자녀를 출산함으로써 얻게 되는 보상과 육아로 인해 발생할 수 있는 비용 등을 고려하여 자녀를 낳거나 또는 무자녀가족을 선택할 수 있다. 또한, 일과 가정의 양립이 어려워 한 가지를 선택해야 되는 맞벌이 부부가 있다면, 사회적 교환 이론의 주요 개념인 비교수준, 대안에 대한 비교, 호혜성 등을 고려하여 누가 일을 지속하고 누가 주양육자 역할을 할 것인지를 결정하게 될 것이다.

5) 가족발달 이론

(1) 핵심 개념

가족발달 이론은 가족생활주기에 따라 가족의 변화 과정과 이에 따른 발달과업을 설명하는 이론이다. 미국 경제학자에 의해 가족발달이란 용어가 생겨나기 시작되면서 Hill, Duvall, White 등에 의해 본격적으로 체계화 되었다. 원래 가족발달 이론은 제2차 세계대전 후 군인 가족들의 사회 복귀에 관심을 가지면서 시작되었는

데, 점차 가족들에게 당면한 문제들을 분석하는 것으로 발전되었다.

가족발달 이론은 가족을 시간의 흐름에 따라 변화하고 상호작용을 하는 개인들의 집합으로 본다. 이에 분석의 기본단위는 개인이 아닌 가족이다. 이와 같은 관점은 상징적 상호작용 이론과 유사하지만 시간에 따른 발달 과정을 다룬다는 독특성을 지닌다. 출생에서부터 사망에 이르기까지 가족의 생애가 있다고 가정하고 성인 남녀의 결혼으로 성립된 가족 이후부터 가족형성기, 자녀양육기, 자녀독립기, 가족해체기 등의 단계로 설명된다(그림 1-1).

[그림 1-1] 가족발달 이론: 가족 구성원 생애에 따른 가족의 변화

가족발달 이론은 가족의 생애 주기에 따라 겪게 되는 자녀출산, 양육, 배우자 사망 등 일련의 주요 사건을 겪으면서 변화하는 가족의 기능, 역할, 과업 등에 초점을 맞춘다. 각 단계마다 가족은 당면한 발달 과업을 이루어야 한다. 가족발달단계에 따른 과업을 성취하면 가족들은 안정감과 충족감을 느낄 수 있다. 그러나 과업 성취가 이루어지지 않으면 다양한 역기능이 나타날 수 있다. 가족의 순기능을 유지하기 위해서는 발달과업의 결정적 시기를 놓치지 않는 것이 중요하다.

가족생활주기의 가장 고전적인 모델은 Duvall의 8단계이지만, 현대 우리나라 가족들에게 적용하기에는 적합하지 않은 면이 있다. 다양한 국내 학자들(공세권, 1987; 김승권, 2000; 김혜경 · 도미향 · 문혜숙 · 박충선 · 손홍숙 · 오정옥 · 홍달아기, 2008, 유영주 외, 2008)의 이론을 종합하여 우리나라 가족생활주기의 단계별 특징과 과업을 제시하면 다음과 같다.

〈표 1-1〉 가족생활주기 단계별 특징과 발달과업

가족생활주기 단계		특징과 발달과업
가족 형성기	신혼부부 가족	새로운 부부관계에 적응
		배우자의 원가족과 관계 형성
		가족의 장기계획 수립(임신, 출산, 양육, 주거, 직장, 가계관리 등)
자녀 양육기	영유아기 자녀가 있는 가족	부모 역할에 적응
		부부 간의 역할 분담(가사노동 및 양육)
		조부모와의 협력 관계 구축
		자녀 중심의 가족생활계획 재검토
	아동기 자녀가 있는 가족	자녀 교육을 위한 가족 생활 조정(가계관리, 교육, 여가, 주거 등)
	청소년기 자녀가 있는 가족	청소년 자녀의 심리적 독립에 대한 부모 역할 재조정
		청소년 자녀의 진학과 교육비 준비
자녀 독립기	성인 자녀가 있는 가족	자녀의 취업 및 결혼 지원
		자녀 부부와의 관계 형성
		중년기 부부관계 재조정
		노후 생활을 위한 준비
가족 해체기	노부부 가족	조부모 역할 수행
		사회적 관계망 재구축
		건강 문제 관리
		배우자의 사망

출처: 문혁준 · 김진이 · 양성은 · 이은주 · 천희영 · 황옥경(2014).

구체적으로, 가족을 형성하는 신혼부부 가족에게는 새로운 부부관계에 대한 적응이 필요하며, 배우자의 원가족과 적절한 관계를 수립하는 것이 중요하다. 또한, 임신, 출산, 양육, 가계관리 등의 장기계획을 수립해야 한다. 자녀양육기에 접어들면 부부는 자녀의 발달단계에 맞춰 발달과업을 진행한다. 영유아기, 아동기, 청소년기를 거쳐 부모 역할에 대해 적응하고, 역할 분담을 하게 되며, 가족생활의 재조정 등의 발달과업을 수행한다. 시간이 흘러 자녀가 성인이 되면 자녀의 취업과 결혼으로 부부관계 및 부모-자녀관계가 재조정되며, 노후 생활을 위한 준비를 해야 한다. 자녀가 독립을 한 후 노부부 가족은 조부모 역할, 사회적 관계망 재구축, 건강 문제, 배우자 사망 등에 대한 발달 과업을 수행한다.

한편, 가족발달 이론은 다양한 가족들의 등장과 함께 수정되고 보완되고 있다. 기존의 가족발달 이론은 자녀를 출산한 양부모가족을 중심으로 하며, 이혼하지 않는 경우를 전제하기 때문이다. 무자녀가족, 조손가족, 이혼 후 한부모가족, 재혼가족 등의 다양한 가족들을 포괄하지 못하며, 이들의 발달과업을 제시하지 못하는 한계를 지닌다. 또한, 가족에 영향을 미치는 사회문화적 맥락을 설명하는 데 제한점이 있다.

(2) 건강가정에 대한 관점

가족발달 이론은 시간의 흐름에 따른 가족의 위기를 예측할 수 있다는 점에서 건강가정과 관련된 일을 하는 실천가들에게 유용하다. 가족이 발달과업을 수행하면서 겪게 되는 스트레스를 예방할 수 있으며, 가족에 대한 통찰을 통해 건강한 가정을 지속할 수 있도록 도울 수 있다. 가족발달 이론에서는 특정 과업의 시기적 적합성을 중요시한다. 가족이 성공적으로 과업을 달성하기 위해 가정의 잠재력을 발굴하여 가족의 규범, 역할, 사회적 지위 등에 대해 면밀히 검토해 가족 문제를 파악해야 한다. 가족발달 이론은 각 단계의 발달과업을 수행하는 과정에서 유발될 수 있는 정서적 갈등과 대처방안에 대한 정보를 제공한다는 점에서 가족상담 분야에도 공헌하고 있다.

6) 가족체계 이론

(1) 핵심 개념

가족체계 이론은 일반체계 이론을 발표한 독일의 생물학자 Bertalanffy에 근간을 둔다. 가족의 특성과 역동(dynamics)을 설명하는 데 체계라는 개념이 접목된 후, 가족체계 이론은 가족학 분야에서 가장 영향력 있는 이론으로 자리매김하였다.

체계는 여러 개의 부분들이 모여 구성된 복잡한 전체를 의미한다. 이러한 정의를 출발점으로 가족체계 이론에서는 다음과 같은 기본 개념을 정립하였다. 첫째, 체계는 전체성을 지닌다. 전체는 부분의 합보다 크다는 명제를 바탕으로 가족체계를 하나의 단위로 분석할 것을 주장한다. 둘째, 체계는 항상성을 갖는다. 가족체계 내의 구성원들은 안정되고 평형 상태를 유지하려는 특성을 갖고 있다. 셋째, 체계는 상호성을 지닌다. 체계 안에서 발생한 하나의 변화가 체계 내의 다른 부분에도 영향을 미쳐 연쇄적인 변화를 초래한다. 넷째, 가족체계는 부부하위체계, 부모하위체계, 형제자매체계로 구체화된다.

가족체계 이론을 바탕으로 가족을 이해하는 것은 가족 스트레스에 대한 가족의 적응방식, 상호작용 유형, 심리적 역동 등을 다루는 데 효과적이다. 가족이 효과적으로 기능하기 위해서는 분명하고, 투과성 있는 경계(boundaries)가 필요하다. 경계는 하나의 체계를 외부와 구분 짓는 것으로 개방적인 경계와 폐쇄적인 경계가 있다. 개방적 경계는 외부와 내부의 상호작용이 순조롭게 이루어지는 것을 의미하고, 폐쇄적 경계는 외부와 내부의 원활한 소통을 저해한다.

가족체계 이론은 가족 구성원의 역동적인 상호작용 및 가족 과정을 설명하는데 주요한 이론이 될 수 있다. 실천 현장에서는 가족상담 및 가족생활교육에 적용되고 있다. 하지만, 가족체계 이론은 개념을 분석하기 위한 실제적 연구방법을 찾기가 어렵다. 본 이론이 지나치게 추상적이며 총체성을 강조하다보니 가족 내 각 구성원들의 개별성을 간과하는 한계를 지니고 있다.

(2) 건강가정에 대한 관점

가족체계 이론은 가족 문제를 해석하는 데 있어 다차원적인 접근을 가능하게 한다. 건강가정을 연구하고 실천하는 사람들에게 가족체계 이론은 현장에서 가족 문제를 사정하고 개입방법을 수립하는 데 유용한 개념적 틀이 될 수 있다. 가족에게 발생한 역기능적 문제들을 경계선 설정, 위계 수립, 상호작용 평가 등을 통해 해결할 수 있다. 특히, 가족 문제를 개별 가족원의 병리적 특성에 기인한다고 보지 않고 가족 전체의 역기능에 초점을 둔 점은 유용성이 높다. 가족체계 이론은 가족상담 분야의 근간을 이루며 가족의 복지 증진 및 건강성 향상에 이바지하고 있다.

7) 여성주의 이론

(1) 핵심 개념

여성주의 이론은 1960년대 이후 여성해방운동이 활발히 전개되면서 시작되었다. 여성적 가치를 중심으로 사회현상을 보려는 움직임은 여성주의 이론을 구축하는 데 바탕이 되었다. 기존의 남성주의적 시각에서 이루어진 부당성을 지적하고, 여성의 경험을 과학적으로 입증하는 것이 여성주의 이론의 핵심 개념이다. 구체적으로, 여성주의 이론은 자유주의적 관점, 사회주의적 관점, 급진주의적 관점으로 구분된다.

가족학 분야에서 이루어진 여성주의 이론은 전통적 성별분업을 근간으로 하고 있는 구조기능주의 이론을 비판하면서 본격화되었다. 여성주의 이론은 성별에 따라 노동 이분화가 되는 것을 지적한다. 예를 들어, 여성들의 가사노동보다 남성들의 임금노동을 높게 평가하는 것은 여성의 가족 내 불평등을 조장하며, 이것은 여성이라서 겪는 고유한 경험이란 점에 초점을 둔다. 여성의 가사노동이 무시되어 왔던 것은 가사노동이 경제적인 기여를 하지 않는다는 인식 때문이다. 가사노동의 가치에 대한 여성운동가들의 문제 제기는 지속적으로 쟁점이 되고 있다(사진 1-1). 우리나라에서도 가족원을 돌보고, 가사노동을 하는 것은 경제적으로 산출하기 어려웠다. 하지만, 최근 들어 가사노동의 가치를 평가하는 방법이 개발되면서 국민총생산에 차지하는 가사노동의 가치를 산정하기 시작하였다. 이와 같은 변화는 여성노동의 가치가 상승된 것이며, 성별 불평등에 대한

[사진 1-1] 1975년 캐나다 토론토에서 열린 "가사노동 임금지불" 운동 포스터

출처: http://maydayrooms.org/archives/wages-for-housework/

인식이 확산된 결과라고 할 수 있다.

여성주의 이론은 성별 불평등을 해소하기 위한 실천방안을 마련하고, 남성과 여성이 조화로운 환경을 조성할 수 있도록 하는 데 기여한다. 여성주의 이론가들은 가족 내 부부관계, 부모-자녀관계, 형제자매관계에서의 자율성을 확보하고, 평등에 대한 권리를 주장하였다. 전통적인 가부장 중심의 권위적 가족관계를 탈피하고, 민주적이고, 성평등적인 관계로 변화해야 가족의 행복이 가능하다고 주창하였다.

(2) 건강가정에 대한 관점

건강가정기본법에서는 여성과 남성의 성평등을 강조한다. 자녀양육 및 가사노동 등에 대해 부부가 공동으로 참여하는 것을 가족가치로 제시한다. 가족 구성원들 간의 평등하고 민주적인 관계를 유지할 수 있는 데 목적을 둔다. 구조기능주의 관점에서 본 가족은 공적 영역인 사회에서 받는 스트레스와 긴장을 완화시킬 수 있는 사적인 영역이다. 즉, 임금노동을 할 수 있도록 가정은 재충전할 수 있는 안식처 같은 곳이어야 하며, 여성은 정서적 지원과 휴식을 제공하는 역할을 하는 것이 바람직하다고 여겼다. 하지만, 여성주의 입장에서는 여성도 임금노동을 할 수 있고, 가사노동도 가치를 정당하게 인정받아야 하며, 가정은 여성에게도 휴식의 장소가 되어야 한다는 것이다. 건강한 가정을 유지하기 위해서는 성별 분업에 대한 비판적 분석이 필요하다고 하겠다.

Introduction to Healthy Families

CHAPTER 2

변화하는 현대가족

현대사회로 접어들면서 가족규모, 가족구조, 가족기능, 가족가치관의 변화가 발생하였고, 이로 인해 가족은 다양화되었다. 본 장에서는 다양한 가족들의 현황과 특징에 대해 고찰하고자 한다.

1. 맞벌이가족

맞벌이가족(dual career family)이란 부부가 모두 직업을 가지며, 가족의 수입원이 외벌이가 아닌 부부 양방인 가족 형태를 말한다. 산업사회에서의 생산 방식과 산업 구조의 변화로 인해 남성이 단독으로 생계부양자 역할을 하던 상황에서 부부 모두가 직업을 갖는 맞벌이 현상이 증가하고 있다. 이로 인해 자녀양육 및 가사노동의 수행에 문제가 제기되었다.

우리나라의 유배우 가구 중 맞벌이 가구는 46.0%에 달한다. 전년 동월과 비교하면, 유배우 가구는 6만 1천 가구 증가하였고, 이 중 맞벌이 가구는 1만 3천 가구(−0.2%) 감소한 반면, 비맞벌이 가구는 7만 3천 가구(1.1%) 증가하였다(그림 2−1).

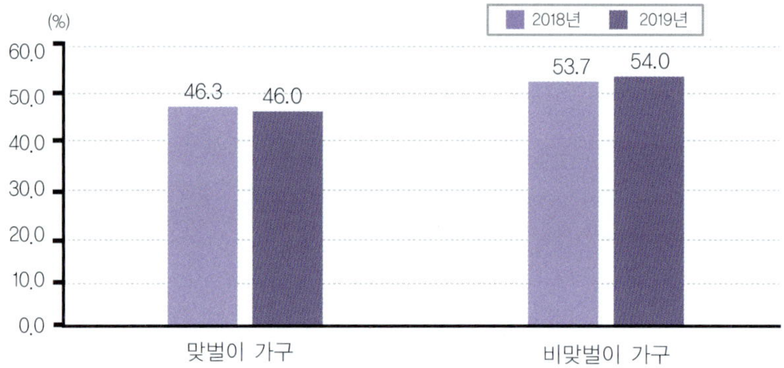

[그림 2−1] 맞벌이 가구 현황

출처: 통계청(2020). 2019년 하반기 지역별 고용조사 맞벌이 가구 및 1인 가구 고용 현황.

여성들의 경제활동이 증가하면서 일어난 가정 내 가장 큰 변화는 역할의 공유라고 할 수 있다. 전통적 가부장적 제도에서의 남성 및 여성의 역할을 벗어나 가사일이나 집안의 대소사 등을 공동 결정하고 공동 분담하는 방향으로 변모하고 있다. 맞벌이가족은 여성들의 교육수준 향상과 사회적으로 성평등사상이 확산되면서 나타났다. 맞벌이는 단지 외적인 부부 간의 역할수행뿐만 아니라 부부관계의 변화 및 부부 각자의 태도 변화까지 야기했다는 점에서 평가되어야 한다(이태희, 2008). 하지만 가사 분담 실태에 대한 조사를 보면, 아직 대다수의 맞벌이가족들은 평등하게 가사 분담을 하지 않고 있다(표 2-1). 맞벌이 아내들은 가사 노동과 직장 일을 병행하는 이중 노동을 하고 있는 것으로 나타나 평등적 사고와 실제 수행 간의 차이가 크다는 것을 알 수 있다. 맞벌이가족 내에서 발생하는 불평등한 역할수행은 여성들의 출산 기피를 야기할 소지가 있다. 맞벌이가족이 안고 있는 자녀양육 및 가사 분담의 어려움은 출산율 감소라는 사회적 문제로 확산되고 있다. 결국 맞벌이가족을 지원하는 것은 저출산이라는 사회적 문제를 해결하는 것과 불가분의 관계에 있다고 볼 수 있다.

〈표 2-1〉 가사 분담에 대한 실태[1]

(단위: %)

		계	아내가 주도	아내가 전적으로 책임	아내가 주로 하지만 남편도 분담	공평하게 분담	남편이 주도	남편이 주로 하지만 아내도 분담	남편이 전적으로 책임
남편	2018년	100.0	76.2	21.9	54.3	20.2	3.7	2.9	0.8
	2020년	100.0	75.6	21.1	54.6	20.7	3.7	2.7	1.0
	19~29세	100.0	51.0	10.3	40.6	43.3	5.7	5.7	–
	30~39세	100.0	64.2	12.4	51.8	33.0	2.8	2.4	0.4
	40~49세	100.0	77.3	19.7	57.7	19.8	2.9	2.0	0.9
	50~59세	100.0	79.1	22.7	56.5	17.5	3.4	2.8	0.6
	60세 이상	100.0	77.8	25.2	52.7	17.4	4.8	3.2	1.6
아내	2018년	100.0	77.8	26.9	50.8	19.5	2.8	2.4	0.4
	2020년	100.0	76.8	25.1	51.7	20.2	3.0	2.5	0.4
	19~29세	100.0	52.7	10.3	42.4	43.4	3.9	3.9	–
	30~39세	100.0	69.9	15.4	54.5	27.1	3.1	2.8	0.2
	40~49세	100.0	78.7	26.2	52.5	19.2	2.1	1.8	0.4
	50~59세	100.0	81.1	28.7	52.3	16.8	2.2	1.9	0.3
	60세 이상	100.0	77.9	28.4	49.5	17.8	4.2	3.4	0.8

주: 1) 19세 이상 부부(주말부부 포함)

출처: 통계청(2020). 2020년 사회조사.

2. 한부모가족

한부모가족지원법에 따르면, 한부모가족은 모자(母子)가족 또는 부자(父子)가족을 말한다(법제처, 2014). 즉, 부모 한쪽이 없거나 법적, 현실적으로 부모 역할을 할 수 없는 경우에 부모 중 한 사람과 자녀로 이루어진 가족을 말한다. 최근에는 한부모가족이라는 용어를 사용하면서 과거 편부 또는 편모라는 용어가 갖는 부정적 의미를 바꾸고자 노력하고 있다.

한부모가족과 관련된 법의 연혁을 살펴보면, 이들에 대한 사회적 관점의 변화를 추정할 수 있다. 먼저, 한부모와 관련된 법의 시작은 1989년에 제정된 모자복지법이다. 이 시기에는 여성을 경제적 약자로 가정하여, 한부모의 세대주가 여성인 경우를 지원하는 데 초점을 두었다. 이후 2002년에 모자복지법이 모부자복지법으로 바뀌면서 남성 한부모가족에 대한 지원까지 확대되었다. 하지만, 모자가정 또는 부자가정이란 용어 대신 한부모가족이라는 명칭을 사용하기로 합의가 되어 2007년에 한부모가족지원법으로 변경되었다. 한부모가족지원법은 한부모가족에 대한 편견과 차별을 미리 예방하고, 하나의 가족 유형으로서 존중받을 수 있도록 사회적 교육과 조치를 포함하고 있다. 이는 한부모가족에 대한 경제적 지원뿐만 아니라 이들에 대한 사회적 인식을 긍정적으로 바꾸려고 노력하고 있다는 것을 시사한다.

우리나라 한부모가구는 1,529천 가구로 전년 대비 10천 가구(0.7%) 감소하였으며, 미혼자녀의 연령이 18세 이하인 한부모가구는 384천 가구, 19세 이상인 가구는 1,145천 가구로 나타난다. 한부모가족 중 부자가족이 약 25.1%를 차지하는 반면, 모자가족은 74.9%를 차지해 모자가정이 부자가정에 비해 높은 비율을 차지하고 있는 것으로 나타난다(표 2-2). 이는 이혼을 할 경우, 법원이 어머니에게 미성년 자녀의 양육권을 부여하는 경향이 높은 데 기인한다고 추정할 수 있다.

〈표 2-2〉 전국 한부모가족 현황

(단위: 1,000가구, %)

세대구성	막내자녀연령구분	2018년	2019년	증감	증감률
계	소계	1,539	1,529	-10	-0.7
	18세 이하	408	384	-24	-5.9
	19세 이상	1,131	1,145	14	1.2
부+미혼자녀	소계	283	280	-3	-1.1
	18세 이하	85	79	-6	-7.2
	19세 이상	198	201	3	1.6
모+미혼자녀	소계	963	965	2	0.2
	18세 이하	213	202	-11	-5.1
	19세 이상	750	763	13	1.7
부+미혼자녀+기타가구원	소계	108	104	-4	-3.8
	18세 이하	53	48	-5	-8.8
	19세 이상	55	56	1	1.0
모+미혼자녀+기타가구원	소계	185	180	-5	-2.8
	18세 이하	58	55	-3	-4.6
	19세 이상	127	125	-3	-2.1

출처: 통계청(2020). 2019 인구주택총조사.

한부모가족은 주로 사별이나 이혼으로 유발된다. 과거에는 사별로 인한 한부모가족이 많았던 반면, 최근 들어 이혼으로 인한 한부모가족이 증가하고 있다. 통계청(2020)에서 발표한 이혼통계를 살펴보면, 이혼 건수는 11만 8백 건으로 전년 대비 2.0% 증가했다고 보고된다(표 2-3). 이혼으로 인한 한부모가족의 증가는 계속될 것으로 여겨지는데, 부부관계에 대한 가치관이 변화됨에 따라 결혼에 대한 긍정적 인식은 점차 감소되는 반면, 이혼에 대해서는 허용적 태도가 점차 증가되고 있는 점을 주목할 만하다(표 2-4). 이는 애정이 없어 결혼 만족도가 떨어지면 더 이상 결혼 관계를 유지할 필요가 없다고 여기는 현상의 단면을 보여준다. 과거에는 결혼 안정성이 중요했다면 현대 부부관계는 결혼 만족도가 더욱 중요한 의미를 갖게 되었다고 해석할 수 있다.

〈표 2-3〉 이혼 건수, 조이혼율 및 유배우 이혼율

	2009	2010	2011	2012	2013	2014	2015	2016	2017	2018	2019
이혼건수(천 건)	124.0	116.9	114.3	114.3	115.3	115.5	109.2	107.3	106.0	108.7	110.8
증감(천 건)	7.5	−7.1	−2.6	0.0	1.0	0.2	−6.4	−1.8	−1.3	2.7	2.1
증감률(%)	6.4	−5.8	−2.2	0.0	0.9	0.2	−5.5	−1.7	−1.2	2.5	2.0
조이혼율*	2.5	2.3	2.3	2.3	2.3	2.3	2.1	2.1	2.1	2.1	2.2
유배우이혼율**	5.2	4.8	4.7	4.7	4.8	4.8	4.5	4.4	4.4	4.5	4.5

* 인구 1천 명당 건

** 15세 이상 유배우 인구 1천 명당 건

출처: 통계청(2020). 2019년 혼인 · 이혼통계.

모자가족이 당하는 어려움으로, 아버지의 부재로 인한 경제적 소득의 감소를 들 수 있다. 부자가족의 경우는 어머니의 부재로 가사노동 및 자녀양육의 어려움을 겪는다. 따라서 한부모가족에게는 가족 교육이나 상담 서비스 제공과 함께 경제적인 독립을 확보하고, 실제적으로 양육에 대한 도움을 줄 수 있는 지원정책이 필요하다.

〈표 2-4〉 결혼 · 이혼 · 재혼에 대한 견해

(단위: %)

	계[1]	결혼			이혼			재혼		
		해야 한다[2]	해도 좋고 하지 않아도 좋다	하지 말아야 한다[3]	하지 말아야 한다[4]	할 수도 있고 하지 않을 수도 있다	이유가 있으면 하는 것이 좋다	해야 한다[2]	해도 좋고 하지 않아도 좋다	하지 말아야 한다[3]
2018년	100.0	48.1	46.6	3.0	33.2	46.3	16.7	12.4	64.6	14.9
2020년	100.0	51.2	41.4	4.4	30.2	48.4	16.8	8.4	64.9	17.3
남자	100.0	58.2	35.4	3.1	34.8	45.4	14.3	11.0	65.6	13.1
여자	100.0	44.4	47.3	5.6	25.7	51.2	19.2	5.9	64.2	21.4
미혼남자	100.0	40.8	48.0	5.0	19.5	51.6	19.4	7.3	69.8	7.5
미혼여자	100.0	22.4	62.4	10.5	8.9	56.4	28.7	2.4	77.4	8.5

	계[1]	결혼			이혼			재혼		
		해야 한다[2]	해도 좋고 하지 않아도 좋다	하지 말아야 한다[3]	하지 말아야 한다[4]	할 수도 있고 하지 않을 수도 있다	이유가 있으면 하는 것이 좋다	해야 한다[2]	해도 좋고 하지 않아도 좋다	하지 말아야 한다[3]
13~19세	100.0	32.8	54.1	6.6	15.8	50.6	20.5	3.4	68.0	8.1
20~29세	100.0	35.4	52.0	8.1	13.8	55.9	24.2	4.7	76.0	7.8
30~39세	100.0	42.2	49.7	4.5	22.4	55.4	18.5	6.0	73.1	11.8
40~49세	100.0	44.1	49.3	4.2	24.0	56.9	16.3	6.1	69.9	17.4
50~59세	100.0	55.3	39.8	3.2	31.9	49.5	15.6	9.0	62.3	21.3
60세 이상	100.0	72.7	22.5	2.5	51.3	32.5	11.8	14.5	51.3	25.4

주: 1) 각 항목별로 '잘 모르겠다' 포함
2) '반드시 해야 한다'와 '하는 것이 좋다'를 합한 수치
3) '하지 않는 것이 좋다'와 '하지 말아야 한다'를 합한 수치
4) '어떤 이유라도 이혼해서는 안 된다'와 '이유가 있더라도 가급적 이혼해서는 안 된다'를 합한 수치

출처: 통계청(2020). 2020년 사회조사.

3. 재혼가족

이혼을 통해 한부모가족기를 거친 후 재혼으로 새로운 가족을 형성하는 재혼가족도 주목할 필요가 있다. 조옥라(1996)는 재혼가족을 '이미 한 번 또는 그 이상 결혼하여 가정을 이룬 남성이나 여성이 다른 배우자와 새롭게 가정을 재구성하는 것'으로 정의하고 있다(조옥라, 1996).

초혼과 재혼 모두 감소하고 있으나 최근 10년간 재혼가족의 유형을 살펴보면, 남성과 여성이 모두 재혼인 형태가 가장 높은 비율을 차지하고 있다. 이어 초혼 남성과 재혼 여성의 결합이 뒤를 따랐고, 재혼 남성과 초혼 여성의 비율이 가장 낮은 것으로 나타났다(표 2-5).

〈표 2-5〉 혼인종류별 건수 및 구성비

(단위: 천 건, %)

		2009	2010	2011	2012	2013	2014	2015	2016	2017	2018	2019	전년 대비		
													구성비	증감	증감률
계*		309.8	326.1	329.1	327.1	322.8	305.5	302.8	281.6	264.5	257.6	239.2	100.0	−18.5	−7.2
남자	초혼	255.8	273.0	277.4	275.9	273.8	257.9	256.4	238.1	222.5	216.3	199.5	83.4	−16.9	−7.8
	재혼	53.8	53.0	51.6	51.1	48.9	47.5	46.4	43.3	41.7	41.1	39.4	16.5	−1.7	−4.1
여자	초혼	250.7	268.5	272.6	270.5	268.4	251.5	250.0	232.4	216.8	210.3	193.9	81.1	−16.4	−7.8
	재혼	58.8	57.5	56.4	56.5	54.3	53.9	52.7	48.9	47.4	46.7	44.5	18.6	−2.2	−4.8
남(초)+여(초)		236.7	254.6	258.6	257.0	255.6	239.4	238.3	221.1	206.1	200.0	184.0	76.9	−16.0	−8.0
남(재)+여(초)		13.9	13.9	13.9	13.5	12.8	12.0	11.7	11.1	10.5	10.2	9.8	4.1	−0.4	−4.3
남(초)+여(재)		19.0	18.3	18.7	18.9	18.2	18.4	18.0	16.7	16.2	15.9	15.0	6.3	−0.9	−5.9
남(재)+여(재)		39.8	39.1	37.7	37.6	36.1	35.5	34.7	32.1	31.1	30.7	29.4	12.3	−1.3	−4.3

* 미상 포함, 남(초):남자 초혼, 남(재):남자 재혼, 여(초):여자 초혼, 여(재):여자 재혼

출처: 통계청(2020). 2019년 혼인 · 이혼통계.

우리나라의 혼인 실태를 전반적으로 살펴보면, 초혼과 재혼 연령은 계속해서 증가하고 있다. 통계청(2020)이 발표한 조사에 따르면, 평균 초혼 연령은 남자가 33.4세이고 여자가 30.6세이다. 10년 전에 비해 남자는 1.8세, 여자는 1.9세가 상승하였다. 한편, 재혼 연령은 남자가 49.6세이고, 여자는 45.2세로 나타났다. 이는 10년 전에 비해 남자는 4.0세, 여자는 4.1세가 상승한 것이다. 초혼 연령이 상승하는 것은 고학력을 지향하면서 교육기간이 길어지고, 취업난으로 인한 만혼이 증가한 것으로 볼 수 있다. 재혼 연령이 상승되는 것은 초혼의 만혼화로 이혼 연령이 상승함으로써 재혼 연령도 자연스럽게 상승된 것이다(표 2-6).

〈표 2-6〉 평균 초혼 및 재혼 연령

(단위: 세)

		2009	2010	2011	2012	2013	2014	2015	2016	2017	2018	2019	증감	
													전년 대비	10년전 대비
초혼 연령	남자	31.6	31.8	31.9	32.1	32.2	32.4	32.6	32.8	32.9	33.2	33.4	0.2	1.8
	여자	28.7	28.9	29.1	29.4	29.6	29.8	30.0	30.1	30.2	30.4	30.6	0.2	1.9
재혼 연령	남자	45.7	46.1	46.3	46.6	46.8	47.1	47.6	48.2	48.7	48.9	49.6	0.7	4.0
	여자	41.1	41.6	41.9	42.3	42.5	43.0	43.5	44.0	44.4	44.6	45.2	0.5	4.1

출처: 통계청(2020). 2019년 혼인 · 이혼통계.

재혼가족은 초혼가족과는 또 다른 복합적인 문제를 갖는다. 부부관계 및 부모-자녀관계가 복합적이기 때문이다. 부부관계의 측면에서 부부는 상호 신뢰감을 형성해야 하고, 수입과 지출에 대한 가계경제 운용방식을 충분히 협의해야 한다. 한편, 부모-자녀관계 측면에서는 상대방의 전혼 자녀에 대한 역할수행을 어떻게 할 것인지 논의해야 한다. 또한, 자녀가 현재 동거하는 부모와 비동거 친부모 사이에서 충성심 갈등을 경험할 수 있으며, 형제자매 간의 경쟁(sibling rivalry)이 발생될 가능성이 있음을 고려해야 한다.

4. 다문화가족

이주 노동자의 유입, 국제결혼의 증가, 새터민(북한이탈주민)의 확대 등으로 우리나라는 본격적인 다문화 사회가 되었다. 이는 2008년에 다문화가족지원법 제정으로 연결되었고, 다문화가족을 위한 다양한 정책을 마련하는 기초가 되었다. 다문화가족지원법에서 다문화가족이라 함은 '결혼 이민자 및 관련법에 따라 대한민국 국적을 취득하거나 귀화 허가를 받은 사람으로 이루어진 가족'을 말한다. 여기서는 국제결혼으로 이루어진 가족 외에도 우리 사회에 거주하고 있는 외국인 노동자,

새터민, 그밖에 외국인 거주자, 외국인과의 사이에서 태어난 자녀들을 모두 포함한다.

우리 사회의 다문화가족 현황을 나타내는 통계청(2020)의 다문화 인구동태 통계에 따르면, 2019년의 다문화 혼인은 24,721건으로 전년보다 4.0% 증가하였다. 전체 혼인이 전년보다 7.2%, 한국인 간 혼인이 8.3% 감소한 데 비해 다문화 혼인은 오히려 증가한 것이다(표 2-7). 유형별로 살펴보면, 외국인이 여자인 경우는 69.3%로 남자가 외국인인 17.2%에 비해 높은데, 이는 한국인 남성과 결혼한 외국인 여성이 높은 비율을 차지하는 것이다(그림 2-2). 여전히 남성이 여성에 비해 10세 이상 연상인 부부가 42.0%로 나타나고 있다(그림 2-3).

〈표 2-7〉 다문화 혼인 건수 및 전체 혼인 중 다문화 비중

(단위: 건, %)

		전체			다문화 혼인[1]			출생기준 한국인 간의 혼인[2]		
		2017	2018	2019	2017	2018	2019	2017	2018	2019
혼인 건수		264,455	257,622	239,159	21,917	23,773	24,721	242,538	233,849	214,438
비중		100.0	100.0	100.0	8.3	9.2	10.3	91.7	90.8	89.7
전년 대비	증감	-17,180	-6,833	-18,463	208	1,856	948	-17,388	-8,689	-19,411
	증감률	-6.1	-2.6	-7.2	1.0	8.5	4.0	-6.7	-3.6	-8.3

1) 다문화 혼인: 남녀 어느 한쪽이 외국인 또는 귀화자인 경우, 또는 남녀 모두 귀화자인 경우

2) 출생 기준 한국인 간의 혼인: 남녀 모두 출생 기준 한국인인 경우

출처: 통계청(2020). 2019년 다문화 인구동태 통계.

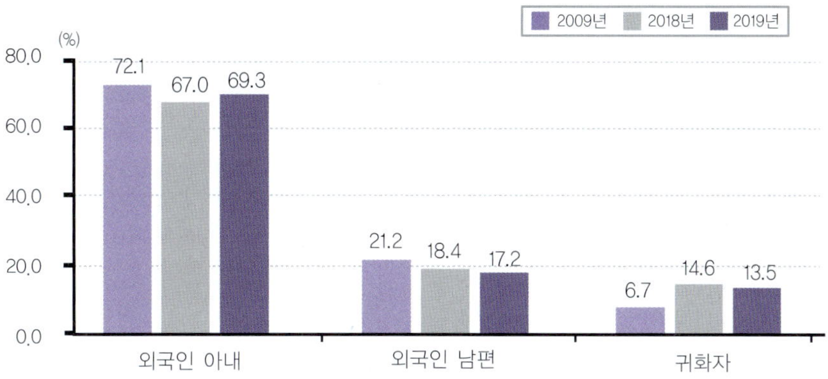

[그림 2-2] 다문화 혼인 유형별 비중

출처: 통계청(2020). 2019년 다문화 인구동태 통계.

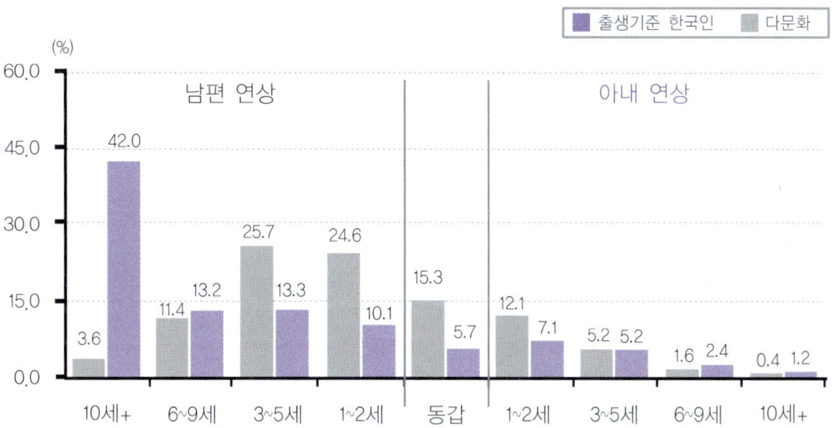

[그림 2-3] 부부 연령차별 비중

출처: 통계청(2020). 2019년 다문화 인구동태 통계.

다문화가족은 자녀양육에 대한 어려움을 크게 경험한다. 특히, 다문화가족 자녀들의 학업중도탈락자 비율에 주목할 필요가 있다. 다문화가족 자녀의 취학률은 전체 학생과 비교하였을 때, 고등교육기관으로 올라갈수록 현저하게 떨어진다(표 2-8).

〈표 2-8〉 전체 학생과 다문화가족 자녀의 학교 급별 취학률 비교

(단위: %)

구분	다문화가구 자녀 취학률	국민 전체 취학률
초등학교	98.1	97.4
중학교	92.8	97.9
고등학교	87.9	92.4
고등교육기관	49.6	67.6

출처: 여성가족부(2019). 2018년 전국 다문화가족 실태조사연구.

한편, 다문화가족의 부부관계를 보면 이혼이나 별거의 이유는 성격차이(45.3%)가 가장 큰 요인으로 등장한다. 하지만, 경제적 문제, 음주, 도박, 외도, 학대와 폭력 등도 심각한 문제로 드러난다(그림 2-4).

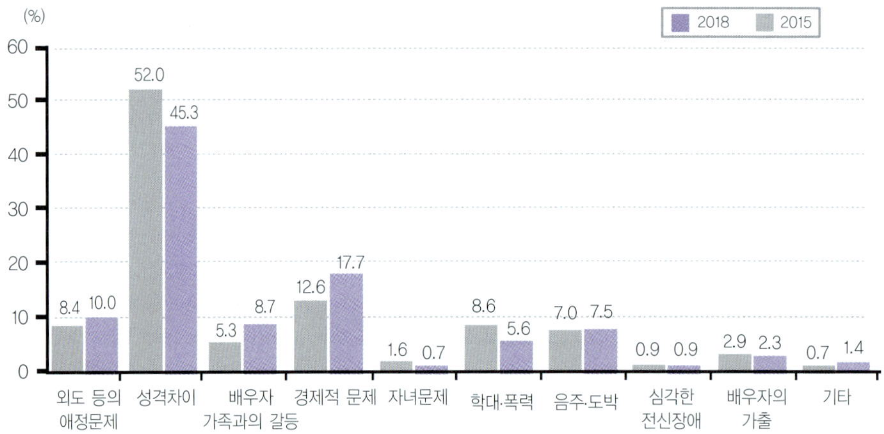

[그림 2-4] 결혼이민자 · 귀화자의 이혼 · 별거 이유

출처: 여성가족부(2019). 2018년 전국 다문화가족 실태조사연구.

다문화가족의 출현은 한국이 단일민족으로 구성되었다는 신화를 깨트리는 데 기여했다. 단일민족의 우수성이라는 그릇된 신념은 다문화가족에 대한 부정적인 인

식의 근간이 된다. 다문화가족 구성원이 겪고 있는 문제와 해결방안, 우리 사회에 미치게 될 영향에 대해 보다 많은 관심을 가져야 할 시점이다. 다문화가족의 권리 보장, 다문화가족 자녀의 양육 및 교육지원, 사회진입에 대한 보장, 다문화가족에 대한 차별 금지, 다양성에 대한 인식 확대 등이 필요하다고 하겠다.

5. 1인 가구

현대사회에서 다양성에 대한 가치가 존중되면서 결혼과 가족제도에 많은 변화가 야기되었다. 현대사회의 개인들은 결혼의 당위성이나 규범적 가족에 대해 회의를 갖기 시작한 것이다. 독신으로 사는 사람들이 증가하고, 제도적 결혼을 기피하고 동거만으로 가족을 형성하기도 하며, 결혼을 하지 않고도 자녀를 입양하거나 자발적 미혼모가 되는 사람들도 증가하고 있다. 특히, 과거에 개인의 삶이 집단적 가족생활에 의해 통제되던 것과 달리 혼자 생활하면서 누리는 자유와 가족원으로서의 의무에서 해방된다는 점은 1인 가구의 증가에 이바지하고 있다.

1인 가구를 가족이라고 부르지 않는 것은 가족은 상호작용을 하는 최소한의 2인이라는 구성요소를 필요로 하기 때문이다. 1인 가구는 급속한 산업화에 따른 가족구조의 변화, 취업 경쟁의 격화, 개인주의의 확산, 삶의 여유에 대한 욕구 상승과 함께 증가하고 있다.

통계청(2020)이 보고한 '2019년 인구주택총조사'에 따르면, 2019년에 전국의 1인 가구 비율은 30.2%(6,148천 가구)로서 2005년에 20.0%에서 증가하였다. 이는 대략적으로 전국의 3가구 중 1가구가 1인 가구라는 수치이다. 주목할 것은 1인 가구의 인구 구성 측면에서 남자는 30대(21.7%), 여자는 70세 이상(28.0%)이 가장 높다는 것이다(표 2-9). 한편, 최근 1인 가구는 대중적으로 '나홀로족'이나 'solo economy'라고 불리면서 새로운 소비주체로 여겨지기도 한다.

〈표 2-9〉 성 및 연령별 1인 가구

(단위: 천 가구, %)

연령	2018년			2019년		
	1인가구			1인가구		
		남자	여자		남자	여자
계	5,849 (100.0)	2,906 (100.0)	2,942 (100.0)	6,148 (100.0)	3,054 (100.0)	3,094 (100.0)
20세 미만	58 (1.0)	28 (1.0)	31 (1.0)	59 (1.0)	29 (0.9)	31 (1.0)
20~29세	1,020 (17.4)	543 (18.7)	477 (16.2)	1,118 (18.2)	587 (19.2)	531 (17.2)
30~39세	993 (17.0)	637 (21.9)	356 (12.1)	1,036 (16.8)	664 (21.7)	372 (12.0)
40~49세	864 (14.8)	546 (18.8)	318 (10.8)	872 (14.2)	550 (18.0)	322 (10.4)
50~59세	974 (16.7)	543 (18.7)	431 (14.7)	999 (16.3)	562 (18.4)	437 (14.1)
60~69세	870 (14.9)	367 (12.6)	503 (17.1)	933 (15.2)	398 (13.0)	534 (17.3)
70세 이상	1,069 (18.3)	243 (8.4)	826 (28.1)	1,132 (18.4)	264 (8.7)	867 (28.0)

출처: 통계청(2020). 2019 인구주택총조사.

6. 노인가족

출생률의 장기적 감소와 성인 사망률의 감소는 전체 인구의 노인 비율을 증가시키고 있다. 또한, 의학의 발달, 교육수준의 향상, 환경 위생의 개선 등은 평균수명을 연장시키는 원인이 되었다. 우리나라에서도 평균수명이 높아짐에 따라 노인가족의 비율이 점차 증가하고 있다(표 2-10, 그림 2-5). 노인이 증가하는 것과 달리 부모-자녀관계의 핵심가치였던 효는 희석되고, 핵가족화는 가속되며, 노부모에 대한 성인 자녀의 부양 의식은 희박해지고 있다. 노부모의 권위는 약해지고, 자녀의 발언권은 강화되면서 세대 간 친밀성이 감소되고, 갈등이 촉발될 가능성은 증가하고 있다.

〈표 2-10〉 인구 변화추이

(단위: 천 명, %, 명/생산연령인구 100명, 명/유소년인구 100명)

	총 인구	65세 이상	구성비[1]	노년부양비[2]	노령화지수[3]
2000	47,008	3,395	7.2	10.1	34.3
2010	49,554	5,366	10.8	14.8	67.2
2018	51,607	7,372	14.3	19.6	111.9
2019	51,709	7,685	14.9	20.4	119.4
2020	51,781	8,125	15.7	21.7	129.0
2025	51,905	10,511	20.3	29.3	189.7
2030	51,927	12,980	25.0	38.2	259.6
2036	51,516	15,712	30.5	51.0	315.9
2040	50,855	17,224	33.9	60.1	345.7
2050	47,745	19,007	39.8	77.6	447.2
2060	42,838	18,815	43.9	91.4	546.1

자료: 통계청, 「장래인구특별추계: 2017~2067」

주: 1) 구성비 = (고령인구(65세 이상) ÷ 총 인구) × 100

2) 노년부양비 = 고령인구(65세 이상) ÷ 생산연령인구(15~64세) × 100

3) 노령화지수 = 고령인구(65세 이상) ÷ 유소년인구(0~14세) × 100

출처: 통계청(2020). 2020년 고령자 통계.

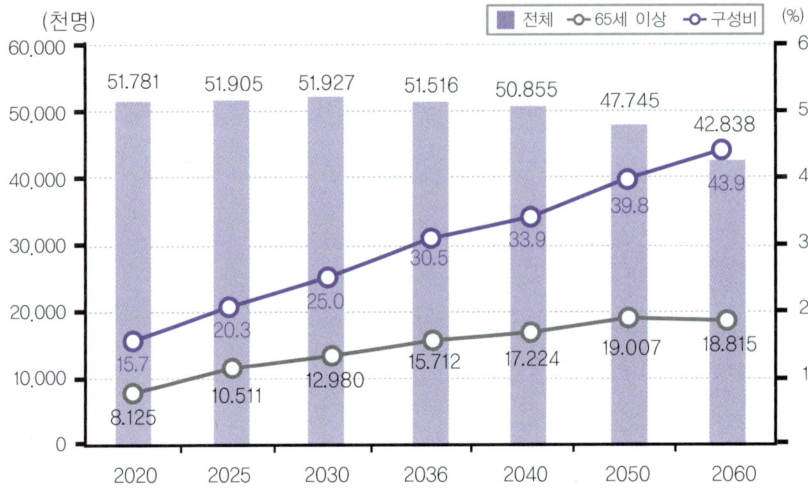

[그림 2-5] 고령인구(65세 이상) 및 구성비

출처: 통계청(2020). 2020년 고령자 통계.

통계청의 사회조사(2020)에 따르면, 부모의 노후 생계는 가족과 정부사회가 함께 돌봐야 한다는 견해(61.6%)가 가장 높았고, 그다음이 가족(22.0%)인 것으로 나타났다(그림 2-6). 특히, 가족 중에서는 모든 자녀들이 가족을 부양해야 한다는 의견이 가장 높았고, 그 다음이 능력 있는 자녀가 부양해야 한다는 견해가 높았다. 이는 우리나라가 점차 장남이 부모를 부양해야 한다는 전통적 가부장제도에 벗어나고 있음을 보여주는 결과이다. 흥미로운 것은 부모의 노후를 가족이 돌봐야 한다는 비율이 지속적으로 감소하는 추세를 보인다는 것이다. 부모를 부양하는 것이 효의 가치기준이 되었던 것과 달리 부모 부양은 가족과 정부의 공동책임이라고 생각하게 되었다. 부모 생활비와 관련된 사회조사도 이와 비슷한 맥락에서 해석될 수 있다. 부모의 생활비를 스스로 해결하는 경우가 절반(55.5%)을 넘었다. 2016년 사회조사와 비교해 보면, 아들, 딸 등의 자녀가 부모의 생활비를 제공하는 비율은 점점 감소하고, 부모 스스로 해결하는 비율이 증가 추세를 보인다(표 2-11).

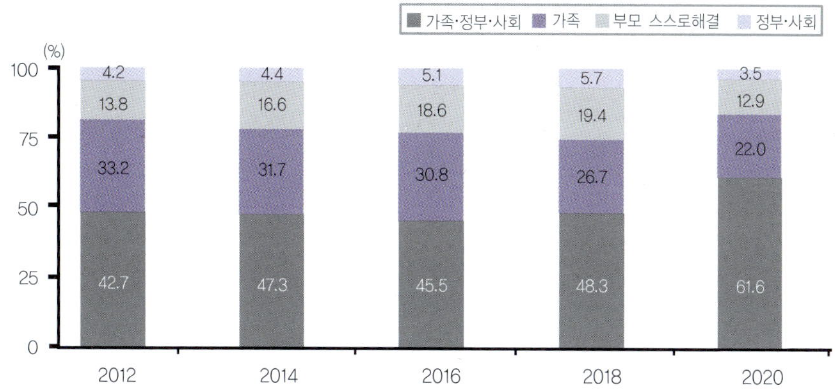

[그림 2-6] 노부모 부양에 대한 견해

출처: 통계청(2020). 2020년 사회조사.

〈표 2-11〉 부모 생활비 주 제공자(가구주)

	계[1]	자녀	장남 또는 맏며느리	아들 또는 며느리	딸 또는 사위	모든 자녀	부모 스스로 해결	기타
2016년	100.0	47.4	8.8	8.7	2.3	27.5	52.6	0.1
2018년	100.0	44.4	7.5	7.4	2.3	27.2	55.5	0.1
도시(동부)	100.0	42.9	7.0	7.1	2.3	26.5	57.0	0.1
농어촌(읍면부)	100.0	54.1	10.9	9.3	2.3	31.6	45.8	0.1

1) 부모 중 한사람이라도 생존해 있는 가구주임

출처: 통계청(2018). 2018년 사회조사.

노인가족이 갖는 문제는 경제적 자립도가 낮고 장수하는 데 비해 성인 자녀의 부양 의식이 희박해지고, 노인을 부양할 사회복지제도는 아직 불충분하다는 것이다. 경제력이 없는 노부모를 부양하는 것은 성인 자녀의 의무이지만, 자식 세대에게 효라는 이름으로 부양을 책임지게 하기에는 사회경제적 구조가 여의치 않다. 즉, 성인 자녀의 직업 안정성이 낮고, 실업률은 증가하고, 은퇴 시기는 가속화되면서 노인 부모를 부양하는 것이 쉽지 않은 것이다.

지금까지 노인의 문제는 효나 부양 의식의 변화에 따른 가족 내 세대 간 갈등으로 간주되어 왔다. 하지만, 이제는 국가적 차원에서 노인의 신체적 건강, 사회·심리적 안녕, 경제적 자립 등을 다각적으로 분석하는 것이 필요하며, 이에 따라 노인과 자녀와의 관계도 재조명되어야 할 것이다.

Introduction to Healthy Families

CHAPTER 3

건강가정에 대한 이해

본 장에서는 가족의 개념과 가족 연구의 범위, 가족의 기능에 대해 검토하고, 건강가정의 의미와 특성, 건강가정에 대한 오해와 딜레마를 다루어본다. 또한, 오랫동안 사적 영역으로 간주되어온 가족에 대해 국가와 사회의 개입이 강조되게 된 배경을 살펴보면서 가족을 둘러싼 사회변화와 한국가족의 변화, 한국가족의 위기와 취약성 및 탄력성에 대해 살펴본다.

1. 가족과 건강가정의 의미

산업화 이래 기술문명의 눈부신 발전으로 인류는 어느 때보다 물질적으로 풍족한 시대를 맞고 있다. 최근 정보화가 급속히 진행되고 개인주의와 다원적인 가치를 추구하는 탈근대주의 사회를 맞이하면서 가장 친밀한 집단인 가족의 의미가 재검토되고 있다. 사적 영역으로 간주되었던 가족에 대한 사회와 국가의 책임과 개입이 강조되고 있는 시점에서 가족과 건강가정의 의미를 살펴보기로 한다.

건강가정기본법 제1장 총칙 제3조 (2018.1.16.개정)

- "가족"이라 함은 혼인 · 혈연 · 입양으로 이루어진 사회의 기본단위를 말한다.
- "가정"이라 함은 가족 구성원이 생계 또는 주거를 함께 하는 생활공동체로서 구성원의 일상적인 부양 · 양육 · 보호 · 교육 등이 이루어지는 생활단위를 말한다. "1인가구"라 함은 1명이 단독으로 생계를 유지하고 있는 생활단위를 말한다.
- "건강가정"이라 함은 가족 구성원의 욕구가 충족되고 인간다운 삶이 보장되는 가정을 말한다.

1) 가족이란?

(1) 가족의 의미

가족이란 무엇인가? 가족의 의미는 문화나 시대에 따라 달라져 왔고 이 용어를 사용하는 집단이나 개인에 따라 의미가 다르기도 하다. 어떤 이들은 가족(the family)이라는 용어를 사용할 때 혈연이나 혼인에 기반한 긴밀한 유대를 일컫는다. 다른 이들은 가족이 '부양자인 아버지와 주부인 어머니 등 이성애의 부모와 친자녀로 이루어진 핵가족'이라는 전형적인 가족모델을 내재하고 있으며, 이는 자칫 다양한 가족의 현실에 맞지 않는다고 지적하며, 대안으로 '가족들(families)'이라는 복수형 사용을 선호하기도 한다. 때때로 '가족'이라는 용어는 '가족의 삶(family lives)' 또는

'가족생활을 하다(doing family).'라는 동사적 의미로 사용되기도 한다(McCarthy & Edwards, 2013). 이는 가족이 우리가 이름 붙일 수 있는 대상인 명사라는 생각에서 벗어나, 광범위한 경험의 다양성과 삶의 다양한 측면에 적용될 수 있는 기술적 용어임을 제안하는 것이다. 가족학 내부에서도 가족 개념에 대한 딜레마가 다양하게 존재한다.

고전적인 관점은 가족을 결혼에서 출발한 조직으로, 혈연을 중심으로 함께 거주하는 생활공동체이자 제도로 보았다. 예를 들어, Murdock(1949)은 '가족은 공동거주, 경제적 협동, 재생산의 특징을 지닌 집단으로, 가족은 사회적으로 인정하는 성적 관계를 유지하고 있는 최소한 두 명의 성인 남녀와 한 명 이상의 자녀를 포함한다.'고 규정하였다(한국가족상담교육연구소, 2010). 이 정의는 가족의 제도적 측면을 강조하고 있으며, 이성애 부모와 자녀라는 특정 가족형태를 지칭한다는 점에서 가족에 대한 협의의 정의로 볼 수 있다.

반면, 가족에 대한 현대적 정의는 제도보다 관계 중심의 관점을 강조하는데, Olson과 DrFrain(1994)은 '가족이란 둘 이상의 가족원들이 애정과 친밀감, 소속감을 가지고 자원을 서로 나누는 집단'이라고 규정했다(한국가족상담교육연구소, 2010에서 재인용). 이는 고전적 정의에 비해 현존하는 다양한 형태의 가족의 삶을 포괄하는, 보다 넓은 의미의 가족에 대한 정의라고 할 수 있다. 즉, 현대적으로는 가족을 결혼이나 혈연에 근거하기보다는 실제 생활을 공유하는 공동체로서 친밀성과 자율성이 존중되며 보살핌과 나눔이 공유되는 관계로 보는 경향이 짙다. 더욱 최근으로 올수록 가족은 명확한 실체라기보다 가족 활동의 실행(doing family)이나 하나의 이데올로기, 또는 현실 안에 투영시킨 사고방식 그 자체로 보는 사회구성주의적 관점이 반영되고 있다(한국가족상담교육연구소, 2010).

다음 중 '가족'이라고 생각되는 항목에 표시하시오.

- 1. 남편과 아내, 그리고 둘 사이에 낳은 자녀
- 2. 과부와 세 어린 자녀
- 3. 50대 여성과 70대 양어머니
- 4. 60대 남성과 딸, 그리고 딸의 아들(남성의 손자)
- 5. 80대 과부와 애완견
- 6. 세 명의 성인 자매가 함께 동거
- 7. 두 레즈비언 커플과 그중 한 여성이 전혼에서 낳은 자녀들
- 8. 함께 사는 두 명의 성인 남자 사촌
- 9. 70대 남성과 평생 친구
- 10. 자녀가 없는 부부
- 11. 이혼남과 그의 여자친구, 그리고 여자친구의 딸
- 12. 부부와 아들 부부, 그리고 손자
- 13. 5명의 성인과 10명의 자녀가 공동체 방식으로 함께 거주

출처: Klein & White(2000).

(2) 가족연구의 범위

가족에 대한 연구는 학제적(interdisciplinary) 학문으로서의 특징을 갖는다. 즉, 인간발달학, 가정학, 여성학, 사회복지학, 사회학, 심리학, 역사학, 법학 등 다양한 학문 분야에서 가족에 대해 연구해 왔다. 가족은 개인과 사회의 중간에 위치하는 체계이므로, 거시적 차원과 미시적 차원에서 모두 연구대상이 되어 왔다. 가족은 개인의 역사와 사회의 역사가 다중적인 시간의 맥락에서 만나는 장이며, 가족의 구조와 가족과정이 시간 속에 변화되는 장이기도 하다. 또한, 가족은 관념적인 차원에서 이론과 연구의 대상으로 인식되기도 하지만, 구체적인 정책과 실천의 단위로서 다루어지기도 한다.

거시적 차원의 이론연구의 예로, 가족제도의 변천에 관한 연구, 사회와 문화에

따른 가족기능 및 구조에 관한 연구, 비교문화적 가족연구 등을 수행하며, 미시적 차원의 이론연구로는 부부 의사소통이나 가족의 상호작용을 보는 가족과정연구들이 포함된다. 거시적 차원의 실천연구로 가족법이나 정책, 제도 등에 관한 연구가 들어가며, 미시적 차원의 실천연구로는 가족상담치료와 가족생활교육에 관한 연구가 포함된다.

〈표 3-1〉 가족연구의 범위

	거시적 차원	미시적 차원
이론적 연구	가족제도의 변천 역사적, 사회적 맥락에서의 가족 가족기능 및 구조에 관한 연구	가족 상호작용연구 (의사소통, 친밀감, 갈등, 권력, 스트레스 등) 가족발달, 생애과정연구
실천적 연구	가족복지정책 가족에 관한 법률 가족제도, 가족복지 전달체계 등	가족상담 및 치료 가족생활교육

출처: 한국가족상담교육연구소(2010).

(3) 가족의 기능

가족은 개인과 사회를 위해 다양한 기능을 수행한다. 가족은 개인과 사회를 매개하는 중개자이며, 개인의 상위체계이자 사회의 하위체계라고 할 수 있다. 기능적인 관점에서 볼 때, 가족은 개인들의 일차적인 욕구를 충족시켜주는 기능을 수행할 뿐만 아니라, 사회의 가장 기본적인 단위로서 사회의 존속과 질서유지, 문화 전달을 위한 필수적인 기능을 수행하는 제도이다. 즉, 가족원 개인들에 대한 대내적인 기능과 사회에 대한 대외적인 기능을 동시에 수행하며, 개인과 사회의 욕구를 충족시켜주는 집단이자 제도라고 볼 수 있다(한국가족상담교육연구소, 2010).

〈표 3-2〉 가족의 기능

	대내적(개인지향적) 기능	대외적(사회지향적) 기능
고유 기능	애정, 성 생식, 애정	성적 통제 재생산(종족 보존 및 사회 구성원 보호)
기초 기능	생산 소비 교육	노동력 제공 경제질서 유지 문화 발달

구조기능론에서는 현대 산업사회에서 핵가족 유형이 가장 적합하다고 보았다. 공장과 회사 위주의 경제 환경은 노동자의 빈번한 지리적 이동을 야기하기 때문에 많은 헌신과 책임이 요구되는 확대가족 유형의 친족 집단은 직장의 요구와 상충될 가능성이 있기 때문이다.

확대가족에서 핵가족으로 지배적 가족 유형이 변화되면서 가족규모는 작아졌지만 돌봄기능과 애정기능은 더욱 집중적인 기능으로 남았다. 가족은 사회 존속과 유지를 위해 지속적으로 사회 구성원을 충원해야 하며, 사회적 요구에 맞게 자녀를 사회화시켜야 한다. 어린 자녀와 질병이나 노화로 거동이 어려운 가족원들에게 돌봄을 제공해야 하며, 경쟁적인 일터에서 노동을 마친 가족원들에게는 편안한 안식처를 제공해야 한다.

기능론자들은 가족이 기능적이기 위해서는 가족생계를 부양하는 도구적 역할과 자녀의 사회화 및 심리적 지원을 담당하는 표현적 역할이 제대로 수행되어야 한다고 보았다. 남편은 도구적 역할을, 아내는 표현적 역할을 담당함으로서 부부의 상호의존도가 높아져, 가족은 기능적으로 사회 안정에 이바지하게 된다는 것이다(한국가족상담교육연구소, 2010). 그러나 여성의 노동시장 진출 증가로 맞벌이 부부체계에서 여성이 돌봄 역할을 전담하기가 버거워진 것이 현실이다. 이에 사회와 국가가 전통적으로 여성이 수행해온 돌봄 역할을 분담하는 제도적 필요성이 제기되었다.

2) 건강가정이란?

(1) 건강가정의 의미

2000년대 이후 우리나라에서도 가족의 기능성에 관한 사회적 관심이 높아졌다. 후기산업화시대에 들어서면서 다양한 심리사회적 병리현상이 증가하였고, 개인과 사회의 문제 증상이 가족의 건강성과 연관되어 있다는 인식이 확산되었다. '가족 건강성'은 '가족 기능성'과 유사한 의미로 사용해 왔는데, 굳이 구분하자면 가족 건강성은 가족생활교육 영역에서 많이 사용하고, 가족 기능성은 가족상담 및 치료 분야에서 많이 사용한다고 말할 수 있다.

개인 또는 가족이 건강하다는 의미는 신체적 질병이 없다는 협의의 의미뿐만 아니라, 정신적, 사회적, 도덕적 복지 상태를 의미한다. 건강한 가족은 공동체로서 개인을 보호하고 사회에 적응하는 데 가족원들의 신체적, 심리적 행복을 보장해 주는 체계임을 나타낸다. 유영주(1995)는 건강한 가정이란 외부의 환경 변화에 잘 적응하고, 스트레스에 긍정적으로 대처하며, 가족원들 간에 의사소통이 원활하고, 협동과 타협이 잘 이루어지는 가정이라고 정의하였다(조희금 · 김경신 · 정민자 · 송혜림 · 이승미 · 성미애 · 이현아, 2013).

국내외 많은 연구자들이 가족 건강성에 대해 관심을 기울여 왔다. 미국의 가족학자 및 가족치료학자들은 80년대 이전까지 병리적 가족의 특성에 집중해 왔지만, 점차 가족의 강점과 자원에도 관심을 두기 시작했다. 연구자들은 정상 가족(normal family), 강한 가족(strong family), 기능적 가족(functional family), 탄력적 가족(resilient family), 균형적 가족(balanced family) 등 다양한 명칭으로 건강가족에 대해 서술하였으며, 건강가족이 가지고 있는 하위 특성들에 대해 주목하였다.

건강가정 관점의 명제

- 모든 가족은 강점을 가진다.
- 가족의 약점은 문제를 해결해 주지 못하지만 강점은 문제를 해결해 준다.
- 가족의 강점은 가족구조에 대한 것이 아니라 가족기능에 대한 것이다.
- 건강한 결혼이 건강한 가족의 중심이다.
- 건강한 가족에서 성장한 자녀는 성인이 되어 건강한 가족을 만들 가능성이 높다.
- 가족의 경제력과 가족의 건강성이 비례하는 것은 아니다.
- 가족의 건강성은 시간에 따라 변한다.
- 가족생활주기의 전환기에서 가족의 건강성은 도전을 받는다.
- 가족의 건강성은 위기에 대한 반응으로 개발될 수 있다.
- 가족이 속한 문화에 따라 건강성이 표현되는 방식은 독특할 수 있지만, 문화 간 차이보다는 유사성이 높다.
- 건강한 가족이라도 갈등을 가진다.
- 가족건강성은 긍정적인 정신적 연결과 소속감과 같은 건강한 정서로 특징지어진다.

출처: 이선형 · 임춘희(2009).

(2) 건강가정의 특성

많은 가족학 및 가족치료 분야에서 건강가정 및 가족 기능성에 관한 연구와 이론화를 진행하였다. Lewis 등(Lewis, Beavers, Gossett, & Philips, 1976)은 기능적인 가족에서 가족원들 간에 친밀하고, 가족원의 개별성이 보장되며, 변화에 잘 적응한다고 주장했다. 또한, 가족원들이 유머와 온정, 희망 등을 자유롭게 표현하는 경향이 있다고 했다(한국가족복지학회, 2011에서 재인용).

Olson(2004)은 가족의 기능성을 평가하는 주요 요인으로 ① 응집성과 ② 적응성의 두 요인을 주목했다. 응집성은 가족원 간의 결속과 함께 보내는 시간 등을 의미하며, 적응성은 스트레스를 다루는 융통성으로 역할과 지도력, 양육 등의 하위 요소를 가진다. 두 요인 모두 가족 기능성과 깊은 관련이 있는데, 응집성이 지나치게 낮거나 높으면 가족의 기능성이 떨어진다. 마찬가지로 적응성도 지나치게 낮거나 높으면 가족의 기능성이 떨어진다. 즉, 가족의 응집성과 적응성이 적정 수준으로 유지될 때 가족의 건강성이 극대화된다고 할 수 있다. 또한, Olson은 응집성과 적응성의 매개가 되는 의사소통을 강조하였는데, 가족원 간의 의사소통이 원활해야 융통성과 적응성을 적정 수준으로 유지할 수 있다.

Satir는 기능적인 가족은 융통성 있고 양육적인 가족 규칙을 가졌으며, 가족원들의 자유로운 정서 표현을 격려하며, 가족원의 높은 자존감을 보장하는 가족이라고 주장하였다. 건강한 가족의 가족원들은 자신과 타인, 주어진 상황을 모두 존중하고, 수평적이고 일치적인 의사소통을 하며, 정서 억압을 하지 않고 자신의 감정을 진솔하게 드러낼 수 있다고 했다(정문자 · 정혜정 · 이선혜 · 전영주, 2011).

Minuchin은 가족이 기능적인 구조를 가지고 있을 때 건강하다고 하였다. 기능적인 가족은 개인 간 또는 하위체계 간에 지나치게 경직되거나 느슨하지 않은, 명확한 경계를 가지고 있으며, 윗세대가 아랫세대보다 더 많은 권위와 통제를 지니고 있어 분명한 위계질서를 유지한다고 하였다. 특히, 부부하위체계의 경계와 지위가 분명하여, 부부 간의 연합이 부모-자녀 간의 세대 동맹보다 강한 것이 기능적 가족의 특징이다. 건강 가족은 가족생활주기의 전이기에 기존 규칙에 집착하기보다 융통적으로 가족경계와 위계를 재정렬하여 가족의 역할과 기능을 재구조화하는 적응력을 보인다(정문자 외, 2011).

Olson과 DeFrain(2006)은 세계 20여 개국의 2만 가족의 자료를 수집하여 건강가족에 공통적으로 존재하는 여섯 가지 특징을 밝혔다(한국가족상담교육연구소, 2010에서 재인용). ① 감사와 애정 ② 헌신 ③ 긍정적인 의사소통 ④ 함께 즐거운 시간 보내기 ⑤ 정신적인 안녕 ⑥ 스트레스와 위기에 대처하는 능력 등이다. 첫째, 건강한 가족은 서로에게 감사와 애정을 언어적, 비언어적으로 표현하지만, 건강하지 않은 가족은 부정적인 면에 초점을 두어 비난을 하거나 무시하는 표현을 한다. 둘째, 건강한 가족은 가족 활동에 시간과 에너지를 투자하며 서로에게 헌신하는 모습을 보인다. 셋째, 건강한 가족은 충분한 대화 시간을 가지고 경청과 솔직한 자기 표현으로 갈등을 예방하거나 이미 벌어진 문제를 건설적으로 해결한다. 넷째, 건강한 가족은 가족과 질적으로 좋은 시간(quality time)을 보내려고 노력한다. 다섯째, 건강한 가족은 신앙심이나 희망, 윤리적 가치, 중요한 신념 등, 정신적으로 일치되는 경향이 있다. 마지막으로 건강한 가족은 위기가 닥치면 협력하고 함께 해결하기 위해 노력한다. 자신들의 역량으로 해결이 어려울 경우 외부의 자원이나 도움을 요청하는 융통성을 갖고 있다.

국내 건강가정에 관한 대표적 연구로 유영주(2004)는 '건강한 가족이란 가족원 개개인의 건강한 신체적, 심리적, 사회적, 도덕적 발달을 도모하고, 가족원 간의 상호작용이 올바르고 적합하여 집단으로서의 가족체계를 잘 유지하고 있는 가족'이라고 정의하였다. 유영주는 건강가족의 구성 요소로 아홉 가지 요인을 분석했는데, ① 가족원에 대한 존중 ② 가족원 간의 유대의식 ③ 감사와 애정 및 정서적 안식처 ④ 긍정적 의사소통 ⑤ 가치관 목표 공유 ⑥ 가족원의 역할 충실 ⑦ 문제 해결 능력 ⑧ 경제적 안정과 협력 ⑨ 사회화의 유대 등이다. Olson(2004)의 건강가족 차원이 가족 내적인 기능을 다루는 것인 반면, 유영주(2004)의 건강가족 차원은 가족원의 역할 충실이나 신체 건강, 경제적 안정과 같은 기능적인 부분을 포함하고 있다(조희금 외, 2013).

결론적으로 건강가정이란 어떤 일정한 형태로 존재하는 정적 상태가 아니라, 가정생활의 토대가 되는 여러 요소들을 유지할 때 가능한 복합적 개념이라 할 수 있다(조희금 외, 2013). 어떤 형태의 가정도 어느 정도의 건강성은 가지고 있으며, 동시에 특정 영역에서 부족함이 있을 수 있다. 조희금 외(2013)는 건강한 가정생활의 토대가 되는 다양한 요소를 다음과 같이 5가지 영역의 12가지 요인으로 설명하였다.

1. 기본토대: ① 가정의 경제적인 안정 ② 안정적인 의식주 생활
2. 가족관계: ③ 민주적이고 양성평등한 가족관계 ④ 열린 대화 ⑤ 휴식과 여가 공유
3. 가정생활: ⑥ 자녀의 성장 발달 지원 ⑦ 합리적인 자원관리 ⑧ 가족 역할 공유
4. 사회와의 관계: ⑨ 일-가정의 조화 ⑩ 건강한 시민의식과 자원 봉사 활동

⑪ 지역 사회 활동 참여

5. 가정문화: ⑫ 건강한 가정생활 문화의 유지 및 창조

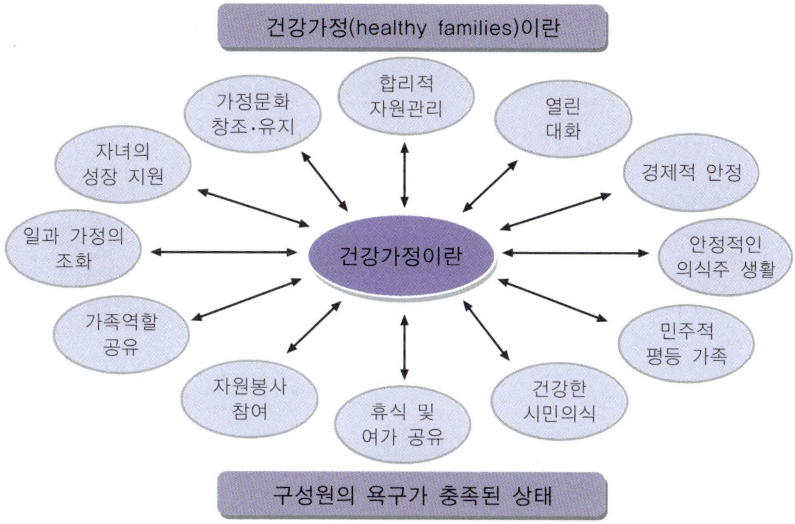

[그림 3-1] 건강가정의 구성요소

출처: 조희금 · 송혜림 · 성미애(2007).

(3) 건강가정에 대한 오해와 딜레마

건강한 가족과 기능적 가족이 유사한 의미로 사용됨에도 불구하고, 건강이라는 용어에는 오해와 그로 인한 딜레마가 남아있다.

첫째, '건강'이라는 용어에 내재된 가치지향성에 의한 오해이다. 건강가족은 가족의 기능성에 관심을 갖고, 다양한 가족형태에 대해서는 중립적이다. 그럼에도 불구하고, 건강가족에 내포된 특정 가족형태 편향성, 즉 '이성애 부모와 자녀로 이루어진 핵가족'을 기능적이라고 보는 오해가 존재한다. 건강가정은 가족의 구조나 형태와 상관없이 가족의 기능에 초점을 두는 개념이므로 정상가족 이데올로기를 지지하는 용어라는 비판은 적절하지 않다.

둘째, 건강가족과 비건강가족의 이원론에 대한 도전이다. 모든 가족에게는 자원

과 잠재력, 강점이 있다는 가족복지 분야의 강점 관점(strength perspective)은 건강 대 비건강, 또는 기능적 대 역기능적 가족이라는 이원론에 동의하지 않는다. 특정 가족을 '병리적이다' 혹은 '건강하다'고 평가하거나, 그 가족의 강점이나 약점에 대해 타인이 평가하는 것은 매우 조심스러운 일이다. '건강'에 내포된 긍정적인 의미에도 불구하고, 기능적인 가족의 명확한 기준이 제시될 수 있냐는 것, 그리고 그 잣대를 누가 어떻게 결정할 것인가에 대한 딜레마가 있다.

셋째, 건강이라는 개념은 시대에 따라 달라지며, 건강한 가정의 개념도 문화나 시대에 따라 다르게 접근할 수 있다. 예를 들면, 1970년 한국의 건강가족의 지표로 가족원 간의 응집성이 중요할 수 있었겠지만, 1970년대 미국 가족이나 2010년대 한국의 가족에게서는 가족원의 개별성도 응집성 못지않게 중요한 가족 건강성의 지표가 될 수 있다.

넷째, 건강가족이란 어떤 정적 상태라기보다 가족의 잠재력을 활성화시키는 과정으로 봐야 한다(Stinnett & DeFrain, 1985, 한국가족복지학회, 2009에서 재인용). 건강가정은 가족의 형성과 함께 자연스럽게 이루어지는 것이 아니라, 가족원들의 의식적인 노력을 통해 가족의 강점을 찾아내 문제를 해결하는 과정이다. 모든 가족은 성장이 필요한 부분(약점)을 가지고 있는 동시에 자원(강점)도 가지고 있기 때문에, 어느 부분에 초점을 두느냐에 따라 가족에 대한 평가가 달라질 수 있다.

소득,··· 결혼, 미 계층구분 기준이 되다

[자녀 있는 美 가정 중 저소득층 41% · 고소득층 88%가 결혼]

결혼 여부도 대물림 – 싱글맘 등 한부모 둔 자녀, 결혼할 가능성 낮아져

(조선일보, 2012-7-17)

자녀가 있는 미국 가정의 수준별 결혼 비율

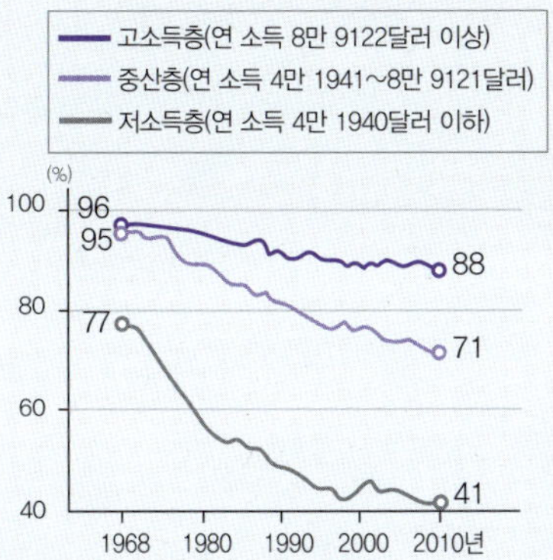

미국 미시간주(州) 앤아버의 보육원에서 일하는 제시카 섀어러와 크리스 포크너는 모두 초등학교에 다니는 아이를 두고 있다. 같은 직장에 다니고 백인, 30대, 중서부 출신 여성이라는 공통점을 지닌 이 둘은 그러나 완전히 다른 삶을 산다. 섀어러는 컴퓨터 프로그래밍을 하는 남편과 맞벌이를 하면서 육아를 공동 책임진다. 포크너는 결혼을 하지 않고 아이를 낳았고, 지금은 '싱글맘'으로 지내며 수입의 절반 이상을 주택 임대료로 낸다. 부모의 관심 속에 자란 섀어러의 아이는 포크너의 자녀보다 더 많은 교육을 받고 좋은 직장을 얻어 안정적인 가정을 이룰 가능성이 확률적으로 높다.

미국에서 한부모가정이 빠르게 확산하면서, 부자들은 결혼을 통해 탄탄한 가정을 이루고 저소득층은 결혼 없이 아이를 낳아 혼자 힘겹게 기르는 결혼 양극화가 심화하고 있다고 뉴욕타임스가 14일 보도했다. 현재 미국에서 태어나는 아이 10명 중 4명이 싱글맘이나 결혼하지 않은 부모 사이에서 출생한다. 30년 전 이 비율은 17%였다. 결혼 양극화는 부모의 교육수준에서 시작해 자녀의 교육 격차로 이어진다. 더 많은 교육을 받고 좋은 직장을 차지한 사람일수록 결혼할 가능성이 크고, 그 자녀도 안정적인 환경 속에 학교를 다니고 직장을 얻는 선순환 구조가 형성된다. 경제적 어려움 탓에 아이를 낳고도 결혼을 미루는 커플은 갈라설 확률이 더 높다. 아이의 성장 환경도 불안정해진다.

미국의 가족관계 연구소 '차일드 트렌즈(Child Trends)'가 15일 발표한 보고서에 따르면, 교육수준이 낮을수록 결혼하지 않고 자녀를 낳는 비율이 높았다. 고등학교를 졸업하지 못한 여성이 낳는 아이 10명 중 6명은 혼외 자녀였다. 대졸 이상 여성의 경우 이 비율은 8%에 그쳤다. 존스홉킨스대 사회학과 앤드루 철린 교수는 "특권층의 미국인만 결혼을 하고, 결혼이 이들을 특권층에 머무르도록 돕는 구조가 굳어지고 있다. 결혼 여부는 이제 계층의 상징"이라고 말했다.

소득 양극화와 마찬가지로, 결혼 양극화의 가장 큰 피해자는 중산층이다. 자녀가 있는 중산층의 결혼 비율은 1960년대까지만 해도 95%에 달해 고소득층의 결혼 비율(96%)과 큰 차이가 없었다. 그러나 금융 위기 이후 중산층 · 고소득층의 결혼 비율은 각각 71%와 88%로 그 차이가 크게 벌어졌다. 브루킹스 연구소가 현재 20대 중반인 2400명의 과거를 추적 조사한 결과, 중산층인 한부모가정에서 자란 아이 중 34%가 성인이 된 후 저소득층으로 전락했다. 결혼한 부모와 자란 아이의 경우 이 비율은 25%에 그쳤다. 프린스턴대 사회학과 새러 맥라너헌 교수는 "고학력 · 고소득 · 안정적 가정과 저학력 · 저소득 · 불안정한 가정으로 양분되고 있는 미국의 가족구조가 아이들의 미래에 격차를 유발하고 있다"고 말했다.

2. 건강가정의 등장 배경

1) 한국가족의 현황

(1) 가족을 둘러싼 사회변화

현대 가족을 둘러싼 사회변화 중 주목할 만한 현상으로 여성의 노동시장 진출 증가, 저출산과 고령화, 세계화, 혼인율 감소와 이혼율 증가 등을 들 수 있다.

산업화가 진행되면서 경제 구조가 바뀌었고 여성의 노동시장 참여에 대한 사회적 요구로 인해 여성의 경제활동 참가율이 꾸준히 증가해 왔다. 2008년 기준 경제활동 참가율은 남성 73.5%, 여성 50.0%이다. 여성의 절반이 경제활동에 참여하고 있으며, 특히, 미혼 직장인들의 경우 맞벌이를 선택이 아닌 필수로 인식하고 있는 상황이다. 그러나 전통적으로 어린 자녀와 노인 등에 대한 돌봄 노동을 맡아왔던 여성의 노동시장 진출이 활발해지면서, 현대가족의 돌봄기능에 적신호가 켜졌다. 동시에 전통적인 성역할 인식이 남아있는 상황에서 대다수 기혼여성은 일 · 가정 양립의 어려움과 불균형을 경험하고 있다.

여성의 경제활동 참여 증가는 저출산의 문제와도 관련이 있다. 과거에는 일정 연령이 되면 결혼을 하고, 또 자연스럽게 자녀를 갖는 것이 정상적인 삶의 과정이자 성인으로서의 과업으로 생각되었다. 그러나 여성의 경제활동 참여가 높아지면서 결혼과 출산, 육아가 과거와 달리 어려워졌고, 개인의 자아실현을 중요시하는 개인주의가 확산되고 일 · 가정 양립이 어려운 사회 환경에서 출산과 양육을 포기하는 여성들이 늘어가고 있다. 저출산 문제는 여성의 문제이거나 가족의 문제가 아닌 기업과 사회, 국가의 문제이다. 따라서 최근 기업과 정부는 일 · 가정 양립 문화 확산을 위한 다양한 정책을 추진하고 있다.

평균수명의 연장으로 인한 고령화 현상은 선진국 중심으로 전 세계적으로 나타나고 있는 공통적 현상이다. 노인인구의 증가는 의학기술의 발달, 식생활의 개선, 교육수준의 향상, 환경 위생의 개선 등에 기인한다. 노인인구의 증가와 함께 노인과 가족관계가 중요한 문제로 떠오르고 있다. 노인기의 가족관계는 노인케어와 부양 문제, 노인의 정신건강, 생활의 질 등에 다각적인 영향을 미치는 요인이기 때문이다. 그동안 노인에 대한 주 부양자였던 여성의 노동시장 진출이 증가하면서, 누가 노인을 돌볼 것인가에 대한 문제가 사회적 관심으로 떠올랐다. 맹목적인 '효' 사상으로 장남이나 여성(며느리나 딸)이 부양해야 한다는 전통적 인식은 점차 쇠퇴

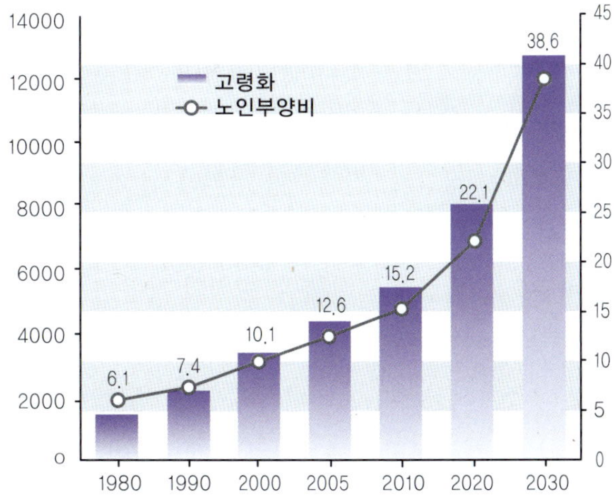

[그림 3-2] 고령화 및 노인부양비 추이

출처: 통계청(2014).

하고 있고, 사회와 국가가 분담해야 한다는 의식이 확산되고 있다. 전통적으로 노인가족의 생활형태는 가족과 동거하거나 자녀에게 의존하는 형태가 대부분이었다. 그러나 최근에는 노인들 스스로 본인과 자녀의 자율성을 인정하고 각자의 독립된 가구를 유지하며 자유로운 삶을 영위하는 방향으로 전환되는 추세이다(한국가족복지학회, 2009).

세계화는 노동시장뿐만 아니라 결혼시장에도 영향을 미쳐, 우리나라를 포함한 여러 나라에 가족 문화와 인종 구성을 변화시키고 있다. 지난 10여 년간 결혼이민자 여성, 외국인 노동자, 새터민의 유입으로 우리나라 다문화가족의 비율이 지속적으로 증가하고 있다. 전통적 관념으로 국제결혼으로 형성된 가족에 대한 사회적 편견과 부정적 인식이 존재하나, 최근에는 세계화 추세로 국제결혼이나 다문화가족에 대해 보다 수용적으로 변하고 있다. 그러나 다문화가족에 대한 제도적 지원이 이루어지고 있음에도 불구하고, 다문화가족 자녀의 언어 습득 및 학습부진, 학교부적응 문제, 부부의 의사소통 문제 및 가정폭력, 가족문화의 차이로 인한 시댁과의 갈등 등 다문화가족의 문제가 산적해 있는 실정이다.

결혼과 가족에 대한 가치관이 변하면서, 혼인과 이혼의 추이도 변해 왔다. 즉, 혼인율은 지속적으로 감소하고 있는 반면, 이혼율은 고공행진을 계속하고 있는데, 이러한 저혼인, 고이혼 현상은 '결혼을 꼭 해야 한다'는 인식과 '이혼은 절대 하면 안된다'는 인식 모두 낮아지고 있는 것과 관련이 깊다. 가족을 무엇보다 중시 여기던 과거의 문화와 달리, 개인주의의 영향으로 가족을 안식처라기보다 자율성을 침해하는 영역으로 간주하는 경향과, 자본주의 사회에서 성인의 과업으로 경제활동이 결혼보다 선행되어 고려되는 경향이 늘고 있다.

낭만적 사랑을 바탕으로 형성된 근대 부부 중심의 가족은 정서적 기능에 문제가 생길 때 과거에 비해 가족이 해체될 가능성이 더 높아졌다. 1970년대 이래 우리 사회의 이혼율은 꾸준히 증가하였으나 2000년대 중반을 정점으로 다소 감소, 안정 추세에 있다. 재판이혼보다 협의이혼이 차지하는 구성비율이 줄었으며, 미성년 자녀를 둔 부부의 이혼 구성비율도 감소하였다. 이혼 연령은 지속적으로 증가하고 있고, 20년 이상 함께 산 부부들의 이혼이 특히 늘고 있다.

작년 혼인율 역대 최저 수준

[작년 黃昏이혼 건수 사상 최고… 전년보다 10% 늘어]

(조선일보, 2015-4-24)

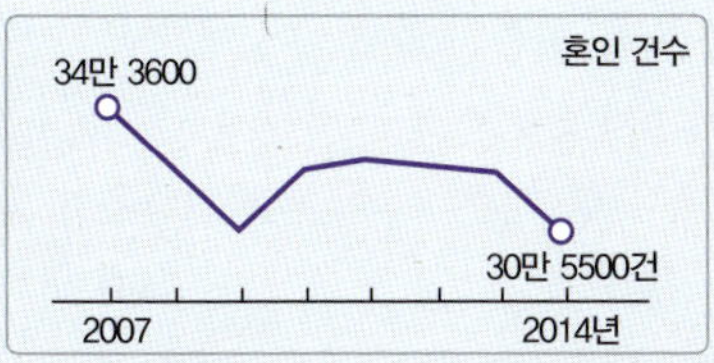

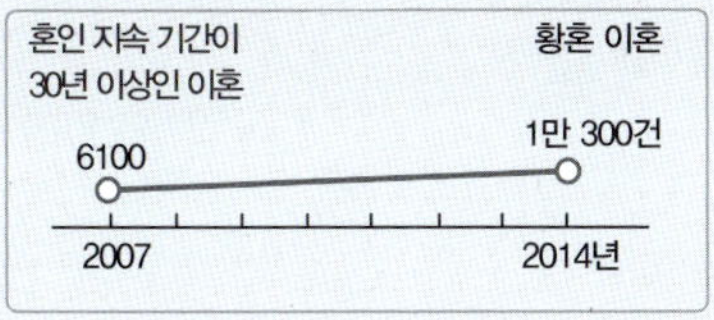

지난해 우리나라의 혼인율이 역대 최저 수준을 기록했다. 혼인 적령기 인구가 줄고, 경기가 나빠지면서 청년들 가운데 결혼을 미루거나 포기하는 사례가 늘고 있기 때문이다. 23일 통계청이 발표한 '2014년 혼인 · 이혼 통계'에 따르면 지난해 혼인 건수는 30만 5,500건으로, 전년보다 1만 7300건(5.4%) 줄었다. 이는 2003년(30만 2,500건) 이후 가장 낮은 것이다. 지난해 조혼인율(인구 1,000명당 혼인 건수)은 6건으로 1970년 통계 산출 이후 가장 낮은 수치를 나타냈다. 혼인 감소는 올 들어서도 이어지고 있다. 통계청은 올해 1~2월 혼인 건수가 4만 9,300건으로 지난해 같은 기간보다 5.2% 줄어들었다고 밝혔다.

원인은 결혼 적령기 인구가 줄고 있는 데다 경기 침체로 많은 비용이 드는 결혼을 선택하기가 더 어려워졌기 때문으로 보인다. 지난해 25~34세 연령대 남자 수는 전년보다 1.8% 줄었다. 하지만 이 나이대 남자의 지난해 혼인 건수는 8.2% 줄었다. 통계청 관계자는 "꼭 결혼을 하지 않아도 된다는 의식이 많아졌고, 경제 상황이 여의치 않은 것도 원인"이라고 말했다.

통계청 사회 조사에 따르면, '혼인을 해야 한다'에 동의하는 응답이 2008년 67.2%에서 2012년엔 60.7%로 줄었다. IMF 외환위기가 닥친 1997년엔 혼인 건수가 전년보다 10.6%, 글로벌 금융위기 때인 2008년에는 4.6% 각각 줄었다. 대학 졸업 취업자의 40%가 비정규직 일자리에 취업하는 요즘 청년들에게 늘어만 가는 결혼 비용은 큰 부담일 수밖에 없다. 최근 웨딩업체 듀오웨드가 1,000명을 조사한 결과에 따르면 최근 2년간 신혼부부 한 쌍의 평균 결혼비용은 2억 3,798만 원이었다. 이중 64%인 1억 5,231만 원을 신랑 쪽에서, 36%인 8567만 원을 신부 쪽에서 부담한 것으로 나타났다. 소비자원 조사에서도 평균 결혼비용은 2003년 9,088만 원에서 2013년 2억 2,543만 원으로 늘었다. 10년 사이에 2.5배로 증가한 것이다. 생활고로 연애, 결혼, 출산, 인간관계, 주택 구매를 포기한 이른바 '오포 세대'라는 신조어를 만들어 내는 경제 상황은 초혼(初婚) 연령을 끌어 올리고 있다.

지난해 초혼 연령은 남자가 32.4세, 여자가 29.8세로 전년보다 각각 0.2세 올랐다.

경기 침체의 그늘은 이혼 풍속도에서도 나타나고 있다. 결혼한 지 30년 넘은 부부의 '황혼 이혼' 건수가 지난해 사상 최고치였다. 총 이혼 건수 11만 5,500건 중 9%(1만 300건)를 차지했다. 전년(9,400건)에 비해 10% 정도 늘어나, 통계 작성 이후 최대치를 기록했다. 전체 이혼 건수가 0.2% 늘어난 것과 견줘 보면 황혼 이혼이 유독 급증세를 보인 것이다. 평균 이혼 연령도 남자가 46.5세, 여자가 42.8세로 전년보다 각각 0.3세, 0.4세 상승했다. 통계청 관계자는 "꾹 참고 살다가 아이들을 다 키운 뒤 이혼하는 경우가 많지만, 이 현상 또한 경기가 나쁜 것이 영향을 주고 있는 것 같다."고 말했다. 실제 외환위기가 한창인 1998년에 황혼 이혼 건수(2,014건)가 전년보다 88%, 카드대란이 발생했던 2003년(5,142건)엔 전년에 비해 황혼 이혼이 42% 늘었다.

(2) 탈근대가족으로의 변화

지난 반세기 동안 산업화를 거치면서 핵가족은 한국가족의 대표적인 가족유형으로 자리잡아왔다. 핵가족이란 한 세대의 부부와 그들의 미혼자녀로 이루어진 기본적인 구조로, 지리적 이동이 잦은 산업화시대에 가장 최적화된 가족유형으로 인식되어 왔다. 그러나 최근 정보화시대로 접어들면서 기본단위라고 생각되었던 핵가족의 분열이 진행되고 있다. 결혼을 하지 않거나, 결혼하고도 자녀를 낳지 않거나, 기혼자들의 이혼 또한 늘어나면서, 독신가구나 무자녀부부가족, 한부모가족 등 핵가족보다 더 작은 단위의 가족이 늘어나고 있는 것이다. 사회변화는 가족생애주기의 변형과 가족구조의 다양화, 가족기능의 변화, 가족가치관의 변화를 가져왔다(한국가족상담교육연구소, 2010).

평균수명이 연장되고 출산율이 저하되면서 가족주기의 뚜렷한 변화로는 자녀출산과 양육기간이 줄어들고, 탈양육기의 중노년 부부가 둘만 남아 함께 보내는 빈둥우리(empty nest) 시기는 길어졌다는 것이다. 이와 같은 변화는 가족생활에서 부부관계의 질에 대한 비중이 더욱 중요해졌으며, 조기은퇴나 황혼이혼이 주요 가족 문제로 나타나고 있다.

가족구조의 주요 변화로는 소(小)가족화 경향에 따른 가족규모의 축소, 그리고 다양한 가족형태의 증가를 볼 수 있다. 독신가구나 무자녀부부, 한부모가족, 재혼가족 등 다양한 라이프스타일이 사회적으로 수용되면서 증가하고 있어, 농경사회에서 지배적인 가족형태였던 전통적 봉건 확대가족은 산업화 이래 근대적 부부 중심 가족형태로 변화되었고, 최근 탈근대적 가족형태인 가족의 다양성이 부각되고 있는 실정이다.

산업화의 진행과 함께 직업 중심의 잦은 지리적 이동, 개인주의 확산, 변화하는 경제환경, 자유로운 선택 보장 등은 결혼과 가족에 대한 가치관을 빠르게 변화시켜 왔다. 결혼은 '반드시 해야 하는 것'이라는 과거의 태도와 달리 '하지 않아도 괜찮은 것'으로 변화함으로써 결혼에 대한 유연한 사고가 늘었고 독신가구도 증가하고 있다. 또한, 혼전 동거나 이혼, 국제결혼에 대한 수용성도 보다 높아졌으며, 결혼하면 반드시 자녀를 가져야 한다는 과거의 의식과 달리 자발적 무자녀 가족을 선택하는 사람들도 증가하고 있는 추세이다. 노부모 부양에 대해서는 장남이나 가족이 부양해야 한다는 의식이 낮아지고, 사회나 국가와 함께 부양해야 한다는 의식이 높아지고 있다.

가족의 기능도 크게 변화되었다. 사회 경제적 환경의 변화로 농경시대 자급자족하던 생산과 소비, 교육, 오락, 종교적 기능 등이 대폭 축소되었다. 무엇보다 소(小)가족화와 맞벌이 증가, 이혼율 증가 등에 따른 가족의 돌봄기능 약화로 어린 자녀와 노인, 장애를 가진 가족원에 대한 보호를 사회와 국가가 나누어야 한다는 제도적 필요성이 제기되어 왔다. 가족이 일터와 분리되면서 가족의 생산기능은 쇠퇴했지만 소비기능은 늘었다. 과거에 비해 높아진 가족기능으로는 가족의 정서적 유대기능과 여가기능이다. 결혼이 부부의 사랑과 성을 중심으로 유지되며 부부 간의 친밀감과 애정의 기능이 중요시되고 있다.

2) 한국가족의 위기와 탄력성

정상적인 가족발달과정에서 출생이나 은퇴 등 발달적 과도기와 실업이나 사고, 재해 등의 상황적 사건과 변화로 가족들은 위기를 경험하게 된다. 어떤 가족은 자원을 활용하여 위기를 잘 헤쳐 나가지만, 어떤 가족들은 외부의 개입이 없이는 문제를 해결하기 어려운 상황까지 몰리기도 한다.

최근의 연구에 의하면, 한국의 위기가족은 1,000만 가구 이상으로 이는 전체 가족의 약 58%가 질병, 빚, 실업 등으로 인한 위기상태를 겪고 있는 셈이다(김승권, 2012). 위기 사유의 비중을 보면, 가족의 건강 문제, 경제적 어려움(부채, 빚), 취업 및 실업, 자녀 문제, 가족관계 문제, 주거 문제, 알코올 문제, 가출, 폭력 등의 순서로 나타났다. 기타 사유에 이혼, 사고사, 자살, 타살에 의한 사망, 화재, 교통사고 등의 다양한 원인에 의해 발생한 위기가족도 28만 가구 이상 되는 것으로 추정되고 있다(김승권, 2012).

가족이 스트레스에 대처하기 위해 사용하는 기존의 전략이 효과가 없을 때 가족은 와해 위기에 처하게 된다. Hill은 위기(crisis)를 '일상적인 행동패턴으로 해결하기 어렵고 즉각적으로 새로운 행동이 요구되는 상황'이라고 정의하였다. 한편, 가족의 취약성은 사회경제적으로 약자의 위치에 있거나 질병, 사고 등이 발생했을 때 현재의 상황을 유지하기 어려운 상황을 의미한다(김승권, 2012). 현대사회에서 모든 가족은 다양한 스트레스에 직면하고, 나름의 위기 대처 방식을 통해 위기상황을 해결하려고 노력한다. 정책지원을 필요로 하는 위기수준 순으로 볼 때, 이혼가족, 자살유족가족, 가정폭력 피해가족, 인적재난 피해가족 등을 대표적인 위기가족이라 할 수 있다(김승권, 2012).

위기가 시작되는 단계에서 가족원들은 갑작스러운 스트레스에 무감각해지고 위기 자체를 부인(denial)하기도 한다. 그러나 위기의 현실을 이해하게 되면서 점차 와해(disorganization)단계에 접어든다. 와해단계의 가족조직은 혼란에 빠지며 일상적인 생활과 역할이 모호해진다. 가족원의 외부활동이 위축되고, 가족관계와 친족관계가 변화된다. 와해단계에서 가족원들이 갈등과 정서표현을 어떤 방식으로 하는가에 따라 가족의 전반적인 회복수준에 영향을 미치게 된다. 일단 위기가 최악의 상태를 지나면 가족원들은 새로운 일상에 적응하며 회복(recovery) 단계를 준비하게 된다. 어떤 가족들은 위기상황 이전보다 낮은 수준에서 가족을 조직하며 정체상태에 머물기도 하지만, 다른 가족은 원래 상태로 돌아오거나 위기상황을 돌아보며 더 나은 수준의 가족을 조직하기도 한다(제석봉 · 김춘경 · 천성문 · 이영순 · 김미애 · 이지민, 2014).

한편, 가족이 경험하는 트라우마(trauma)에 대한 관심이 최근 높아지고 있는데, 트라우마는 '내부와 외부의 극심한 충격으로 인한 정신적 외상'을 의미한다. 트라우마의 일차적 충격은 외상을 경험한 개인에게 가해지지만, 그 가족들 역시 이차적인 트라우마 과정을 경험한다. 일차적 트라우마와 이차적 트라우마에 대한 반응은 유사하다. 상당수의 가족이 학대, 자살, 타살, 납치, 자연재해, 교통사고 및 질병선고 등으로 인한 심각한 외상에 시달리고 있다. 예상치 못했던 극심한 사건이나 학대와 같은 만성적인 트라우마에 노출되면, 개인과 가족은 무기력감과 함께 통제력을 상실하게 되고 가족생활 전체에 심각한 영향을 주게 된다. 트라우마를 겪은 가족들은 악몽, 플래시백(회상장면), 침투적 사고, 소외감, 수면장애, 과도한 경계심, 사건을 상기시키는 활동 회피 등의 증상을 보인다. 가족이 경험한 트라우마는 여러 세대를 거쳐 전수되는데, 부모의 트라우마 전력은 폭력이나 부적절한 양육을 통해 또다시 자녀 세대의 트라우마를 야기하게 된다(제석봉 외, 2014).

국가가 나서서 트라우마를 경험한 가족을 대상으로 위기 초기단계에서 적극적으로 개입하여 취약가족으로 고착화되지 않도록 하는 것이 중요하다. 위기가족을 위한 대표적인 정책으로 여성가족부의 '가족보듬사업'과 보건복지부의 저소득층 대상의 '긴급지원사업'이 있다. 자살가족은 정신보건센터에서, 교통사고피해자 가족은 건강가정지원센터에서, 가정폭력 피해자 가족원은 가정폭력상담소에서, 성폭력 피해자 가족원은 성폭력상담소나 원스톱지원센터에서 서비스를 제공받을 수 있다.

복잡한 현대사회에서 스트레스와 트라우마 사건에 노출될 경우 가족은 쉽게 취약한 상태가 되어 와해의 위기에 처한다. 더욱이 핵가족이나 그보다 더 작은 단위의 가족형태가 늘어나고 있는 현실에서 친족 네트워크도 과거와 같지 않아 더욱 위기에 취약한 가족이 늘고 있다. 한국가족의 위기성 및 취약성 증가는 위기에 처한 가족의 고통 유발뿐만 아니라 사회적 비용의 증가와 사회통합 저해를 초래한다(김승권, 2012).

위기가족 지원 '핫라인' 급하다.

(한국일보, 2012-6-17)

한국의 위기 취약 가구 수와 비율
(단위: 가구 괄호 안은 비율 %)

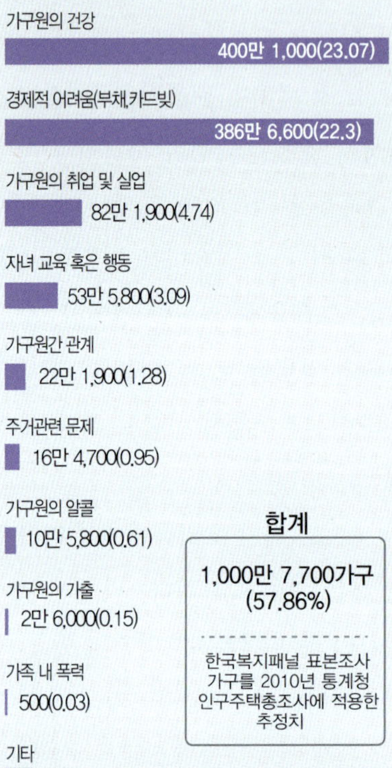

자료: 한국보건사회연구회

그 외 개별 위기요인별 위기가족 수 (단위 : 명)

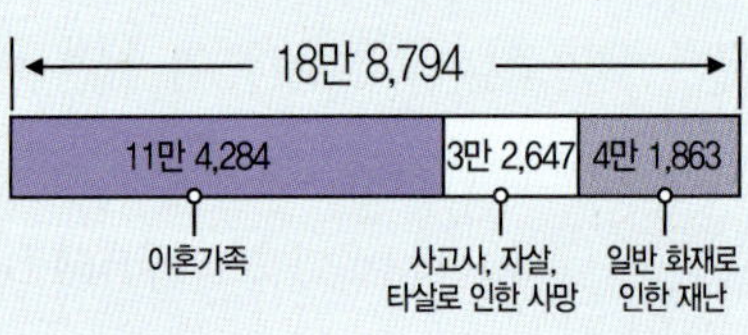

자료: 통계청의 혼인.이혼통계(2011) 및 사망원인 통계 결과(2010)
소방방재청 재난연감(2010)

질병, 빚, 실업 등으로 인해 위기 · 취약 상황에 처한 가구는 국내 총 1,733만 9,000 가구 중 1,000만 7,700가구에 달하는 것으로 추정된다.

김승권 한국보건사회연구원 선임연구위원이 6일 '한국가족의 위기성 및 취약성과 정책 과제'에서 발표한 전국 표본 7,000가구에 대한 복지패널조사(2009년) 결과를 2010년 통계청의 인구주택총조사에 적용해 계산한 결과이다.

'가구원의 건강'으로 위기를 맞은 가구가 400만 1,000가구로 가장 많고, '부채 · 카드 빚 등 경제적인 어려움'을 겪는 가구도 386만 6,600가구에 달하는 것으로 나타났다. '가구원의 취업 및 실업'(82만 1,900가구)과 '자녀 교육 혹은 행동'(53만 5,800가구) 때문에 위기에 처한 가구도 130만 가구가 넘었다. 하지만 조사된 9가지 위기요인이 가족 내에서 발생할 수 있는 모든 위기성과 취약성을 포함한 것이 아니어서 김 연구위원은 약 19만 명이 추가될 수 있다고 분석했다. 통계청, 등에 따르면 지난해 이혼으로 위기를 맞은 가족이 11만 4,284명, 가족원이 질병 외 사고사 · 자살 · 타살로 사망한 가족이 3만 2,647명(2010년)이나 되고, 화재로 재난을 겪은 가족도 4만 1,863명(2010년)이다. 하지만 위기 · 취약 가구에 대한 개념이 정립돼 있지 않은 우리 정부의 지원정책은 대상을 극히 제한하고 있다는 문제가 있다. 여성가족부가 시행하는

'가족보듬사업'은 성폭력 학교폭력 자살 등의 피해자와 가족을 지원하는 것이어서 이혼 사별 실직 가정폭력 알코올중독에 의한 피해자는 제외되고 있다.

보건복지부의 '긴급지원사업'은 저소득층만을 대상으로 긴급히 필요한 생계비 등을 지원, 소득 외 다른 요인으로 발생하는 가족 위기에는 대응하지 못한다. 김 연구위원은 "위기가족의 발견부터 진단, 개입에 이르기까지 체계적인 지원을 위해서 각 시군구에 '위기가족 통합관리 태스크포스팀'(가칭)을 설치해야 한다."고 지적했다. 지역사회-지방자치단체-중앙정부로 연결되는 체계를 구축, 위기가족을 통합적으로 관리, 지원하자는 것이다. 또 전국 단일 전화번호인 '위기가족 핫라인'을 설치해 신속 대응이 가능하도록 해야 한다고 주장했다. 갑작스러운 사건 · 사고의 피해 가족들에게는 한시적인 생계비 지원, 가사도우 및 집안 수습 도우미 파견, 심리상담 및 치료 서비스를 제공해야 한다고 제안했다. 호주에서는 가정폭력, 자연재해, 가족원의 수감 혹은 망명으로 정서적인 위기에 처한 가족에게 위기급여를 제공하고 있다. 보고서는 이와 함께 이미 해체된 가정을 위한 재결합 프로그램도 제공해야 한다고 조언했다. 김 연구위원은 "한국가족의 위기성 및 취약성 증가는 해당가족의 고통 외에도 국가 재정에 큰 부담으로 작용해 사회 통합을 저해한다."며 "취약 가족의 특성과 취약 요인을 고려한 맞춤형 서비스를 제공하는 것이 중요하다."고 보고서에서 강조했다.

3) 가족탄력성

한국가족은 지난 세기동안 많은 어려움을 겪어 왔다. 일제 강점 통치와 한국전쟁, 급격한 경제발전, 민주화 항쟁, 외환위기 등 정치적, 사회적, 경제적 격동기를 겪으며 한국가족은 사회와 국가의 어려움을 흡수하고 완충하는 데 큰 공헌을 했다. 현재세대는 윗세대로부터 누적된 문제와 불안들을 수직적으로 전수받음과 동시에 당대에 직면하고 있는 정보화, 세계화, 환경오염, 취업환경의 불안 등의 수평적 스트레스를 경험하고 있다(정문자 외, 2011). 한국가족은 현대사회에 산적한 가족 문제에 대해 학술적, 정책적, 실천적 영역에서 탄력적으로 대응하고자 노력하고 있다.

가족탄력성(resilience)은 질병이나 트라우마, 역경으로부터 빨리 회복하는 힘으로 가족의 적응유연성이나 복원력을 의미하는 용어이다. Walsh(2002)는 가족탄력성이 '취약하지 않음'을 의미하는 것이 아니라 고통을 효과적으로 맞서 '잘 견뎌내는 것'이라고 강조하였다. 즉, 곤궁한 상태를 의미하는 것이 아니라 어려운 상황에 적극적으로 대처하여 극복하려는 자세를 의미하는 것이다. 빈곤이나 장애, 알코올 중독, 만성질환 등에 대한 과거의 연구가 가족의 문제와 역기능적 측면을 부각했던 것과 달리 최근의 연구들은 긍정적인 시각에서 역경 속의 가족일지라도 어려움을 견디고 환경을 조절해 나가는 역량에 초점을 두고 있다.

가족탄력성은 역경을 강화와 성장의 기회로 변화시킨다. 위기상황에 직면하고 극복하려는 가족의 잠재력은 자신의 삶을 책임지게 하고, 상처를 치유할 수 있도록 하며, 문제를 통해 오히려 가족이 강화되고 성장하게 하는 원동력이 된다. 가족탄력성의 구성요인에 대해 Walsh는 신념체계, 조직유형, 의사소통과정 등 세 가지를 지적하였다(Wlash, 2002).

(1) 신념체계

신념체계는 가족기능의 핵심이며 탄력성의 본질이고 강력한 힘이다. 가족들이 공유하고 있는 신념체계는 가치과 태도, 편견 등을 포함하며, 행동의 지침을 제공한다. 신념체계의 하위 영역으로 역경에 의미를 부여하는 능력, 긍정적 시각과 가능성에 대한 확신, 가치와 목적을 가진 초월적인 신념 등을 들 수 있다.

(2) 조직유형

위기를 잘 극복하기 위해서는 다양한 방법으로 가족생활을 구조화해야 한다. 자원을 동원하고 스트레스를 중재하며 변화하는 조건에 가족조직을 적절하게 재조직해야 한다. 가족기능의 조직적 요소로서 융통성, 연결성, 사회·경제적 자원 등을 들 수 있다.

(3) 의사소통과정

건강한 의사소통은 가족기능에 필수적이다. 가족탄력성 강화는 가족원의 협상능력을 필요로 한다. 의사소통과정의 하위영역으로 명료화, 개방적인 감정표현, 상호협력적 문제해결 등이 필수적이다.

〈표 3-3〉 가족탄력성의 개념과 하위영역

탄력성의 개념	개념별 하위영역	하위영역의 내용
신념체계	역경에 대한 의미 부여	가족들의 위기상황에 대한 해석 및 의미와 평가
	긍정적 시간	주도성, 희망유지 및 강점과 잠재력에 초점두기
	초월과 영성	보다 큰 가치들과 목적, 영감, 학습과 성장
조직유형	융통성	안정성과 변화의 균형, 가족구조의 재조직
	연결성	상호지지, 재결합, 화해와 용서
	사회, 경제적 자원	친족망, 지역사회망 확립, 재정보장 확립
의사소통과정	명료성	명확하고 지속적인 의사소통
	개방적 정서표현	감정공유와 감정이입, 유머, 자신의 행동 책임지기
	상호협력적 문제해결	공유된 의사결정과 갈등해결, 미래의 도전에 준비하기

가족탄력성 강화를 위한 지침(Walsh, 2006)

- 가족이 함께 노력해 역경을 극복할 수 있다는 자신감을 전달한다.
- 공손한 언어를 사용하고, 고통을 공감하고, 전후 사정을 이해하려고 한다.
- 고통과 두려움을 함께 극복하기 위한 안전한 안식처를 제공한다.
- 강점과 잠재력을 확인하고 지지한다.
- 문제해결을 위해 친족과 지역사회, 영성적인 자원을 활용한다.
- 위기를 학습과 변화, 성장의 기회로 본다.
- 문제에서 가능성으로 초점을 이동한다.
- 역경을 헤쳐 나간 경험을 개인의 삶의 일부로 통합한다.

출처: 제석봉 외(2014).

Introduction to Healthy Families

CHAPTER 4

건강가정에 대한 이론적 접근

본 장에서는 사회 및 자연환경과 상호작용하는 가족과 인간에 초점을 둔 생태학적 관점, 가족상호교류에 초점을 둔 임상적 유용성을 가진 가족과정관점, 시간의 흐름에 따른 가족의 구조와 역할변화에 초점은 둔 가족발달관점, 개인, 가족, 사회역사적 맥락 속에서 미시와 거시체계의 상호작용을 동시에 분석할 수 있는 생애과정관점, 성별불평등과 젠더 관계에 초점을 둔 여권주의 관점 등 총 다섯 가지 관점에 대한 주요 개념과 기본 가정, 가족현상에 대한 적용성을 살펴보기로 한다.

1. 생태학적 관점(Ecological Perspective)

1) 개요

생태학적 관점(Ecologial approach)은 생물학적 유기체이자 사회적 존재인 인간과 환경의 상호작용에 초점을 두고, 가족, 지역사회, 문화 등 인간을 둘러싼 생태환경을 체계적으로 구조화하며 환경과 인간의 관계를 이해하는 것을 과제로 삼고 있다(Klein & White, 2000). 가족에 대한 생태학적 관점은 19세기 후반 산업화의 진행과 함께 사회개혁과 도시화, 공교육의 확대되고, 가족보건과 복지에 대한 관심이 커지면서 가족과 생태학의 접목이 시도되었다.

1960년대 후반 인간행동과 사회환경 간의 의존성에 대한 논의가 더욱 활발해지면서, 가족생태학이 본격적으로 이론화되었다. 미국의 여성과학자였던 Ellen Richards(1942~1911)는 가족이야말로 생태학적 운동의 중심이라고 주장하며 1916년 미국가정학회(American Home Economics Association)를 창설하였다. 그녀는 기술이 환경을 변화시키지만, 인간은 교육을 통해 환경과의 상호작용을 이해하고, 소비와 생산을 통해 생활과 환경 전체의 이익을 위해 조정하고 통제 · 유지를 할 수 있다고 주장하였다. 또한, 과학은 가정이라는 공동체 단위를 향상시키기 위해 지식을 사용해야 하며, 국가의 복지는 가정의 복지에 달려 있다고 보았다(Klein & White, 2000).

이후 Bronfenbrenner(1979)는 인간발달에 생태학을 접목해 개인이 경험하고 직 · 간접적으로 연결되어 있는 환경적 상황에 초점을 두어 이론화하였다. 그는 인간발달의 생태학(The Ecology of Human Development)이라는 그의 저서에서 인간발달은 개인의 유전적 형질과 가족 및 환경 간 상호작용의 결과라고 주장하였다.

초기 가족생태학은 다음과 같은 명제를 바탕으로 시작되었다. 첫째, 사회적, 물리적 환경은 상호의존적이며, 인간행동과 인간발달 및 생활의 질에 영향을 미친다. 둘째, 환경은 활용 가능한 자원이다. 셋째, 생활과 복지를 증진시키기 위해 자원과 환경을 선택하고 설계하며 수정할 수 있다(Bubolz & Sontag, 1993).

생태학적 관점은 가정생활이 물적 체계와 인적 체계로 구성되어 있다고 간주하며, 가정생활의 통합성을 잘 포착하고 분석하는 틀을 제공한다. 여기에서 인적체계는 가족원 간의 정서적 관계나 권력체계 등을 포함하며, 의사소통, 의사결정방식, 역할 분담, 결속 등의 하위요소를 포함한다. 한편, 물적 체계는 경제적 조건, 물리적 요소 등을 포함하는데 가계경제, 일상적인 의식주 생활, 자원 분배와 관리 등의 하위요소를 포함한다(여성가족부, 2010).

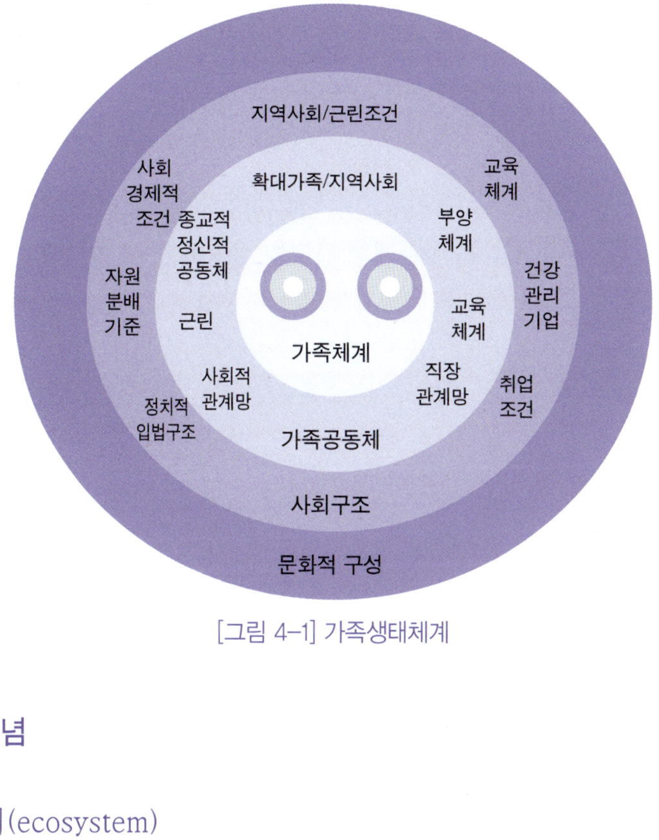

[그림 4-1] 가족생태체계

2) 주요 개념

(1) 생태계(ecosystem)

생태계란 전체가 하나의 통일적 단위로 작용하고 그럼으로써 존속 가능한 환경적 관계를 유지할 수 있도록 만드는 한 인구 집단 내의 상호 관계의 배열로 정의될 수 있다(Hawley, 1984, Klein & White, 2000에서 재인용). 그리고 가족생태계는 환경과 상호작용하고 있는 가족체계로 이루어져 있다.

(2) 적응(adaptation)

Darwin의 진화론에 뿌리를 둔 생태학에서 '적응'은 핵심 개념 중 하나이다. 적응은 개별 유기체가 특정한 환경적 공간에 성공적으로 적응하는 것으로부터 온난화와 같은 전지구적 변화에 적응하는 것에 이르기까지 적용될 수 있다(Klein & White, 2000).

(3) 공간

모든 생태체계는 공간을 포함하며, 생태계 내의 상호의존은 특정한 공간 사이에서 이루어진다. 특정 공간은 생태계의 기능을 상징하며, 가족생태계에 적용했을 때, 직장이나 학교, 복지관 등은 가족공동체를 구성하며 가족의 기능과 활동에 영향을 미치는 공간이 된다.

(4) 환경체계

Bronfenbrenner는 초기 이론에서 네 차원의 환경체계를 제안했는데, 미시체계(역할과 관계), 중간체계(둘 이상의 상호 관계), 외체계(사람과 관련 없는 외부상황), 거시체계(문화) 등이며 이후 시간체계를 추가하여 총 5개의 차원을 제시하였다. 특히, 아동발달에서 아동에게 가장 직접적인 영향을 미치는 미시체계와 중간체계에 주목하였다. 이후 개별적 인간행위가 환경과 인간의 상호작용 결과라는 그의 주장은 '시간'이라는 요인과 결합하여 '개인의 삶 전 과정에 걸쳐' 이루어지는 것으로 정교해졌다.

① 미시체계(micro-system)

미시체계란 개인이 경험하는 일차적 물리적 환경 안에서 이루어지는 활동과 역할, 대인 관계를 포함하며, 아동의 경우, 가정, 학교, 또래집단 등과 같이 아동의 발달에 직접적인 영향을 미치는 환경체계를 의미한다. 미시체계는 개인과 가족, 친구 간의 밀접한 상호작용을 통해 영향력을 행사한다. 대부분의 아동발달에 대한 연구는 가정환경과 같은 미시체계에 집중하게 되어 있으나, 청소년기 및 청년기 발달에서는 가정환경 외의 다른 수준의 환경체계의 영향력의 비중이 커지게 된다.

② 중간체계(meso-system)

중간체계란 상호작용하는 미시체계로 구성되어 있는데, 가정과 학교의 관계, 가정과 친구와의 관계 등, 동일한 수준의 미시체계들 간의 관계성을 의미한다. 즉, 지역사회 수준에서 기능하고 있는 사회의 주요기관인 직업세계, 대중매체, 공공기관, 교통 · 통신시설 등 개인이나 가족이 적극적으로 참여하는 환경들 간의 연결성 또는 상호작용이다.

③ 외부체계(exo-system)

외부체계는 개인이나 가족이 적극적인 참여자로 관여하지는 않으나, 이들 환경에서 일어나는 변화에 영향을 주거나 받는 하나 이상의 환경을 의미한다. 아동기 외부체계의 대표적인 예로 이웃이나 부모의 직업 등을 들 수 있다. 부모의 직업은

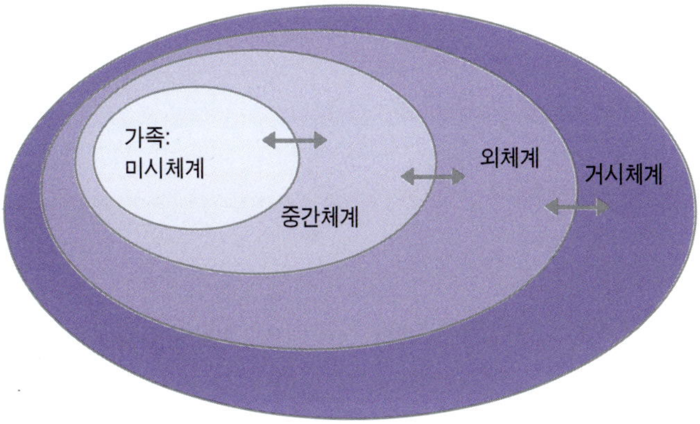

[그림 4-2] Bronfenbrenner의 환경체계

아동이 직접적으로 경험하지는 않지만 부모의 행동에 영향을 주는 요인으로서 자녀의 양육방식에도 간접적인 영향을 미칠 수 있다. 또한, 아동이 살고 있는 지역의 공원이나 놀이터, 문화시설 등도 아동의 경험의 폭에 영향을 미칠 수 있다.

④ 거시체계(macro-system)

거시체계는 전생애에 걸쳐 영향을 미칠 수 있는 사회역사적인 환경이나 개인이 속한 각 문화적 특유의 이념 및 제도의 일반적 형태를 의미한다. 법적, 정치적, 사회적, 교육적, 경제적 체계 등이 이에 속한다. 이는 명백한 형태를 가진 것도 있으나 대부분의 경우 비형식적인 것으로 관습과 생활습관 등이 포함된다. 일반적으로 문화차이나 세대차이라고 이야기할 때 거시체계의 영향력에 따른 차이로 이해할 수 있다.

⑤ 시간체계(chrono-system)

시간체계는 시간에 걸쳐 일어나는 변화와 사회 · 역사적인 환경을 의미한다. 즉, 어떤 사건의 효과가 시간적 경과에 따라 변화되며, 동일한 사건에 대해서도 시대에 따라 그 의미와 해석이 달라질 수도 있다. 예컨대, 부모의 이혼이 아동에게 미치는 부정적인 영향은 이혼 첫해에 가장 크게 나타나며, 딸보다는 아들에게 더욱 부정적인 영향을 준다. 또한, 최근 여성의 취업에 대한 욕구는 대단히 높아져서 10~20년 전과는 매우 다르다. 이와 같이 시대의 흐름에 따라 달라지는 경험을 하게 된다.

3) 기본 가정

(1) 유기체와 환경 간의 상호작용

생태학적 관점의 기본 가정은 다음과 같다.

첫째, 개인과 집단은 자연적으로 생물학적이며 사회적이다. 인간의 행동은 유전자와 환경 간 상호작용의 산물로 이해할 수 있다.

둘째, 인간은 생명유지를 위해 물, 공기, 음식 등의 환경에 의존한다. 즉, 인간은 생물학적 욕구가 충족되는 환경에서만 생존할 수 있다.

셋째, 인간은 사회적이며 상호의존적이다.

넷째, 인간은 유한하며, 시간은 생존에 대한 구속이자 자원이다.

다섯째, 인간의 상호작용은 공간적으로 조직된다. 즉, 인간 활동은 공간적으로 조직되어 있다(Bubolz & Sontag, 1993; Klein & White, 2000).

(2) 개인-가족-사회의 유기적 관계

가족학에서의 생태학적 관점은 개인–가족–지역사회 간의 유기체적 관련성을 가정하고 통합적인 생활단위로서 가정생활을 분석한다. 즉, 개인 및 가족이 그들을 둘러싸고 있는 외부환경과의 상호작용을 통해 일상을 진행하는 데 주목한다.

Vindenti와 Turkki(2008)는 가족과 가정의 일상생활(everyday life)을 강조하면서 가족과 가정 내의 일상생활에 의생활, 식생활, 주거 및 돌봄을 포함시켰다. 그들은 이러한 일상생활에서 인간행위의 총체로서 가정생활을 조망하였다(여성가족부, 2010에서 재인용).

생태학적 체계는 가족을 하나의 미시체계로 보고, 학교나 이웃, 직장, 지역사회와 같은 외체계 및 국가의 정책이나 문화와 같은 거시체계 등과 밀접과 상호 관계를 맺는다고 가정한다. 가족은 다양한 수준의 체계와 밀접한 관련 속에 역동적인 일상을 진행시켜 나간다(여성가족부, 2010).

(3) 생태계의 공동 이익 추구

생태학적 관점은 가족이 환경과 상호작용하며 생태계를 구성한다는 기본전제에서 출발하였다. 따라서 이 관점의 기저에 깔린 가치는 단지 인간중심적인 것이 아니라 생물, 무생물의 환경에도 관심을 가진다. 가족생태학은 글로벌한 관점을 취하며, 생태계의 공동이익, 도덕적 가치와도 부합한다. 인간생활의 질과 환경의 질은 상호의존적이며, 인간과 자연의 상호의존, 내가 살기 위해서는 타인을 필요로 한다는 것을 전제한다. 특히, 생태학적 관점은 개발도상국 사람들이나 소수민족, 장애인이나 노인 등, 자원과 권력이 상대적으로 부족한 집단이나 하위문화에 관심을 기울여, 불평등과 박탈에 대해 검토하는 데 적절한 분석의 틀을 제공한다(Bubolz & Sontag, 1993; Klein & White, 2000; Westney, 1993).

4) 적용: 생태도

생태도(ecomap)는 생태학적 관점에서 가족과 가족의 생활공간 안에 있는 사람 및 기관 간의 연계를 그림으로 나타내는 방법으로, 생태도를 통해 환경에서 가족으로 자원의 흐름이 어떻게 이루어지는지 알 수 있다(정문자 외, 2011). 즉, 내담자에게 유용한 자원이 무엇인지, 가족에게 스트레스를 주는 요인이 무엇인디, 가족과 환경 간의 경계가 어떠한지 등 가족 내외의 역동에 대한 유용한 정보를 얻을 수 있다. 사회복지사나 건강가정사 등 가족복지 분야의 실천가들이 활용하는 도식적 평가도구로 질문방식의 면접을 통해 정보를 수집해 작성할 수 있다.

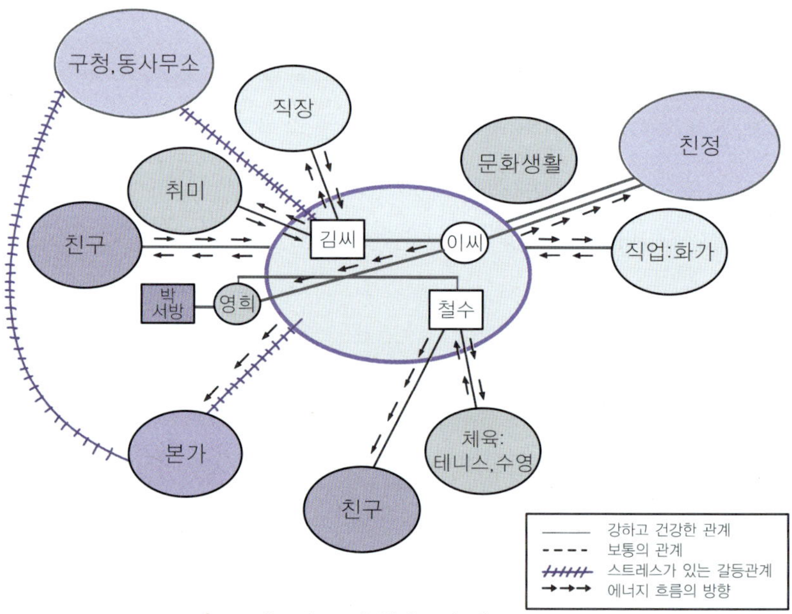

[그림 4-3] 생태도의 예

출처: 정문자 외(2011).

2. 가족과정 관점(Family Process Perspective)

1) 개요

아동의 문제를 상담하는 심리치료사나 정신과 심리의 문제를 다루는 정신과 의사, 부부상담을 하는 성직자, 그리고 빈곤가족을 위해 일하는 사회복지사, 이들은 공통적으로 개인의 문제와 가족의 역동이 깊은 관련이 있다는 것을 발견한 전문가 집단이다. 이들은 증상을 가진 개인만 만나서는 문제해결이 어렵다고 생각하고, 개인이 속한 가족의 역동을 이해하고 가족단위로 개입하는 것이 필수적이라고 느끼게 되었다.

가족의 역동, 즉 상호교류과정을 설명하는 데 가장 유용한 틀로 알려진 가족과정 관점은 의사와 치료사들을 비롯한 전문가집단이 일반체계 이론을 가족에 적용해 가족치료분야에 활용하면서 발전된 관점이다. 가족과정 관점은 정신증이나 신경증과 가족역동 간의 관계를 연구하는 과정에서 이론의 정교화가 이루어졌으며, 가족원들이 서로의 의미, 권력, 영향력의 접근을 통제하는 과정을 전형화 하였다(Klein & White, 2000; Whitchurch & Constantine, 1993). 즉, 가족원들 간의 교류를 통해 나타나는 가족역동 과정을 설명하는 관점으로, 가족의사소통, 갈등, 응집과 분리, 변화에 대한 적응 등의 전반적인 가족교류과정에 관심을 가진다. 가족치료 이론으로 불리는 대부분의 가족체계 이론들이 가족과정 접근에 해당되며, 어려움을 가지는 가족 임상장면에서 체계 이론이 안내하는 진단과 치료적 개입은 활용도가 매우 높았다.

가족연구에서 일반체계론과 인공두뇌학이 결합된 체계 이론은 특별한 위치를 차지한다. 자연과학 일반에서 널리 활용되고 있었던 일반체계 이론(General Systems Theory)과 정보처리 및 의사소통에서 활용되고 있던 인공두뇌학(Cybernetics)이 가족연구에 적용된 시기는 제2차 세계대전 직후로 모든 사회과학영역에서 가장 빠른 시점이었다. 이는 미국 캘리포니아 Palo Alto에 위치한 Mental Research Institute(MRI)에서의 혁신적인 의사소통연구 덕으로, MRI 연구팀은 의사소통 내용보다 의사소통 과정에 주목해야 함을 발견하였다. 인류학자인 Bateson과 정신의학자인 Jackson은 MRI연구팀을 이끌며 체계 이론을 가족연구에 적용시킨 당사자들이었다. 이들은 가족항상성을 유지하는 패턴, 역기능적 가족체계, 특히, 조현증(정신분열) 가족의 의사소통 등을 연구하였다. 이 과정에서 Bateson의 순환적 인식론은 기존의 선형적 인과론과 달리, 가족원 누구도 비난하지 않으면서 가족 문제를 중재할 수 있는 체계적 접근으로 소개되었다. 이후 가족을 체계(system)로 보는 관점은 가족치료분야에서 강력한 은유(metaphor)가 되었으며, 일반체계 이론과 인공두뇌학의 개념을 도입한 가족체계 관점을 아울러 가족과정 관점으로 부를 수 있다.

2) 주요 개념

가족과정 관점의 주요 개념으로는 일반체계론과 인공두뇌학에서 도출된 체계/하위체계, 상호의존성, 위계, 경계, 항상성, 피드백, 등결과성 등이 있다(정문자 외, 2011).

(1) 체계/하위체계

체계는 상호작용하는 부분들의 합으로, 가족은 상호작용하는 개인의 집단으로 하나의 체계이다. 가족은 사회라는 상위체계의 하위체계인 동시에 개인 하위체계의 상위체계로 볼 수 있다. 체계는 전체로 이해되어야 하므로, 가족원 개인이나 결혼하위체계, 형제자매하위체계를 분절해 보는 것보다 가족체계 전체의 역동을 이해해야 한다.

(2) 상호의존성

체계를 이루고 있는 부분들은 서로 연결되어 있으며, 한 부분의 변화는 다른 모든 부분의 변화를 가져오게 된다. 가족체계 또한, 한 개인의 행동이나 태도의 변화에 따라 다른 가족원들 및 가족체계의 변화가 초래되는데, 구성원 간의 상호의존성이 지나치게 높으면 밀착 또는 융합된 관계로 역기능이 발생할 수 있다. 반대로 의존성이 너무 낮으면 소원한 관계가 되어 개인이나 체계가 필요로 하는 지원을 받기 어렵다. 따라서 적절한 분리와 연결성의 균형이 가족기능이 최적화되는 데 필요한 요소이다.

(3) 위계

위계는 권위나 권력과 관련된 개념으로 가족원이 자신의 위치에 맞는 권력과 통제를 가질 때 가족체계의 위계질서가 유지된다. 가족과정에서의 적절한 위계는 부모가 자녀보다 더 많은 권력과 통제를 가지고 규칙을 집행하는 위치에 있어야 한다고 본다. 세대 간에 명확한 경계와 위계질서가 유지될 때 가족의 기능성도 향상된다고 본다.

(4) 경계

경계는 체계와 하위체계 또는 상위체계 간의 분리나 소속을 구분해 주는 규정이며, 경계를 통해 가족은 가족의 정체성을 유지할 수 있다. 개인과 체계 간에는 서로 정보와 에너지 등을 주고받아야 하므로 경계는 어느 정도 투과성을 가지게 되며, 가족은 기본적으로 개방체계라고 할 수 있다. 경계가 지나치게 경직되거나 느슨하면 역기능이 발생할 수 있으며, 명확한 경계가 적절한 기능을 유지하는 데 필요하다.

(5) 항상성

항상성은 유기체가 일정한 상태로 균형을 유지하려는 작용이나 성질을 의미한다. 가족체계 역시 끊임없이 변화하는 가족 내외의 환경에 적응하면서 일관성을 유지하고자 하는 경향성을 갖는데, 이를 가족항상성이라고 한다. 가족은 변화와 안정 사이의 역동적인 균형을 유지하는데, 때로 변화를 성장의 기회라기보다 가족에 대한 위협으로 지각해 완고하게 기존 가족과정의 방식에 집착하는 경우 가족안에서 역기능이 발생할 수 있다.

(6) 피드백

인공두뇌학에서 피드백은 의사소통의 통제를 유지하며 정보를 교환하는 과정에서 서로의 행동을 통제하거나 확장하게 하는 역할을 한다. 가족체계 안에서도 가족이 변화에 저항하며 원래의 항상성으로 돌아가고자 하는 부적 피드백과 일탈을 도모하고 변화를 시도하는 정적 피드백 고리가 규칙에 의해 규제된다.

(7) 등결과성

등결과성(equifinality)이란 다양한 시작이 동일한 결과를 가져올 수 있다는 것이다. 예를 들어, 고3 수험생을 둔 가족의 경우, 어머니의 새벽 도시락, 아버지의 한밤 학원 차 태워주기, 언니가 친구들 집에 데려오지 않기 등은 모두 다양한 행태로 보이지만, 수험생 가족원의 성공적인 입시결과라는 단일한 산물을 위해 체계의 각 부분들이 협력하고 있는 것이다.

3) 기본 가정

가족과정 관점의 기본 가정은 다음과 같다.

첫째, 하나의 체계를 이해하려면 부분이 아닌 전체를 보아야 가능하다.

둘째, 체계는 서로 연결된 부분들의 합으로, 체계의 모든 부분들은 상호 의존적이다.

셋째, 체계는 환경에 영향을 미치고, 환경은 체계에 영향을 미친다.

넷째, 인간체계인 가족체계는 자기성찰적이다.

다섯째, 체계는 실재가 아니라 은유이며 모델이다.

가족은 인간체계이므로 기계와 달리 자기 행동과 인식에 대한 성찰이 가능한 체계이다. 스스로 체계의 상태를 조사하며 목표를 세울 수 있고 어느 정도는 스스로를 조정하기도 한다. 추상적인 목표를 설정하고, 전생애적인 장기계획을 수립하고, 기술과 인력을 동원해 복잡한 조직을 계획할 수도 있다. 인간체계 내에서 일어나는 이러한 활동은 높은 수준의 의사소통이 요구된다. 의사소통은 단순히 객관적인 정보 교환의 수준이 아닌 가족원들이 구축한 의미과정에 따른 합의과정이라는 점에서 자기성찰이 가능한 복잡한 활동이다(Whitchurch & Constantine, 1993).

가족과정 관점이 특별히 유용성을 발휘한 영역은 부부와 가족의 상호작용, 가족역기능(예컨대, 가정폭력이나 알코올중독 등), 부부 및 가족 유형분류 등이다.

첫째, 가족의 상호작용을 연구함에 있어 이들의 위계나 경계, 하위체계 등을 개념화함으로서 가족과정연구에 기여하였다.

둘째, 가족의 증상을 둘러싼 가족역동을 진단 · 평가하고 치료적 개입을 계획하는데 기여하였다.

셋째, 가족의 기능성에 관한 유형분류작업에 기여했는데, 순환모델이나 비버스모델 등 커플 및 가족 유형분류는 가족과정 관점을 바탕으로 개발되었다.

4) 적용: 순환모델(Circumplex Model)

가족과정 관점에서 개발된 가족학 및 가족치료분야의 이론적 모델은 수없이 많지만, 엄격한 과학적 연구를 통해 가족과정 관점이 연구와 실천에서 모두 성공적으로 적용된 예는 Olson(2004)의 순환모델(Curcumplex Model)을 들 수 있다.

그는 가족기능의 핵심적 차원으로 응집성과 기능성을 주장했고, 두 차원이 각각 교차하면서 16개의 관계유형을 범주화하고 가족기능이 높은 순으로 균형가족(4개), 중간범위가족(8개), 극단가족(4개) 등으로 나누었다. 응집성이 지나치게 낮거나 또는 높으면 가족기능이 낮아지고, 적응성 또한 낮거나 높으면 가족기능이 낮아진다. 즉, 가족기능은 응집성과 적응성 모두 가운데 범위에 있을 때 가장 높으며, 이 범위 내의 가족유형은 균형가족에 들어간다. 극단가족일수록 응집성 또는 적응성이 극단적으로 높거나 낮으며, 정신증이나 신경증 가족이 극단가족 범위에 들어가 가능성이 상대적으로 높다(정문자 외, 2011).

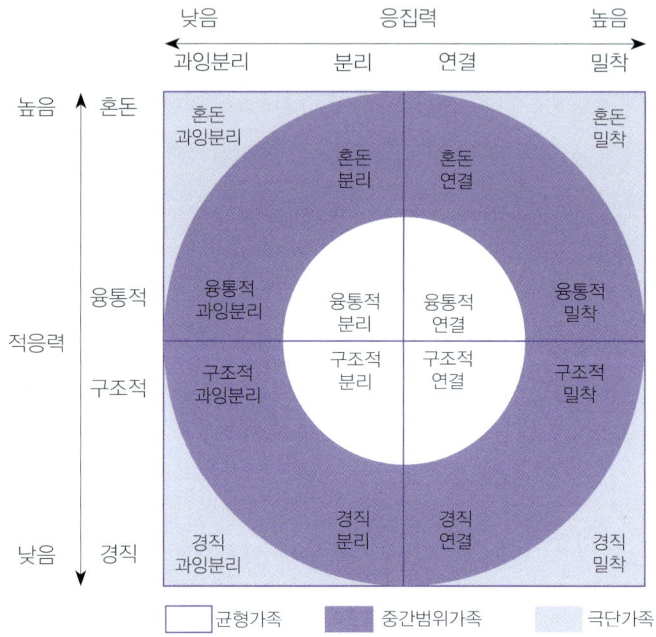

[그림 4-4] 순환모델 가족체계 유형

(1) 응집성

가족응집성(cohesion)은 가족원 간의 정서적 유대를 의미하며, 연결 대 분리 간의 네 차원(과잉밀착-연결-분리-과잉분리)에 의해 유형화되었다. 적당한 연결은 가족원에게 소속감과 애정의 욕구를 만족시키지며, 적당한 분리는 개별성을 허용하여 건강한 발달을 유도한다. 그러나 과잉밀착 또는 지나친 속박은 가족원의 의존성을 초래하고 개별성의 발달을 저해하며, 지나치게 분리된 관계는 가족원 간의 친밀감과 지원이 부족하여 가족의 기능을 저해하게 된다. 따라서 건강한 가족은 가족원이 개인으로서의 '나'와 가족으로서의 '우리' 사이의 균형을 잡아가며 자신의 개성과 가족의 친밀성을 유지하는 가족이라고 할 수 있다(이선형 · 임춘희, 2009).

(2) 적응성

가족적응성(adaptability)은 가족이 외부의 변화에 얼마나 잘 적응하는지를 보는 차원으로, 융통적 대 구조적 체계의 네 차원(혼란스러운–융통적–구조적–경직된)으로 분류된다. 융통과 구조 간의 균형이 잘 잡힌 가족일수록 외부 스트레스 상황에 탄력적으로 잘 적응한다. 균형잡힌 적응력이란 민주적인 훈육과 융통성 있는 역할과 지도력의 특징을 가진다. 반면, 지나치게 경직된 가족은 권위주의적인 지도력과 엄격한 훈육으로 가족항상성을 지향하는 경향이 높아 외부변화에 적응하기 어렵다. 지나치게 혼란스러운 체계도 변덕스러운 훈육과 일관성 없는 지도력이나 역할변화로 안정된 가족체계를 유지하기 어렵다.

따라서 건강한 가족은 유연성과 구조가 적당하게 균형잡혀 외부환경에 잘 적응할 수 있는 가족체계라고 할 수 있다.

(3) 의사소통

순환모델에서 중요하게 본 차원은 응집성과 적응성의 매개요인인 의사소통이다. 가족체계는 구성원 간의 의사소통이 원활할 때 잘 기능할 수 있다. 정보 피드백 고리를 이루는 정적 피드백과 최적화 상태가 되는 것이다. 따라서 가족의사소통 요인이 가족과정의 가장 핵심적인 지표라고 할 수 있다. 의사소통의 하위차원으로는 경청기술, 말하는 기술, 자기개방, 명료성, 주제에 초점 맞추기, 그리고 존경과 배려 등이 있다.

〈표 4-1〉 순환모델 외부관찰자 척도

	유리		분리		연결		밀착	
응집성	1	2	3	4	5	6	7	8
정서애착	·	·	·	·	·	·	·	·
가족관여	·	·	·	·	·	·	·	·
결혼 관계	·	·	·	·	·	·	·	·
부모-자녀관계	·	·	·	·	·	·	·	·
내적 경계(시간, 공간)	·	·	·	·	·	·	·	·
외적 경계(친구, 관심, 여가)	·	·	·	·	·	·	·	·
전체 평가	·	·	·	·	·	·	·	·

	경직		구조적		융통적		혼돈	
적응성	1	2	3	4	5	6	7	8
지도력	·	·	·	·	·	·	·	·
훈육	·	·	·	·	·	·	·	·
협상	·	·	·	·	·	·	·	·
역할	·	·	·	·	·	·	·	·
규칙	·	·	·	·	·	·	·	·
전체 평가	·	·	·	·	·	·	·	·

	낮은 ← 용이성 → 높은					
의사소통	1	2	3	4	5	6
듣는 기술	·	·	·	·	·	·
공감 경청						
말하는 기술	·	·	·	·	·	·
자신을 위해 말하기 타인을 위해 말하기 (역점수화)						
표현의 자유로움	·	·	·	·	·	·
명료성	·	·	·	·	·	·
따라 가기	·	·	·	·	·	·
배려/존중	·	·	·	·	·	·
전체 평가	·	·	·	·	·	·

3. 가족발달 관점(Family Development Perspective)

1) 개요

가족발달 관점은 심리학자, 경제학자, 역사학자, 인간발달학자 등에 의해 영향을 받으며 등장한 이론으로, 시간의 경과와 함께 결혼과 가족에서의 변화과정을 설명하는 틀이다. 가족발달학자들은 개인이 출생부터 사망까지 일련의 단계를 통과하는 것처럼 가족도 결혼부터 사별까지 일련의 가족생애과정의 단계를 겪는다고 본다.

가족발달 관점은 가족이 각 단계를 통해 이동할 때 경험하는 가족생활의 유형화된 변화에 관심을 갖는데, 가족관계나 가족집단, 가족제도와 같은 가족 수준의 분석에 초점을 둔다. 가족이 사회적 집단이며, 가족집단은 결혼제도와 가족제도의 일부라고 본다. 가족을 분석의 단위로 삼고, 시간에 따른 사회적 과정과 가족발달과업의 성취에 관심을 가진다(Klein & White, 2000; Rodgers & White, 1993).

가족생활주기의 개념은 가족발달 이론의 핵심적 개념으로 가족정책 수립의 중요한 틀이기도 하다. 가족발달 이론은 결혼, 자녀의 출생, 성장, 독립, 은퇴 등 시간의 경과에 따라 가족원들이 각 단계로 이행하며 경험하는 다양한 역할과 발달과업을 적절하게 수행하는지에 관심을 둔다. 가족생활주기는 크게 확대기와 축소기로 나눌 수 있는데, 대표적인 가족학자인 Duvall의 8단계 가족생활주기는 〈표 4-2〉와 같다(한국가족상담교육연구소, 2010).

〈표 4-2〉 Duvall의 가족생활주기 단계

가족생활주기 단계	가족 내 지위	가족의 발달과업
1. 신혼기	남편, 아내	결혼적응, 임신적응, 새로운 친족관계 적응
2. 첫 자녀 출산기	아내/모, 남편/부, 자녀	임신과 출산 적응 어린 자녀에게 양육적인 가정 형성
3. 학령 전 자녀기	아내/모, 남편/부, 딸/자매, 아들/형제	학령 전 자녀의 욕구에 적응 양육으로 인한 소진 대처 및 사생활 부족 적응
4. 학동기 아동기	아내/모, 남편/부, 딸/자매, 아들/형제	지역사회에 적응 자녀의 학업적 성취 격려
5. 청소년 자녀기	아내/모, 남편/부, 딸/자매, 아들/형제	자녀의 자율성과 책임감 간의 균형 탈부모기 준비
6. 자녀 독립기	아내/모, 남편/부, 딸/자매,이모/고모, 아들/형제/삼촌	청년기에서 성인기로의 자녀 독립 격려 독립하는 자녀에게 지지적인 가정 유지
7. 중년기 부모기	아내/모/조모 남편/부/조부	부부관계에 다시 초점 두기 노년세대 및 젊은 세대와의 관계 조정
8. 노년기 부모기	과부/홀아비 아내/모/조모 남편/부/조부	배우자 사별과 독신생활 적응 퇴직(은퇴)에 적응 조부모 역할에 적응

출처: Olson & DeFrain(2006); 이선형 · 임춘희(2009).

가족발달 관점은 시간의 흐름에 따른 개인과 가족의 변화하는 역동적인 체계로 다룬 점, 각 단계마다 발생할 수 있는 발달과업과 스트레스원을 제시하였다는 점에서 가족정책과 실천분야에 모두 유용성을 가진 틀이라고 할 수 있다. 건강가족을 위한 정책 제시나 단계별 욕구 조사, 또 발달과업을 중심으로 가족생활교육이나 가족상담의 목표수립 등에서 특히, 활용도가 높다고 하겠다.

그러나 가족발달 관점의 발달과업의 성취라는 목표지향적 관점은 발달단계와 발달과업에 있어 정상적이거나 성공적인 삶의 경로와 발달방식이 존재한다는 가정이 깔려있다는 점에서 비판을 받았다. 현대 가족의 다양한 경로를 볼 때, 가족들이 각 단계를 거치며 완수해야 할 근본적인 과업이 있다는 주장은 설득력이 떨어지기 때문이다(Klein & White, 2000; Rodgers & White, 1993). 또한, 가족발달 관점의 보편적이며 규범적인 발달단계는 현대사회의 다양한 가족형태에 적용되기 어렵고, 성별, 사회계층, 문화 등의 차이를 포괄하지 못한다는 비판도 있다. 예를 들어, 자녀 독립이 실행되는 타이밍, 즉 진수기(launching period)는 문화권에 따라 다르다는 점을 볼 때, 가족발달단계의 문화적 보편성을 가정하는 것은 위험할 수 있다.

2) 주요 개념

(1) 규범

가족발달 관점은 가족발달이 사회적 규범에 의해 규정되는 과정이라고 본다. 그러나 규범은 사회나 문화권에 따라 다르기 때문에 가족발달과정 또한 문화마다 다를 수 있다. 가족발달단계는 가족사건에 의해 이행되는데, 가족사건의 타이밍이 규범적인 기대 안에서 발생하는 경우는 전이가 자연스러우나 규범 밖에서 일어나는 경우 가족은 혼란에 빠질 수 있다. 예를 들어, 혼전출산은 결혼이 선행되고 출생이 이루어져야 한다는 규범적 순서에서 벗어나므로 가족들이 당황하고 발달단계의 이행에서 혼란이 발생할 수 있다. 그러나 혼전출산이 증가하면 결혼과 출생의 순서에 대한 규범적 기대가 변화할 수 있고 이에 대한 가족의 혼란도 줄어들게 된다(Klein & White, 2000; Rodgers & White, 1993).

(2) 지위 및 역할

지위란 가족원들이 가족 내에서 갖는 위치이며, 예컨대 결혼과 더불어 생기는 '남편', '아내', 자녀출생과 더불어 생기는 '아버지', '어머니'와 같은 위치를 지위라고 한다. 역할은 각 지위에 부여되는 규범을 말하는데, 예컨대 아버지됨(fatherhood) 또는 어머니됨(motherhood)과 같이 사회에서 특정 지위에 대해 적절하다고 기대하는 규범이라 할 수 있다.

(3) 단계

단계란 가족생활을 구분하는데 이전과 이후 기간을 뚜렷하게 구분할 수 있게 해주는 질적 변화를 수반하는 기간이다(이선형 · 임춘희, 2009). 가족발달 관점은 각 단계별로 기대되는 발달과업(developmental task)이 있다고 가정했는데, 앞 단계 발달과업을 성취해야 다음 단계로의 전이가 원활하다고 보았다.

(4) 가족경력 및 사건

가족경력이란 일련의 가족발달단계에 따라 연속적으로 이어지는 역할을 의미하며, 사건이란 특정 시점에서 발생하는 질적 변화를 의미한다.

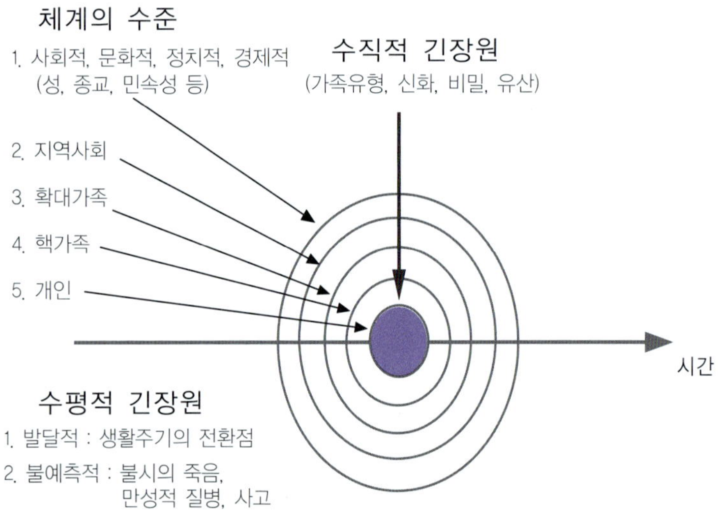

[그림 4-5] 가족체계 내의 수평적 스트레스원 수직적 스트레스

(5) 전이 및 타이밍

전이는 한 가족이 질적으로 구분되는 한 단계에서 다음 단계로 이동하는 과도기를 의미하며, 가족의 구조적 변화를 요구하는 경우가 많다. 예를 들어, 결혼이나 출산, 은퇴와 같이 두 단계 사이에 질적 변화를 구분하는 사건을 전이적 사건이라고 한다. 타이밍은 개인이나 가족이 특정 시점에서 특정한 사건을 경험하는 것에 대한 사회적 기대를 따르는지의 여부를 의미한다.

3) 기본 가정

가족발달 관점의 기본 가정은 다음과 같다(Klein & White, 2000; Rodgers & White, 1993).

첫째, 가족 상호작용, 가족구조, 가족의 역할은 시간에 따라 변화된다. 시간이 경과함에 따라 가족원의 욕구와 발달과업이 달라지며, 가족원들은 관계를 지속하지만 역할과 기대, 구조와 관계가 어느 정도 변화되는 것은 불가피하다.

둘째, 가족은 가족전체뿐만 아니라 다양한 차원에서 분석된다. 예를 들어, 미시적으로는 결혼관계가 분석 단위가 될 수도 있고, 부자나 모녀관계, 형제관계와 같은 하위체계가 단위가 될 수도 있다. 거시적으로는 특정 가족관련 법률이나 정책이 상위체계로서 가족에게 미치는 영향력이 분석 단위가 될 수도 있다.

셋째, 대부분의 가족은 유사한 가족발달단계를 거치며 그에 따른 유사한 욕구와 발달과업을 가지는데, 이는 가족집단이 특정 사회적 규범에 의해 영향을 받기 때문이다. 한 사회의 법률체계, 정책, 문화적 규범 등은 가족행동에 영향을 미친다. 가족이 속한 사회계층이나 종교 등도 가족행동에 동시에 영향을 미칠 수 있다.

넷째, 시간은 다차원적이며, 가족경험은 시간을 나누는 하나의 방법이다. 가족은 달력상의 시간개념보다 가족사건을 기준으로 가족경험을 나눈다. 예를 들어, 1997년에 대해 이야기할 때 가족들은 "막내가 태어났을 때"라든지 "아버지가 직장을 잃으신 후에"와 같은 사건 나열을 사용한다.

4) 적용: 가족스트레스모델

가족생활주기 분류는 연구와 정책 분야뿐만 아니라, 임상 장면에서도 중요한 의미가 있다. 가족은 종종 한 단계에서 다음 단계로 넘어가는 전이기에서 고착된 채 문제 증상을 호소하는데, 이는 자연스러운 전이기 현상일 수도 있고, 누적된 스트레스로 인한 부적응일 수도 있으며, 때로는 다세대 전수된 역기능적 가족규칙이나 정서과정으로 인한 현상일 수도 있다.

가족치료자인 Carter와 McGoldrick은 가족생활주기에 따라 야기되는 긴장(스트레스)을 '수평적 긴장'과 '수직적 긴장'으로 구분하였다. 수직적 긴장은 정서적 삼각관계를 통해 세대 간 전수된다는 Bowen의 개념을 활용한 것으로, 가족규칙, 신화, 가풍 등이 세대에서 세대로 전수되며 긴장의 요인이 된다. 수평적 긴장은 정상가족발달과정의 전이기에 일어나는 규범적 요인(결혼이나 출산, 은퇴 등)에 의한 긴장과 상황적 긴장(자연재해나 사고, 질병 등)을 포함한다.

발달적 스트레스와 상황적 스트레스가 겹칠 경우, 가족체계는 위기를 맞을 수 있다. 또한, 가족의 시간을 관통하는 수평적인 스트레스원(규범적이거나 비규범적인 사건들)을 겪으면서 가족이 심각한 증상으로 나타나는 것은 다세대간 전수된 수평적인 긴장, 예컨대, 경직된 가족규칙이나 가족신화 등이 수평적 스트레스원과 교차하기 때문이라고 하였다(정문자 외, 2011).

4. 생애과정 관점(Life Course Perspective)

1) 개요

시간의 흐름에 따른 개인과 가족의 변화(발달)를 이해할 때 단지 개체발생학적이거나 미시사회적 수준의 분석을 넘어서서 사회구조와 역사적 맥락에서 분석할 필요성이 제기되었다. 생애라는 용어는 개인의 개체발생적인 발달을 기술하는 용어이나, 생애과정 관점은 개인이 생물학적 시간을 통과함에 있어서 사회가 어떻게 개인적, 사회적 의미를 부여하는가에 관심을 갖는다(Bengtson & Allen, 1993). 즉, 생애과정 관점은 개인의 생애와 생애과정은 다른 것이며, 출생부터 사망에 이르는 인간발달과정은 개체발생적이라기보다 사회발생적이라고 본다(Bengtson & Allen, 1993). 가족발달 관점이 시간에 따른 가족구성의 유형화 단계에 관심을 두었지만, 점차 사회학자들은 가족발달보다 생애과정이라는 용어를 선호하였다.

생애과정 관점은 시간의 흐름에 따라 나타나는 개인의 발달, 생활사건, 관계의 발달에 사회적 의미를 부여하며, 개인과 가족이 시간과 역사의 맥락에서 변화되는 과정을 미시사회적 관점과 거시사회적 관점에서 모두 분석하는 틀을 제공한다. 생애과정 관점은 경로와 전이가 사회적으로 조직된다는 점을 강조하며, 개체발생적 발달에 영향을 미치는 사회적, 역사적 맥락요인에 대해 초점을 둔다. 따라서 생애과정 관점은 개인의 생애발달, 가족의 발달, 그리고 사회역사적 발달을 통합해서 살펴볼 수 있는 틀이라고 하겠다(Bengtson & Allen, 1993).

2) 주요 개념

(1) 시간

생애과정 관점에서의 핵심 개념인 시간은 다중적인 맥락을 가진다. 시간의 세 차원은 서로 상호작용하는데, 첫째 개인의 일대기를 의미하는 개체발생적 시간, 둘째 가족발달에서 일어나는 사건이나 가족 전이를 의미하는 세대의 시간, 셋째 개인이나 가족의 가치관이나 역할을 변경시키는 사회-역사적 시간 등이다.

(2) 발달

생애과정 관점에서의 발달은 단순히 개체발생적인 성장과 쇠퇴를 기술하는 것에서 벗어나, 개인이 생물학적 시간을 통과할 때 어떻게 사회가 사회적, 개인적 의미를 부여하는가를 포함한다. 이런 의미에서 발달은 개체발생적이라기보다 사회발생적이라고 기술할 수 있다.

(3) 궤적(trajectory)

궤적은 전이와 같은 짧은 생애 변화나 생애단계의 두 단계 정도에 걸쳐 나나타는 변화를 의미한다.

(4) 사회구조적 맥락

생애과정 이론은 가족원이 경험하는 사건은 사회구조적 맥락 속에서 영향을 받고 있다고 가정한다. 사회환경은 가족의 사건에 대한 의미를 부여하는데, 예를 들어, 경제 활황기였던 1980년대 대한민국의 20대 젊은이들은 대학을 졸업하면 어렵지 않게 취업을 하였고, 또 20대에 결혼하고 첫 자녀를 출산하는 일이 적지 않았다. 그러나 경제가 침체된 2010년대의 20대에게 대학을 졸업하고 바로 취업하는 일과 결혼하는 것, 자녀를 낳는다는 것은 예전처럼 쉬운 일이 아니다. 즉, 2010년대 20대의 취업이나 결혼, 출산 타이밍에 대한 사회적 기대는 1980년대의 20대에게 가졌던 기대와 많이 달라졌다고 할 수 있다. 이러한 기대는 물론 사회계층이나 성별에 따라서도 달라질 수 있다. 생애과정은 사회적으로 규정되며 많은 사람들이 생활사건에 대해 공유함에 따라 사회제도로 자리 잡게 된다.

〈표 4-3〉 1990년대와 1976년 미국 가족구조에서의 변화

	1900년	1976년
자녀 중 한 명은 15세 전에 부모의 사망을 경험할 것이다.	24%	5%
결혼 40주년 이전에 배우자 중 한 사람이 사망할 것이다.	67%	36%
15세 아동의 고조부모나 현조부모가 생존해 있을 것이다.	17%	56%
중년기 부부의 부모들이 여전히 생존해 있을 것이다.	10%	47%

출처: Uhlenberg(1980).

(5) 코호트

생애과정 관점은 개인과 가족의 변화에서 일어나는 연속성과 변화의 속성에 관심을 두고, 세대 내 전이(transition)와 세대 간 전수(transmission) 연구에 비중을 둔다. 예를 들어, 세 세대에 걸친 부모-자녀관계의 변화 유형에 대해 연구하거나, 다세대 가족과정을 통해 문제행동이나 역기능적 가족관계가 전수되는 메카니즘을 연구하기도 한다(Bengtson & Allen, 1993). 생애과정 관점에서의 코호트 연구를 위해 연구자들은 종단적 패널자료와 같은 대규모 계량적 자료를 활용해 코호트 분석을 실시하기도 하고, 심층면접을 통해 연구대상으로부터 회고적, 질적 자료를 수집해 분석하기도 한다. 과거의 가족과정을 기술하는 데에는 창의적인 연구방법을 동원하기도 하는데, 때로는 일기나 편지 등 과거의 기록물을 분석하기도 한다. 그러나 이는 우리가 오늘날의 가치에 따라 과거의 생활을 재구성하고 재해석하는 것은 방법론적인 문제가 내재될 수 있다.

3) 기본 가정

생애과정 관점이 보는 가족은 시간과 공간의 차원에서 계속 변화하는 사회적 맥락 내에서 역사를 공유하는 개인의 집합이다. 즉, 가족은 거시 사회적 맥락 내에 있는 미시 사회적 집단으로 개인의 생애발달과 가족발달, 사회-역사적 발달을 통합해 살펴볼 수 있다. 생애과정 관점은 가족생활과 발달에서 시간, 맥락, 과정, 의미의 중요성을 강조하므로, 다음과 같은 다섯 가지 기본 가정을 가진다(Bengtson & Allen, 1993).

(1) 다중적인 시간 맥락

생애과정 관점에서의 시간 개념은 세 가지 차원의 다중적인 시간 틀을 가지는데, 개인의 시간, 가족/세대의 시간, 역사의 시간 등 세 차원의 시간이 상호작용한다고 가정한다. 첫째, '개인의 시간'은 한 개인의 생애에서 일어나는 개체발생적 사건을 의미한다. 둘째, '가족/세대의 시간'은 조상과 후손으로 연결되는 다세대과정에서 개인이 차지하는 위치(역할이나 정체성)로 가족 전이기나 가족상호작용을 변화시키는 사건을 의미한다. 이것은 생물학적 지위나 연령과 반드시 일치하지 않을 수도 있다. 예를 들어, 어떤 사람은 70대에 조부모가 되기도 하지만, 다른 사람은 40대에 조부모가 될 수도 있기 때문이다. 셋째, '역사적 시간'은 사회적 맥락에서 일어나는 사건을 의미한다. 일제강점기나 한국전쟁과 같은 역사적 사건일 수도 있고, 아시아 금융위기(IMF위기로 불리우는)와 같은 경제적 사건일 수도 있다. 생애과정 관점은 개인의 생애 또는 가족/세대의 시간과 사회역사적 시간 등 세 차원의 시간이 겹쳐지는 공유 영역에 관심을 갖고 가족생활과 행동의 변화를 이해하고 설명하고자 한다(Bengtson & Allen, 1993).

(2) 발달의 다중적인 사회적 맥락

생애과정 관점은 개인의 삶과 발달을 이해함에 있어서 네 가지 측면을 강조한다.

첫째, 개인이 사회구조 안에서 차지하는 위치가 개인발달에 영향을 미친다.

둘째, 개인과 가족은 사회적 맥락과 구조에 의해 영향을 받을 뿐만 아니라 영향을 미친다.

셋째, 문화적 맥락과 같은 사회환경은 변화하며 불연속적으로 개인과 가족에 영향을 미친다.

넷째, 거시수준의 발달과 미시수준의 발달은 상호 영향을 미친다.

(3) 발달에 대한 통시적 관점

생애과정 관점은 가족에 대한 정적인 관점을 취하지 않으며, 과정과 변화에 초점을 둔 역동적인 접근을 취한다. 발달의 변증법, 즉 변화와 연속성의 맥락 속에 개인의 발달과 행동에 미치는 다양한 요인들에 대해 관심을 갖는다.

(4) 발달과 관련된 구조와 과정에서의 이질성

생애과정 관점은 발달과 관련된 구조와 과정에서의 이질성을 강조한다. 즉, 발달에 대해 이야기할 때 평균과 표준편차를 모두 고려해야 한다는 입장인데, 평균적인 형태의 발달과 함께 평균에서 벗어난 변이에 대해 주목한다. 특히, 노화연구에서 시간의 경과와 함께 코호트 내에서의 이질성이 증가한다는 점에 주목하며, 가족의 변화과정에서 항상성과 함께 이질성의 증가도 고려해야 한다고 주장한다.

또한, 연구대상의 성별, 사회계층, 문화, 인종 등의 요인에 따른 사회구조적 위치 때문에 생기는 가족구조와 행동의 다양성도 고려해야 함을 시사하고 있다. 예를 들어, 흑인 가족의 구조나 가족과정을 연구하기 위해서는 흑인노예의 역사나 해방과 같은 역사적 배경을 통합할 필요가 있다.

(5) 발달에 대한 다학제적 관점의 유용성

생애과정 관점은 다원주의 경향성이 있으며, 다학제적 관점의 유용성을 강조한다. 학문 간의 경계를 넘은 통합과 융합의 접근이 필요하며, 생애과정 관점이 새로운 다학제적 패러다임으로서 가능성이 있다고 본다.

〈표 4-4〉 가족과 발달에 관한 생애발달과정적 관점의 기본 가정

주제	차원
1. 발달의 다중적인 시간 맥락	1) 개체발생적 시간 2) 가족/세대의 시간 3) 역사적 시간
2. 발달의 다중적인 사회적 맥락	1) 사회구조적 위치 2) 발달과 생활사건에 대한 사회적 의미 3) 발달에 있어 거시와 미시 수준의 교차
3. 발달에 대한 통시적 관점	1) 시간경과에 따라 나타나는 연속성과 변화 2) 발달에 대한 연령, 코호트의 영향력 3) 피드백

주제	차원
4. 발달과 관련된 구조와 과정의 이질성	1) 다양성과 차이 2) 노화에 따른 다양성의 증가 3) 사회적 변화에 따른 다양성의 증가
5. 발달에 대한 다학제적 관점의 유용성	1) 심리학 2) 사회학 3) 인구학 4) 인류학 5) 역사학 6) 경제학 7) 생물학

출처: Bengtson & Allen(1993).

4) 적용: 생애주기별 미시적 · 거시적 주제

생애과정 관점은 시간경과에 따른 가족구조와 관계변화에 대해 중요한 통찰과 시사점을 제공해 준다. 시간경과 속에 개인의 삶의 변화를 가족맥락뿐만 아니라 사회역사적 맥락에서도 살펴볼 수 있는 틀을 제공한다. 생애과정 관점에서 가족은 사회역사적 요인에 의해 수동적으로 영향을 받기만 하는 존재가 아니라, 사회변화에 대한 능동적 주체로서 외부환경과 사건에 대해 적극적으로 교섭하는 가운데 가족과 가족원의 삶을 돌본다고 본다. 생애과정 관점은 미시적인 동시에 거시적인 분석 수준에서 개인과 가족의 전생애적 이슈를 두루 분석할 수 있다는 점에서 매력적인 이론 틀로 인정받고 있다.

〈표 4-5〉 생애주기별로 본 미시적 · 거시적 주제

생애주기단계	미시적 주제	거시적 주제
태아기 (임신~출산)	• 건강한 산모, 건강한 아이 • 가족의 사회경제적 안정 • 가족의 사회경제적 불안 문제(의료보장)	• 인간발달의 중요성 • 발달의 개체발생적 기질 • 인구학적 의미
영아기 (0~2세)	• 어머니의 보살핌과 양육 • 모자 간의 부적절한 애착 • 정상적인 발달, 양육기술정보	
유아기 (3~6세)	• 건강한 아이 • 부모 역할의 중요성 • 언어 습득 및 개념화 기술 • 자기통제능력 습득-유아의 공격성	

<table>
<tr><th colspan="2">생애주기단계</th><th>미시적 주제</th><th>거시적 주제</th></tr>
<tr><td rowspan="2">아동기</td><td>아동전기
(7~9세)</td><td>• 왕성한 아동 활동–적절한 놀이지도
• 충분한 학습과 사회화
• 인지교육
• 보호, 학교공포증</td><td rowspan="3">• 사회화의 중요성
• 다양성과 차이의 학습
• 피드백: 변화의 호혜성과 효과 세대의 시간
• 인간발달의 미시–거시수준의 교차</td></tr>
<tr><td>아동후기
(10~13세)</td><td>• 자아발달과 자존심 형성
• 또래 아동과의 관계–열등감
• 지적 · 사회적 자극–대중매체 · 인터넷 영향</td></tr>
<tr><td colspan="2">청소년기
(14~19세)</td><td>• 자아정체감 형성
• 심리적 독립(책임감 형성)
• 진로결정
• 신체적 · 성적 성숙–성에 대한 올바른 이해</td></tr>
<tr><td rowspan="2">성인기</td><td>초기
성인기
(20~39세)</td><td>• 직업선택, 유지
• 친밀성의 성취–배우자선택–가정
• 결혼생활 적응, 가족생활계획–자녀양육
• 책임있는 시민생활</td><td rowspan="2">• 가족맥락에서 본 자본의 중요성
• 사회구조적 위치
• 역사적 시간</td></tr>
<tr><td>중년기
후기
(40~64세)</td><td>• 건강유지, 신체적 변화
• 원활한 가계운영과 가족보호
• 생산성 증대/조기은퇴
• 샌드위치 세대</td></tr>
<tr><td colspan="2">노년기
(65세 이후)</td><td>• 노화, 건강악화, 육체적 보호
• 가족 · 사회적 소외
• 삶의 의욕 및 정리–생애에 대한 회고</td><td>• 노화에 따른 다양성 증가
• 세대 간 교차 준비</td></tr>
</table>

출처: 주정희(2008).

5. 여권주의 관점(Feminist Perspective)

1) 개요

"여성의 결혼 대 남성의 결혼"에서 느낄 수 있듯이 결혼관계나 가족 안에서의 여성과 남성의 위치나 경험은 동일하지 않다. 가족학의 역사에서 초기 구조기능주의 경향이 짙었던 남성학자들의 가족연구에 의문에 제기한 것은 페미니스트 관점을 가진 여성학자들이었다. 이들은 가족 안에서 여성과 남성이 삶이 다르게 나타나며, 안식처로 묘사되었던 가족이 젠더 간 갈등의 장이라는 점에 초점을 두었다(Osmond, 1993).

여권주의 이론은 여성의 억압을 종식시키고자 하는 정치적 운동, 사회운동과 깊이 관련되어 있다. 여권주의 이론은 단일 이론은 아니나 공통적으로 여성의 경험을 강조하며, 기존 사회질서 속에서 여성이 종속되고 있다는 것을 인식하고, 이러한 불공평한 상황을 종식시키는 데 관심이 있다.

페미니즘은 19세기 무렵 서구에서 태동되었으며 봉건적 지배질서로부터의 인간해방이라는 근대 시민사회운동의 일환으로 등장하였다(한국가족복지학회, 2011). 페미니즘의 이념적 흐름은 크게 세 단계로 나누어질 수 있다. 제1의 물결은 자유주의 페미니즘과 막시스트 페미니즘으로 18~19세기 계몽주의 사상에 입각한 여성들의 여성인권선언과 함께 시작되었다.

제2의 물결은 1960년대 후반 현대여성운동인 급진주의 페미니즘과 사회주의 페미니즘이다. 1960년대 미국의 급진적인 페미니스트들은 핵가족이 여성의 자유를 억압하는 핵심적인 제도라고 비판하였다. 특히, 가부장제에 기초한 제도와 사회문화가 여성억압의 원인이라고 보고, 여성의 자유로운 삶을 위해서는 출산과 양육을 거부하고 생물학적 형태의 가족을 해체해야 한다고 주장했다. 사회주의 페미니즘은 막시스트 페미니즘이 성별특성을 간과했다고 지적하고 노동평등권, 교육평등권, 성적 선택권 등을 요구했다. 이들은 자본주의가 여성을 억압하는 기제이므로 가부장제와 함께 자본주의도 분석해야 한다고 주장했다.

'제3의 물결'은 1980년대부터 일어난 포스트모던 페미니즘으로, 남성의 경험에서 보편성을 추구하는 지식을 비판하면서 포스트모던 사고를 수용하였다. 억압된 현실에 대한 관심과 지식, 권력을 연결시키려는 노력 속에 젠더뿐만 아니라 인종, 연령, 사회계급, 성적 지향 등의 차이를 조율하는 데 더욱 관심을 가지게 되었다. 포스트모던 페미니즘은 남성과 여성 모두 함께 공동체적 의식을 회복하고 인류공동의 문제를 해결하기 위한 운동으로 전개되고 있다(한국가족복지학회, 2011).

〈표 4-6〉 주요 페미니즘의 이념적 흐름

	제1물결		제2물결		제3물결
페미니즘 이론	자유주의	막시스트	급진주의	사회주의	포스트 모더니스트
사상적 배경	자유주의, 계몽주의	막시즘	신좌파	신좌파	구성주의, 해체주의
시기	18~19세기	18~19세기	1960년대	1960년대	1980년대
성차별의 원인	불평등과 기회 부족	자본주의 제도 (경제력 부족)	가부장제	가부장적 자본주의(경제력부족+ 가부장제)	정상가족 이데올로기 등 남성중심의 언어
해결책	기회보장 (제도적인 성평등 보장)	경제활동 참여, 자본주의 체제 철폐	가부장제 도전 (여성문화 창조)	성별분업 제거 (자본주의와 가부장제 철폐)	다양성 추구, 남성중심적 지배적 담론 해체
운동사례	가족법 개정운동	비정규직 여성노동운동	월경 축제	공동육아운동	여성적 글쓰기 운동
의의	여성 문제를 최초로 표면화함	여성 문제를 사회구조적 문제로 인식	가부장제의 구조적 문제와 성 문제 부각	자본주의 아래 성별분업체계 분석	젠더 영역을 넘어 계급, 문화, 연령 등 차원을 넓힘

출처: 한국가족복지학회(2011). 건강가정론, 115쪽 수정함

2) 주요 개념

(1) 젠더(Gender)

젠더는 생물학적 성(sex)을 기반으로 하여 사회문화적으로 학습된 행동과 심리적 특성을 의미하며, 사회적 성 또는 문화적 성이라고도 한다. 생물학적 성이 타고난 성이라면 젠더는 출생 후 사회화의 결과 획득된 성 정체성이라고 할 수 있다(정혜정 · 공미혜 · 전영주 · 정현숙, 2009). 여권주의 시초부터 생물학적 성(sex)과 문화적 성(gender)을 구분하는 것은 중요한 문제였다. 생물학적 성과 구분되는 젠더는 사회적으로 구성된 남성성과 여성성을 의미하는 것으로 각 문화에서 자신의 성별에 기대되는 행동과 특성을 포함한다. 젠더는 사회문화적 기대치이므로 가족뿐

만 아니라 종교, 교육, 과학, 법, 정치 등 광범위한 영역의 규범에 내재되어 있으며 조직에 반영되고 있다.

여성의 억압은 생물학적 특성에 의해서가 아니라 생물학적 특성을 통제하는 남성의 권력, 즉 젠더 관계에서 발생한다고 보았다. 젠더는 남성과 여성 간의 사회적 관계이며, 양성 간의 불평등한 권력 관계에 주목하기 위해 사용되는 주요 방법이다(정혜정 외, 2009).

(2) 성역할 사회화(Gender role socialization / Gendering)

젠더에 대한 사회문화적 기대치를 충족시키면서 자신의 성별에 맞는 역할을 습득해 가는 과정을 '성역할 사회화' 또는 '젠더화'라고 한다. 성역할 사회화는 출생 순간부터 시작되어 평생 동안 지속되며, 사회문화적으로 개인의 성별에 기대되는 행위나 특성은 권장하고 그렇지 못한 행위는 제재함으로써 발달을 막는다.

성역할 사회화 과정에서 느끼는 갈등은 유아기부터 성인기까지 다른 양상을 보이는데, 유아는 무비판적으로 수용하는 반면, 아동기에는 젠더 개념에 의문을 제기한다. 청년기에는 성별 노동분업의 현실에 직면해 고민하며, 성인기에는 결혼과 가족생활에서 육아나 가사부담에서의 불평등에 갈등을 경험한다(정혜정 외, 2009).

(3) 성 고정관념(Gender stereotype)

성 고정관념은 여성과 남성의 본질에 대한 일련의 신념으로, 과학적 검증 없이 사회 구성원들에게 폭넓게 받아들여진다. 성 고정관념은 개인의 특성이나 기질은 간과되고, 특정 성에 소속된 사람들은 모두 일정한 특징을 갖는 것으로 간주하므로 종종 왜곡된 신념으로 나타난다.

남성성 고정관념을 나타내는 특징으로 모험성, 독립성, 이성적, 강인함 등이 있으며, 여성성 고정관념을 나타내는 특징으로는 감성적, 순종적, 양육적, 부드러움 등이 대표적이다. 성 고정관념은 대다수 문화권에서 유사하며, 시간이 지나도 변화하지 않는 경향이 있다(정혜정 외, 2009).

(4) 성역할 정체성(Gender-role identity)

성역할 정체성은 개인이 사회문화적으로 각 성에 적절하다고 인정하는 특성과 태도, 흥미를 내면화한 정도를 의미한다. 초기 성역할 정체성은 여성성과 남성성의 두 차원이 심리적으로 양극단의 정반대 특성을 반영하는 것으로 간주했다. 그러나 현대에 와서 여성성과 남성성을 별개의 독립된 차원으로 간주하고, 개인은 두 성 모두 낮거나 높을 수도 있고, 둘 중 하나만 높게 나타날 수도 있다고 보았다. 두 성의 특성이 모두 높은 '양성성 정체성'이 보다 기능적인 성역할 정체성으로 보고 있다.

〈표 4-7〉 Bem의 성역할 정체성 분류

여성성 점수

양성성 정체성	남성성 정체성
여성성 정체성	미분화 유형

(5) 차이와 평등

차이와 평등에 대한 이론화는 여권주의 딜레마가 있다. 이 딜레마는 '여성은 남성과 평등하기를 원하는가' 또는 '여성은 남성과는 다른 여성들만의 독특성을 인정받기를 원하는가'의 문제이다. 평등과 차이의 이원론적 대립구도는 양자택일의 선택 상황으로 몰아간다. 현대 여권주의 관점은 젠더 차이를 거부하지는 않지만 이 차이가 역사적 · 사회적으로 구성된 측면을 강조하며, 차이 안에도 평등이 존재한다는 목적을 달성하고자 노력한다(Osmond, 1993).

(6) 공적 영역 대 사적 영역

공적 영역과 사적 영역이라는 이분법은 구조기능주의 가족학자에게는 기본적인 가정이다. 즉, 남성은 공적 사회에 참여하며 여성은 사적 영역인 가족에 머무른다는 성별 간 영역분리를 의미한다. 그러나 가부장적 사회에서 여성은 자신의 발전과 이익보다는 가족을 위해 희생하며 보살핌을 제공하도록 사회화되는 경향이 있다.

공적-사적 영역에 대한 구조적 분리는 이러한 분리를 규범으로 보는 정상가족 이데올로기의 발달과정과 관련되어 있다. 공적-사적 영역분리의 이상화는 젠더의 차이를 극단적으로 양극화함으로써 남성의 지배를 강화하게 된다(Osmond, 1993).

3) 기본 가정

여권주의 관점은 공적 영역과 사적 영역을 이분화한 사고방식이 가족 안에서 여성의 경험과 남성의 경험을 왜곡해 왔다고 비판한다. 전통적인 핵가족과 성역할을 이상화시키며 이러한 가족만이 건강하고 기능적인 가족이라는 관점은 여성의 자율성을 침해하고 개인적인 발전의 기회를 제한하는 것으로 본다. 여권주의 관점은 사회과학지식이 더 나은 사회를 위해 여성, 사회계층, 문화, 연령, 성적 지향에 따라 차별받거나 억압되는 상황을 종식하는 데 이용되어야 한다고 주장한다(Osmond, 1993).

다음은 가족연구에서 여권주의 관점이 이끄는 주요 주제이다.

첫째, 여권주의 학문은 여성의 다양한 생활경험을 중심에 두며, 여성의 경험을 정상적이며 가치 있는 것으로 가정한다.

둘째, 젠더는 하나의 사회구조이며 분석의 기본적인 틀이다. 여성과 남성의 차이는 사회적으로 구성된 것이며 성별 간 권력관계를 합법화하기 위해 남녀를 구분하는 경향이 있다고 본다.

셋째, 젠더관계는 특정한 사회문화적 맥락에서 분석되어야 한다.

넷째, 획일적인 정상가족에 대한 규범은 가족의 현실에 맞지 않을 뿐만 아니라 계급, 문화, 여성의 억압을 위한 이데올로기이다.

마지막으로, 여권주의 관점은 사회변화를 강조하며 가치개입적인 방법론을 선호한다(Osmond, 1993).

4) 적용: 모성, 섹슈얼리티, 아내 구타

여권론자들은 가족생활의 여러 주제를 다루었지만, 특히, 모성, 섹슈얼리티, 아내 구타 문제에 대해 관심을 기울였다. 이 중에서 모성과 섹슈얼리티는 전통적으로 생물학적이거나 본능적인 주제로 간주되었지만, 여권주의자들은 사회적으로 구성되는 대표적인 주제라고 주장하였다.

초기 여권주의자들은 모성을 선택의 문제로 보고, 자녀출산과 양육에 있어서 여성의 자율권이 보장되어야 한다고 주장했다. 어떤 문화권에서는 남성이 자녀양육에 참여하며 여러 친족구성원에 의해 집단적으로 어린이가 양육되는 곳도 있으므로, 모성이 여성만의 고유한 역할이라고 주장할 수 없다는 것이다. 여권주의자들은 실제적인 모성에 대한 경험과 제도나 이데올로기로서의 모성을 구분되어야 한다고 보았으며, 다양한 상황에서의 어머니들로서 취업모, 한부모가족, 레즈비언, 미혼양육모 등의 일상적 모성경험에 주목하였다.

섹슈얼리티 역시 자연적이고 본능적인 주제로 간주되나, 여권주의자들은 '성의 정치학'이라는 용어를 통해 남성이 여성의 신체를 통제하는 여러 방식을 지적하였다. 섹슈얼리티는 규범적인 이성애 남성 중심의 권력이 가장 잘 드러나는 영역이며, 섹슈얼리티가 사회역사적인 권력과 연계되어 구조화되어 있다고 주장하였다(Osmond, 1993).

아내에 대한 남편의 폭력은 부부 내 힘의 불평등의 문제와 직결되어 있다고 보았다. 가부장제 사회에서 여성을 통제하는 주요 수단으로 성폭력을 사용하는데, 아내구타도 이런 맥락에서 가부장제의 남성우월주의를 가장 적나라하게 보여주는 가부장적 테러리즘 현상이라는 것이다. 페미니스트들은 아내 구타를 역사적 · 사회문화적으로 남성지배체계의 한 형태라고 비판하며, 이 문제를 공식적으로 정치화하였다(정혜정 외, 2009).

Introduction to Healthy Families

CHAPTER 5

건강가정정책 및 사업

현대사회에 접어들어 다양한 가족 문제가 사회적 현안으로 제기되면서 가족 문제에 대한 국가적 개입의 필요성이 대두되었다. 이러한 필요성을 토대로, 2005년 건강가정기본법이 제정되었으며 가정의 건강성 확보를 위해 다양한 건강가정사업 등이 실시되고 있다. 본 장에서는 우리나라의 건강가정정책을 건강가정기본법과 건강가정 관련법을 중심으로 살펴보며, 건강가정지원센터에서 실시되는 다양한 건강가정사업을 소개하고자 한다.

1. 건강가정정책

우리나라의 건강가정정책은 1990년대 무렵 다양한 가족 문제가 사회적 현안으로 제기됨에 따라 가족단위의 정책적 접근의 필요성이 대두되면서 본격화되었다. 특히, 건강가정정책은 건강가정기본법이 제정되면서 그 모습이 구체화되었으며, 다양한 가족의 형태 및 문제를 고려한 법이 나타나기 시작하였다.

1) 건강가정기본법

(1) 제정 배경

건강가정기본법은 가족을 단위로 하는 유일한 법으로 2004년 2월 제정되었다. 건강가정기본법의 목적은 건강한 가정생활을 영위하기 위한 국민의 권리와 의무, 국가 및 지방자치단체 등의 책임을 명백히 하고 가정 문제의 적절한 해결방안을 강구하여 지원정책을 강화함으로써 건강가정 구현에 기여하는 것이다(두산백과, 2014).

건강가정기본법의 제정 배경은 다양한 가족유형의 출현과 사회전반에 확산된 가족위기론 등에서 찾아볼 수 있다. 구체적으로 현대사회에 오면서 이혼율의 증가로 한부모가족이 늘어나고 저출산 · 고령화 현상으로 독신가족 및 노인단독가족, 국제결혼가족이 증가하는 등 다양한 가족유형이 보편화되고 있다. 또한, 가족해체 및 폭력, 아동학대 및 노인유기 등의 가족 문제가 사회적 현안으로 제기됨에 따라 약화된 가족기능을 회복하고 다양한 가족 문제를 적극적으로 대처하고자 건강가정기본법이 제정되었다.

(2) 방향

건강가정기본법에서는 가족 구성원의 기본적 욕구를 충족시키고 사회통합을 위한 가정의 기능을 강조한다.

제2조(기본이념)
가정은 개인의 기본적인 욕구를 충족시키고 사회통합을 위하여 기능할 수 있도록 유지 · 발전되어야 한다.

이러한 기본이념을 통해 건강가정기본법이 추구하는 방향은 다섯 가지로 요약된다(김정옥 · 도미향 · 문혜숙 · 박옥임 · 박충선 · 손흥숙 · 오정옥 · 홍달아기, 2009; 조희금 외, 2013).

첫째, 생활공동체로서 가정의 개념 수용, 둘째, 가족의 건강성 증진 및 가정단위의 통합적 서비스 강조, 셋째, 가정의 자립과 사회적 협력 강조 및 국가의 지원강화, 넷째, 민주적이고 양성평등적인 가족가치관 강조, 다섯째, 가정 문제에 대한 예방적 지원 강조 등이다.

① 생활공동체로서 가정의 개념 수용

건강가정기본법에서는 가족과 가정의 정의를 내리고 있으나, 법명에서도 제시된 바와 같이 법의 적용대상은 가정이다. 건강가정기본법 제3조에는 가족과 가정이 다음과 같이 정의되고 있다. 가족은 혼인 또는 혈연, 입양으로 인해 형성된 관계적 측면이 강조된 반면, 가정은 특정 공간에서 생활을 함께하는 공동체의 의미가 강조되고 있다. 특히, 현대사회에 오면서 독신가족, 무자녀가족, 그룹홈 등 전통적인 가족개념을 벗어난 다양한 가족이 증가함에 따라(장혜경 · 김혜경 · 이진숙 · 김현주 · 장화경, 2002), 건강가정기본법에서는 이러한 현실을 고려하여 전통적 가족과 유사한 기능을 수행하는 생활공동체인 가정을 법의 적용대상으로 삼고 있다.

제3조(정의)
1. "가족"이라 함은 혼인, 혈연, 입양으로 이루어진 사회의 기본단위를 말한다.
2. "가정"이라 함은 가족 구성원이 생계 또는 주거를 함께하는 생활공동체로서 구성원의 일상적인 부양, 양육, 보호, 교육 등이 이루어지는 생활단위를 말한다.
"1인가구"라 함은 1명이 단독으로 생계를 유지하고 있는 생활단위를 말한다.

② 가정의 건강성 증진 및 가정단위의 통합적 서비스 강조

건강가정기본법은 개인, 가정 및 사회가 별도의 독립된 개체가 아니라 서로 영향을 주고받는다는 관점을 토대로 건강한 가정생활의 유지가 개인의 행복에 영향을 미치며 나아가 건강한 사회를 형성하게 된다고 가정한다. 즉, 가족 구성원 및 가정, 사회가 상호 영향을 주고받는 개방적 주체라는 사실을 가정함으로써 생태학적 접근을 수용한다. 이러한 점은 건강가정기본법의 제3조와 제4조에 잘 제시되어 있는데, 건강가정이란 가족 구성원의 개별욕구가 충족되고 인간다운 삶이 보장되는 가정이며, 모든 국민은 가정의 구성원으로서 안정되고 인간다운 삶을 유지할 수 있는 가정생활을 유지할 권리를 가짐과 동시에 가정의 중요성을 인식하고 복지향상을 위하여 노력할 의무를 가지고 있다.

한편, 건강가정기본법은 기존의 가족관련 정책들이 주로 장애인, 노인 등 취약계층을 대상으로 선별적으로 제공되어 온 국가의 복지서비스를 일반가정에게 확대한 최초의 법이다(조희금 외, 2013). 특히, 건강가정기본법에서는 일반가정이 당면한 문제를 다각적 차원에서 접근하여 가정의 경제적 안정, 양육, 교육 등 다양한 가정의 기능을 강화하기 위해, 통합적 서비스 제공을 강조하고 있다. 즉, 통합적 가족지원은 가족을 하나의 단위로 보고 가족의 기능을 강화하는 가족상담 및 가족교육, 가족친화문화조성, 자녀양육지원 등의 다각적인 차원의 서비스를 "건강가정사업"이라는 이름으로 종합적으로 제공하는 것을 의미한다.

제3조(정의)

3. "건강가정"이라 함은 가족 구성원의 욕구가 충족되고 인간다운 삶이 보장되는 가정을 말한다.
4. "건강가정사업"이라 함은 건강가정을 저해하는 문제(가정 문제)의 발생을 예방하고 해결하기 위한 여러 가지 조치와 가족의 부양 · 양육 · 보호 · 교육 등의 가정기능을 강화하기 위한 사업이다.

제4조(국민의 권리와 의무)

1. 모든 국민은 가정의 구성원으로서 안정되고 인간다운 삶을 유지할 수 있는 가정생활을 영위할 권리를 가진다.
2. 모든 국민은 가정의 중요성을 인식하고 그 복지의 향상을 위하여 노력하여야 한다.

③ 가정의 자립과 사회적 협력 강조 및 국가의 지원강화

건강가정기본법에서는 가정을 사회와 적극적으로 상호작용하는 능동적 주체로 인식하며 가족의 건강성을 도모하기 위해 가정과 국가의 책임을 모두 강조하고 있다(김정옥 외, 2009). 우선, 가정의 건강성의 일차적 책임은 구성원에게 있다는 점은 건강가정기본법 제4조에 명시되어 있다. 또한, 건강가정기본법에 의하면, 가정은 국가의 영향을 일방적으로 받기만 하는 수동적인 존재가 아니라 능동적으로 사회와 상호작용하는 주체이다. 따라서 가정의 건강성은 사회와 적극적인 상호작용을 통해서 증진될 수 있으므로(조희금 외, 2013), 가정은 이웃, 공공기관 및 지역사회와 유대 관계를 유지하여야 됨을 강조한다. 따라서 이러한 가정의 사회와의 유대관계는 궁극적으로 건강가정기본법 기본이념인 사회통합을 이루는 데 중요한 밑거름이 된다.

한편, 국가와 지방자치단체는 개인의 행복과 건강한 가정을 유지하기 위해 필요한 제도와 여건을 마련하여야 한다. 특히, 국가와 지방자치단체는 가정의 건강을 위해 최소한의 경제적 안정을 보장해 줄 수 있는 제도(예: 저소득층 가정의 재정적 지원 확대) 및 다양한 가족유형(예: 한부모가정, 다문화가정)을 고려한 시책을 고려할 필요가 있다. 이러한 점은 건강가정기본법 제5조에 잘 제시되어 있다.

제4조(국민의 권리와 의무)

1. 모든 국민은 가정의 중요성을 인식하고 그 복지의 향상을 위하여 노력하여야 한다.

제5조 국가 및 지방자치단체의 책임

1. 국가 및 지방자치단체는 건강가정을 위하여 필요한 제도와 여건을 조성하고 이를 위한 시책을 강구하여 추진하여야 한다.
2. 국가 및 지방자치단체는 제1항의 시책을 강구함에 있어 가족 구성원의 특성과 가정유형을 고려하여야 한다.

④ 민주적이고 양성평등적인 가족가치관 강조

가족가치관은 가족에 대한 여러 가치관을 포함한 개념으로 출산, 양육, 결혼 및 성에 대한 가치나 태도를 의미한다(은기수 · 이윤석, 2005). 가족가치관은 사회 구성원의 행동에 영향을 미쳐 사회적 변화를 발생시킴과 동시에 사회의 변화로부터 영향을 받게된다(손승영 · 김은정, 2010). 우리나라의 대표적인 가족가치관 중 '가부장제 대 양성평등' 가치관이 있다. '가부장제 대 양성평등'은 의사결정 권한소재에 관한 구분으로 남성에게 의사결정 권한이 집중되어 남성의 권위를 중시하는 가부장제 가치와 의사결정 과정에서 여성을 포함한 가족 구성원 모두의 의견과 권한을 존중하는 양성평등 가치로 대별된다(손승영 · 김은정, 2010).

건강가정기본법에서는 민주적이고 양성평등한 가족관계를 강조한다. 특히, 건강가정기본법에서는 취업여성이 직장과 가정에서 원만한 생활을 할 수 있도록 여성의 노동권뿐만 아니라 남성의 부모권을 강조하고 있다. 또한, 가사노동 가치에 대한 사회적 인식을 제고하기 위해 국가 및 지방자치단체의 역할을 강조한다. 이러한 점은 건강가정기본법 제5조, 제7조, 제26조 등에 명시되어 있다.

제5조(국가 및 지방자치단체의 책임)

3. 국가 및 지방자치단체는 민주적인 가정형성, 가정친화적 환경조성, 양성평등한 가족가치 실현 및 가사노동의 정당한 가치평가를 위하여 노력하여야 한다.

제7조(가족가치)

가족 구성원은 부양, 자녀양육, 가사노동 등 가정생활의 운영에 함께 참여하여야 하고 서로 존중하며 신뢰하여야 한다.

제26조(민주적이고 양성평등한 가족관계의 증진)

1. 국가 및 지방자치단체는 부부 및 세대 간에 가족갈등이 있는 경우 이를 예방 · 상담하고 민주적이고 양성평등한 가족관계를 증진시킬 수 있도록 가족지원서비스를 확대하고 다양한 가족생활교육, 부모교육, 가족상담, 평등가족홍보 등을 추진하여야 한다.

한편 건강가정기본법에서는 혼인과 출산의 사회적 가치를 강조함으로써 저출산 · 고령화 문제해결을 위한 가족중심의 가치관을 강조한다. 가족중심의 가치를 중시하는 사회에서는 가족의 이익을 개인보다 우선시하게 된다. 따라서 건강가정기본법에서는 모 · 부성 보호와 적절한 출산 · 육아환경을 조성하기 위해 국가 및 지방자치단체의 역할을 강조하고 있다. 이러한 점은 건강가정기본법 제8조에 제시되어 있다.

> 제8조(혼인과 출산)
> 1. 모든 국민은 혼인과 출산의 사회적 중요성을 인식하여야 한다.
> 2. 국가 및 지방자치단체는 출산과 육아에 대한 사회적 책임을 인식하고 모 · 부성권 보호 및 태아의 건강보장 등 적절한 출산 · 육아환경을 조성하기 위하여 적극적으로 지원하여야 한다.

⑤ 가정 문제에 대한 예방적 지원 강조

최근 몇 년 전까지 우리나라의 가족복지정책은 부모의 이혼 및 가정폭력 등 문제가정을 중심으로 사후 치료적 지원에 초점이 맞추어져 있었으며, 그 성과 또한 미흡하였다. 그러나 건강가정기본법이 제정된 이후 가정 내 문제가 발생하기 전, 그 문제를 미리 예방하는 측면이 강조되고 있으며 이러한 점은 제9조에 명시되어 있다.

> 제9조(가족해체 예방)
> 1. 가족 구성원 모두는 가족해체를 예방하기 위하여 노력하여야 한다.
> 2. 국가 및 지방자치단체는 가족해체를 예방하기 위하여 필요한 제도와 시책을 강구하여야 한다.

국가적 차원에서 가정 문제의 예방적 접근은 가정 문제의 사후 치료적 접근에 비해 국가에서 충당하는 비용이 훨씬 절감된다. 그 예로, 한 연구(조선주 · 김혜영 ·

민현주 · 이선행, 2010)에서 가족 문제의 예방적 접근을 통해서 소요되는 국가의 예산과 치료적 접근을 통해 소요되는 비용을 비교해 본 결과, 가족 문제로 인해 소요되는 사회적 비용은 5조 7천 9백억원으로 추산되었으나, 가족 문제의 예방을 위해 정부가 집행한 예산은 2백억원으로 가족 문제의 예방적 접근을 통해 국가가 충당하는 비용이 훨씬 적은 것으로 제시되었다.

특히, 건강가정기본법에서는 가족 문제의 예방적 측면을 강조하는 구체적인 제도적 지원(예: 이혼 전 상담, 결혼준비교육)을 제31조와 제32조 등에서 명시하고 있다.

제31조(이혼 예방 및 이혼가정 지원)

1. 국가 및 지방자치단체는 이혼하고자 하는 부부가 이혼 전 상담을 받을 수 있게 하는 등 이혼조정을 내실화 할 수 있도록 필요한 조치를 강구하여야 한다.
2. 국가 및 지방자치단체는 이혼의 의사가 정해진 가족에 대하여 이들 가족이 자녀양육 · 재산 · 정서 등의 제반 문제를 준비할 수 있도록 도움을 주는 지원서비스를 제공하여야 한다.
3. 국가 및 지방자치단체는 이혼한 가족에 대하여 양육비에 대한 집행력의 실효성을 강화하고 그 적용대상을 확대하여야 한다.

제32조(건강가정교육)

1. 국가 및 지방자치단체는 건강가정교육을 실시하여야 한다.
2. 제1항의 규정에 의한 교육내용에는 다음 각 호의 사항이 포함되어야 한다.

1) 결혼준비교육　　2) 부모교육　　3) 가족윤리교육

4) 가족가치실현 및 가족생활관련 교육 등

(3) 구성체계

건강가정기본법은 다른 법체계와 동일하게 법, 시행령, 시행규칙으로 구성되어 있으며, 그 내용은 부록에 첨부되어 있다.

① 건강가정기본법

건강가정기본법은 총 5장으로 구성되며 각 장의 조항과 내용은 다음과 같다.

제1장은 총칙으로 건강가정기본법의 목적, 법령 제정의 이념, 주요 용어에 대한 정의, 법령목적 달성을 위한 국민 및 국가 · 지방자치단체의 책임과 의무, 가족 및 결혼, 자녀출산의 가치, 법령목적 달성을 위한 지역사회자원 활용 및 정보제공 규정, 가정의 날 제정 등을 다루고 있다.

제2장은 건강가정정책으로 법 구현을 위한 건강가정기본계획의 수립과 그 시행계획에 대한 규정, 건강가정과 관련된 연구 및 교육 수행에 대한 내용을 다루고 있다. 중앙정부에서는 매 5년마다 건강가정기본계획과 정책과제를 수립하고 있으며, 1차 기본계획(2006~2010년), 2차 기본계획(2011~2015년), 3차 기본계획(2016~2020년)이 수립되었다.

제3장은 건강가정사업으로 건강가정기본계획을 통해 수립된 정책과제를 달성하기 위해 중앙 및 지방자치단체에서 수행되는 사업에 관련된 내용을 다루고 있다. 구체적으로 건강가정사업의 내용은 13가지로 명시되어 있는데, 가정에 대한 지원, 자녀양육지원의 강화, 가족단위 복지증진, 가족의 건강증진, 가족부양지원, 민주적이고 양성평등한 가족관계 증진, 가족단위의 시민적 역할 증진, 가정생활문화의 발전, 가정의례, 가정봉사원, 이혼예방 및 이혼가정의 지원, 건강가정교육, 자원봉사활동 지원 등으로 제시하고 있다.

제4장은 건강가정전담조직 등으로 건강가정사업을 수행하기 위한 건강가정지원센터 설립규정과 건강가정사의 자격기준에 관련된 내용을 담고 있다.

제5장은 보칙으로 법령 전반에 걸쳐 공통적으로 적용되는 사항으로 민간단체 등의 지원과 과태료 등의 내용을 다루고 있다.

장	해당 조항	내용
제1장 총칙	제1~12조	제1조 목적 제2조 기본이념 제3조 정의 제4조 국민의 권리와 의무 제5조 국가 및 지방자치단체의 책임 제6조 다른 법률과의 관계 제7조 가족가치 제8조 혼인과 출산 제9조 가족해체예방 제10조 지역사회 자원개발 활용 제11조 정보제공 제12조 가정의 날
제2장 건강가정정책	제13~20조 (13조, 14조 삭제)*	제15조 건강가정기본계획 수립 제16조 연도별 시행계획의 수립시행 등 제17조 시 · 도별 시행계획의 조정 등 제18조 계획수립의 협조 제19조 교육 · 연구의 진흥 제20조 가족실태조사
제3장 건강가정사업	제21~33조	제21조 가정에 대한 지원 제22조 자녀양육지원 강화 제23조 가족단위복지증진 제24조 가족의 건강증진 제25조 가족부양지원 제26조 민주적이고 양성평등한 가족관계 증진 제27조 가족단위의 시민적 역할 재28조 가정생활문화발전 제29조 가정의례 제30조 가정봉사원 제31조 이혼예방 및 이혼가정 지원 제32조 건강가정교육 제33조 자원봉사활동지원
제4장 건강가정전담 조직 등	제34~35조	제34조 건강가정사업의 전담수행 제35조 건강가정지원센터의 설치 제35조의 2(유사명칭의 사용금지)
제5장 보칙	제36~37조	제36조 민간단체 등의 지원 제37조 과태료

* 2011년 건강가정기본법 개정 시, 13조, 14조 삭제(중앙건강가정정책위원회와 시 · 도 건강가정위원회 폐지)

② 건강가정기본법 시행령

건강가정기본법 시행령은 건강가정기본법에서 위임된 사항의 시행을 위해 필요한 사안들을 규정하고 있으며 대통령령인 시행령은 주무 부처의 입법절차를 거쳐 국무회의를 통과하고 대통령의 재가를 얻으면 법제처에서 공포한다(법제처, 2009, 재인용). 건강가정기본법의 시행령은 구체적으로 건강가정기본계획의 연도별 수립 및 평가에 대한 내용, 건강가정지원센터의 조직, 재난의 범위, 위기가족 긴급지원의 절차 및 방법, 건강가정사의 직무에 대한 내용으로 구성되어 있다.

③ 건강가정기본법 시행규칙

건강가정기본법 시행규칙은 주무부서의 부(장관)령으로 현재 여성가족부령이며 주무부서의 입법절차를 걸쳐 법제처의 승인을 얻으면 행정자치부의 관보에 게재함으로써 효력이 발생한다. 건강가정기본법의 시행규칙은 건강가정기본법과 시행령에서 위임된 사항과 시행에 필요한 사항이 규정되며 가족 실태조사의 실시, 가정봉사원의 교육, 건강가정교육계획 수립 및 건강가정사의 이수교과목, 건강가정지원센터의 위탁운영 등에 대한 내용을 다루고 있다.

2) 건강가정 관련법

건강가정기본법이 제정된 이후, 다양한 형태의 관련 법들이 제정되거나 기존 법의 내용이 개정되었다. 본 고에서는 이러한 법 중 다문화가족지원법과 한부모가족지원법 및 그 외, 관련된 법을 소개하고자 한다.

(1) 다문화가족지원법

구분	내용
제정 년도	2008년 제정
대상	결혼이민자와 대한민국 국적을 취득한 자로 이루어진 가족
구성체계	• 다문화가족지원법 • 다문화가족지원법 시행령 • 다문화가족지원법 시행규칙
제정 배경	다문화가정이 증가함에 따라 다문화가정의 당면 문제(예: 사회부적응 문제, 자녀양육 등)에 대한 사회적 지원을 제공함으로써 건강한 가정생활을 도모하여 사회통합에 기여
주요 내용	• 다문화가정 현황 및 실태파악을 위한 실태조사 수행 • 다문화가정 지원을 위한 기본계획 수립 • 평등한 가족관계 유지를 위해 가족상담, 부부교육, 부모교육 등 수행 • 다문화가정의 가정폭력 피해자에 대한 보호, 지원 • 다문화가정 자녀의 보육 및 교육지원 • 다국어서비스 제공을 통한 결혼이주여성의 사회적응 지원 • 다문화가정의 자녀임신 및 출산 지원 • 다문화가정에 대한 이해 증진 • 이상에서 언급한 다문화가정 지원을 위해 다문화가족센터 지정 및 운영

(2) 한부모가족지원법

구분	내용
제정 년도	1989년 제정(2002년 모 · 부자복지법으로 개정, 2007년 한부모가족지원법으로 개정)
대상	저소득 한부모가정(취학 중인 22세 미만 자녀와 조손가정 포함)과 미혼모
구성체계	• 한부모가족지원법 • 한부모가족지원법 시행령 • 한부모가족지원법 시행규칙
제정 배경	이혼율 급증으로 인해 한부모가족이 증가함에 따라 경제적 · 정서적 측면에서 사회적 지원방안 마련 시급
주요 내용	• 한부모가정에 대한 실태조사 수행 • 저소득 한부모가정(모나 부, 미취학 만 18세 미만 자녀, 취학 만 22세 미만의 자녀로 구성) 대상 생계비, 자녀교육지원비 등 복지급여 신청 및 수급 • 한부모가정의 생활자립을 위해 사업자금, 자녀교육비, 의료비, 주택자금 등의 복지자금 대여 • 한부모가정 대상 국민주택 분양 및 임대 • 청소년 한부모의 자립지원 • 한부모가족 복지시설(예: 모자보호시설, 부자보호시설, 미혼모 공동생활가정) 운영지원

(3) 남녀고용평등과 일 · 가정 양립 지원에 관한 법률

구분	내용
제정 년도	1987년 제정(남녀고용평등법으로 제정, 2007년 남녀고용평등과 일 · 가정 양립지원에 관한 법률로 개정)
대상	근로자를 사용하는 모든 사업 또는 사업장
구성체계	• 남녀고용평등과 일 · 가정 양립 지원에 관한 법률 • 남녀고용평등과 일 · 가정 양립 지원에 관한 법률 시행령 • 남녀고용평등과 일 · 가정 양립 지원에 관한 법률 시행규칙
제정 배경	헌법의 평등이념에 따라 고용에서 남녀의 평등한 기회와 대우를 보장하고 모성보호와 여성고용을 촉진하여 남녀고용평등을 실현하며, 근로자의 일과 가정의 양립을 지원하여 국민의 삶의 질 향상
주요 내용	• 고용 및 대우에 있어 남녀의 평등한 기회 보장 • 직장 내 성희롱 금지 및 예방 • 여성의 직업능력 개발 및 고용촉진 • 출산전후휴가 및 육아휴직 시행, 직장어린이집 설치 규정을 통한 여성의 일 · 가정 양립지원

(4) 개정된 민법: 이혼숙려제 도입 및 자녀양육사항 합의 의무화

구분	내용
개정 년도	2007년 민법 개정(이혼숙려제 도입 및 자녀양육사항 합의 의무화 조항 삽입)
대상	이혼하고자 하는 부부(미성년 자녀가 있는 경우)
제정 배경	종전의 협의이혼의 절차가 간소함에 따라 성급한 이혼을 조장했다는 문제의식을 토대로 신중하지 못한 이혼을 방지하고 이혼가정 자녀의 양육환경 개선
주요 내용	• 이혼숙려 기간의 도입 – 미성년 자녀가 있는 경우에는 3개월, 미성년 자녀가 없는 경우는 1개월 • 자녀의 양육과 면접교섭권, 친권자에 관한 합의 의무화 – 협의이혼 시 부부는 양육자 결정 – 양육비용 부담, 면접교섭권 방법 및 친권자 결정

2. 건강가정사업

건강가정기본법에 의하면, '건강가정사업'은 건강가정을 저해하는 문제를 예방하고 해결하기 위한 여러 가지 조치를 취함으로써 가족의 부양, 양육, 보호, 교육 등의 가정기능을 강화하기 위한 사업을 의미한다. 우리나라에서는 매 5년마다 수립되는 건강가정기본계획을 통해 정책과제를 수립하며, 이러한 과제를 달성하기 위해 중앙 및 지방자치단체의 건강가정지원센터에서 건강가정사업을 수행하고 있다.

현재 우리나라는 두 차례 건강가정기본계획이 수립되었으며 제1, 2차 건강가정기본계획의 주요 내용은 다음과 같다.

구분	제1차 건강가정기본계획 (2006~2010)	제2차 건강가정기본계획 (2011~2015)	제3차 건강가정기본계획[보완] (2016~2020)
비전	• 가족 모두 평등하고 행복한 사회	• 함께 만드는 행복한 가정, 함께 성장하는 건강한 사회	• 평등한 가족, 지속가능한 사회 구현
정책 목표	• 가족과 사회에서의 남녀간 · 세대간 조화 실현 • 가족 및 가족 구성원의 삶의 질 증진	• 개인과 가정의 전 생애에 걸친 삶의 질 만족도 제고 • 가족을 위한, 가족을 통한 사회적 자본 확충	• 소통하고 존중하는 가족 • 일 · 생활이 조화로운 사회
정책 과제	• 가족돌봄의 사회화 – 가족의 자녀양육 부담경감 – 가족돌봄에 대한 사회적 지원강화	• 가족가치의 확산 – 건강한 가족문화 확산 – 남성의 가족생활 참여지원	• 민주적 가족문화 조성 – 평등한 가족생활 여건 조성 – 민주적인 가족문화 확산성 제고
	• 직장 · 가정의 양립 – 남성의 가족생활 참여지원 – 여성의 경제활동 참여기반 구축	• 자녀돌봄지원 강화 – 자녀돌봄지원 다양화 – 부모역할 지원	• 함께 돌봄 체계 구축 – 믿고 맡길 수 있는 돌봄체계 구축 – 가족 돌봄에 대한 공공성 강화
	• 다양한 가족에 대한 지원 – 한부모가족에 대한 포괄적 지원체계 구축 – 다문화가족의 사회통합지원 – 다양한 소외가족에 대한 맞춤형 서비스 제공	• 다양한 가족의 역량 강화 – 한부모가족 지원정책 확대 및 맞춤형 지원 서비스 제공 – 다문화가족 지원 서비스 활성화 – 가족돌봄자 및 취약가정을 위한 지원체계 구축	• 가족형태별 맞춤형 지원 – 다양한 가족에 대한 차별 개선 – 모든 아동과 가족에 대한 평등한 지원

<table>
<tr><th>구분</th><th>제1차 건강가정기본계획
(2006~2010)</th><th>제2차 건강가정기본계획
(2011~2015)</th><th>제3차 건강가정기본계획[보완]
(2016~2020)</th></tr>
<tr><td rowspan="3">정책
과제</td><td>• 가족친화적 사회환경 조성
– 가족친화적 직장환경 조성
– 가족친화적 지역사회 조성
– 안전한 가족생활환경 조성</td><td>• 가족친화적 사회환경 조성
– 가족친화적인 직장환경 조성
– 가족친화적인 지역환경 조성</td><td>• 가족의 일 · 쉼 · 삶의 균형
– 휴식 있는 삶을 위한 일 · 생활 균형 지원
– 기업의 일 · 생활 균형 촉진</td></tr>
<tr><td>• 새로운 가족관계 및 문화조성
– 가족관계 증진 및 가족문제 예방
– 건강한 가족문화 조성</td><td rowspan="2">• 가족정책인프라 강화와 전문성 제고
– 가족정책 기반강화 및 효율화
– 가족지원서비스 전달체계 전문화와 특성화</td><td rowspan="2">• 가족정책 기반 조성
– 가족정책 추친체계 구축
– 가족환경 변화에 따른 법령 정비
• 가족정책 기반 조성
– 가족정책 추친체계 구축
– 가족환경 변화에 따른 법령 정비</td></tr>
<tr><td>• 가족정책 인프라 확충
– 가족정책의 총괄 · 조정 체계 정비
– 가족정책 추진 인프라 확충 및 내실화</td></tr>
</table>

출처: 여성가족부(2011). 제2차 건강가정기본계획 2011-2015. 여성가족부(2020). 제3차 건강가정 기본계획[보완](2016-2020) 2020년 시행계획.

한편 1, 2차 건강가정기본계획이 수립됨으로써 사회의 가족돌봄의 기초를 마련하였으나 여러 한계점이 제시되었다. 우선 맞벌이 가정에 대한 지원이 미흡하다. 구체적으로, 남성의 가사 및 육아 참여는 여전히 미비하며, 육아휴직제도 및 배우자출산휴가제도 등 가족친화제도의 실효성이 나타나지 않고 있다. 또한, 한부모가족 및 다문화가족 등 다양한 가족에 대한 서비스가 제공되었으나 정책범위가 제한적이고 수요자의 다양한 요구를 반영하지 못한 점, 새로운 가족관계 및 민주적 가족문화 조성이 중요한 영역임에도 불구하고 아직 성과가 미비한 점, 가족교육, 상담 등 가족관계 개선을 위한 지원이 강화되어야 하는 점 등이 제시되고 있다(도미향 · 주정 · 최순옥 · 이무영 · 송혜자 · 장미나, 2019; 여성가족부, 2011). 이러한 점을 보완하여 3차 기본계획이 2016년에 수립되었으며, 이러한 계획은 가족과 관련된 국정과제를 반영하기 위해 2018년 보완되었다.

1) 기본 방향

건강가정사업의 방향은 평등성, 통합성, 사회성, 보편성, 전문성, 연계, 조정, 예방, 포괄성의 핵심어로 대표되며(건강가정지원센터, 2014; 정지영 · 송정애 · 임혜경 · 조성은 · 황희숙, 2013) 각각의 핵심어가 의미하는 내용은 다음과 같다.

(1) 평등성

건강가정사업은 권위적 가족관계가 아닌 평등하고 민주적인 가족관계를 지향하도록 지원한다.

(2) 통합성

건강가정사업은 가정의 건강성을 위해 가족 구성원의 다양한 요구 및 관련된 정책을 통합적으로 고려하는 것을 지향한다. 즉, 가족 구성원은 연령과 특성 및 요구가 다른 아동과 성인, 노인, 장애인 등으로 구성될 수 있으며, 가족 문제를 예방하고 해결하기 위해 다양한 가족 구성원과 관련된 정책과 제도를 개별적으로 고려하기보다 통합적으로 기획하고 조정하는 기능을 강조한다.

(3) 사회성

건강가정사업은 가정의 건강 및 복지에 대한 책임을 가정이 전적으로 감당하는 것을 지양하며 가정의 건강에 대한 국가의 책임성을 강조함으로써 개별 가정의 부담을 줄이는 것을 강조한다.

(4) 보편성

건강가정사업의 대상은 문제가 있는 가정뿐만 아니라 일반가정도 포함된다. 즉, 기존의 복지제도가 빈곤 및 가정폭력 등의 문제가 있는 요보호가정을 주요 타겟으로 삼았다면 건강가정사업은 일반가정도 사업대상으로 포함하되, 가족생활주기를 고려하여 예비부부 및 신혼기 가정부터 노년기 가정을 대상으로 발달과업 및 시기별 위기에 대응할 수 있는 서비스를 제공하도록 한다.

(5) 전문성

건강가정사업은 가정의 문제를 예방하고 치료하여 가정의 건강성을 증진하기 위해 가족관련 전문가와 전문기관에서 서비스를 제공하도록 한다.

(6) 연계

건강가정사업의 효율적 운영을 위해 국가 및 지방자치단체, 중앙건강가정지원센터 및 시 · 도, 시 · 군 · 구 건강가정지원센터, 관련 기관과의 체계적인 업무분담과 수행, 긴밀한 협조가 필요하며, 중앙 및 지방자치단체, 센터 상호 간, 센터와 관련 기관 간의 합리적인 수평적 · 수직적 관계수립이 요구된다.

(7) 조정

건강가정사업을 수행하기 위해 가족의 요구를 충족하고 문제를 예방 · 해결하기 위해 지역사회에 관련된 서비스를 연계하고 조정하는 사례관리자의 역할이 요구된다. 사례관리는 가족에게 문제가 있을 경우 가족의 요구를 충족시키며 가족 문제 해결을 위해 다양한 형태의 포괄적 서비스를 계획하고 수행하며 관리하는 것을 의미한다(손병덕 · 황혜원 · 전미애, 2008). 따라서 건강가정사업은 가족의 다양한 문제를 해결하고 예방하며, 가족기능을 강화하기 위해 사례관리자 역할을 수행하는 것을 강조한다.

(8) 예방

건강가정사업은 가족 내 문제가 생긴 후 사후 치료에 드는 시간적 · 금전적 비용을 줄이고자 교육 등을 통해 가족 문제를 예방하는 접근을 강조한다.

(9) 포괄성

건강가정사업은 가족 내 문제를 예방 및 치료하기 위해 교육, 돌봄 및 치료 등 포괄적인 서비스를 제공하는 것을 지향한다.

2) 목표

건강가정사업은 앞서 제시된 기본 방향을 토대로 다음과 같은 목표를 가지고 수행된다(정지영 외, 2013; 조희금 외, 2013).

- 가정의 기능 및 역량 강화
- 가정 문제의 예방과 치료
- 다양한 가족형태의 특성 고려
- 가족공동체 문화조성 및 가족과 사회 통합

(1) 가정의 기능 및 역량 강화

우리나라는 경제성장과 더불어 여성의 경제활동 참여율이 증가하고 개인주의적 가치관이 확대됨에 따라 결혼과 출산을 기피하고 이혼율이 급증하는 등 전통적인 가족의 기능이 약화되었다. 따라서 건강가정사업의 1차적 목표는 가족이 자녀출산 및 양육, 가족부양의 기능 등을 잘 수행하여 건강하고 행복한 가정이 될 수 있도록 돕는 것이다. 또한, 건강가정사업은 가족이 가족생활주기의 각 단계를 거치면서 직면하게 되는 문제뿐만 아니라 예기치 못하게 발생하는 다양한 사건 등을 잘 극복하고 위기나 스트레스를 효과적으로 대응할 수 있는 역량(건강성)을 강화하는 것을 목표로 한다.

(2) 가정 문제의 예방과 치료

현대사회로 오면서 다양한 형태의 가정 문제(예: 아동학대, 가정폭력)가 발생하고 있으며, 이러한 문제는 사회전체에 영향을 미치고 있다. 건강가정사업은 가정 내 발생하는 다양한 문제를 예방하고 위기가족을 치료하는 것을 목표로 한다. 이를 위해 가족 문제의 예방과 치료를 위한 교육 및 상담서비스, 가족생활을 영위하는 데 필요한 자녀양육지원, 가치관 정립을 위한 교육, 요보호가정의 보호와 지원, 가정생활의 보장과 보호를 위한 제도적 지원이 통합적으로 요구된다(김경신 · 이승미, 2004).

(3) 다양한 가족형태의 특성 고려

현재 우리나라에서는 다양한 형태의 가족이 등장하고 있다. 구체적인 예로, 독신가족, 한부모가족, 조손가족, 다문화가족, 재혼가족 등을 들을 수 있다. 이러한 가족들은 욕구와 생활방식이 다르며 직면하는 문제 또한 다양하게 나타날 수 있다. 따라서 건강가정사업은 다양한 가족의 욕구를 충족시키며 개별 가족의 문제에 적절하게 대응할 수 있는 서비스를 제공할 수 있어야 한다.

(4) 가족공동체 문화조성 및 가족과 사회 통합

우리나라에서 가족이기주의 문제는 심각하다. 가족이기주의는 서양의 개인주의가 가족을 단위로 변형된 형태이다. 우리나라에서 가족이기주의가 만연하는 이유는 우리나라 가정의 경우 부모가 자식을 부양하는 시간이 서양보다 길어 가족 이외의 다른 공동체와 접촉할 기회가 적으므로 공동체의식이 결여된 점을 들을 수 있다. 또한, 우리나라에서는 국가가 개인의 생명과 복지를 실질적으로 보장해 주지 못하므로 그 역할을 가족이 대신함으로써 가족 사이의 강한 유대와 믿음이 결국 가족 이외의 다른 공동체에 대한 배타적 행동이나 불신으로 이어지고 있다(통합논술 개념어사전, 2007).

건강가정사업은 가족단위의 공동체 활동을 지원함으로써 단절된 가정들 간의 관계를 회복하고 협력하는 문화를 조성하는 것을 목표로 한다. 이를 위한 구체적인 사업의 예로, 가족단위의 봉사활동 및 이웃끼리 자녀양육을 돌아가며 해주는 품앗이사업 등을 들을 수 있다.

3) 내용

(1) 건강가정기본법과 건강가정사업

건강가정기본법의 제3장에는 국가 및 지방자치단체가 수행해야 할 건강가정사업의 내용을 13가지로 제시하고 있다.

조항	내용	세부내용
제21조	가정에 대한 지원	• 가정기능수행 지원 – 가족 구성원의 정신적 · 신체적 건강지원 – 경제생활의 안정 – 안정된 주거생활 – 태아검진 및 출산 · 양육지원 – 직장과 가정의 양립 – 위해환경(예: 음란물, 유흥가, 폭력 등)으로부터의 보호 – 가정폭력으로부터의 보호 – 가정친화적 사회분위기 조성 – 기타 건강한 가정의 기능을 강화 · 지원할 수 있는 사항 • 취업여성의 임신 · 출산 · 수유와 관련된 모성보호, 유급휴가제도 확대 • 요보호가정(한부모가족, 노인단독가정, 장애인가정, 미혼모가정, 공동생활가정, 자활공동체 등)에 대한 지원 • 위기 가정(재난으로 가족의 부양 및 양육 등 가족기능이 저하된 경우)에 대한 지원
제22조	자녀 양육 지원 강화	• 보육, 방과후서비스, 육아휴직제 확대 • 다양한 가족형태를 고려한 아동양육지원사업(예: 아이돌보미서비스) 확대 • 가사노동 가치에 대한 사회적 인식 제고
제23조	가족단위 복지 증진	• 사회보험, 공공부조 등 사회보장제도 운용 시 가족지지 시책 개발 추진 • 경제 · 사회, 교육 · 문화, 체육, 지역사회개발 등 분야별 제도 및 정책, 사업을 수립 · 추진함에 있어 가족우대

조항	내용	세부내용
제24조	가족의 건강 증진	• 생애주기별 가족 구성원의 종합적 건강증진 대책 마련
제25조	가족 부양 지원	• 영유아 및 노인 등 부양지원이 필요한 가족 구성원의 부양부담 완화 시책 마련 • 질환이나 장애가 있는 가족 구성원에 대한 지원 및 전문보호시설 확대 • 장기요양이 필요한 가족 구성원에 대한 가족 간호휴가 시책 마련
제26조	민주적 양성평등적 가족관계 증진	• 민주적이고 양성평등한 가족관계 증진을 위한 가족생활교육, 부모교육, 가족상담, 평등가족홍보 추진 • 가정폭력의 체계적 개입과 서비스 제공
제27조	가족단위의 시민적 역할증진	• 가족의 결속력과 가족 구성원의 발전을 위해 역할증진 기회 제공 • 가족단위의 자원봉사 참여확대
제28조	가정생활 문화의 발전	• 건강한 가정생활문화(가족여가문화, 양성평등한 가족문화, 가족단위 자원봉사 활동, 건강한 의식주 생활문화, 합리적인 소비문화, 지역사회 공동체문화 등) 를 증진할 수 있는 기회 제공
제29조	가정의례	• 건전한 가정의례를 확립하기 위한 지원정책 수립
제30조	가정봉사원	• 가사, 육아, 산후조리, 간병을 위한 가정봉사원 지원
제31조	이혼예방 및 이혼가정 지원	• 이혼 전 상담 등 이혼조정 내실화 조치 강구 • 이혼과정 가족에 대한 지원서비스 제공 • 이혼가정 양육비 집행력의 실효성 강화 및 적용대상 확대
제32조	건강가정 교육	• 결혼준비교육, 부모교육, 가족윤리교육, 가족가치실현 및 가정생활관련 교육 등
제33조	자원봉사 활동의 지원	• 건강가정과 관련된 자원봉사활동사업 육성 및 장려

한편, 건강가정사업 관련 내용은 제3장 외, 총칙을 비롯한 기타 조항에도 포함되어 있어 이를 종합하여 사업영역을 구분하여 관련된 사업을 제시하면 다음과 같다(김경신 · 이승미, 2004).

<table>
<tr><th colspan="2">사업영역</th><th>단위사업</th><th>조항</th></tr>
<tr><td>통합 사업</td><td>가정기능 강화 및 가정 문제 발생예방</td><td>• 민주적이고 양성평등한 가족관계 증진사업
• 가정폭력 예방과 상담교육
• 자녀양육지원사업
• 가사노동가치평가사업 및 홍보
• 가족단위의 시민의식과 역할 함양
• 가족의 건강증진사업
• 가족해체 방지사업
• 이혼예방 및 이혼가정지원사업
• 다양한 가족형태의 건강성 증진사업
• 가족단위의 복지증진사업
• 가족 문제의 발생 및 예방에 관한 조사연구사업</td><td>제9조,
제21조,
제22조,
제23조,
제24조,
제26조,
제27조,
제31조</td></tr>
<tr><td rowspan="2">통합 사업</td><td>건강가정 교육</td><td>• 결혼준비교육
• 부모교육
• 가족윤리교육
• 가족가치실현 및 가정생활관련 교육
• 부부교육
• 양성평등 가족교육
• 은퇴자를 위한 가정생활적응 교육
• 가정생활설계 교육</td><td>제32조</td></tr>
<tr><td>가정생활 문화발전</td><td>• 가족여가문화
• 양성평등한 가족문화
• 가족단위 자원봉사문화 확산
• 건강한 의식주 생활문화
• 합리적인 소비문화
• 지역사회 공동체문화
• 기타 가정생활문화와 관련된 사항
• 건전한 가정의례(혼례, 제례, 장례, 성인례, 각종 축하연 등)모델개발 및 보급
• 가족공동체 운동 활성화사업(공동육아, 생애운동지원, 사이버공동체가정지원, 좋은 부모되기 운동 등)</td><td>제28조,
제29조</td></tr>
<tr><td>부문별 사업</td><td>가정 문제 상담 및 치료</td><td>• 가정생활관련 상담 및 치료
• 위기가족, 다양한 가족의 건강성 증진을 위한 상담 및 치료
• 가정생활지원 종합상담(예: 소비자상담, 가정생활설계상담, 가계재무관리상담, 식생활 및 영양관리상담, 주택개조상담 등)
• 상담소의 가정상담요원 교육 및 지원</td><td>제26조,
제35조</td></tr>
</table>

사업영역		단위사업	조항
부문별 사업	지역사회 자원개발 및 정보제공	• 가족생활실태조사 • 가족지원을 위한 지역사회 네트워크 구축 • 가정생활관련 정보제공 • 사이버 정보망 구축 및 서비스 제공 • 가정관련 민간단체 지원 및 인센티브 제공 • 건강가정 육성을 위한 기부금 문화조성사업 • 기업체, 행정기관, 대학 등 산·관·학 연계사업	제10조, 제11조, 제20조
	재가서비스 사업	• 가사, 육아, 산후조리, 노인부양 등의 지원을 위한 가정봉사원 파견사업 • 가정봉사원 교육 및 연수 • 전문보호시설의 가정봉사원 파견사업	제25조, 제30조
부문별 사업	자원봉사 활동지원	• 가족단위 자원봉사활동 및 단체지원 • 가족단위 자원봉사 인증사업 • 건강가정육성을 위한 자원봉사 네트워크 구축 • 가족단위 자원봉사 교류사업 • 자원봉사기금 조성사업	제28조, 제33조
	건강가정 유지를 위한 프로그램 개발	• 가족친화적 기업 프로그램 개발 및 지원 • 맞벌이가족을 위한 직장·가족 양립지원 프로그램 개발 및 지원 • 도·농가정의 화합 및 협동 프로그램 개발 및 지원 • 가족단위 여가문화, 놀이문화 프로그램 개발 및 지원 • 세대통합 프로그램 개발 및 지원 • 노부모·자녀관계 강화 프로그램 개발 및 지원 • 건강가정육성을 위한 교육 프로그램 개발 및 지원 • 소외가정, 위기가정, 요보호가족 지원을 위한 프로그램 개발 및 지원 • 건강가정 유지를 위한 다양한 프로그램 개발 등	제35조

출처: 김경신·이승미(2004).

(2) 건강가정지원센터의 건강가정사업

2004년 건강가정기본법이 제정된 이후, 앞서 제시된 건강가정사업의 내용을 토대로 건강가정지원센터에서 사업이 실시되어져 왔으며 해마다 건강가정사업의 범위와 내용은 발전되어져 왔다. 구체적으로 법 제정 초기 2005년 건강가정지원센터에서 실시되는 건강가정사업은 가족상담, 가족교육, 가족문화, 정보제공 및 네트워크사업 중심으로 실시되었다. 건강가정사업은 6가지 영역(가족돌봄나눔, 가족교육, 가족문화, 다양한 가족통합지원, 가족상담, 지역사회연계)을 중심으로 공통필수사업과 선택사업으로 운영되고 있다. 공통필수사업은 중앙건강가정지원센터의 운영지침에 따라 전국의 모든 건강가정지원센터에서 동일하게 실시하는 사업이다. 선택사업은 시·군·구 센터에서 센터의 인력과 형편에 따라, 영역에서 선택적으로 시행하는 사업이다(정지영 외, 2013). 현재 건강가정지원센터의 운영지원은 2011년 개원한 한국건강가정진흥원에서 수행하고 있으며 매년 시·군·구 센터에 제공되는 공통사업에 대한 지침은 다음과 같다.

영역 구분	시·군·구 센터 공통사업	내용
가족돌봄나눔 (3가지 사업 중 2가지 선택)	모두가족봉사단	• 기존의 가족봉사단의 활동내용을 돌봄주제로 전환하여 운영
	모두가족품앗이	• 이웃끼리 자녀돌봄과 양육을 품앗이(전업주부와 맞벌이주부가 함께 운영하는 품앗이, 남성이 참여하는 품앗이 등 다양한 그룹 운영)
	아버지-자녀가 함께하는 토요프로그램	• 토요일 2시간, 연간 24시간 이상
가족교육	생애주기별 부모교육	• 예비/신혼기 부부, 결혼준비교육 프로그램을 포함한 생애주기별 부모교육
	남성 대상 교육	• 아버지교육, 찾아가는 아버지교육, 남성 대상 가족돌봄교육 등(연간 20시간 이상)
가족문화	가족사랑의 날	• 월 1회, 수요일, 연간 20시간 이상 • (참가자 상황 등 고려하여 요일변경 가능)
다양한 가족통합서비스	다양한 가족사업	• 한부모가족, 조손가족 등 다양한 가족을 대상으로 자녀양육지원, 가족관계 향상교육, 놀토 프로그램 등의 서비스 실시 • 2인 이상 가족 대상, 10시간 이상 프로그램 실시

영역 구분	시 · 군 · 구 센터 공통사업	내용
가족상담	가족(집단)상담	• 생애주기에 따라 발생하는 가족 내 다양한 갈등과 문제의 해결을 위한 상담사업 • 개인을 대상으로 하는 개별적 접근과 가족 구성원이 함께하는 가족단위의 통합적 접근을 포함 • 가족단위의 면접 상담 유도 • 연간 실적 100명 이하인 센터는 가족집단 상담을 2건 이상 반드시 포함
지역사회연계	지역사회 협의체 참여, 협약 및 연계사업	• 지역사회 협의체, 유관기관의 네트워크 활용 및 참여 • 유관기관사업 협약 5건 이상

출처: 손명동 · 박천규(2014).

이 지침에서 제공된 주요 건강가정사업의 내용(건강가정지원센터, 2014)을 소개하면 다음과 같다.

① 가족돌봄나눔

건강가정지원센터는 가족이 함께 많은 시간을 보냄으로써 서로를 이해할 수 있는 폭을 넓히고, 가족의 기능을 강화할 수 있는 가족단위의 프로그램을 제공한다.

ㄱ. 모두가족봉사단

모두가족봉사단은 가족단위의 봉사를 통해 바람직한 가족가치를 형성하고 지역사회에 대한 참여의식을 고취하는 프로그램으로 다양한 가족에 대한 자녀돌봄 봉사, 결식아동찾기, 환경보호활동, 외국인 대상 홈스테이 등의 봉사활동 프로그램을 운영하고 있다.

ㄴ. 모두가족품앗이

이웃에 사는 부모들이 자녀의 돌봄과 양육을 돌아가면서 수행하는 프로그램으로 주로 학습지원, 체험활동, 나들이, 캠프, 다양한 놀이활동을 자녀에게 제공한다.

- 예비 부부 및 신혼기 부부 프로그램: 결혼을 앞두거나 교제중인 미혼남녀/신혼기 부부를 대상으로 자신과 상대방에 대해 좀 더 이해할 수 있는 기회를 제공하고 결혼 초기 적응을 돕는 프로그램
- 아동 · 청소년기 가족교육: 아동 및 청소년기 자녀를 둔 부모를 대상으로 대화법, 진로 및 문제행동 지도 등의 부모 역할 수행과 관련된 교육
- 중년기 가족교육: 중 · 노년기에 나타나는 신체적 · 심리적 변화에 대한 지식, 중 · 노년기 부부관계 및 부모–자녀관계의 변화에 대한 이해를 통해 중 · 노년기의 적응을 도모하고 가족원들과의 원만한 관계를 형성할 수 있도록 돕는 교육
- 노년기 가족교육: 노년기의 가족관계, 죽음준비, 건강한 생활, 소비 등과 관련된 교육

ㄷ. 아버지–자녀 토요돌봄 프로그램

아버지가 돌봄의 주체가 되어 유아나 초등학생을 대상으로 토요일에 다양한 놀이, 요리교실, 운동회 등의 프로그램을 운영한다.

② 가족교육

건강가정지원센터에서는 건강한 가정생활을 위해 필요한 교육을 수행하고 있으며 대표적인 프로그램으로 생애주기별 부모교육 프로그램과 남성 대상 교육프로그램이 있다.

ㄱ. 생애주기별 부모교육

가족생활주기에 따라 예측가능한 가족 문제를 미리 예방하고 준비할 수 있는 교육을 수행한다.

ㄴ. 남성 대상 교육

좋은 아버지가 되기 위해 자녀와 상호작용하는 방법과 일과 가정생활에서 새로운 아버지의 역할에 대한 교육을 수행한다.

③ 가족문화

건강가정지원센터에서는 가족의 소중함을 알리기 위해 매주 수요일을 ‘가족사랑

의 날'로 지정하여 가족사랑을 실천할 수 있는 사회분위기를 조성하고 있다. 구체적인 프로그램으로 가족과 함께하는 가족사랑 캠페인, 가정헌법 만들기, 가족티셔츠 만들기, 난타/사물놀이 등의 공연 관람, 아빠와 함께하는 요리교실, 가족과 함께 영화 보기, 다양한 지역사회 참여활동 등을 운영하고 있다.

④ 다양한 가족통합서비스

현대사회에 오면서 한부모가족, 다문화가족, 조손가족, 재혼가족, 맞벌이가족, 기러기가족, 미혼모 · 부가족, 북한이탈주민가족, 독신가족, 동거가족 등 다양한 형태의 가족이 등장함에 따라 건강가정지원센터에서는 다양한 가족유형 중 지역적 특성에 맞는 대상을 선정하여 상담 · 교육 · 문화가 포함된 통합 맞춤형서비스를 제공하고 있다. 이 중 다문화가족 및 한부모가족 지원 프로그램의 예를 제시하면 다음과 같다.

ㄱ. 다문화가족 지원 프로그램

다문화가족이 지속적으로 증가함에 따라 건강가정지원센터는 다문화가족의 안정적인 정착과 아동 양육을 포함한 가정생활의 지원 및 가족의 역량 강화 지원 등의 종합적인 서비스를 다문화가족지원센터와 함께 제공하고 있다. 다문화가족지원센터에서 제공하는 프로그램은 개인 및 가족상담, 자조모임, 다문화 인식개선 및 지역사회 홍보, 다문화가족 한국어 교육 등을 들을 수 있다.

ㄴ. 한부모가족 지원 프로그램

건강가정지원센터에서는 한부모가족의 정서적 지원과 부모-자녀관계 증진, 가족역량강화를 위한 상담, 교육, 문화사업을 통합적으로 지원하고 있다. 한부모가족 지원 프로그램의 구체적인 내용은 다음과 같다.

- 부모 프로그램: 부모교육, 집단상담 등을 통해 한부모들이 겪는 어려움을 함께 공유함으로 한부모들이 겪게 되는 분노, 슬픔, 우울감 등을 덜어낼 수 있도록 정서적인 부분을 지원하며 자녀와의 관계에서 발생할 수 있는 부모-자녀문제를 예방하고 긍정적인 부모역할을 수행할 수 있는 내용으로 구성된 프로그램
- 자녀 프로그램: 한부모가족의 자녀들이 자기 자신과 가족의 현재 모습을 긍정적 관점으로 수용하고, 자신의 장점을 탐색하여 자신이 소중한 존재임을 인식할 수 있도록 지원하는 교육 · 문화 · 상담 프로그램 등을 제공
- 가족문화 프로그램: 다른 한부모가족들과 함께 가족 문화 프로그램을 체험하면서 다른 가족들의 경험을 공유하고, 부모자녀간의 신뢰와 상호지지, 친밀감 증진 활동, 가족공동체 의식을 갖기 위한 내용으로 부모와 자녀들을 지원해 주는 프로그램
- 자조집단 운영: 한부모들 간에 위로와 지지, 격려를 받으며 스스로의 역량을 강화할 수 있도록 지역별로 자조모임을 운영하여 네트워크를 형성

⑤ 가족상담

건강가정지원센터에서는 예비부부, 신혼기, 중년기, 노년기 등 생애주기에 따라 발생되는 가족 내 다양한 갈등과 문제(예: 부부 문제, 이혼 문제, 부모 문제, 자녀 문제, 세대 간의 갈등, 가족의 기능상의 문제)를 해결하기 위한 상담서비스를 제공하고 있다. 그 대표적인 예로, 이혼 전 · 후 상담을 들을 수 있는데, 이혼과정에서 발생하는 정서적 · 사회적 문제를 명확히 이해하고 적절하게 대응하기 위한 상담서비스를 제공하고 있다. 이혼상담은 이혼 전 상담, 이혼보류단계의 가족상담, 이혼결정단계의 가족상담, 이혼 후 가족상담 등의 단계가 있으며, 부부 대상의 부부상담, 부부집단상담, 자녀 대상의 심리검사, 자녀집단상담, 부모-자녀 대상의 가족캠프 등을 운영한다.

⑥ 기타 사업

앞서 제시된 사업 외, 건강가정지원센터에서 수행하는 기타 사업으로 아이돌봄지원사업, 장애아가족양육지원사업, 공동육아나눔터사업 등이 있다.

ㄱ. 아이돌봄지원사업

아이돌봄지원사업은 부모의 다양한 자녀 양육 수요를 충족시킬 수 있도록 아이돌보미가 돌봄장소에 직접 찾아가 가정 내 개별 돌봄 서비스를 제공한다. 이 사업은 만 12세 이하 자녀를 대상으로 돌봄 활동을 제공하며, 이용요금은 소득수준에 따라 차등 지원된다. 아이돌봄지원사업은 만 12세 이하 아동을 필요한 시간만큼 돌보는 시간제 서비스와 생후 36개월 이하 영아를 종일 돌보는 영아종일제, 특별 서비스(기관연계 돌봄서비스, 질병 감염 아동 지원)로 구성된다.

<table>
<tr><th colspan="2">서비스 유형</th><th>이용대상</th><th>서비스 안내</th></tr>
<tr><td rowspan="2">시간제</td><td>시간제 돌봄서비스</td><td rowspan="2">만 3개월 이상~
만 12세 이하 아동</td><td rowspan="2">• 연 720시간 정부지원
• 아이돌봄서비스</td></tr>
<tr><td>종합형 돌봄 서비스</td></tr>
<tr><td rowspan="2">종일제</td><td rowspan="2">영아종일제
돌봄서비스</td><td rowspan="2">만 3개월 이상~
만 36개월 이하 영아</td><td>• 월 200시간 정부지원
* 1회 3시간 이상 신청</td></tr>
<tr><td>• 영아의 특성에 따라 전문 돌봄 프로그램 서비스 제공</td></tr>
<tr><td colspan="2">기관연계 돌봄서비스</td><td>사회복지시설, 학교, 유치원, 어린이집 등 만 12세 이하 아동에 대한 돌봄서비스가 필요한 기관</td><td>• 돌보미 1인당 돌볼 수 있는 최대 아동 수 존재
– 만 0~2세: 3명
– 만 3~12세: 5명</td></tr>
<tr><td colspan="2">질병 감염 아동 지원 서비스</td><td>수족구병 등 법정 전염성 질환에 감염된 시설 이용 아동</td><td>• 이용비용 50% 정부지원</td></tr>
</table>

ㄴ. 장애아가족양육지원사업

건강가정지원센터에서는 장애아가 있는 가족의 돌봄 부담을 덜어주기 위해 장애아돌보미를 파견하는 돌봄서비스를 제공하고, 장애아가족의 가족역량강화 및 휴식을 위해 가족캠프, 부모교육, 자조모임 등을 연중 운영하고 있다. 이 사업은 만 18세 미만 장애아 중 생계 · 주거를 같이 하는 전국가구평균소득 100% 이하 가정의 장애아동(장애인복지법 상 1급 · 2급 · 3급 장애아동)을 대상으로 아동 1인당 연 480시간 범위 내(1회 이용시간 2시간 이상)에서 무료로 이용 가능하다.

ㄷ. 공동육아나눔터사업

건강가정지원센터에서는 자녀를 기르는 부모들이 육아라는 공통된 활동에 있어 자신의 가족과 다른 가족이 함께 정보를 공유하고 나눌 수 있는 공간(장소)을 의미하는 공동육아나눔터를 운영한다. 공동육아나눔터는 장난감 및 도서대여 서비스를 제공하며, 가족품앗이 활동 장소로써 활용되며 주로 미취학 자녀들과 그 부모들이 이용하고 있다.

Introduction to Healthy Families

CHAPTER 6

다문화가족지원사업

한국 사회의 통합을 고려할 때 다문화가족의 안정된 정착은 더 이상 한 개인이나 가정의 이슈가 아니다. 21세기의 건강한 가족문화를 위해 정부와 사회전체가 다함께 나서서 해결해 나가야 할 공통과제이다. 본 장에서는 다문화가족의 개념과 현황을 알아보고 다문화가족 구성원들이 경험하는 어려움을 살펴본 후, 다문화가족지원센터에 대해 고찰하도록 하겠다.

1. 다문화가족의 개념

다문화가족(多文化家族, multicultural family)이란 서로 다른 국적이나 인종, 문화를 지닌 사람들로 구성된 가족을 의미한다. 다문화란 단일문화에 대비되는 개념으로, 동일한 혈통과 국적, 문화를 추구하던 단일문화에 다른 문화들이 유입되어 공존하는 것을 뜻한다. 단순히 인종이나 민족에만 국한된 것이 아니라 성, 장애, 성적 지향, 나이, 능력 등을 포괄적으로 포함하는 개념이나, 한국에서 정책적으로 다문화가족이라 함은 국적이나 인종, 언어와 문화 등이 다른 경우를 의미한다.

다문화가족은 2003년 30여 개 시민단체로 이루어진 건강가정시민연대가 기존의 혼혈아, 국제결혼, 이중문화가족 등 차별적 용어를 사용하는 대신 '다문화가족'으로 대체하자고 권장하면서 사용되기 시작했다(허보름, 2014). 유사한 용어인 '국제결혼가족'이나 '혼혈아' 등이 국적이나 혈통이 서로 다른 남녀가 결혼하여 형성된 가족이라는 점을 강조하고 있는 것에 비해 '다문화가족'이라는 용어는 한 가정 내의 배우자들이 서로 다른 문화적 배경을 가지고 있음을 보다 강조한 개념으로 해설될 수 있다.

다문화가족이란 용어는 2008년 다문화가족지원법이 제정되면서 법적으로 정의되어 사용되기 시작했다. 다문화가족지원법 제2조에 따른 다문화가족의 정의를 살펴보면 다음과 같다.

1. '다문화가족'이란 다음 각 목의 어느 하나에 해당하는 가족을 말한다.
   가. 재한외국인처우기본법의 제2조 제3호의 결혼이민자와 국적법 제2조에 따라 출생시부터 대한민국 국적을 취득한 자로 이루어진 가족
   나. 국적법 제4조에 따라 귀화 허가를 받은 자와 같은 법 제2조에 따라 출생시부터 대한민국 국적을 취득한 자로 이루어진 가족
2. '결혼이민자등'이란 다문화가족의 구성원으로서 다음 각 목의 어느 하나에 해당하는 자를 말한다.
   가. 재한외국인처우기본법 제2조 제3호의 결혼이민자
   나. 국적법 제4조에 따라 귀화 허가를 받은 자

이와 같이 다문화가족 지원정책의 근간이 되고 있는 다문화가족지원법에서는 다문화가족을 결혼이민자와 출생시부터 대한민국 국적을 취득한 자로 이루어진 가족, 귀화 허가를 받은 자와 출생시부터 대한민국 국적을 취득한 자로 이루어진 가족만으로 본다. 이때, 결혼이민자는 대한민국 국민과 혼인한 적이 있거나 혼인 관계에 있는 재한 외국인을 말한다.

한편, 다문화사회가 확대되면서 다문화가족지원법에서 정의된 협의의 해석으로는 다양한 문화를 가진 가족 구성원들과 관련된 제반 문제를 해결하기 어렵다는 단점이 지적되고 있다(김익준, 2014). 즉, 외국인노동자부부나 유학생부부와 같이 외국인만으로 구성된 가족 및 북한이탈주민이거나 불법체류자, 입양에 의해 형성된 다문화가족들은 실질적으로 그 지원 대상에서 벗어나 있거나 사각지대에 놓이게 되는 문제가 발생할 수 있다. 다문화가족지원 대상의 정의와 범위 선정에 있어서 한국 사회만의 독특한 현상을 고려하는 것이 필요하겠으나, 다문화가족지원법의 목적이 다문화가족 구성원의 안정적인 가족생활 영위를 통해 이들 삶의 질적 향상과 사회통합에 이바지하는 것임을 고려할 때, 지원 대상이 지나치게 국한되는 것은 바람직하지 않다고 해석할 수 있겠다.

2. 다문화가족의 현황

다문화가족의 현황을 살펴보기 위하여 먼저 한국 사회에 유입·체류 중인 외국인 주민에 대하여 알아보고, 다문화가족의 주요 구성원인 결혼이민자에 대하여 알아보도록 하겠다.

1) 국내거주 외국인 주민의 현황

한국 사회는 2007년 8월 기준으로 3개월 이상 장기체류 중인 외국인의 수가 100만 명을 돌파했다. 이후로 국내거주 외국인 주민의 수는 지속적으로 증가하여

3년 내 다문화가정 학생 10만명 돌파

(국민일보, 2014-9-22)

다문화가정 학생 10만명 시대가 코앞으로 다가왔다. 2014년 4월 1일 기준으로 전국 초·중·고교에 다니는 다문화가정 학생이 67,800여명에 달했다고 교육부가 밝혔다. 처음으로 전체 학생 수의 1%를 넘어선 것이다. 1년 전에 비해 12,000여 명(21.6%) 증가했다. 외국인 주민의 미취학 자녀 현황에 비춰 보면 앞으로 3년 이내에 다문화가정 학생이 10만 명을 돌파할 것이라는 예상이다.

다문화가정 학생 수는 이에 대한 조사를 처음 시작한 2006년 9,389명에서 매년 6,000~8,000명씩 늘어났다. 그 결과 8년 만에 7배로 증가했다. 특히, 출산율 감소로 전체 학생은 매년 20여만 명 줄어들지만 다문화가정 학생은 꾸준히 늘어나는 추세다.

이제 다문화가정 자녀는 학교뿐만 아니라 군대에서도 볼 수 있게 됐다. 지난 추석 때는 성묫길에서도 어렵지 않게 다문화가정을 볼 수 있었다. 이처럼 다문화가정과 학생들이 지속적으로 증가하고 있지만 학교와 사회의 배려는 여전히 부족하다. 그들이 이 사회의 구성원으로 당당하게 살아갈 수 없다면 결국 우리 모두의 부담으로 남게 된다는 점을 깨달아야 한다.

무엇보다 다문화가정을 위한 대책은 학교 교육에서부터 시작돼야 한다. 초·중·고 교과서에는 외국인에 대한 편견을 드러내는 내용이 아직도 포함돼 있다. 사회, 도덕, 국어 교과서에 실린 해외 동화는 대부분 서유럽 작가의 작품들이다. 더욱이 '다문화가정 대다수가 경제적 빈곤층에 속하며~'라고 기술한 교과서도 있다. 사실과 다르진 않지만 그 원인이나 배경설명 없이 이렇게 표현하면 이주민에 대한 편견을 부추길 수 있다는 지적이다.

다문화가정 학생들을 위한 방과 후 교육 등을 위해 선생님이 "다문화(학생) 남아"라고 말해 상처를 받았다는 사례도 있었다. 다문화가정이나 다문화가정 학생이라는 말은 정책적 용어로 제삼자를 지칭할 때 쓰는 것이지 직접 앞에 있는 사람에게 사용하는 말은 아니다. 한 초등학교에서는 다문화가정 학생들이 교내 아침방송을 진행하도록 해 큰 호응을 얻기도 했다. 그들은 자신의 문화적 정체성에 대해 자부심을 느끼는 것은 물론 또래와의 공동체 활동에 참여하고 있다는 자신감을 가졌을 것이다.

앞으로는 다문화가정 학생들에 대한 지원을 출신 국가별 맞춤형으로 할 필요가 있다. 다양한 국가 출신 학생들을 동일한 집단으로 여겨 똑같은 프로그램으로 접근하는 것은 부작용을 일으킬 수도 있기 때문이다. 이를 위해서는 중앙정부뿐만 아니라 각 지역 교육기관이 더욱 적극적으로 나서야 한다. 나아가 교육기관 외에 지방자치단체가 다문화가정 부부 상담이나 법률 상담 등의 기회를 제공하는 것도 바람직하다. 이들 가정이 화목할 때 곧 자녀들에 대한 교육도 바로 설 것이기 때문이다.

2011년에 1,265,006명으로 주민등록 인구의 2.5%를 차지했으며, 2014년 1월에는 1,569,470명으로 3.1%를 차지한다. OECD 회원국의 외국인 인구 비중과 비교할 때 한국의 외국인 인구 비중은 상대적으로 낮은 편에 속하지만, 그 진행 속도는 매우 빠르다고 할 수 있다(이선형 · 임춘희, 2012).

2012년도 외국인 주민의 유형별 현황을 살펴보면, [그림 6-1]에서와 같이 '외국인 근로자'가 41.8%로 가장 많으며, 다음으로 기업투자가 등 '기타'가 11.5%, '결혼이민자'가 10.2%, '외국국적동포'가 9.6%, '유학생'이 6.2%의 순이다(행정안전부, 2012). 이 중 79.3%(1,117,481명)가 한국국적을 가지지 않았으며, 20.7%(292,096명)가 한국국적을 가지고 있다. 한국국적을 가지고 있는 외국인 주민에는 '혼인귀화자(5.4%)', '기타사유 귀화자(3.3%)', '외국인 주민 자녀(12%)'가 포함된다.

한편, '외국인주민 자녀'는 결혼이민자와 한국 국적 취득자의 자녀를 총칭하는데, 이들은 전체 외국인 주민의 12.0%를 차지한다. 이 가운데 만 6세 이하의 미취학아동이 62.1%(104,694명), 초등학생이 23.9%(40,235명)로 초등학생 이하가 전체의 86%를 차지하고 있어 향후 외국인 주민 자녀의 수는 지속적으로 증가할 것임을 예상할 수 있다.

(2012년 8월 현재 기준)

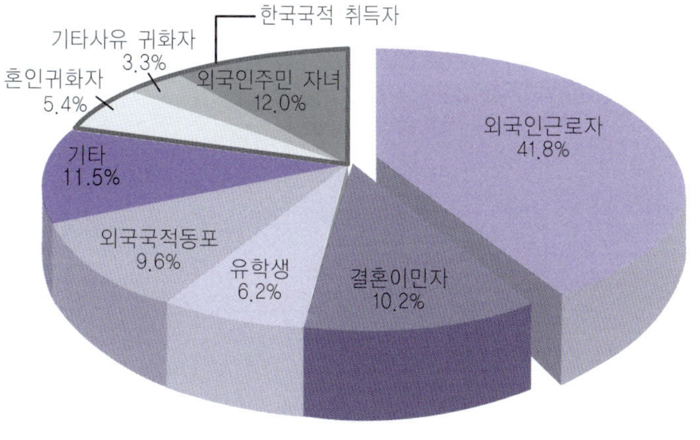

[그림 6-1] 외국인 주민의 유형별 현황

출처: 행정안전부(2012).

2) 결혼이민자가족의 현황

한국 다문화가족의 핵심을 이루고 있는 다문화결혼은 '다문화가족'이라는 용어가 제시되기 이전부터 시작되었다. 한국 전쟁 이후 국내에 주둔했던 미군 남성과 한국 여성 간의 결혼으로 혼혈 또는 국제결혼 등의 용어들이 사용되었었다. 1980년대에는 특정 종교단체(통일교)의 신념으로 대규모 집단 다문화결혼이 활성화되면서 일본결혼이주여성이 많아졌으며, 1990년대 중반부터 '농촌총각 장가보내기' 운동이 시작되면서 동남아시아계를 중심으로 한 결혼이주여성이 지속적으로 증가해 왔다(김익균 · 김재원 · 이수영 · 김태식 · 고선옥 · 유수정, 2012).

〈표 6-1〉에서와 같이 다문화결혼 건수는 1990년 4,710건(총 결혼 건수의 1.2%)에서 급격하게 증가하여, 2005년 42,356건으로 정점(총 결혼 건수의 13.5%)에 달했다. 이후 2013년 현재까지 차츰 감소 추세에 있으나 여전히 약 12명 중 1명은 국제결혼을 하고 있다(그림 6-2).

〈표 6-1〉 다문화결혼 건수와 비율

(단위: 건(%))

연도	총 결혼 건수	다문화결혼	여성 결혼이민자	남성 결혼이민자
1990	399,312 (100.0)	4,710 (1.2)	619 (0.2)	4,091 (1.0)
1995	398,494 (100.0)	13,494 (3.4)	10,365 (2.6)	3,129 (0.8)
2000	332,090 (100.0)	11,605 (3.5)	6,945 (2.1)	4,660 (1.4)
2001	318,407 (100.0)	14,523 (4.6)	9,684 (3.0)	4,839 (1.5)
2002	304,877 (100.0)	15,202 (5.0)	10,698 (3.5)	4,504 (1.5)
2003	302,503 (100.0)	24,776 (8.2)	18,751 (6.2)	6,025 (2.0)
2004	308,598 (100.0)	34,640 (11.2)	25,105 (8.1)	9,535 (3.1)
2005	314,304 (100.0)	42,356 (13.5)	30,719 (9.8)	11,637 (3.7)
2006	330,634 (100.0)	38,759 (11.7)	29,665 (9.0)	9,094 (2.8)
2007	343,559 (100.0)	37,560 (10.9)	28,580 (8.3)	8,980 (2.6)
2008	327,715 (100.0)	36,204 (11.0)	28,163 (8.6)	8,041 (2.5)
2009	309,759 (100.0)	33,300 (10.8)	25,142 (8.1)	8,158 (2.6)
2010	326,104 (100.0)	34,235 (10.5)	26,274 (8.1)	7,961 (2.4)

연도	총 결혼 건수	다문화결혼	여성 결혼이민자	남성 결혼이민자
2011	329,087 (100.0)	29,762 (9.0)	22,265 (6.8)	7,497 (2.3)
2012	327,073 (100.0)	28,325 (8.7)	20,637 (6.3)	7,688 (2.4)
2013	322,807 (100.0)	25,963 (8.0)	18,307 (5.7)	7,656 (2.4)

출처: 통계청(2014). (www.kostat.go.kr).

[그림 6-2] 다문화 혼인 건수와 혼인 비중

출처: 통계청(www.kostat.go.kr)을 토대로 재구성.

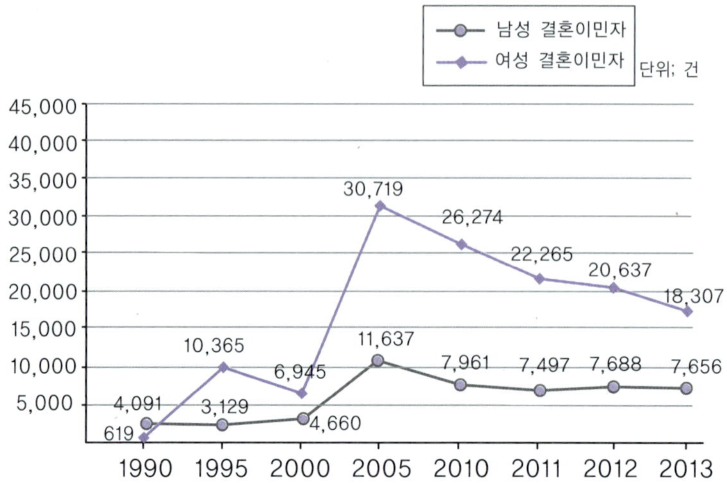

[그림 6-3] 다문화결혼 성비의 유형과 추세

출처: 통계청(www.kostat.go.kr)을 토대로 재구성.

한편, 다문화결혼 가족을 구성하는 성비를 살펴보면(2013년도 기준), 외국인 아내가 18,307명, 외국인 남편이 7,656명으로 여성 결혼이민자의 비중이 남성 결혼이민자보다 2배 이상으로 높다(그림 6-3). 남성 결혼이민자 대비 여성 결혼이민자의 비율은 1990년대에 급격히 증가하기 시작하여, 2000년대를 거치면서 약 3배의 비중을 나타내고 있다.

2014년 1월 1일 현재 결혼이민자 및 인지 · 귀화자는 총 295,842명이며, 약 절반인 49%(146,078명)가 대한민국 국적을 취득했고 나머지는 미취득 상태이다(안전행정부, 2014, 외국인주민 현황). 다문화가족의 특징을 살펴보면, 부부 간 연령차가 크며, 남녀 모두 재혼인 비율이 높다. 이는 배우자 간의 문화적 · 언어적 차이와 함께 연령차나 재혼의 부담이 더해져 다양한 부부관계상의 갈등이 발생할 소지가 많음을 의미한다. 따라서 예방적 차원의 교육과 상담 활동을 통한 지원이 필요하다.

한편, 결혼이민자 중 남성보다 훨씬 큰 비중을 차지하는 여성 결혼이민자는 이방인이 아닌 누구의 부인, 며느리, 엄마로써 한국 사회의 일원으로 생활하며 그들의 자녀 또한 세대를 전수하면서 함께 살아가야 하므로 한국 사회 다문화 현상의 중심에 있다고 하겠다. 다문화결혼을 한 외국 여성의 국적을 살펴보면(2014년 1월 1일 기준), 총 247,055명 중 중국(한국계) 78,080명, 중국 61,129명, 베트남 55,819명, 필리핀 16,001명, 일본 11,454명, 캄보디아 6,184명, 몽골 3,102명, 태국 2,995명의 순이다. 약 56%의 결혼이민자 여성이 중국(한국계 포함) 출신 국적을 가지고 있으며, 베트남, 필리핀, 캄보디아 등 동남아시아 국적의 비중이 상당히 높다.

또한, 결혼이민자 및 귀화자의 자녀 현황을 살펴보면, 총 204,204명 중 약 60%가 만 6세 이하, 약 25%가 만 7~12세로 대부분이 영유아 및 초등학생임을 알 수 있다(표 6-2). 이와 같이 미취학이나 초등학생이 대부분을 차지하는 다문화가족의 자녀들이 중·고등학생으로 성장하면서 다문화가족 청소년의 비율이 수년 내에 증가할 것으로 전망되므로 이들의 적응을 돕는 다양한 교육적·사회적 지원이 필요한 실정이다.

〈표 6-2〉 결혼이민자 및 귀화자의 자녀 현황(2014. 1. 1. 기준)

(단위: 명)

구분	계	만 6세 이하	만 7~12세	만 13~15세	만 16~18세
자녀 수	204,204	121,310	49,929	19,499	13,466
비율	100%	59.4%	24.5%	9.5%	6.6%

출처: 다누리(www.liveinkorea.kr).

부모의 출신국별 현황을 살펴보면, 베트남이 54,737명으로 가장 많고 다음으로 중국(한국계) 43,890명, 중국 38,824명, 필리핀 19,568명, 일본 18,185명, 캄보디아 6,777명, 몽골 2,952명, 태국 2,767명, 미국 1,855명, 러시아 1,319명, 대만 1,892명의 순이다(표 6-3).

〈표 6-3〉 결혼이민자 및 귀화자 자녀의 부모 출신국별 현황(2014. 1. 1. 기준)

(단위: 명)

구분	계	만 6세 이하	만 7~12세	만 13~15세	만 16~18세
합계	202,204	121,310	49,929	19,499	13,466
중국(한국계)	43,890	17,591	14,600	7,083	4,616
중국	38,824	22,861	9,371	3,700	2,892
베트남	54,737	45,569	6,539	1,280	1,349
필리핀	19,568	10,797	6,521	1,508	742
일본	18,185	5,618	6,151	4,012	2,404
캄보디아	6,777	6,146	316	166	149
몽골	2,952	1,893	766	155	138
태국	2,767	1,286	1,150	201	130
미국	1,855	1,229	407	123	96
러시아	1,319	628	519	83	89
대만	1,892	676	542	393	281
기타	11,438	7,016	3,047	795	580

출처: 다누리(www.liveinkorea.kr).

3. 다문화가족의 어려움

다문화가족은 서로 다른 문화에서 성장한 성인이 결혼을 매개로 하여 하나의 가족을 구성함으로써 이루어진다. 같은 한국 사회에서 성장한 배우자끼리도 사고방식과 문화의 차이를 경험할 수 있음을 고려할 때, 다문화가족의 경우 그 안에서 가족 구성원들이 경험하는 어려움이나 문제 발생의 가능성이 더욱 크다고 예상할 수 있다. 특히, 결혼이민자 여성을 중심으로 하는 다문화가족의 경우 결혼이주여성과 남편 사이의 어려움이 자녀 세대로 전승될 수 있다. 다문화가족이 겪는 어려움과 문제점을 정리하면 다음과 같다.

1) 언어 문제 및 의사소통의 어려움

결혼이민자 및 귀화자들에게 한국 생활에서 겪는 어려움을 조사한 결과, '언어 문제'가 매우 큰 비중인 것으로 나타났다(표 6-4).

〈표 6-4〉 결혼이민자 · 귀화자 등의 한국 생활에서의 어려움

(단위: %)

구분	2009년 실태 조사	2012년 실태 조사
힘든 점 없음	12.9	15.8
외로움	9.6	14.2
가족 간의 갈등	3.3	3.0
자녀양육 및 교육	13.5	7.0
은행, 법원 등 기관 이용	–	2.1
경제적 어려움	21.9	19.8
언어 문제	21.7	21.1
생활 방식, 관습 등 문화 차이	7.1	6.5
편견과 차별	3.9	7.0
음식	2.4	2.0
기후 차이		0.6
기타	3.7	0.8

출처: 여성가족부(2013a).

결혼이주여성의 경우 한국어를 충분히 습득하고 결혼하는 경우가 적은데, 이로 인해 결혼 초기에 배우자와의 의사소통이 원활하지 않으며 가족 내 오해나 시댁 식구들의 무시를 경험하기도 한다. 가족뿐만 아니라 이웃과의 교류나 자녀가 다니는 학교와의 의사소통에서도 어려움을 겪게 된다. 언어장벽은 일상생활에서 서로에 대한 이해를 방해하며 갈등표출과 해결에 어려움을 주므로, 다문화가족의 언어적 능력 지원은 결혼생활과 새로운 문화로의 적응에 필수적이다.

결혼이민자들의 언어 문제는 종종 외로움과 사회적 고립으로 연결되기도 한다.

한국 사회에 대한 정보가 없어 대개의 경우 전적으로 남편과 함께하는 식구에게 의지하게 되므로, 식구들과의 갈등은 결혼이주여성들의 사회적 적응과 네트워크 형성에 있어서 어려움을 증폭시킬 수 있다. 이주결혼여성들은 때때로 사람들과 의사소통하는 것과 친구 사귀는 것이 어렵다고 느끼며, 한국 사람이 나를 좋아하지 않는다고 생각한 나머지 사회적 관계로부터 자신을 소외 · 단절시키는 경향이 보인다(이은경, 2013). 한국 사람들과 있을 때보다 모국 사람들과 있을 때 더 편안함을 느끼거나 모국 사람 모임에 가는 것을 더 선호하게 되어 사회에 참여하는 기회를 스스로 단절시키기도 한다.

2) 경제적 어려움과 이로 인한 갈등

결혼이민자 및 귀화자들은 한국 생활에서 겪는 어려움으로 언어 문제와 함께 '경제적 어려움(19.8%)'을 높은 비중으로 보고했다(표 6-4). 다문화가정의 월평균 임금을 조사한 결과, 100~200만 원 미만이 47.9%로 가장 높게 나타나 낮은 월 소득으로 인해 경제적 어려움을 겪고 있음을 알 수 있다. 성별로 나누어 살펴보면, 남성은 100~200만 원 미만이 49.1%, 200~300만 원 미만이 22.4%인 반면, 여성은 50~100만 원 미만이 30.0%, 100~200만 원 미만이 47.9%라고 응답하여 남성의 월평균 임금이 여성에 비해 다소 높으나, 전반적으로 한국 사회의 평균 임금보다 낮은 실정이다(표 6-5).

〈표 6-5〉 결혼이민자 · 귀화자 등의 지난 3개월 월평균 임금(보수)

(단위: 명)

구분	전체	여성	남성
50만 원 미만	13.5 (22,334)	17.4	3.3
50~100만 원 미만	23.6 (39,203)	30.0	7.0
100~200만 원 미만	47.9 (79,396)	47.4	49.1
200~300만 원 미만	8.8 (14,574)	3.6	22.4
300~400만 원 미만	2.8 (4,613)	1.0	7.5
400~500만 원 미만	1.2 (2,005)	0.3	3.7
500~600만 원 미만	0.8 (1,326)	0.2	2.4
600~700만 원 미만	0.4 (651)	0.0	1.4
700만 원 이상	1.0 (1,693)	0.1	3.4
합계	100.0 (165,794)	100.0	100.0

출처: 여성가족부(2013a).

한편, 다문화결혼을 하게 된 배경에 대하여 일반화하고 해석하는 것에 무리가 있을 수 있으나, 다문화결혼을 한 외국인 여성들 중 상당수가 저개발국 출신이며 이들 여성 결혼이민자의 가장 큰 결혼 동기는 경제력 향상으로 파악된다. 즉, 여성 결혼이민자들이 본국의 가족을 도우면서 자신의 삶을 개선할 수 있는 하나의 방편으로 결혼을 통한 이주를 선택하는 경우가 있는데, 자신과 가족의 경제상황을 향상시키기 위해 더 부유한 나라의 남성과 결혼했지만 꿈과 현실 간의 차이를 경험하게 되면서 다문화결혼에 대한 실망, 후회, 불만으로 심리적 · 정서적으로 스트레스를 받게 된다. 그럼에도 불구하고, 이들 역시 행복한 가정과 사랑받는 아내로서의 삶을 꿈꾸고 있다는 점에서 비다문화가족의 아내와 다름이 없으므로 한국 사회에서 잘 정착하고 생활해 나갈 수 있도록 관심을 갖고 지원할 필요가 있다.

3) 문화적 차이로 인한 갈등

결혼을 통해 다문화가족을 이루고 있는 결혼이민자는 문화적 차이로 인한 다양한 갈등을 경험하게 된다. 특히, 여성 결혼이민자들의 상당수는 한국문화 중 가부장제에 기인한 며느리의 업무과중과 남성·장남 위주의 문화에 거부감을 가지고 있다. 예를 들면, 가사나 명절과 관련된 집안일이 온전히 여자들의 몫이라는 점 등을 이해하기 어려워하며 부당하다고 생각한다. 이와 같은 견해의 차이에도 불구하고, 실제로 그들의 문화와 사고방식이 존중받기는 쉽지 않다. 대부분 가족과 사회적 분위기에 의해 동화주의 입장에서 한국의 문화를 강요당하는 경우가 많다.

이와 같이 문화적 차이로 인한 가족 내 갈등은 여성 결혼이민자의 부부관계 또는 고부 관계에서뿐만 아니라 자녀양육에 있어서도 발생한다. 자녀는 무조건 한국인으로 자라야 한다는 생각이 남편, 시부모 등에 의해 강하게 형성되어 있으며, 이러한 주장이 여성 결혼이민자들에게 강요되는 경우가 대다수이다.

결혼이민자·귀화자의 배우자 역시 살면서 문화적 차이를 느낀 적이 있는가라는 질문에 대해 50.7%가 그렇다고 답했다(여성가족부, 2013a). 나아가 배우자와의 문화적 차이에 대한 인식은 결혼이민자·귀화자의 출신국에 따라 차이를 보였다. 즉, 중국(한국계)(27.7%), 대만, 홍콩(32.6%), 중국(44.3%) 출신의 결혼이민자·귀화자와 함께 사는 배우자는 상대적으로 문화적 차이를 덜 느끼지만, 파키스탄(74.0%), 필리핀(71.6%), 캄보디아(71.0%), 베트남(70.6%) 출신의 결혼이민자·귀화자와 함께 사는 배우자는 상대적으로 문화적 차이를 많이 느끼는 것으로 나타났다. 특히, 결혼이민자·귀화자의 배우자가 문화적 차이를 많이 느끼는 부분은 식습관(53.0%), 가족 행사 등 가족의례(12.0%), 자녀양육방식(11.5%)으로 보고된다.

4) 한국 사회의 편견과 선입견

한국 사회의 다문화인구가 증가하면서 사회적 통합을 위한 인식 개선이 다각적으로 진행되어 왔으나, 아직도 편견과 선입견 같은 부정적인 인식이 많이 남아 있다. 한국보다 어려운 형편에 있는 나라의 문화와 국민을 미개문화, 후진국민으로 폄하하는 경향과 함께 결혼 중개업체들의 무책임하고 불법적인 행위, 간혹 다문화결혼을 악용해 한국으로 이주하고자 하는 불성실한 의도, 여성 결혼이민자들의 불행한 결혼생활에 대한 매스미디어의 지나치게 극적인 보도 등은 다문화가족에 대한 편견과 선입견을 가지는 데 영향을 미치고 있다.

2012 전국 다문화가족 실태조사연구에서 결혼이민자 · 귀화자 등에게 한국에서 생활하면서 외국이라는 이유로 차별이나 무시를 당한 적이 있는지를 질문한 결과, 전체의 41.3%가 '있다'라고 응답했다(여성가족부, 2013a)(표 6-6). 성별로는 남성(42.2%)이 여성(41.3)에 비해 사회적 차별 경험자 비율이 조금 높았다. 출신국적별로는 남부아시아(55.1%), 동남아시아 기타(55.0%), 파키스탄(53.2%) 출신에서 50% 이상으로 높게 나타났으며, 반면, 미국(28.5%), 일본(29.8%) 출신은 사회적으로 차별을 경험했다는 응답이 낮게 나타나, 특정 출신국에 따라 차별 경험에 차이가 있음을 알 수 있다. 장소별로는 직장 · 일터에서 차별 경험 정도가 가장 높게 나타났고, 상점 · 음식점 · 은행 등, 거리나 동네, 동사무소나 경찰서 등의 공공기관, 학교 · 보육시설의 순으로 나타났다. 사회적 차별 경험이 있다고 응답한 비율은 2009년 36.4%에서 2012년 41.3%로 증가하여, 향후 전반적 인식 개선이 더욱 요구되는 실정임을 알 수 있다.

차별 · 편견이 서러운 다문화가정

경산의 한 중학교 1학년생 A군은 초등학교 시절 마음에 새겨진 상처가 아직 아물지 않고 있다. 또래 친구들이, 어머니가 중국인인 A군을 '중국인은 더럽다'고 놀려 대는 바람에 등굣길 발걸음이 무겁기만 했던 것. 학교생활에 적응하지 못하다 보니 자연히 성적은 반에서 바닥을 맴돌았다. "아이들이 툭툭 건드리며 '짱깨'라고 비웃을 때는 정말 학교에 있기 싫었어요. 엄마가 중국인인 게 무슨 잘못이라고…. 부모님이 일 때문에 바쁘시다 보니 제 기분을 일일이 말씀드리고 상의하기도 어려웠어요. 가까운 친구 하나가 저와 함께 다녀주지 않았더라면 학교에 제대로 못 다녔을 거예요."

30대 초반인 베트남 출신의 결혼이주여성 B씨는 남편과 경북 의성에서 농사를 짓고 있다. 10년 가까이 한국 생활을 하고 있지만 아직 한국 날씨와 말, 문화는 여전히 낯설다. 나이가 많고 무뚝뚝한 남편에게 정을 붙이기도 쉽지 않다. 그러나 B씨를 더욱 힘들게 하는 것은 따로 있다. 도통 말이 없는 초등학교 1학년 딸과 교감(交感)을 할 수 없다는 것이다. B씨는 한국의 학교생활에 대해 잘 모르기 때문에 딸에게도 무시를 당하는 것 같다고 했다. "학교에 가기 싫어해서 물어봐도 대답을 잘 안 해요. 혹시 학교에서 엄마가 베트남 사람이라고 놀려서 그런 건지 걱정되지만 이야기를 안 하니까요. 공부를 도와주려 해도 한국 교과서를 이해하기 쉽지 않아요. 남편이라도 도와주면 좋겠는데 아이 학교생활에 관심이 별로 없으니…."

'다문화 학생 1% 시대'를 코앞에 두고 있지만 다문화가정에 대한 우리 사회의 편견과 차별은 아직 사라지지 않고 있다. 다문화 학생과 학부모는 한국말, 한국 문화에 적응하는 데 애를 먹지만 무엇보다 이들을 힘들게 하는 건 편견 어린 시선과 차별이다.

지난달 27일 대구 다문화교육센터가 경북 다문화 학생들을 초청해 연 '아동 자존감 증진 캠프'에서도 비슷한 경험담을 쉽게 접할 수 있었다. 캠프에 참가한 대구다문화연구회 김 교사는 "공부를 잘하거나 외모에서 표시가 나지 않는 아이들은 놀림감이 되지 않으려고 어머니가 다른 나라에서 왔다는 걸 밝히지 않는 경우가 많다"고 했다. 경북의 한 다문화 담당 교사는 "우리보다 가난한 나라에서 온 어머니를 둔 경우 아이들 스스로 자신이 다문화가정 자녀라고 밝히는 사례가 드물다"며 "외모가 비슷하면 학교에서 다문화가정 자녀인지 모르는 사례도 있어 실제 교육 당국의 통계에 안 잡히는 학생들도 존재할 것"이라고 했다.

김천시 다문화가족지원센터 관계자는 "다문화 학생들 중에는 학교생활이 힘들어도 부모님께 속속들이 얘기하지 않는 경우가 많다"며 "이에 대한 대안으로 결혼이주여성과 초교생 자녀들이 함께하는 '다문화가족 집단 상담' 프로그램을 조만간 운영할 계획"이라고 했다.

교육 당국의 다문화 학생 교육에 대한 관심도 아직 부족한 실정이다. 최근 국정감사 자료에 따르면 2012년 경북 다문화가정 자녀의 취학률은 74.91%에 그쳤다. 전국 평균 다문화가정 자녀의 취학률 66.86%에 비해서는 높지만 우리나라 전체 취학률인 99.6%에는 한참 못 미치는 수치다.

출처: 채정민 · 황수영(2012. 12. 1).

〈표 6-6〉 결혼이민자 · 귀화자 등의 사회적 차별 경험

(단위: %, 명)

구분		차별 경험 있음	차별 경험 없음	합계
전체		41.3(117,006)	58.7(166,217)	100.0(283,224)
성별	여성	41.1	58.9	100.0
	남성	42.2	57.8	100.0
출신 국적	중국	42.9	57.1	100.0
	중국(한국계)	45.5	54.5	100.0
	대만, 홍콩	36.6	63.4	100.0
	일본	29.8	70.2	100.0
	몽골	45.3	54.7	100.0
	베트남	35.3	64.7	100.0
	필리핀	44.7	55.3	100.0
	태국	46.5	53.5	100.0
	캄보디아	34.6	65.4	100.0
	파키스탄	53.2	46.8	100.0
	우즈베키스탄	41.4	58.6	100.0
	러시아	42.3	57.7	100.0
	미국	28.5	71.5	100.0
	캐나다	37.8	62.2	100.0
	동남아 기타	55.0	45.0	100.0
	남부아시아	55.1	44.9	100.0
	서유럽/대양주	38.4	61.6	100.0
	기타	48.1	51.9	100.0

출처: 여성가족부(2013a).

다문화가족 자녀의 정체성에 대한 자긍심 측면에서도 향후 더욱 인식 개선이 필요하다. 주위에서 자신이 다문화가족 자녀임을 아는 것에 대해, 다문화가족 자녀들은 33.5%가 '자랑스럽다', 54.3%가 '보통이다', 12.1% '자랑스럽지 않다'로 답하여 전반적으로 긍정적인 답변이 더 높은 비중을 보였다(그림 6-4). 그러나 연령대별로

보면, 연령이 높아질수록 자랑스럽다는 비율이 낮아져, 9~11세는 자랑스럽다는 응답이 43.6%인데 비해 18세 이상은 26.8%에 불과하다. 따라서 다문화가족 자녀가 성장하면서 자신의 정체성을 확립하고 자긍심을 가질 수 있도록 지속적인 관심과 지원이 요청됨을 알 수 있다.

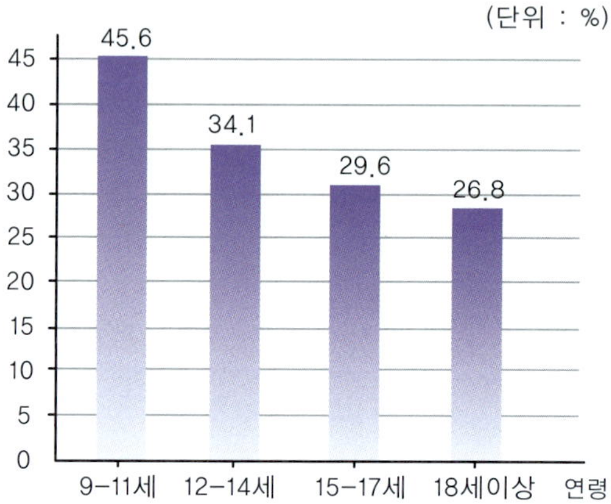

[그림 6-4] 다문화가족 자녀임을 주위에서 아는 것에 대한 태도: '자랑스럽다'라고 응답한 비율

출처: 여성가족부(2013a).

5) 자녀양육 및 학습지원의 어려움

다문화가족 자녀들은 다문화결혼과 동시에 입국하여 언어와 문화에 제대로 적응하지 못한 채 출산과 양육을 진행하는 어머니의 특성으로 인해 성장과정 및 생활에서 다양한 문제를 겪게 되는 경우가 많다. 구체적으로 조기 언어습득과 사회관계, 문화정체성 형성 등에서 어려움을 경험하며, 학교생활에서 겪게 되는 어려움은 학력부진과 사회적 부적응으로 연결될 수 있다.

다문화가족 자녀들이 학교생활에서 겪는 어려움은 높은 기초학력 미달률과 학업중단 비율을 통해 가늠할 수 있다. 다문화가족 자녀의 기초학력 미달자를 살펴보면, 초등학생의 경우 7.5%, 중학생의 경우 9.5%로, 전체 초등학생 기초학력 미달 비율이 1.45%임을 감안할 때 심각한 수준임을 알 수 있다. 또한, 다문화가족 자녀의 학업중단 이유는 친구나 선생님과의 관계 문제가 23.8%로 가장 많고, 가정 형편의 어려움이 18.6%, 학교 공부가 어려워서 중단한 경우도 9.7%인 것으로 나타났다(그림 6-5).

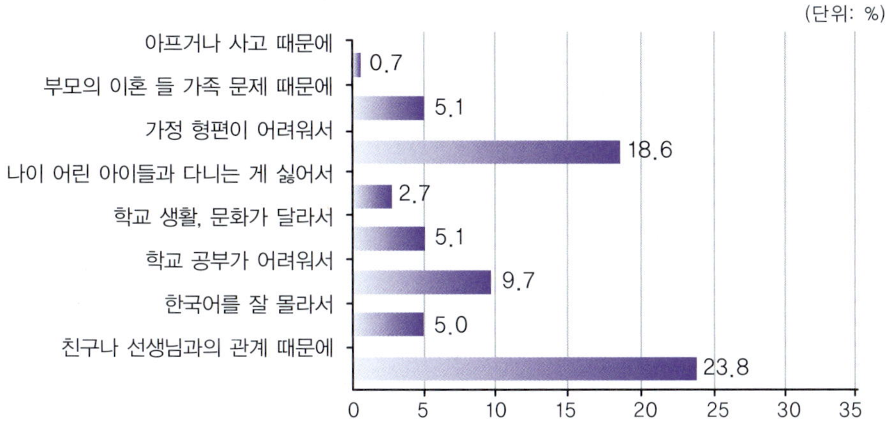

[그림 6-5] 다문화가족 자녀의 학업 중단 이유

출처: 여성가족부(2013a).

한편, 다문화가족 자녀들은 비다문화가족의 자녀와 다른 외모와 저개발 국가에서 결혼이민 온 어머니에 대한 사회적 냉소로 인해 낮은 자존감을 보인다(김경란, 2006). 또한, 이들은 부모의 서로 다른 가치관과 생활풍습으로부터 어떤 것을 따라야 할지 혼동을 겪을 수 있으며, 이와 같은 혼란은 자아정체감 형성에 부정적인 영향을 미치게 된다.

4. 다문화가족지원센터

1) 다문화가족지원센터의 설치 근거

다문화가족지원법은 다문화가족 구성원이 안정적인 가족생활을 영위할 수 있도록 함으로써 이들의 삶의 질 향상과 사회통합에 이바지함을 목적으로 2008년 3월 21일 제정, 2008년 9월 22일부터 시행되고 있다. 다문화가족지원센터는 다문화가족지원법에 근거를 두고 '다문화 속성을 가진 가족'을 지원하는 목적으로 설립된 기관이다. 결혼이민자 가족의 안정성을 제고하고 사회문화적 적응 지원체계를 구축하기 위해 2006년 '결혼이민자가족지원센터'의 설립이 시작되었으며, 2008년 '다문화가족지원법'이 제정되면서 '결혼이민자가족지원센터'의 명칭이 '다문화가족지원센터'로 변경되었다.

다문화가족지원센터는 다문화가족지원사업을 수행하는 전달체계로서 다문화가족지원법 제12조(다문화가족지원센터의 설치 · 운영 등)에 근거하여 설치된다. 다문화가족지원법 제12조의 구체적 내용은 다음과 같다(전문개정 2012. 2. 1.).

① 국가와 지방자치단체는 다문화가족지원센터(이하 '지원센터'라 한다)를 설치 · 운영할 수 있다.

② 국가 또는 지방자치단체는 지원센터의 설치 · 운영을 대통령령으로 정하는 법인이나 단체에 위탁할 수 있다.

③ 국가 또는 지방자치단체 아닌 자가 지원센터를 설치 · 운영하고자 할 때에는 미리 시 · 도지사 또는 시장 · 군수 · 구청장(자치구의 구청장을 말한다. 이하 같다)의 지정을 받아야 한다.

④ 지원센터는 다음 각 호의 업무를 수행한다.

1. 다문화가족을 위한 교육 · 상담 등 지원사업의 실시
2. 결혼이민자 등에 대한 한국어교육
3. 다문화가족 지원서비스 정보제공 및 홍보

4. 다문화가족 지원 관련 기관 · 단체와의 서비스 연계
5. 일자리에 관한 정보제공 및 일자리의 알선
6. 다문화가족을 위한 통역 · 번역지원사업
7. 그 밖에 다문화가족 지원을 위하여 필요한 사업

⑤ 지원센터에는 다문화가족에 대한 교육 · 상담 등의 업무를 수행하기 위하여 관련 분야에 대한 학식과 경험을 가진 전문인력을 두어야 한다.

⑥ 국가와 지방자치단체는 제3항에 따라 지정한 지원센터에 대하여 예산의 범위에서 제4항 각 호의 업무를 수행하는 데에 필요한 비용의 전부 또는 일부를 보조할 수 있다.

⑦ 제1항, 제2항 및 제3항에 따른 지원센터의 설치 · 운영 기준, 위탁 · 지정 기간 및 절차 등에 필요한 사항은 대통령령으로 정하고, 제5항에 따른 전문인력의 기준 등에 필요한 사항은 여성가족부령으로 정한다.

2) 다문화가족지원센터의 설치 현황

다문화가족지원센터의 설치 현황을 살펴보면, 2014년 11월 현재 17개 광역시도에 총 217개소가 설치 · 운영되고 있다(표 6-7). 센터가 설치 · 운영되는 지역으로는 경기도에 가장 많은 센터가 설치되어 있으며, 다음으로 서울, 경북, 전남의 순이다. 이는 다문화가족의 거주지 현황 조사에 따라 많은 다문화가족이 이들 지역에 거주하고 있기 때문이다.

〈표 6-7〉 2014 다문화가족지원센터 현황(14. 11. 3. 기준)

지역	서울	부산	대구	인천	광주	대전	울산	세종	경기	강원	충북	충남	전북	전남	경북	경남	제주
개소	24	9	7	9	4	5	5	1	30	18	12	14	14	21	23	19	2

출처: 다누리(www.liveinkorea.kr).

다문화가족지원센터는 운영 현황에 따라 병합형과 독립형으로 구분할 수 있다. 병합형은 기존 건강가정지원센터 설치 지역에 다문화가족지원센터를 병합하여 운영하는 형태이며, 독립형은 건강가정지원센터가 없는 지역에서 다문화가족지원센터가 독립적으로 운영되는 형태이다. 병합형 센터는 비다문화가족 기관과 같은 공간과 시설을 공유하고 사업을 전개하는 만큼 다문화가족과 비다문화가족간의 통합을 추구하는 장점이 있으나 센터 규모가 상대적으로 취약하여 사업전개가 어려울 수 있다. 반면, 독립형 센터에서는 다문화가족지원센터에서 건강가정지원센터의 사업까지 병행하여 진행하고 있으며, 농촌의 결혼이주민을 대상으로 지원하는 등 농촌이나 군 단위의 서비스에 보다 적합하다(장명선 · 장은애, 2010). 2011년 기준 통계를 살펴보면, 전국 201개소 중 76%(153개소)가 독립형, 24%(48개소)가 병합형으로(전국다문화가족지원센터지원단, 2012) 독립형이 더 큰 비중을 차지하고 있음을 알 수 있다.

운영 주체로 볼 때, 다문화가족지원센터는 시 · 군 · 구청장이 직영하거나 민간에 위탁할 수 있다. 위탁 주체의 기준은 고등교육법에 의한 학교, 사회복지법인이나 민법 제32조 규정에 의한 비영리법인 그리고 비영리민간단체지원법에 의한 민간단체로 규정되어 있다. 현재 사회복지법인, 학교법인, 사단법인이 가장 많이 수탁받아 운영하고 있다. 건강가정지원센터의 위탁 기준과 비교하면, 다문화가족지원센터는 민간단체가 위탁받을 수 있으며 그 범주가 넓어서 다양한 기관에서 위탁받을 가능성이 높다. 이와 같은 위탁운영 주체에 대한 기준의 차이가 향후 센터의 통합과 운영에 영향을 줄 수 있다고 예상된다.

3) 다문화가족지원센터 관련사업 추진 체계

다문화가족지원센터 관련사업은 주무부처인 여성가족부의 지휘 아래 시 · 도(광역자치단체), 시 · 군 · 구(기초자치단체), 중앙관리기관(전국다문화가족사업지원단), 거점 센터, 지역 센터로 이어져 추진된다(그림 6-6).

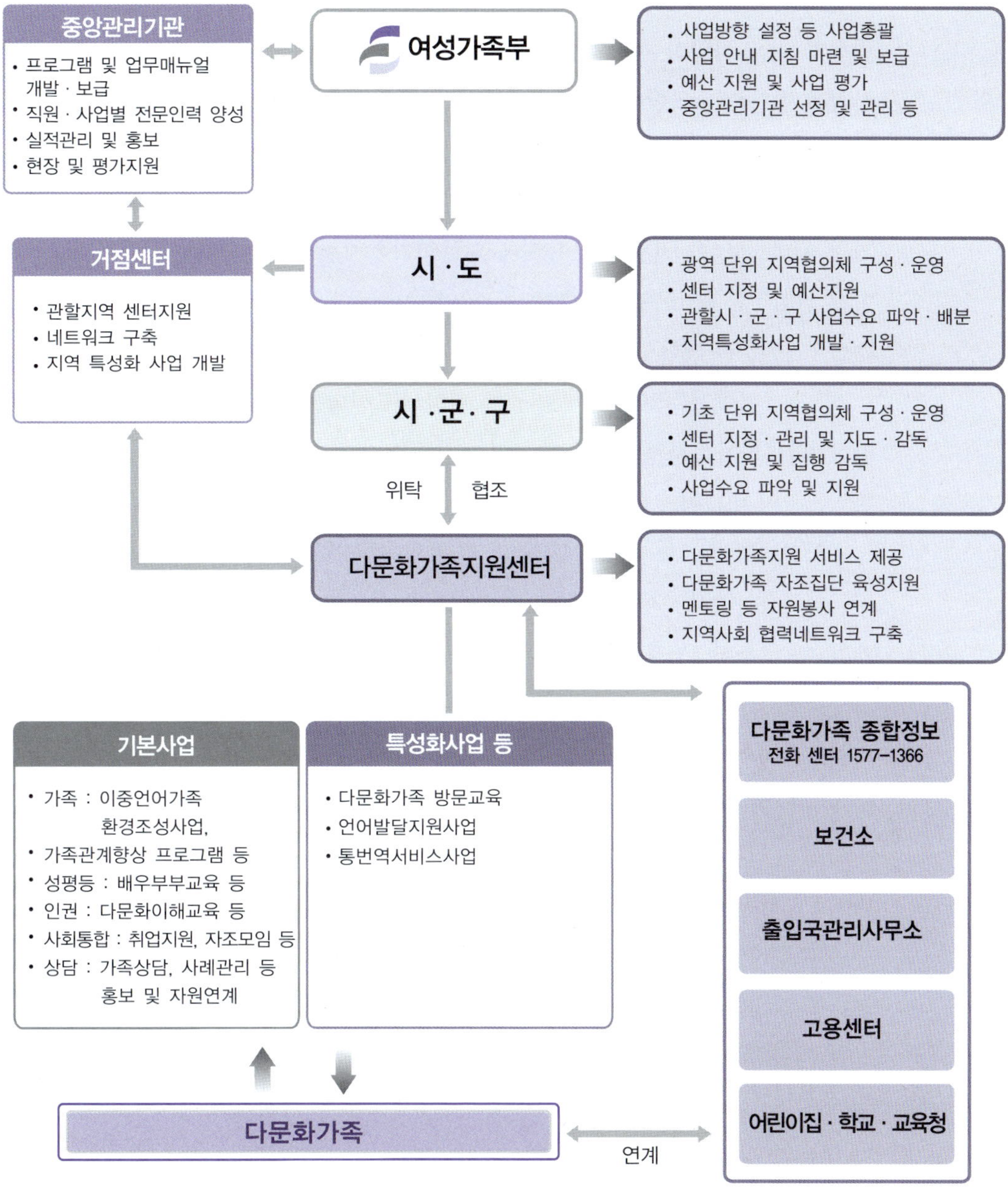

[그림 6-6] 다문화가족지원센터 사업 추진체계

출처: 다누리(www.liveinkorea.kr).

먼저 여성가족부는 다문화가족 관련사업을 총괄하는 부처이다. 다문화가족을 지원하기 위한 사업의 추진방향을 설정하며, 신규사업을 개발하고 예산을 지원하며 사업을 평가하는 역할을 한다. 또한, 사업 안내 · 지침을 마련하고 다문화가족지원센터에 보급하며 중앙관리기관을 선정하고 관리한다.

시 · 도에서는 광역 단위 지역협의체를 구성 · 운영하고, 거점 센터를 추천하며 거점 센터 운영을 지원함과 동시에 다문화가족지원센터를 지정 · 감독한다. 이와 함께 관할 시 · 군 · 구의 사업수요를 파악하며 예산을 지원하고 지역특성화사업을 개발 · 지원하는 역할을 한다.

시 · 군 · 구에서는 시 · 도에서 권한 위임 시, 센터를 지정 · 관리하고 지도 · 감독한다. 다문화가족지원센터의 예산을 지원하고 이에 대해 집행 · 감독하며, 지역 내 관련기관의 네트워크 구성을 지원한다.

중앙관리기관은 여성가족부로부터 다문화가족지원사업을 관리하도록 위탁 받은 전국다문화가족사업지원단이다. 주요 업무를 살펴보면, 프로그램 및 업무매뉴얼을 개발 · 보급하며, 종사자교육 및 전문인력을 양성한다. 또한, 다문화가족지원사업을 관리하고, 다문화가족지원센터의 실정 및 진행상황을 점검한다. 이와 함께 전국 사업현장에서 이루어지는 다문화가족지원 서비스를 점검하고 평가 · 관리하는 역할을 위탁받아 수행한다.

거점 센터란 센터 설치지역을 전국 17개 광역으로 구분 후 관할지역 내에서 센터 · 관련기관 간 네트워크 구축, 방문교육지도사 교육, 관할지역 센터 사업 지원 등을 수행하기 위해 지정 · 관리하는 센터를 말한다. 거점 센터에서는 방문교육지도사를 지원하며 상담에 대한 슈퍼비전을 제공한다. 방문교육지도사는 한국어서비스를 제공하는 한국어교육지도사와 아동양육을 담당하는 가족생활지도사로 구분된다. 이와 함께 신규 센터의 사업 운영을 지원하며, 거점지역 내 센터 · 관련기관 간 네트워크를 구축하고 운영한다.

끝으로, 다문화가족지원센터는 직접 다문화가족 구성원들과 상호작용하는 시 · 군 · 구 단위의 지역 센터이다. 다문화가족에 대한 교육 · 상담 · 문화 · 정보제공 등의 다양한 서비스를 제공하며, 다음 절에서 그 역할에 대해 상세하게 다루고 있다.

4) 다문화가족지원센터의 주요사업 및 내용

다문화가족지원센터는 다문화가족 및 지역사회 주민을 대상으로 교육, 상담, 문화, 홍보 및 정보제공사업을 제공한다(여성가족부, 2013b). 다양한 사업은 센터를 내방하는 다문화가족을 위한 집합교육과 지리적 여건 등으로 센터 이용이 어려운 다문화가족을 위한 방문교육을 통해 진행된다.

다문화가족지원센터의 서비스에는 모든 문화가족지원센터에서 공통적으로 제공하는 기본서비스와 지역별 특성을 고려해서 운영하고 있는 특성화서비스가 있다(표 6-8). 다문화가족지원센터에서 제공하는 각각의 사업을 살펴보면 다음과 같다.

〈표 6-8〉 다문화가족지원센터의 기본사업과 특성화사업

구분	사업 내용
기본사업	한국어교육, 다문화가족 통합교육, 다문화가족 취업연계 및 교육지원, 상담, 나눔 봉사단, 자조모임
특성화사업	다문화가족 자녀 언어발달지원사업, 결혼이민자 통번역 서비스사업, 엄마 아빠 나라 언어 습득 지원을 위한 언어영재교실사업

출처: 유혜민(2014).

(1) 교육사업

다문화가족지원센터에서는 교육사업으로 한국어교육, 다문화가족통합교육, 다문화가족 취업연계 및 교육지원사업을 운영한다(표 6-9).

〈표 6-9〉 다문화가족지원센터 교육사업

	공통 필수	선택(예시)	비고
한국어교육	• 1단계, 2단계 • 방문 한국어교육서비스		400시간 (방문 교육 시간 별도)
다문화가족 통합교육	• 가족의사소통 프로그램 • 가족관계 향상 프로그램 • 부부 · 배우자교육 프로그램 • 아버지교육 • 다문화 이해 및 인식교육 • 법률과 인권교육 • 방문 부모교육서비스 • 방문 자녀생활서비스	• 결혼과 가족의 이해 • 가족의 의미와 역할 • 배우자 이해 프로그램 • 예비 · 배우자교육 프로그램 • 부모-자녀관계 및 자긍심 향상 프로그램 • 자녀교육 프로그램 • 부모역할교육, 자녀건강지도 • 자녀생활지도 • 한국사회적응교육, 소비자 · 경제 교육 등	60시간 (방문 교육 시간 별도)
다문화가족 취업 연계 및 교육 지원	• 취업 기초 소양 교육 • 워크넷 등록 및 연계	-	워크넷 3건 이상

출처: 여성가족부(2013b).

① 한국어교육사업

한국어교육사업은 생활언어를 익히고 문화를 이해하도록 지원하기 위해 집합 또는 방문교육을 통해 체계적 · 단계별 한국어교육을 실시한다. 모든 지원 대상자에게 레벨테스트(1~4급)를 실시하여, 그 결과에 따라 수업을 진행한다. 또한, 수업 전 · 후에 사전 · 사후검사를 실시하여 교육효과를 분석하며, 레벨테스트 및 사전 · 사후검사 결과는 통합실적관리시스템에 입력하여 체계적으로 관리한다.

② 다문화가족통합교육

다문화가족통합교육은 다문화가족 구성원을 대상으로 가족 내 역할 및 가족문화에 대한 이해를 목표로 한다. 이를 위해 가족, 배우자, 부부, 자녀 등 대상을 세분화하여 적합한 가족관계증진교육을 제공한다. 구체적으로 언어 · 문화차이 등으로

자녀양육에 어려움을 겪고 있는 결혼이민자에게 부모교육서비스를 제공하고 있으며, 학업성취가 낮고, 자아 · 정서 · 사회성 발달에 어려움을 겪는 다문화가족 자녀에게 자녀생활서비스를 제공하고 있다. 특히, 가족통합교육 프로그램을 운영할 때 민주적이고 양성평등한 부부관계 확립을 강조하는 내용으로 구성한다.

③ 다문화가족 취업연계 및 교육지원

결혼이민자 및 20세 이상의 다문화가족 자녀를 대상으로 다문화가족의 경제활동 참여 활성화를 위해 취업연계 준비 프로그램을 제공한다. 취업기초소양교육으로 컴퓨터교육과 직장예절 · 이미지메이킹 교육을 실시하며, 워크넷 등록 및 연계를 통한 취업지원을 세부내용으로 한다. 새일센터, 여성인력개발센터, 고용지원센터 등 외부연계기관에 대상자를 연결하여 지원하기도 한다.

(2) 상담사업

다문화가족지원센터에서는 다문화가족(이혼가족 포함)을 대상으로 부부 · 부모-자녀관계 개선 및 가족갈등 등과 관련된 상담을 제공하여, 이를 통해 다문화가족의 내부 스트레스를 완화시키고 가족의 건강성을 증진시키고자 한다(표 6-10). 다문화가족 상담은 연간 80회기 이상 개인상담, 집단상담, 사례관리, 심리검사, 외부상담기관 연계사업을 하도록 되어 있으며, 그중 가족상담은 30회기 이상 실시해야 한다. 세부 상담 내용으로는 친인척 문제, 부부 문제, 자녀 문제, 사회 문제, 성 문제, 경제 문제, 취업상담, 법률상담, 중독상담, 장애상담, 기타 문제 등이 다양하게 포함된다. 다문화가족지원센터에서 이루어지는 상담 프로세스는 [그림 6-7]과 같다.

〈표 6-10〉 다문화가족지원센터 상담사업

	공통 필수	선택(예시)	비고
상담	가족 상담	개인 상담, 집단 상담, 사례 관리, 심리 검사, 외부 상담 기관 연계	연간 80회기 이상 (가족 상담 30회기 이상 필수)

출처: 여성가족부(2013b).

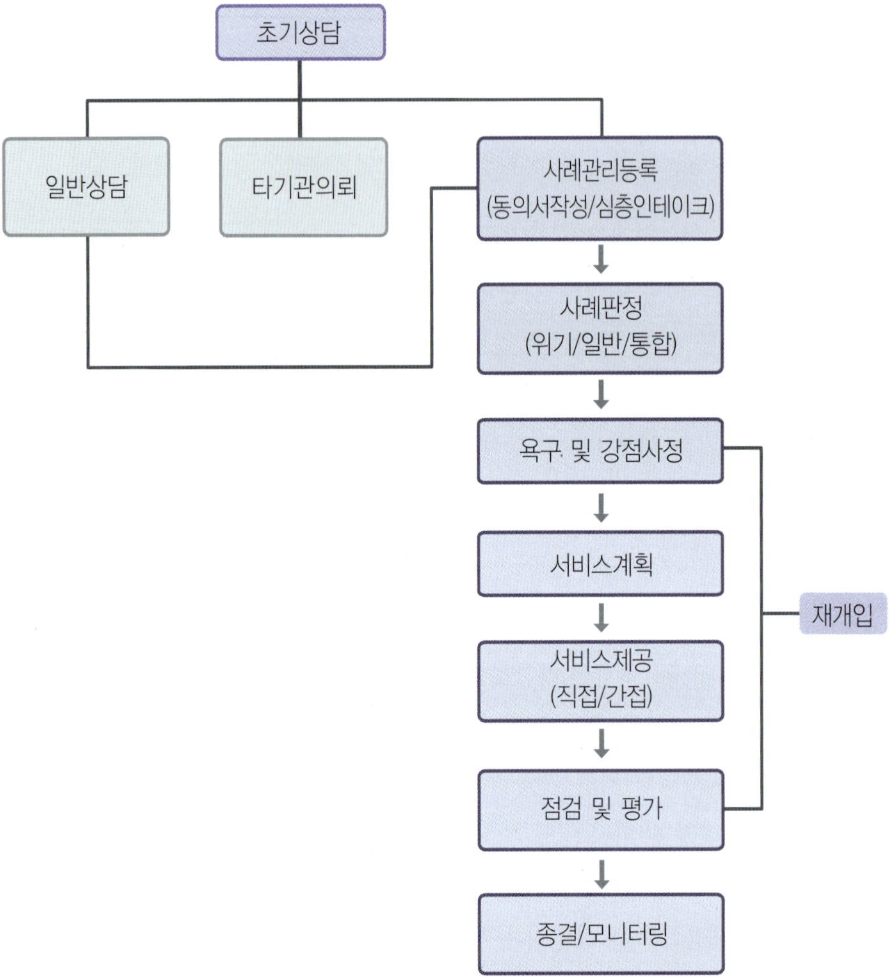

[그림 6-7] 다문화가족 상담 프로세스

출처: 여성가족부(2013b).

(3) 문화사업

다문화가족지원센터에서의 문화사업에는 나눔봉사단과 자조모임이 있다(표 6-11).

〈표 6-11〉 다문화가족지원센터 문화사업

	공통 필수	선택(예시)	비고
다문화가족 나눔 봉사단	• 나눔 봉사단 구성 및 운영 • 봉사자 소양 교육	–	봉사자 소양 교육 6시간 이상 실시
다문화가족 자조 모임	–	결혼 이민자 자조 모임, 다문화가족 자조 모임 등	

출처: 여성가족부(2013b).

① 다문화가족 나눔봉사단

다문화가족 나눔봉사단은 자원봉사자를 활용하여 맞춤형 다문화가족지원을 추진함과 동시에 건강하게 정착한 다문화가족이 봉사자로 활동하여 다문화가족의 자긍심을 향상시키고, 지역사회의 인적자원 활용을 목적으로 한다. 이를 위해 다문화가족과 비다문화가족을 대상으로 센터별로 시 · 군 · 구 및 민간단체 등과 협력하여 다문화가족 나눔봉사단을 구성 · 운영한다.

② 다문화가족 자조모임

다문화가족 자조모임은 기정착한 다문화가족이 초기 다문화가족의 한국 사회 적응을 지원함으로써 정서적 유대감과 조기정착 지원을 강화하기 위한 사업이다. 구체적으로 살펴보면, 결혼이민자를 대상으로 결혼이민자 출신국별 자조모임, 결혼이민자 통합국적 자조모임, 통번역사 자조모임 등을 결성할 수 있으며, 다문화가족을 대상으로 가족통합 자조모임, 부부 자조모임, 배우자 자조모임, 시부모 자조모임 등을 가질 수 있다. 단순히 여가를 위한 모임이 아닌 구성원 간 문제해결을 위한 모임으로 방향을 설정하도록 운영하는 것이 바람직하다.

(4) 홍보 및 정보제공사업

다문화가족지원센터에서는 홍보 및 정보제공 활성화를 위해 다문화 인식개선 및 지역사회 홍보사업과 지역사회 네트워크 강화사업을 실시하고 있다.

① 다문화 인식개선 및 지역사회 홍보

다문화 인식개선 및 지역사회 홍보사업에는 결혼이민자들과 지역사회 구성원들이 다양한 문화를 체험하는 기회를 통해 서로에 대한 이해 및 다문화 감수성을 증진시키는 활동이 포함된다. 예를 들면, 다문화 음식 및 의상 체험, 전통공연 등의 다양한 문화 체험 프로그램이 있다. 또한, 다문화강사를 유아교육기관과 학교에 파견하여 아동을 대상으로 다문화인식 개선교육을 실시한다.

한편, 지역 센터별로 홍보자료와 소식지를 제작 · 배포하며 다국어판 생활 · 정책 정보지를 보급하고 『한국생활 가이드북』과 정보매거진 『레인보우 플러스』를 배포한다. 지역사회 홍보사업은 지역별 다문화가족지원센터의 홈페이지를 통해 온라인상에서도 운영된다. 다양한 언어로 운영되는 다문화가족지원 포탈사이트인 '다누리(www.liveinkorea.kr)에서는 교육관련 서비스와 커뮤니티 서비스, 한국 사회 관련 다문화가족지원센터의 소식을 한눈에 볼 수 있도록 제공하고 있으며, 각 지역별 센터의 홈페이지를 연계하여 실시간으로 정보를 공유할 수 있도록 지원한다.

이와 함께 TV 등 방송매체를 활용하여 한국 생활정보를 제공하며, 다문화가족이 잘못된 정보로 불이익을 받지 않도록 취업 · 법률 · 의료 · 복지 전반에 대한 정보를 제공하는 것 등을 주요 내용으로 한다.

다문화 이해 넓혀준 미가 선생님

"아아아~, 고마워라 스승의 사랑~" 15일 오전 서울 송파구의 어린이집. 아이들이 '스승의 은혜'를 부르며 고사리손으로 정성스레 만든 카네이션을 선물하자 몽골에서 온 미가(32) 씨의 얼굴에는 흐뭇한 미소가 번졌다.

원래 이름은 '투브신바야르 먀그마르체첵'이지만 편하게 '미가'라고 불린다. 2008년 결혼해 한국으로 온 그는 지난해 5월부터 송파구에서 운영하고 있는 다문화알리미 강사로 일하고 있다. 다문화알리미 교육은 한국 사회에 적응을 마친 결혼이주여성들을 강사로 파견, 지역 사회 어린이들과 청소년들에게 모국의 문화를 알리는 사업이다.

미가씨는 매일 지역 내 어린이집부터 고등학교까지 돌아다니며 모국인 몽골의 언어와 문화를 가르친다. 아이들은 한 번도 접해보지 못한 몽골에 대해 배울 수 있고, 미가씨는 고국에서 사회복지를 전공한 경험을 살리니 일석이조다. 그는 "아이들이 몽골에 대해 관심을 가져주고 몽골어로 인사하는 모습을 보면 참 예쁘다. 언어는 다르지만 한국이나 몽골이나 사람 사는 모습은 다 같다는 걸 가르쳐주고 싶다"고 말한다.

미가 씨처럼 송파구에서 다문화알리미 강사로 활약하는 결혼이주여성은 5월 현재 7개국 출신 11명이다. 일본이 3명으로 가장 많고, 중국 · 필리핀(2명)에 이어 캄보디아 · 몽골 · 베트남 · 인도네시아 출신 강사가 각각 1명씩 있다. 모두가 다문화사회 이해, 교수법, 소양교육 등 80시간 이상의 교육과정을 거친 전문강사들이다.

2010년 시작된 다문화알리미교육은 지난해 들어 대폭 확대됐다. 53개 교육기관에서 1,600명의 어린이와 학생들에게 체험학습, 스토리텔링 등 다문화 교육을 진행했다. 특히, 어린이들의 다문화 인식 개선에 집중해 관내 39개 어린이집에서 900여 차례 교육을 실시했다. 다문화가족지원센터의 김팀장은 "교육을 받은 어린이들이나 심지어 교사들까지 문화 자극을 통한 인식의 변화를 느낄 수 있었고 다문화에 대한 수용 능력이 깊어지는 것을 경험했다"고 효과를 설명했다. 해당 구청장은 "우리나라가 이제는 다문화사회로 들어선 만큼 다문화 이해를 위한 교육이 확산되어야 한다는 데 인식을 같이하고 올해 안으로 중학교와 고등학교까지 다문화 알리미 강사를 확대 파견할 것"이라고 말했다.

출처: 김민희(2013. 5. 16.).

교실로 찾아가는 다문화 이해교육

다문화 인구 100만 시대. 서울시가 어린이와 청소년들의 문화 다양성 이해를 높이기 위해 2008년부터 운영하고 있는 '교실로 찾아가는 다문화 이해교육'이 6년간 총 2,833회 139,621명을 찾아갔다. 특히, 2008년 1,113명으로 시작해 6년 새 연간 교육인원 44,481명('13년)으로 약 40배나 큰 폭으로 증가했다.

이 교육은 유치원 · 초 · 중 · 고등학교가 신청하면 찾아가는 교육으로, 각 학교별로 월 3회 이내로 신청횟수를 제한했음에도, 접수시작 하루 이틀 만에 마감되는 등 열의가 매우 높다. 강사도 '08년 12개국 14명의 자원봉사로 시작해 '13년엔 전문강사로 격상, 올해는 강사풀이 유럽, 미주, 아프리카, 아시아 등 29개 국가, 35명으로 늘어 유치원부터 초 · 중 · 고등학교를 직접 찾아가 생생한 자국문화를 소개하고 있다.

교육만족도도 매우 높다. '14년 참여학교 및 초 · 중 · 고등학생 만족도 조사 결과(25개 참여학교 및 학생 300여 명 대상) 교육내용에 대해 참여학교는 96%가, 외국인 강사에 대해 학생들은 94%가 만족하는 것으로 나타났다. 이에 서울시는 조만간 유럽권, 아프리카권 등 강사를 추가로 모집할 계획.

서울시는 이 같은 수요 증가와 높은 만족도의 배경은 '수요가 있는 곳에 직접 찾아가기', '양질의 교육콘텐츠', '대상 연령별 눈높이에 맞는 교수법' 이렇게 3박자를 갖췄기 때문으로 분석하고 있다. 예컨대, 기존엔 수요자가 각 국가 문화원 등을 직접 찾아가야 했다면 시가 원하는 학교의 신청을 받아 직접 강사를 파견하고 있다.

양질의 교육콘텐츠 유지를 위해선 다양한 국가의 문화에 대한 편견 없는 교육과 체험을 위해 29개국 이상의 교육프로그램을 확보하고 우수강사, 강의평가를 통해 양질의 교육컨텐츠를 유지하고 있어 이에 견줄만한 경쟁 프로그램이 없다는 평가를 받고 있다.

눈높이별 교수법으로는 유치원 등 어린이에게는 '전통의상체험', '악기연주', '전통춤 · 놀이' 등 재미와 체험 위주로, 청소년들에게는 '유명 외국인강사 특강', '퀴즈' 등을 통한 흥미로운 메시지 전달 등 차별화된 맞춤형 교육을 실시해 관심과 호응도를 높이고 있다. 여기에 높은 교육수요를 반영해 올해부터 교육서비스를 학교뿐만 아니라 지역아동센터, 청소년수련관 등 어린이와 청소년 관련시설로 확대한 것 또한 한 몫하고 있다.

출처: 이경(2014. 9. 16.).

'다문화' 라는 말 자체가 주홍글씨,

다문화 구분하는 프로그램 지양해야

다문화가족지원법 제정 이후 잇따른 지원정책이 오히려 다문화가정 어린이를 위축시키는 역설적 상황에 대해 전문가들은 우려의 목소리를 높이고 있다. 다문화 방과 후 활동, 다문화정책지원 사업 등 다문화가정 어린이만 따로 모아서 진행하는 행사가 구분짓기를 심화하고 이는 보이지 않는 차별로 이어진다는 얘기다. 필리핀이 고향인 메리 제인 씨는 "아들이 다문화가정 문화지원 프로그램으로 경복궁을 두 번이나 갔다 왔다"며 "이미 경복궁에 다녀온 학생이 많을 텐데 예산 낭비다. 다문화가정 어린이는 이런 행사를 오히려 불편해 한다."고 지적했다.

다문화가정 어린이는 다문화라는 말이 정책용어가 되면서 차별이 더 심해졌다고 입을 모았다. 이전까지 친하게 지내다가 다문화라는 주홍글씨가 찍히는 순간, 이름 대신 "야! 다문화"라는 말을 들을 때가 많았다. 어머니가 베트남 출신인 정희슬(가명 · 16) 양도 "왜 베트남 말을 못하냐는 말이 가장 싫어요. 한국에서 태어났고 안 배워서 모른다고 답하면 친구들은 영어와 베트남 말도 못하면서 무슨 다문화냐고 되물어요."라며 속상해했다.

한국건강가정진흥원 원장은 "학교에 다문화 전문가가 없는 상황에서 예산을 쓰기 위해 다문화가정 어린이만 따로 모아 행사를 진행하다가 상처를 주는 사례가 적지 않다. 이런 학생만 따로 모으지 않고 다른 학생과 함께 어울려 지내는 데 초점을 맞춰야 한다."고 강조했다.

경제적 지원도 한부모가정이나 조손가정 같은 '취약계층 지원' 안에 포함시켜야 한다는 지적이 나온다. 이자스민 의원은 "다문화만 따로 떼어내 지원하면 '다문화가정=저소득층'이라는 인식을 고착화시킨다. 다문화가정 어린이를 똑같은 기준으로 대우하고 지원해야 더 효율적이다."라고 주문했다.

'완득이'나 '마이 리틀 히어로' 같은 영화가 다문화가정 어린이의 상처를 더 키우는 부작용 역시 고칠 부분이다. 다문화가정 어린이를 피부가 검고 가난한 모습으로 천편일률적으로 묘사해 편견을 가중시키기 때문이다. 초등학교 4학년 딸을 키우는 베트남 결혼이주여성 하잉 씨는 "영화 속 주인공은 항상 못난 모습으로 나오니까 마음이 씁쓸했다. 한국 어린이들이 이걸 보고 잘못된 인식을 갖게 될까 봐 두렵다"고 말했다.

출처: 유근형 · 이샘물(2013. 5. 6.).

② 지역사회 네트워크 강화

지역사회 네트워크 강화사업의 주요 내용은 지역사회 내 다문화가족지원사업이 통합적, 체계적, 효율적으로 추진될 수 있도록 전달체계를 구축하고 서비스제공기관을 연계하는 것이다. 또한, 시 · 군 · 구 다문화가족지원 담당부서가 총괄하여 법무부, 문화체육관광부, 교육부 등 관련 부처의 사업 및 지역사회복지협의체의 관련사업과 연계 · 조정하는 것을 활성화한다. 일선 서비스 전달체계는 센터가 중심이 되어 관련기관 · 민간단체 · 기업 간 협력을 통한 네트워크를 구성하여 공동사업을 추진하고 지역사회 내 결혼이민자가 필요로 하는 서비스 제공기관을 파악하여 연락처, 주소 등의 정보를 제공한다. 또한, 사회복지관, 주민자치센터, 마을회관 등 지역내 인프라를 적극 활용하여 다문화가족을 위한 지원 프로그램을 운영하여 접근성을 강화한다.

다문화 1호 국회의원, 이자스민의 1년

'완득이 엄마'가 국회의원이 된 지도 1년이 넘었다. 이자스민 의원. 영화 '완득이'에서 이방인 엄마로 분했었지만, 실제로도 완득이만한 아들이 있다. 그는 고등학교 2학년짜리 아들에 중학교 1학년 딸까지 키우고 있는 워킹맘 의원이다.

헌정 사상 최초의 귀화인 국회의원이란 타이틀을 달기 전 그는 '러브 인 아시아' 같은 TV 프로그램에 자주 출연한 방송인이자 영화배우였다. 그래서 국회의원이 됐을 땐 그를 '얼굴마담' 정도로 간주하는 시선이 있었던 게 사실이다. 그러나 이런 예상은 빗나가고 있다. 이자스민 의원은 한 해 동안 13개의 법안을 대표발의했다. 한 달에 한 번꼴이다. 이 중 3개가 본회의를 통과했다. 국회 본회의와 상임위원회엔 단 한 번도 빠지지 않았다.

지금까지 이 의원이 대표발의한 13개의 법안들은 다문화에 대한 지원금 제도를 새롭게 만든다든지 출입국 정책을 통째로 손보는 정책이 아니다. 결혼중개업 관리 강화, 다문화 정책 교육 의무화와 같이 조금씩 개선해 나가는 것들이다. '놀랄 만한 정책을 준비하는 게 있느냐'는 질문에 그는 "내 존재만 해도 큰 진전인데 거기에서 법안까지 급진적이면 사회에 큰 충격이 올 수 있다"고 했다. 이 의원은 지난해 8월 초 · 중 · 고 교사 · 공무원 대상으로 다문화교육을 의무화하는 다문화교육을 의무화하는 법안을 냈다. 법

안은 논의 끝에 권고조항으로 수정돼 통과됐다. '우리나라가 다문화 사회로 나아갈 것인지에 대한 사회적 합의가 없기 때문에 의무조항으로 두기는 힘들다'는 이유였다.

이 의원은 필리핀에서 선원이던 남편을 만나 1995년 결혼했다. 연애결혼이었다. 아이가 생긴 98년에 필리핀 국적을 포기하고 귀화했다. 아이를 키우던 중 '의사가 되고 싶었던 꿈 많던 내가 지금 뭐 하고 있지?'라는 생각이 들었다고 한다. 육아로 인한 경력단절 여성들이 주로 하는 고민이었다. 결국 2006년부터 방송 일을 시작해 워킹맘이 됐다. 팔불출처럼 그의 편만 들어주던 남편은 2010년 세상을 떠났다.

그의 연희동 자택은 항상 시끌시끌하다. 시어머니와 시동생 가족까지 9명이 함께 지낸다. 최근엔 찾아보기 힘들어진 대가족이다. 그런 게 너무 좋다고 한다. "사람들이 다 나를 안타깝게 바라보잖아요. 결혼이주여성이라 힘들게 산다고. 그런데 저는 하나도 안 힘들어요. 우리 어머님이 그러세요. '내가 너를 모시는 거지'라고요."

23일 오후 대전 중구 대전외국인복지관. 결혼이주여성의 정치학교 '꿈틀'에서 특강을 하고 있던 이 의원에게 한 이주여성이 물었다. "우리에게 다문화가족이라 지원받는 게 많다고 비판하는데 어떤 태도를 취해야 하느냐"는 것이었다. 그러자 "우리가 뭘 많이 받느냐"는 웅성거림이 들렸다.

그는 이렇게 정리했다. "지원이 필요한 사람도 있지만 받는 데 익숙해지면 안 된다는 생각이에요. 지금은 수가 적어서 감당할 수 있지만 다문화 인구가 늘면 지원이 없어지겠죠. 자립을 해야 해요. 결국 다른 국민들과 같은 선에서 경쟁하도록 만들어야 하는 거예요."

2011년부터는 다문화가정의 자녀들도 군대를 가게 됐다. 당시 국방부에서 이 의원에게 "이들을 따로 나눠 부대를 만드는 것이 어떻겠느냐"고 물어왔다. 고등학생 아들을 둔 엄마이기도 한 그는 이렇게 반문했다. "전쟁 나면 따로 싸울 거냐."

출처: 이상화 · 권혁재(2013. 6. 29.).

'국제시장'

'국제시장'은 오직 가족을 위해 힘들지만 굳세게 살아온 국민 아버지 덕수의 일대기를 그린 영화이다. 영화는 지금은 화려해진 해운대와는 대조되는, 자갈치시장 인근에 위치한 재래시장인 '국제시장'에서 주인공이 과거를 회상하며 시작된다. 주인공 덕수는 한국전쟁이 발발하면서 흥남철수 당시 민간인을 태운 마지막 배인 '메러디스 빅토리호'라는 배에 오르다가 아버지와 여동생과 생이별한다. 같은 여건의 친구 달구와 함께 힘들게 성장했고 여건이 되지 않아 공부도 못했지만, 서울대에 합격한 동생 학비를 벌기 위해 서독으로 광부 파견을 지원한다. 그리고 그 곳에서 간호사로 파견된 한국 아가씨와 만나 결혼한다.

주인공 덕수의 서독 파견 생활상은 급성장한 한국의 경제사 이면에 깃든 아픔을 되돌아보게 한다. 60년대 당시 인구의 약 0.015%에 해당하는 2만 명의 청장년이 광부와 간호사로 파독되어 국민총소득 GNP의 2% 가량의 소득을 올렸다 하니, 전후 한국경제 발전에 큰 도움을 주었음에 틀림없다. 그러나 그들은 가족을 두고 먼 이국에서 돈을 벌기위해 평균 36도 이상의 갱도에서 목숨을 걸고 다이너마이트를 터뜨리며 하루 15시간 이상을 일했다. 덕수가 밤이면 여럿이 함께 쓰는 숙소에서 가족들의 편지를 거듭 읽으면서 소리 없이 눈물을 흘리는 장면은 이 시대 함께 살고 있는 우리 주변의 외국인노동자들에 대해서도 다시 한번 생각해 보게 하는 대목이다. 당시 파견된 한국인들은 지금 한국 사회에서의 외국인 노동자와 유사한 취급을 받으며 미친 듯이 일했던 것이다.

영화 속 한 대목에서 '못 사는 나라에서 왔다'며 외국인근로자들을 야유하는 학생들에게 주인공 덕수는 과거 본인의 모습을 떠올리며 심하게 나무란다. 코리안드림을 안고 한국 사회에 합류하는 외국인 노동자와 결혼이민자들, 다문화인구로 분류되어 차별 받는 대신 한국 사회에서 함께 생활하고 싶어하는 그들의 심정을 이제는 우리가 헤아려야 하지 않을까 하는 생각을 가져본다.

Introduction to Healthy Families

CHAPTER 7

건강가정사업 전달체계 및 건강가정사업 프로그램

건강가정기본법에 따라 다양한 건강가정사업이 가족의 건강성 향상을 위해 제공되고 있다. 본 장에서는 건강가정사업의 전달체계와 사업 주체별 역할을 이해하고, 건강가정사업의 공식적 전달체계인 건강가정지원센터에서 운영하는 가족돌봄나눔, 가족교육, 가족상담, 가족문화, 다양한 가족통합서비스 등 영역별 프로그램을 살펴보도록 하겠다.

1. 건강가정지원센터 전달체계

서비스 전달체계는 정책이 구체적인 서비스로 전환되어 이용자들에게 효과적으로 전달하기 위한 공적 · 사적 조직으로(조희금 외, 2013), 서비스 전달체계가 잘 구축되어 있을 때 서비스 효율성 및 효과성을 높일 수 있고, 대상자의 욕구에 맞는 적절한 서비스가 제공될 수 있다. 건강가정사업의 공식적 전달체계인 건강가정지원센터는 건강가정기본법에 따라 전국에 설치되는데, 건강가정기본법 '제4장 건강가정전담조직 등'을 살펴보면 다음과 같다.

> 제34조(건강가정사업의 전담수행) 여성가족부 및 지방자치단체는 건강가정사업에 관한 업무를 수행할 수 있도록 하여야 한다.
> 제35조(건강가정지원센터의 설치) ① 국가 및 지방자치단체는 가정문제의 예방 · 상담 및 치료, 건강가정의 유지를 위한 프로그램 개발, 가족문화운동의 전개, 가정관련 정보 및 자료제공 등을 위하여 건강가정지원센터를 설치 · 운영해야 한다.

이와 같이 여성가족부와 지방자치단체는 건강가정사업을 전담하여 수행할 수 있는 행정조직 및 건강가정지원센터를 마련해야 하고, 건강가정지원센터는 건강가정사업을 직접 수행하게 된다.

건강가정정책 추진을 위한 사업 주체별 역할을 살펴보면, 중앙정부 조직인 여성가족부는 건강가정지원센터의 기본운영에 대한 계획을 수립하고, 사업비 교부 및 정산, 평가, 건강가정지원센터에 대한 관리 감독 및 지도를 수행한다. 시 · 도 및 시 · 군 · 구 등의 지방자치단체는 중앙정부인 여성가족부와 시 · 군 · 구 간의 연계 역할, 시 · 도 및 시 · 군 · 구 건강가정지원센터 설치 및 운영지원, 관리 · 감독 등의 역할을 수행한다. 건강가정사업을 직접 수행하는 건강가정지원센터는 한국건강가정진흥원, 시 · 도(광역) 건강가정지원센터, 시 · 군 · 구 건강가정지원센터의 세 계층으로 설치 · 운영되고 있으며, 사업 주체별 역할은 [그림 7-1]과 같다.

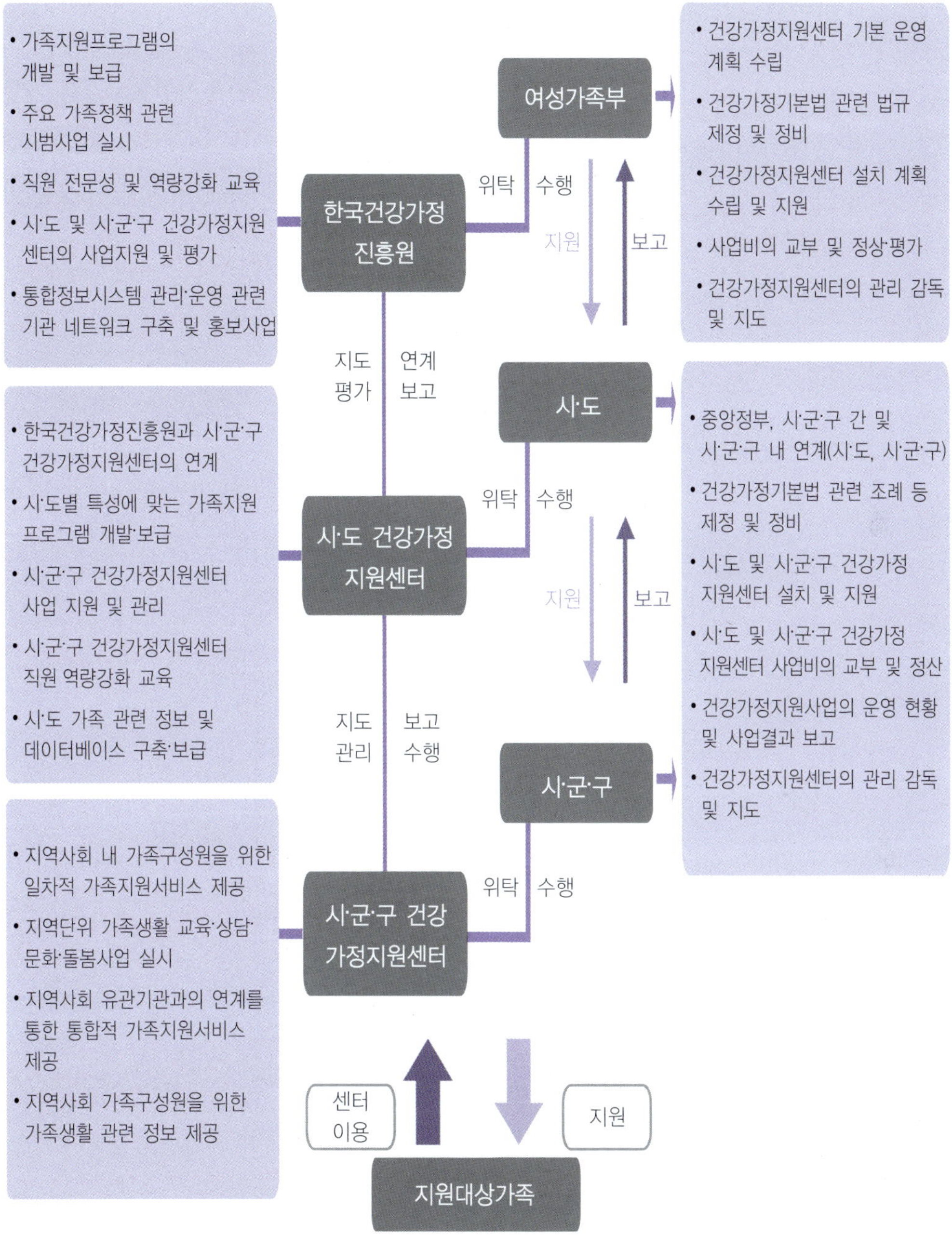

[그림 7-1] 건강가정지원센터 추진체계

출처: 여성가족부(2020b). 가족사업안내 I.

1) 한국건강가정진흥원

한국건강가정진흥원은 여성가족부 산하 특수법인으로 가족지원프로그램 개발 및 보급, 직원의 전문성 및 역량강화 교육, 시 · 도 및 시 · 군 · 구 건강가정지원센터 사업 지원 및 평가 등을 담당하고 있다. 한국건강가정진흥원의 조직 구성은 아래 [그림 7-2]와 같다.

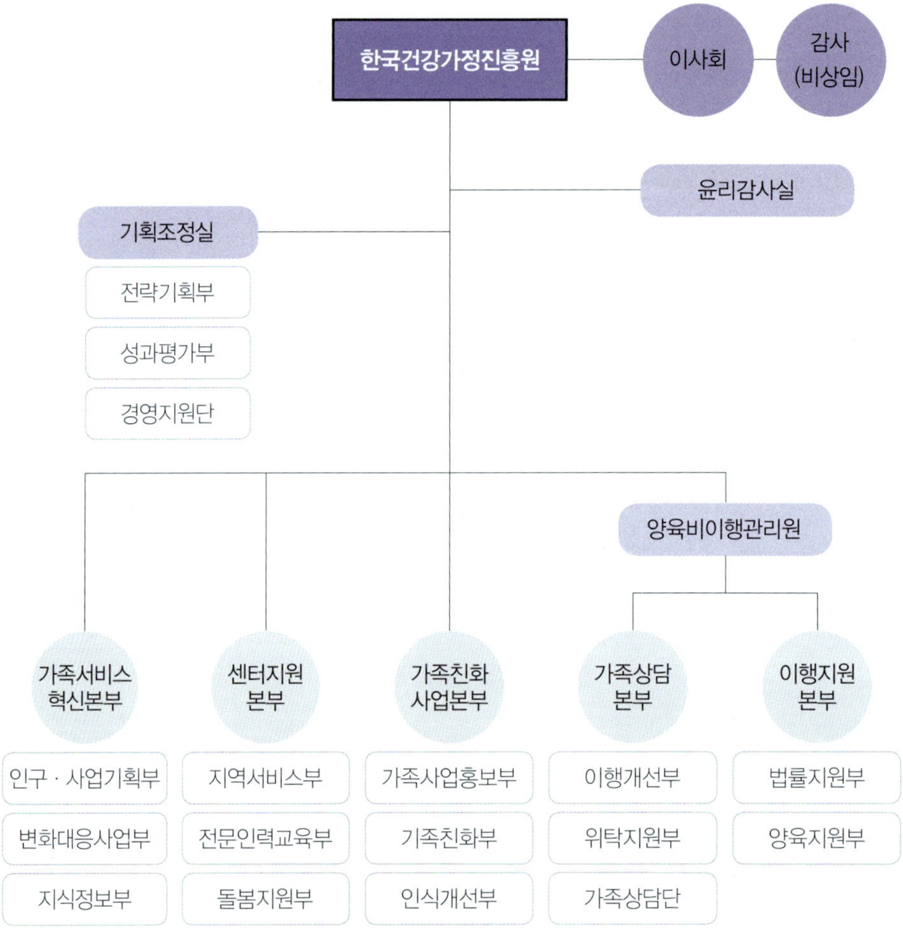

[그림 7-2] 한국건강진흥원 조직도(2020년 기준)

출처: 한국건강가정진흥원 홈페이지.

2) 시 · 도 건강가정지원센터

시 · 도(광역) 건강가정지원센터는 시 · 도별 특성에 맞는 가족지원프로그램 개발 및 보급, 시 · 군 · 구 건강가정지원센터 사업지원 및 관리 등을 담당하고 있으며, 시 · 도 건강가정지원센터가 속한 지방자치단체와 연계하여 운영된다. 예를 들어 서울특별시 가족담당관 가족정책팀은 서울시 건강가정지원센터와 연계하여 서울시 특성에 맞는 건강가정사업을 추진하게 된다. 시 · 도 건강가정지원센터는 시 · 도와 협의하여 센터장 외 교육지원팀, 사업지원팀, 홍보협력팀, 행정지원팀 등 필요에 따라 조직을 구성할 수 있다(여성가족부, 2015). 다음 [그림 7-3]은 서울시 건강가정지원센터의 조직도이다.

[그림 7-3] 서울시 건강가정지원센터 조직도(2020년 기준)

출처: 패밀리서울.

3) 시 · 군 · 구 건강가정지원센터

시 · 군 · 구 건강가정지원센터는 지역사회 내 가족 구성원을 위한 직접적인 가족지원서비스를 제공하며, 시청, 군청, 구청에 구축되어 있는 가정복지과, 여성가족과 등의 조직과 연계하여 운영된다. 시 · 군 · 구 건강가정지원센터는 센터장, 가족상담팀, 가족교육팀, 가족문화팀, 가족돌봄팀 등 사업수행을 위해 필요한 팀을 둘 수 있다(여성가족부, 2020b). 시 · 군 · 구 건강가정지원센터 조직 구성의 예는 다음과 같다(그림 7-4, 그림 7-5 참조).

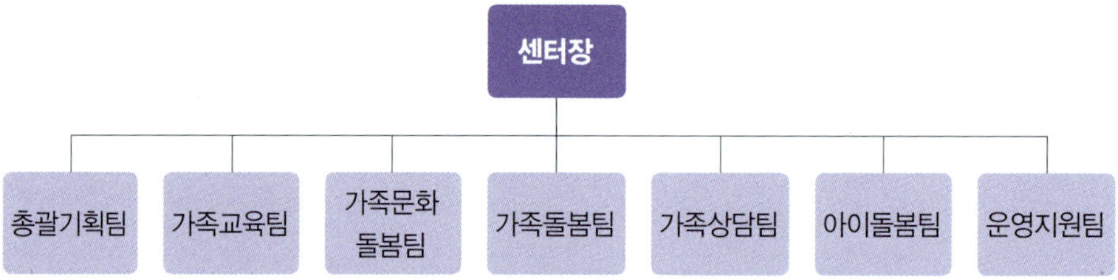

[그림 7-4] 부천시 건강가정지원센터 조직도(2020년 기준)

출처: 부천시 건강가정지원센터.

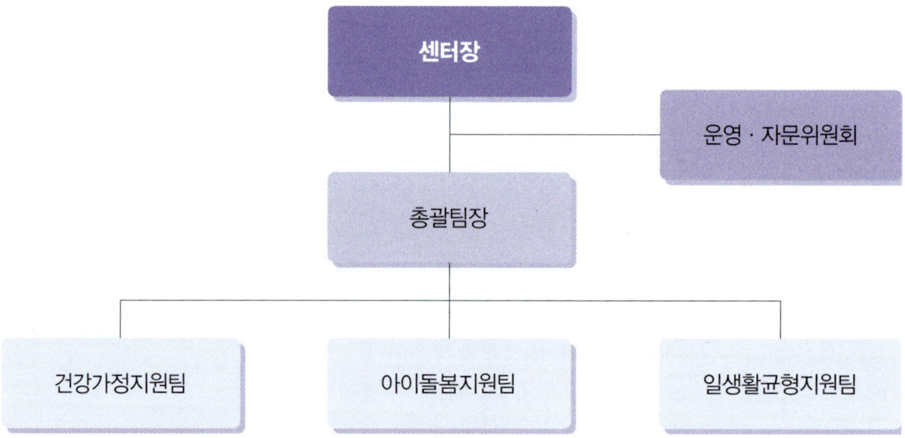

[그림 7-5] 성남시 건강가정지원센터 조직도(2020년 기준)

출처: 성남시 건강가정지원센터.

4) 시 · 군 · 구 건강가정 · 다문화가족지원센터

최근 가족형태의 다양화에 따라 보편적이고 포괄적인 가족정책 마련의 필요성과 함께 가족정책 전달체계의 통합 필요성이 대두되었다(홍승아 외, 2014). 이에 따라 건강가정지원센터와 다문화가족지원센터로 가족유형에 따라 이원화되어 운영되어 오던 가족서비스 전달체계가 건강가정 · 다문화가족지원센터라는 명칭의 통합서비스 운영기관으로 전환되기 시작하였다. 통합서비스 운영기관이란 가족유형에 관계없이 한 곳에서 다양한 가족에 대한 포괄적이고 보편적인 서비스를 제공하는 시 · 군 · 구 단위 센터를 의미한다(여성가족부, 2020b). 통합서비스 사업은 건강가정기본법 제21조(가정에 대한 지원), 제35조(건강가정지원센터의 설치) 및 다문화가족지원법 제6조(생활정보 제공 및 교육 지원), 제12조(다문화가족지원센터의 설치 · 운영 등)를 근거로 운영된다.

통합서비스는 2014년 서울 관악, 부산 사상, 대구 달성 등 전국 9개소가 시범 운영기관으로 운영된 것을 시작으로 하여, 2016년부터 본격적으로 통합서비스를 실시하고 있다. 이에 따라 통합서비스 운영기관 수가 점차 증가하고 있으며, 2020년 기준 전국 196개소가 통합서비스 운영기관으로 운영되고 있다(표 7-1 참조). 통합서비스 운영기관의 조직 구성은 대상별 분류형(유형 1)과 기능별 분류형(유형 2) 등으로 구성될 수 있다(그림 7-6, 그림 7-7 참조).

〈표 7-1〉 연도별 센터 설치현황

구분	'04년	'05년	'06년	'07년	'08년	'09년	'10년	'11년	'12년	'13년	'14년	'15년	'16년	'17년	'18년	'19년	'20년
한국건강가정진흥원	–	1	1	1	1	1	1	1	1	1	1	1					
전국건강가정지원센터	3	15	46	65	81	97	137	138	148	151	151	151	151	151	151	151	151[1)]
통합센터											9	22	78	101	152	183	196

※ 2020년 1월 기준 24개의 센터가 건강가정지원센터로 운영되고 있음

출처: 여성가족부(2015, 2020b).

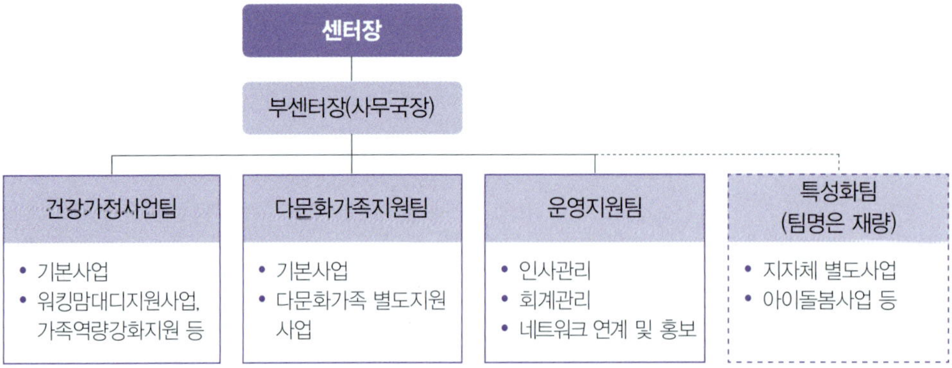

[그림 7-6] 통합서비스 운영기관 1유형 조식도 예시

출처: 여성가족부(2020b). p. 75.

※ 팀별 업무내용은 센터장의 재량으로 조정 가능

[그림 7-7] 통합서비스 운영기관 2유형 조식도 예시

출처: 여성가족부(2020b). p. 75.

2. 건강가정사업 프로그램[1)]

1) 시 · 군 · 구 건강가정지원센터 사업

시 · 군 · 구 건강가정지원센터에서 수행하는 사업은 해당연도 사업지침에 따라 조금씩 변경이 있기는 하나, 모든 센터가 필수적으로 수행해야 하는 공통사업과 센터의 특성과 상황에 따라 선택하여 수행하는 선택사업, 그리고 별도예산에 의한 여성가족부 추진사업으로 구분된다. 건강가정지원센터의 사업 방향(2020년 기준)은 다음과 같다(여성가족부, 2020b).

- 다양한 가족지원, 이용자 참여 확대를 통한 가족기능 지원 강화
  - 이용자 참여 확대를 위한 가족이 함께하는 가족단위 프로그램 활성화
  - 한부모가족, 조손가족 등 다양한 가족이 참여할 수 있는 프로그램 강화
- 생애주기별 부모교육 등 가족교육 활성화
  - 관공서 · 공공기관 · 학교 · 기업 · 군부대 등 찾아가는 가족교육 활성화
  - 아버지교육 중 일부를 직장맘 남편을 위한 특화프로그램 운영
  - 아빠의 육아 참여를 확대할 수 있는 프로그램 활성화
    - 육아정보 공유를 위해 아빠자조모임 운영 · 지원

시 · 군 · 구 건강가정지원센터의 공통사업은 아래 〈표 7-2〉와 같이 가족돌봄나눔, 가족교육, 가족상담, 가족문화, 지역사회 연계를 포함한 다섯 영역으로 구성된다.

---

1) 건강가정사업은 2020년 가족사업안내(여성가족부, 2020b)에서 발췌하였으며, 사업 예시는 건강가정지원센터와 건강가정 · 다문화가족지원센터(통합서비스 운영기관)에 대한 구분 없이 제시하였음

〈표 7-2〉 2020년 시·군·구 건강가정지원센터 공통사업

영역	시·군·구 공통사업	설명
가족돌봄나눔 * 3기지 사업 중 2가지 선택	모두가족봉사단	• 기존의 가족봉사단의 활동 내용을 '돌봄'을 주제로 전환하여 운영
	모두가족품앗이	• 전업주부와 맞벌이 주부가 함께 운영하는 품앗이, 남성이 참여하는 품앗이 등 다양한 그룹 운영
	아버지-자녀가 함께하는 돌봄 프로그램	• 아빠와 자녀가 함께하는 돌봄프로그램 운영
가족교육	생애주기별 부모교육	• 가족 내에서 발생하는 문제를 예방하고 가족 구성원의 역량을 강화시키기 위한 부모, 부부, 조부모, 자녀 등 가족을 대상으로 한 생애주기별 다양한 교육 • 예비/신혼기·중년기·노년기 부부교육 등 • 예비부모교육, 영유아기·아동기·청소년기 자녀를 둔 부모교육 등
	남성대상 교육	• 아버지교육, 찾아가는 아버지 교육, 남성대상 자기돌봄 교육 등
가족상담	가족(집단)상담	• 생애주기에 따라 발생하는 가족 내 다양한 갈등과 문제의 해결을 위한 상담사업 • 개인을 대상으로 하는 개별적 접근과 가족 구성원이 함께 참여하는 가족단위의 통합적 접근을 포함 • 가족단위의 면접 상담 유도 • 연간 상담실적이 100명 이하인 센터는 가족집단상담을 연간 2건 이상 반드시 포함
가족문화	가족사랑의 날	• 수요일, 가족이 모두 함께하는 프로그램
	가족친화문화 프로그램	• 가족캠프, 가족축제, 가족체험활동 등
지역사회 연계	지역사회 협의체 참여, 협약 및 연계사업	• 지역사회 협의체, 유관 기관 네트워크 활용 및 참여

출처: 여성가족부(2020b). 2020년 가족사업안내. p. 229.

(1) 가족돌봄나눔

가족돌봄나눔 영역은 모두가족봉사단, 모두가족품앗이, 아버지-자녀가 함께하는 돌봄 프로그램을 포함한다. 모두가족봉사단은 가족을 함께 돌보기 위한 지역 봉사단으로 아동 및 청소년을 포함한 가족 모두가 하나의 단위가 되어 대가 없이 함께 지역 봉사활동에 참여하는 것이다. 아동, 노인, 장애아, 환자 등 돌봄이 필요한

다양한 사람들을 대상으로 한다. 모두가족품앗이는 자녀를 함께 키우기 위한 지역 품앗이로 2008년 시범사업으로 시작하여 2010년 전국 센터 공통사업으로 포함되어 점차 확대되고 있다. 사업의 인지도 및 홍보 효과 제고를 위한 사업 브랜드화로 '가족품앗이'를 '모두가족품앗이'로 명칭을 변경하였다. 품앗이 구성원 간의 재능나눔, 돌봄나눔 활동을 넘어 지역사회와 타 공동체 돌봄 품앗이로 그 영역을 확대하고 있다. 가족봉사단과 모두가족품앗이는 돌봄에 대한 가족의 부담을 감소시키고, 지역사회 내에서 자녀와 가족이 건강하게 성장할 수 있도록 지원하는 지역사회의 돌봄나눔 네트워크 구축을 목적으로 한다. 마지막으로 아버지-자녀가 함께하는 돌봄 프로그램은 아버지의 양육 참여 확대를 지원하기 위해 아버지와 자녀가 함께 참여할 수 있는 다양한 프로그램을 제공한다. 그 외 공동육아나눔터, 자녀돌봄 사업 등이 진행되고 있다.

■ 아버지-자녀가 함께하는 돌봄 프로그램 예시

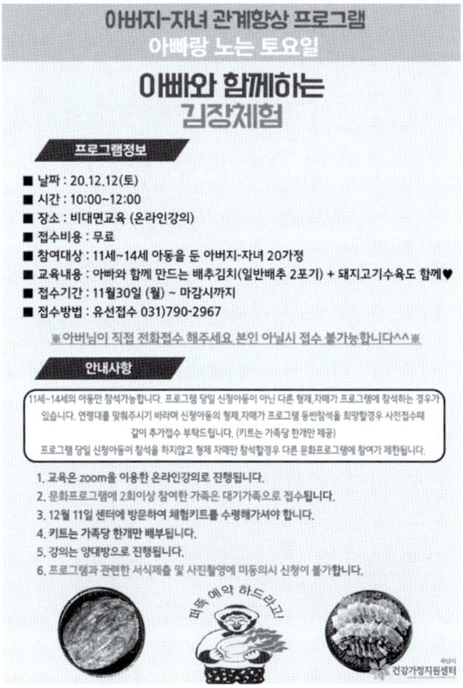

출처: 하남시 건강가정지원센터 홈페이지.

해운대구 건강가정지원센터 모두가족봉사단
좌1동 행정복지센터에 마스크 스트랩 100개 기부

해운대구 건강가정지원센터(센터장 최순이)에서 운영 중인 '모두가족봉사단' 구성원들은 지난 9일 직접 만든 마스크 스트랩 100개를 좌1동 행정복지센터(동장 강양원)에 기탁했다. 기탁된 마스크 스크랩은 관내 위기가구와 조손가정 등에 전달될 예정이다.

2007년에 발족한 모두가족봉사단은 학령기 자녀 가족 44명으로 구성되어 홀몸 어르신 돌봄, 가족사랑 캠페인 등의 다양한 지역사회 봉사활동을 이어오고 있다. 또한, 이번 기부는 해당 활동의 일환으로 몸과 마음이 지쳐 계실 관내 이웃들을 위해 진행했다고 밝혔다.

출처: 부산일보(2020. 12. 10.). http://www.busan.com/view/busan/view.php?code=2020121017582369654

(2) 가족교육

가족교육 영역에서는 가족 내에서 발생하는 문제를 예방하고 가족 구성원의 역량을 강화시키기 위해 생애주기별 부모교육과 남성대상 교육을 제공한다. 생애주기별 부모교육에서는 예비부부 및 신혼기부부 프로그램, 아동·청소년기 가족교육, 중년기 가족교육, 노년기 가족교육 등 가족생애주기에 따라 가족의 예측 가능한 문제에 대해 미리 예방하고 준비할 수 있는 가족생활교육 프로그램을 제공한다. 남성대상 교육에서는 남성의 가족생활 참여 활성화와 일과 가족생활 양립을 지원하기 위한 교육, 아버지 교육, 찾아가는 아버지 교육, 남성대상 자기돌봄 교육 등을 제공한다. 서울지역 25개 자치구 건강가정지원센터에서 공통적으로 운영되고 있는 가족교육 프로그램의 예는 다음과 같다.

서울가족학교 교실별 주제

■ 예비부부교실

– 대상: 결혼 예정 혹은 관심 있는 서울 생활 영역권 미혼 커플

– 내용: 예비부부교실 매뉴얼 중 자치구별 4회차 이상 선택 운영(회차별 2시간)

차시별 주제	
1차시	서로의 차이 이해하기
2차시	행복한 커플 대화법
3차시	결혼의 의미와 결혼 체크리스트
4차시	우리 결혼 설계하기와 재무관리
5차시	성 평등한 동행
6차시	너와 나의 인생곡선, 이제 하나로!
7차시	우리들의 아름답고 소중한 가족인권 이야기

■ 신혼부부교실

– 대상: 결혼 5년 이내 서울 생활 영역권 신혼부부

– 내용: 신혼부부교실 매뉴얼 중 자치구별 4회차 이상 선택 운영(회차별 2시간)

차시별 주제	
1차시	신혼부부에 대한 이해와 점검
2차시	재무교육: 애(愛)너지 통장
3차시	함께 만들어 가는 신혼의 성(性)
4차시	신혼부부 갈등과 대화법
5차시	너와 나의 인생곡선, 이제 하나로!
6차시	우리들의 아름답고 소중한 가족인권 이야기

■ 아동기 부모교실

– 대상: 아동기 자녀를 둔 서울 생활 영역권 부모

– 내용: 아동기 부모교실 매뉴얼 중 자치구별 3회차 이상 선택 운영(회차별 2시간)

차시별 주제	
1차시	좋은 부모 되기: 현명한 훈육법
2차시	자녀와 소통하는 대화 비법
3차시	자존감으로 성장하는 내 아이
4차시	맞춤형 학습
5차시	자녀 성교육 및 젠더교육
6차시	자녀 디지털 기기 사용 지도
7차시	우리 가족 이야기
8차시	우리들의 아름답고 소중한 가족인권 이야기

■ 청소년기 부모교실

– 대상: 청소년기 자녀를 둔 서울 생활 영역권 부모

– 내용: 청소년기 부모교실 매뉴얼 중 자치구별 3회차 이상 선택 운영(회차별 2시간)

차시별 주제	
1차시	청소년기 제대로 바라보기
2차시	바람직한 부모 역할: 함께 성장하는 부모 되기
3차시	사춘기 자녀와의 대화법
4차시	자녀 진로의 나침반 되기
5차시	자녀 성교육 및 젠더교육
6차시	자녀 디지털 기기 사용 지도
7차시	우리 가족 이야기
8차시	우리들의 아름답고 소중한 가족인권 이야기

■ 부모와 자녀가 함께 만드는 '패밀리셰프'

– 대상: 요리를 통해 소통하고자 하는 서울 생활 영역권 가족

– 내용: 패밀리셰프 매뉴얼 중 자치구별 2회차 이상 선택 운영(회차별 2시간)

차시별 주제	
1차시	마을 전통시장 장보기
2차시	집밥의 고수, 패밀리셰프 되기
3차시	함께하는 잔칫날, 아이 친구 초대하기

■ 찾아가는 아버지교실

– 대상: 기업 · 공공기관 · 어린이집 · 유치원 · 학교 · 공동육아 · 부모 커뮤니티 서울 생활 영역권 아버지

– 구성: 교실별 1회기(1시간 30분~2시간) + 자녀 동반 체험 프로그램(대상 기관에 따라 운영)

차시별 주제	
1차시	아빠의 자기돌봄과 스트레스 관리
2차시	부모의 네 가지 유형과 아이와의 갈등해소 방법
3차시	코칭형 아버지 되기
4차시	자녀와의 친밀감과 안정적 애착관계
5차시	효과적인 훈육: 부모의 도덕성은 자녀 마음의 거울
6차시	아이의 자존감을 높이는 양육
7차시	민주적인 가족관계
8차시	우리들의 아름답고 소중한 가족인권 이야기

출처: 패밀리서울(2020).

(3) 가족상담

가족상담 영역에서는 가족 내 다양한 갈등과 문제 해결을 위해 개인상담, 가족상담, 집단상담, 이혼 전 · 후 상담 등을 면접, 전화, 온라인을 통해 제공한다. 가족상담 사업의 예는 다음과 같다.

■ 가족상담 사업 예시

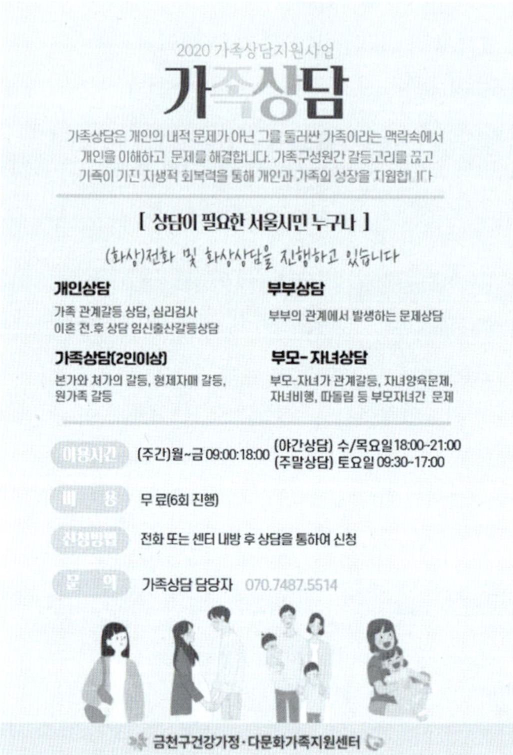

출처: 금천구 건강가정 · 다문화가족지원센터(2020년도 사업).

■ 부부 집단상담 예시

<table>
<tr><th colspan="3">이해해, 공감해, 그리고 사랑해</th></tr>
<tr><td colspan="2">대상</td><td>성격차이로 어려움을 겪고 있는 부부</td></tr>
<tr><td rowspan="2">구성</td><td>1차시
(2시간)</td><td>〈우리 결혼생활의 진단〉
너와 나, 왜 이렇게 다를까?
개별 기질 및 성격검사</td></tr>
<tr><td>2차시
(2시간)</td><td>〈부부관계 회복〉
개별 기질 및 성격 검사 결과지 분석
집단심리토크–당신을 이해해, 공감해</td></tr>
<tr><td colspan="2">특전</td><td>집단상담 후, 개별 부부상담 10회 무료진행</td></tr>
</table>

출처: 서울시 중구건강가정 · 다문화가족지원센터(2019년도 사업).

(4) 가족문화

가족문화 영역에서는 가족단위의 문화서비스를 제공하고, 다양한 연령층과 가족을 고려한 가족문화 프로그램을 통해 성평등하고 가족친화적인 문화 확산을 도모한다. 가족친화적 사회환경 조성을 위해 매주 수요일을 '가족사랑의 날'로 정하고 평소 함께하는 시간을 갖기 어려웠던 가족이 한자리에 모일 수 있는 기회를 마련한다. 그밖에 가족캠프, 공연, 문화체험활동, 전시 등의 문화프로그램과 체험활동 등을 통해 건전한 가족여가문화 기회를 제공하고, 축제 및 행사 등을 통해 가족과 이웃이 어울리는 지역문화 장을 마련한다.

건강가정지원센터, 가족 문화프로그램 무료 운영

도자기 빚기, 비누 만들기, 요리 등 프로그램 다양

서울시는 매주 수요일을 '가족사랑의 날'로 정하고 25개 자치구 건강가정지원센터를 통해 온가족이 함께 참여할 수 있는 다양한 문화프로그램을 무료로 제공한다고 23일 밝혔다.

서울 지역 25개 자치구 건강가정지원센터는 다음달 '가족사랑의 날' 프로그램을 통해 만들기, 요리활동, 스포츠 · 영화관람 등 다양한 문화체험을 무료로 제공해 가족 간의 화목을 도모하고 가족사랑의 실천기회를 제공할 예정이다.

먼저, 강남구센터는 저소득가정을 대상으로 '케이크 만들기' 프로그램을, 관악구센터는 가족친화문화조성을 위한 월별가족 문화체험 프로그램을 진행한다. 구로구센터는 유아기 · 아동기 자녀와 부모를 대상으로 '흙으로 빚는 우리 가족 이야기' 프로그램을 진행해 가족이 함께 도자기를 만드는 시간을 갖는다.

금천구센터는 '우리 가족을 위한 자연 비누 만들기' 프로그램을, 노원구센터는 아동기자녀가족을 대상으로 '가족명패 만들기' 프로그램을 진행한다. 또 도봉구센터는 가족이 함께 농구경기를 관람하는 프로그램을, 동대문구센터는 '흙으로 빚는 도자기 만들기' 프로그램을, 마포구센터는 '가족 간식 만들기' 프로그램을, 성동구센터는 '가족 영화제' 프로그램을 실시한다. 양천구센터는 '가족문패 만들기', 용산구센터는 '가족역사책 만들기', 중구센터는 '가족 간 문화체험 및 가족 열쇠고리 만들기' 프로그램을 진행한다.

가족지원 프로그램들은 서울시 25개 자치구 건강가정지원센터를 중심으로 이루어지며, 건강가정지원센터는 가정의 문제를 해소하고 건강한 가정을 이루기 위한 가족지원 서비스 제공을 목적으로 설립되어 운영되고 있다.

보다 자세한 프로그램 정보는 거주하고 있는 가까운 자치구 건강가정지원센터 전화(1577-9337)로 문의하거나 홈페이지(www.familynet.or.kr)로 확인할 수 있다.

출처: 베이비 뉴스(2015. 1. 23.).

■ 가족사랑의 날 예시

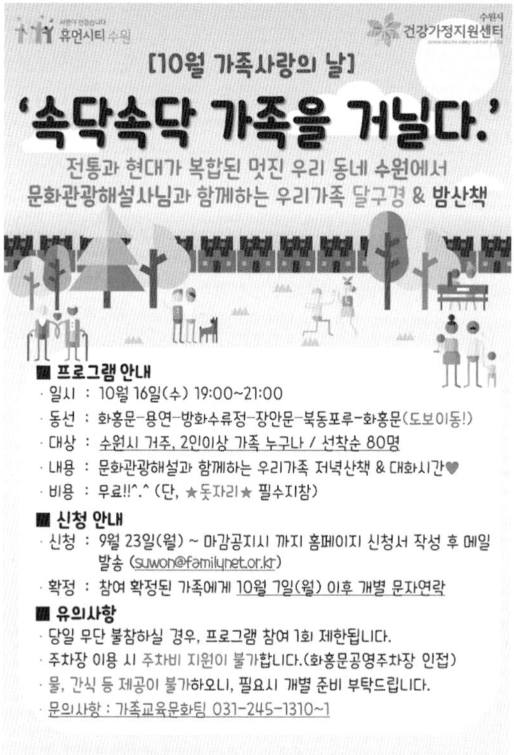

출처: 수원시건강가정지원센터 홈페이지(2019년도 사업).

2) 시 · 군 · 구 건강가정 · 다문화가족지원센터 사업

현재 상당수의 건강가정지원센터가 건강가정 · 다문화가족지원센터로 전환하여 통합서비스를 제공하고 있다. 통합서비스 운영기관인 건강가정 · 다문화가족지원센터의 사업 방향은 다음과 같다(여성가족부, 2020b).

- 가족의 유형별로 이원화되어 있는 가족지원서비스를 가족의 유형에 상관없이 한 곳에서 다양한 가족에 대한 보편적이고 포괄적 서비스 제공
  - 수혜자 중심의 서비스 확대 및 접근성 제고
  - 지역여건 및 정책 수요자 특성에 맞는 맞춤형 서비스 강화
  - 모든 가족에 대한 가족의 안정성 강화 및 가족관계 증진에 기여

- 다문화가족의 안정적인 정착과 가족생활을 지원하기 위해 가족 및 자녀 교육 · 상담, 통 · 번역 및 정보제공, 역량강화지원 등 종합적인 서비스를 제공하여 다문화가족의 한국사회 조기적응 및 사회 · 경제적 자립지원 도모
  - 다문화가족의 정착단계 및 생애주기에 따른 맞춤형 서비스 제공
  - 다문화가족 대상 통합교육 및 부모교육, 사회참여 지원 확대
  - 다문화가족 자녀의 건강한 성장지원 및 글로벌 인재 육성
  - 결혼이민자 맞춤형 일자리 참여 확대 등 사회경제적 자립 지원

현재 건강가정 · 다문화가족지원센터의 영역별 사업개요를 살펴보면 다음의 〈표 7-3〉과 같다. 사업영역은 가족관계, 가족돌봄, 가족생활, 가족과 함께하는 지역공동체로 나눠진다.

〈표 7-3〉 2020년 통합서비스 영역별 사업 내용

사업영역	기본사업	비고
가족관계	부모역할 지원(임신출산(부모)지원, 영유아기 부모지원, 학부모지원, 혼례가치교육, 아버지 역할 지원), 부부역할 지원(부부갈등예방 · 해결지원, 노년기 부부지원), 이혼 전 · 후가족지원, 다문화가족관계향상지원, 다문화가족 이중언어환경 조성, 다문화가족자녀성장지원, 가족상담	교육, 상담(정보제공 및 초기 상담), 문화프로그램 등
가족돌봄	가족역량강화지원, 다문화가족 방문서비스	교육, 상담(정보제공+초기상담→전문상담) 돌보미 파견, 사례관리 등
가족생활	맞벌이가정 일가정양립지원, 다문화가족 초기정착지원, 결혼이민자 통번역 지원, 결혼이민자 취업지원	교육, 상담, 정보제공, 문화프로그램 등
가족과 함께하는 지역공동체	가족봉사단(다문화가족나눔봉사단), 공동육아나눔터(가족품앗이), 다문화가족 교류 · 소통공간 운영, 가족사랑의 날, 결혼이민자 정착단계별 지원 패키지, 인식개선 및 공동체의식, 가족친화문화프로그램, 찾아가는 결혼이주여성 다이음사업	모임, 활동, 문화프로그램 등

※ ____: 밑줄의 3개 사업은 다문화가족지원 프로그램 중 우선적으로 시행

※ 사업영역별 기본사업 외의 건가 또는 다가사업, 지역특성화 사업 등 운영 가능

☞ (서비스방법) 영역에 맞는 기본사업은 지역적 여건, 특성, 수요에 따라 운영

- 교육 · 상담 · 정보제공 · 사례관리 · 문화프로그램 등을 연계하여 센터에서 자율적으로 선택 가능 (단, 단기성 또는 행사성 사업, 직접적인 현금 · 현물지원 사업 지양)
- 가족의 유형에 상관없이 모든 가족에게 수요에 맞는 서비스 지원하되, 가족의 특성별로 특화된 별도 프로그램 운영 가능
- 지역 내 유관기관(어린이집, 학교, 기업, 청소년상담센터, 가정폭력상담소 등)과 네트워크 구축 · 연계 운영 강화

☞ (서비스시간) 서비스 이용 제고를 위해 서비스제공시간을 주중, 야간, 주말 등 다양화하여 운영

출처: 여성가족부(2020b). p. 183.

(1) 가족관계

가족관계 영역에서는 부모역할 및 가족관계 개선, 가족의사소통, 가족 구성원의 역량강화를 위한 맞춤형 가족지원서비스 제공, 가족형태 · 생애주기 · 문제유형별 가족 갈등과 문제해결, 성평등 · 인권의식 고취를 위한 교육 · 상담 · 문화프로그램 등의 다양한 가족지원서비스를 운영한다.

■ 부부역할 지원 예시

<table>
<tr><th colspan="3">노년기 부부교실 “우리 부부 꽃피다”</th></tr>
<tr><td colspan="2">대상</td><td>의정부시에 거주하는 노년기 부부 13쌍</td></tr>
<tr><td rowspan="4">구성</td><td>1차시</td><td>1차시 우리 부부 발자취</td></tr>
<tr><td>2차시</td><td>2차시 (체험활동) 우리 부부 추억 만들기</td></tr>
<tr><td>3차시</td><td>3차시 부부 얼굴 그리기, 대나무 캔들 만들기</td></tr>
<tr><td>4차시</td><td>4차시 부부 웰다잉</td></tr>
</table>

출처: 의정부시 건강가정 · 다문화가족지원센터(2019년도 사업).

■ 이혼전 · 후가족지원 예시

<table>
<tr><th colspan="3">서울사이버이혼준비학교</th></tr>
<tr><td>대상</td><td colspan="2">이혼에 대해 생각하는 성인, 이혼갈등 부부의 자녀</td></tr>
<tr><td rowspan="5">방법 및 대상</td><td rowspan="2">교육/
이혼이 궁금한 누구나</td><td>1차시 이혼과 법률</td></tr>
<tr><td>2차시 이혼과 부부, 자녀</td></tr>
<tr><td rowspan="3">집단상담/
부모와 유아기 자녀 5쌍</td><td>1차시 따로 또 같이</td></tr>
<tr><td>2차시 자녀의 세계에 부모가 들어가기</td></tr>
<tr><td>3차시 개별슈퍼비전(특별놀이시간의 기적)</td></tr>
</table>

출처: 도봉구 건강가정 · 다문화가족지원센터(2020년도 사업).

■ 다문화가족 자녀성장지원 예시

<table>
<tr><th colspan="2">다문화가족자녀성장지원 다(多)재다능</th></tr>
<tr><td>대상</td><td>다문화가족자녀(초2~초6) 10명</td></tr>
<tr><td>구성</td><td>• 또래관계 증진 및 학습 능력 향상을 위한 다양한 체험 활동
• 미래설계를 위한 직업체험 프로그램
• 부모자녀 관계증진을 위한 가족문화 프로그램</td></tr>
</table>

출처: 금천구 건강가정 · 다문화가족지원센터(2020년도 사업).

(2) 가족돌봄

가족돌봄 영역에서는 가족 구성원의 일시적 · 장기적 부재나 상황적 위기 등으로 가족기능이 약화된 가족에게 돌봄서비스를 제공하고 가족의 특성에 따른 맞춤형 가족기능 강화 서비스를 제공한다.

■ 가족역량강화지원사업 예시

취약·위기가족이 가진 복합적인 문제의 해결 및 욕구해소를 위해 지속적인 사례관리를 통해
가족기능 회복과 정서·경제적 자립역량 강화 도모

❶ 신청절차 및 이용방법

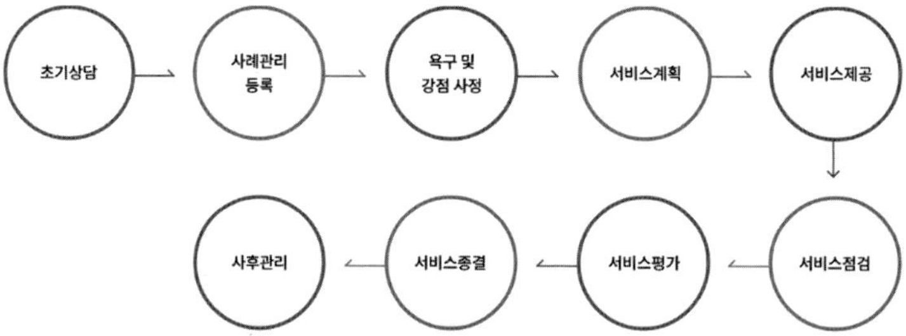

❷ 지원대상

- 기준 중위소득 72% 이하 (손)자녀를 둔 취약 가족 : 한부모가족, 조손가족, 미혼부자가족, 다문화가족, 북한이탈가족
- 긴급위기가족 : 가정폭력, 이혼, 자살, 사망, 사고, 경제·사회적 위기에 직면한 위기가족

❸ 지원시기 (1월~12월 초)

- 이용시간 : 월-금 9:00~18:00

❹ 제공 서비스 내용

교육·문화프로그램 및 자조모임
- 비슷한 경험을 한 가족들 간의 모임을 통해 정보 공유 및 극복을 위한 발전적 논의
- 부부 및 부모자녀 관계 개선(교육 및 체험)
- 부모교육, 가족관계, 자녀양육

자녀학습·정서지원 (배움지도사 파견)
- 지원연령 : 초등학교, 중학교 재학 중의 (손)자녀(만 15세 이하)
- 과목별 학습지도, 부진 교과목과 일상생활 관리 지도, 멘토·멘티 서비스

생활 도움 서비스 (키움보듬이 파견)
- 가정방문을 통한 긴급 일시돌봄, 개인활동, 정서지원
- 가구당 연 90시간 이내(방문 시 2시간 기본)

전문상담 및 심리치료
- 취약·위기가정의 부모·자녀 및 부부 대상의 정서적 안정과 정신적 외상 피해 최소화를 위한 전문상담 제공

출처: 여주시 건강가정 · 다문화가족지원센터.

■ 한부모역량강화 프로그램 예시

더불어 성장하는 우리		
대상		초등학교 저학년 자녀를 양육하는 한부모여성가족
구성	1~4회기	– 모 프로그램: 감정코칭 – 자녀 프로그램: 종이접기
	5회기	모–자녀프로그램: 캐릭터 도시락 만들기

출처: 노원구 건강가정 · 다문화가족지원센터(2020년도 사업).

■ 다문화가족 방문서비스 예시

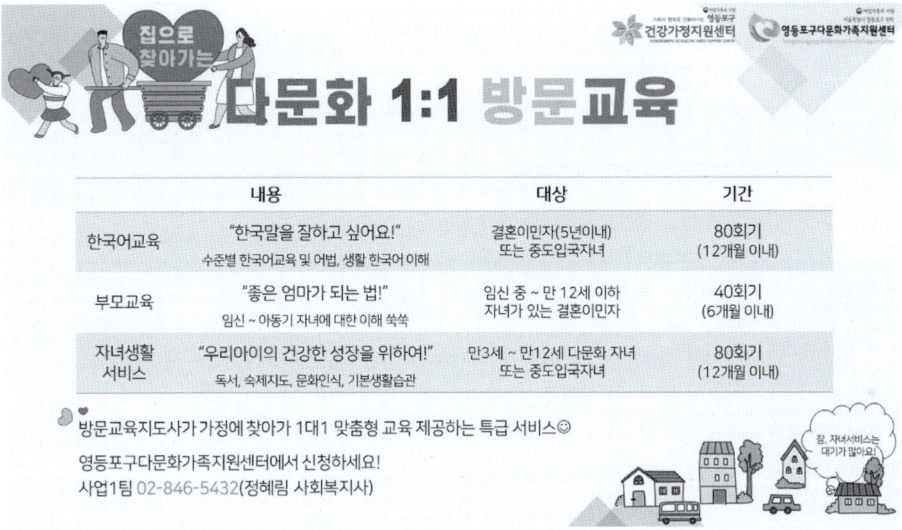

출처: 영등포구 건강가정 · 다문화가족지원사업(2020년도 사업).

(3) 가족생활

가족생활 영역에서는 가족특성에 따른 고충상담, 생활정보제공, 초기정착지원 등 맞춤형 가족생활 프로그램을 제공한다.

■ 맞벌이가정 일 · 가정양립지원 예시

사업설명	맞벌이 가정에서 느끼는 직장과 가정의 어려움 해소를 위한 맞춤형 상담 · 교육 · 문화 프로그램 제공
대상	서초구 생활영역권(거주 또는 재직) 내 일하는 엄마, 아빠 및 그 가족
일시	연중 상시
내용	– 자녀양육 및 가족문제 상담: 임신 · 출산, 자녀 양육 및 가족문제 관련 상담 제공(기본 6회기 제공) – 교육 및 문화프로그램: 가족 간 소통교육 및 맞벌이 가구 자녀가 참여할 수 있는 프로그램 지원

출처: 서초구 건강가정 · 다문화가족지원센터 홈페이지.

사업설명	일도 잘하고 싶고 우리 아이도 잘 키우고 싶은 만능 워킹맘, 워킹대디를 위한 필수 프로그램!!
대상	초등학생 자녀를 둔 맞벌이가족 8가정(다문화, 비다문화 가족 모두 참여 가능) 1가정 1자녀, 부부 참석 시 자녀 2명 가능(자녀 최대 2명)
일시	연중 상시
내용	– 1회기: 해피 패밀리 메이커(맞벌이가정 부모교육)/참여하시는 동안 자녀는 영화 관람 – 2회기: 꿈을 켜는 나무(가족이 함께하는 목공교실)

출처: 마포구 건강가정 · 다문화가족지원센터 홈페이지(2019년 사업).

■ 다문화가족 초기정착지원 예시

다문화가족 초기정착지워 프로그램 "베트남어 통번역사와 함께– ㅁㅁ편"		
대상	입국 3년 이내 결혼이민자 10명	
일시	연중 상시	
내용	– 병원편 – 은행편	– 공공기관편 – 한식편

출처: 강북구 건강가정 · 다문화가족지원센터 홈페이지(2020년 사업).

(4) 가족과 함께하는 지역공동체

가족과 함께하는 지역공동체 영역에서는 양성평등한 가족문화, 지역사회 공동체 문화, 가족친화 사회환경 조성, 다문화 인식 개선 등 가족과 지역사회연계 프로그램을 운영한다.

■ 찾아가는 결혼이주여성 다이음사업 예시

다 같이 이음: 다문화에 대한 교육 및 체험활동	
대상	강북구 내 돌봄기관, 공공기관 등 지역공동체
구성	1회기 결혼이민자들이 직잘 말해 주는 그 나라 이야기 * 국가: 중국, 키르기스스탄(의상, 명절, 전통놀이 등)
	2회기 문화체험활동(만들기 체험)

■ 결혼이민자 정착단계별 지원 패키지 예시

내일을 잡(JOB)아라		
대상		취업을 희망하는 결혼이민자 10명
구성	새로운만남	– 자기소개 및 함께 알아가기 – 취업 이유와 나의 미래 상상하기(취업 후 나의 모습)
	나와의 만남	– 나의 흥미와 강점 발견 – 나의 성공경험 탐색
	직업과의 만남	– 직업세계 이해하기 – 한국의 직장문화 이해하기
	취업과의 만남	– 구인정보 탐색하기 – 구직표 작성하기

출처: 창원시 마산 건강가정지원센터(2020년 사업).

■ 공동육아나눔터 관련 기사

코로나19 · 가족변화에 '지역사회 돌봄' 강화…공동육아나눔터 64곳 확대

내년까지 가족센터 · 통합사례관리 지원기관 88개로 확대

(News1, 2020-09-15)

육아 공간과 프로그램을 제공하는 '공동육아나눔터'가 내년에 64곳 늘어나고 아이돌봄 광역 지원 센터 2개소가 열린다.

여성가족부는 15일 "신종 코로나바이러스 감염증(코로나19) 위기와 가족 환경 변화에 대응하기 위해 지역사회 중심이 돌봄과 가족지원 서비스를 강화한다."라며 이같은 계획을 알렸다.

여가부는 먼저 기존의 시설 위주 돌봄 한계를 보완하고 주민이 주도하는 돌봄공동체를 만들 수 있도록 '공동체 돌봄 모델' 개발 · 확산에 주력할 방침이다. 여가부는 올해 시범사업으로 10개 지역에 33개 돌봄공동체 활동을 진행해 1만 5000여명의 아동 돌봄을 지원했다.

여가부는 또 이웃 간 돌봄 품앗이 활동을 지원하는 공동육아나눔터를 올해 268개소에서 내년 332개소로 확대할 계획이다. 내년에는 돌봄 서비스의 원활한 제공을 위해 아이돌봄 광역지원센터 2개소도 시범 운영된다.

코로나19로 인한 휴원 · 휴교, 원격수업 등으로 돌봄 공백이 발생한 가정을 돕는 아이돌봄 서비스의 정부지원 이용시간은 720시간에서 840시간으로 늘린다. 지원 비율도 종일제 가형은 80%에서 85%로, 시간제 나형은 55%에서 60%로 확대한다.

여가부는 감염병 확산 등 위기에 보다 신속하고 탄력적으로 대응하기 위해 지역 중심의 가족서비스 통합 지원 체계를 구축하고, 취약 가족을 위한 상담과 사례관리 등의 지원도 강화하기로 했다.

지역 단위에서 돌봄과 교육 · 상담 서비스를 제공하고 지역 공동체 교류 공간으로 활용되는 가족센터를 올해 62개소 신규 건립 중이며, 내년에는 26개소를 추가로 만들 계획이다.

여가부는 코로나19 장기화에 따른 가족 갈등과 우울감 · 스트레스 지원하기 위해 지난 5월부터 가족상담전화(1644-6621)를 통한 상담 서비스를 운영 중이다. 내년에는 상담인력을 기존 254명에서 306명으로 확충할 예정이다.

이외에도 위기 상황에 처한 취약 가족에게 상담과 교육을 지원하는 통합사례관리 지원기관을 올해 79개소에서 내년 88개소로 확대한다. 원격학습 도움이 필요한 자녀가 있는 한부모가족, 다문화가족 등을 대상으로 하는 배움지도사, 방문교육지도사 지원도 강화한다.

이정옥 여가부 장관은 "지역과 이웃이 함께하는 상호 돌봄 체계를 구축하고 코로나19로 많은 어려움을 겪고 있는 취약가족을 위한 지원과 비대면 가족 서비스도 확대하겠다."라고 말했다.

3) 시 · 도 건강가정지원센터 사업

시 · 도(광역) 건강가정지원센터는 시 · 군 · 구 센터의 사업을 지원하고, 센터 직원 및 활동가의 역량을 강화하고 유관기관과의 연계 사업에 중점을 둔다. 2020년 기준으로 시 · 도센터는 서울시, 부산시, 대전시, 경기도, 경상남도센터로 총 5개소가 운영되고 있으며, 시 · 도(광역) 센터의 공통사업은 다음과 같다(여성가족부, 2020b).

(1) 인적자원 역량강화 영역

① 시 · 군 · 구 건강가정지원센터의 직원 보수교육
- 직원의 전문성 강화를 위한 사업 관련 교육 실시

② 시 · 군 · 구 건강가정지원센터의 활동가 보수교육
- 강사, 상담자원활동가, 가족봉사단 및 품앗이 리더, 기타 자원활동가 등 센터의 인적자원의 역량강화 보수교육

2020 서울가족학교 역량강화교육 "뉴노멀시대, 가족"

예상치 못한 팬데믹 현상으로 가족의 일상, 관계, 교육, 건강 등 전 영역이 영향을 받으며, 가족서비스 방향이 혼란스러운 요즘입니다. 지금의 위기를 잘 이겨내려면 상황을 제대로 바라보고, 어려움에서 새로운 통찰을 발견해 보는 정공법을 사용하는 것은 어떨까요? 뉴노멀시대 가족을 통찰하고 새로운 가족서비스의 방향을 조망해 보는 기회를 마련합니다.

- 대상: 서울가족학교 실무자 및 강사 외 건강가정/다문화가족지원센터 업무 관련자
- 내용

구분	내용
〈1강〉 뉴노멀시대로의 인사이트: 사회변화가 개인의 삶으로	코로나19로 인한 전 세계 및 사회의 변화를 고찰해 보고, 팬데믹 이후의 뉴노멀이 개인의 삶에 미치는 영향을 살펴봅니다. 이를 통해 뉴노멀시대를 준비하는 통찰과 장면전환의 기회를 마련합니다.
〈2강〉 뉴노멀시대의 가족: 포스트코로나 시대의 가족정책	코로나19로 인한 가족, 일상생활의 변화를 탐색해 보며, 이로 인한 가족관계의 변화를 조망합니다. 이를 통해 뉴노멀시대 현 가족정책의 한계와 새로운 가족정책과 가족서비스의 방향을 함께 고민하는 계기를 마련합니다.
〈3강〉 뉴노멀시대의 교육: 포스트코로나 시대의 교육 협력	코로나19로 인한 학교와 수업의 변화 및 대응 현황을 살펴보고, 언택트교육을 지원하는 부모를 돕는 방법을 함께 강구해 봅니다. 코로나19 이후 미래교육과 건강가정/다문화가족지원센터 내 서비스가 교육복지 생태계의 변화에 어떻게 협력할 수 있을지 고찰하는 기회를 마련합니다.

출처: 패밀리서울(2020). https://familyseoul.or.kr/node/9714.

부산시 건강가정지원센터 실무강화 교육

대상: 건강가정지원센터 및 건강가정 · 다문화가족지원센터 실무자

내용: 성과를 높이는 업무관리 및 자기관리

- 성과관리의 중요성 인식 실습
- 성과관리 프로세스
  - 목표설정
  - 실행 및 관찰
  - 유지 및 개선

출처: 부산시 건강가정지원센터(https://bsfc.familynet.or.kr/center/lay1/program/S295T322C324/receipt/view.do?seq=109986).

(2) 특성화사업 및 정책지원 영역

① 시 · 도별 특성에 맞는 프로그램 개발 및 보급
- 광역 단위 특성에 맞는 시범사업 운영 및 매뉴얼 개발
- 모니터링이나 컨설팅 등의 지원 활동
- 시 · 군 · 구 건강가정지원센터가 실시하는 특성화 사업의 지원 활동
- 사업운영 환경 개선을 위한 제안 등

서울시 건강가정지원센터 사업 내용

■ **건강가정상담지원**

가족의 관계 회복, 갈등 해결을 위하여 서울시 25개 자치구에서 부부상담, 부모자녀상담 등 가족상담 운영. 건강가정상담지원은 2인 이상의 가족 구성원이 3회기 이상 참여하는 것을 원칙으로 함

■ **서울가족학교**

변화하는 서울의 가족모습을 반영하여 생애주기별 · 가족형태별 · 주제별 맞춤형 교육프로그램을 운영함으로써 가족 내 소통 · 공감 증진 및 가족친화문화를 조성함
- 예비부부교실
- 신혼부부교실
- 아동기 부모교실
- 청소년기 부모교실
- 부모-자녀가 함께하는 패밀리셰프
- 찾아가는 아버지교실

■ **1인가구지원사업**

다양한 가족의 형태인 1인가구의 삶의 질 향상을 위하여 1인가구지원 인프라 구축 및 문화 콘텐츠 개발 및 보급함

출처: 서울시 건강가정지원센터(2019).

(3) 네트워크 활성화 영역

① 광역단위 업무협의회

- 해당 시 · 군 · 구 센터의 현황공유 및 의견수렴을 위한 회의 운영
- 중앙과 시 · 군 · 구 센터를 연계하는 다양한 지원 활동
- 광역 단위 사업수행을 위한 담당자 업무 협의 등

② 광역단위 유관기관 연대 사업

- 사업관련 다양한 유관기관의 발굴과 사업 연계, 지원체계 개발
- 사후관리 활동 등을 통한 네트워크 활성화

(4) 홍보지원 영역

① 광역단위 홍보

- 건강가정사업, 시 · 군 · 구 센터 및 광역센터를 알릴 수 있는 캠페인
- 홍보물 제작 및 보급을 통한 광역단위 대국민 홍보 수행

② 시 · 군 · 구 센터 홍보 지원

- 시 · 군 · 구 센터에서 요청하는 홍보 지원
- 홍보매체 개발 및 보급
- 시 · 군 · 구 센터 연계 캠페인 등

4) 별도예산에 의한 여성가족부 추진사업

그 밖에 별도예산으로 진행하는 여성가족부 추진사업은 다음과 같다(여성가족부, 2020b).

사업명	내용
아이돌봄 지원사업	• 취업 부모들의 양육부담을 경험하고 가정에서의 개별 양육을 희망하는 수요에 탄력적으로 부응하기 위해 가정으로 아이돌보미를 파견하여 가정 내 개별 돌봄 서비스를 제공하는 사업
가족역량강화 지원사업	• 지원 대상 – 기준중위소득 72% 이하 자녀를 양육하는 한부모 · 조손가족 등 가족 기능 및 역량강화를 위해 지원이 필요한 취약 · 위기가족 – 긴급위기가족(가정폭력, 이혼, 자살, 사망, 사고, 경제적 및 사회적 위기 사건을 직면한 위기가족) • 지원내용 – 심리 · 경제적 자립, 역량강화를 위한 지속적인 사례관리 – 부모교육, 가족관계, 자녀양육교육 등 프로그램 및 자조모임 – 정보제공 및 지역사회 자원 활용 · 연계 – 자녀 학습 · 정서지원(배움지도사 파견 지원) – 생활도움지원(키움보듬이 파견 지원) – 법원연계 이혼전 · 후가족 회복지원 – 긴급위기지원 * 긴급 심리 · 정서지원(지지리더 파견지원) * 긴급가족돌봄 지원 * 가족역량증진 지원
권역별 미혼모 · 부자 지원기관 운영지원사업	• 미혼모 · 부가 자녀를 스스로 양육하고자 할 경우 초기 위기에 대처할 수 있도록 상담, 출산비 등 병원비, 교육문화프로그램 및 자조모임 등 서비스를 제공함으로써 양육 및 자립 지원
공동육아나눔터	• 지역의 육아를 담당하는 부모들이 함께 자녀를 양육할 수 있는 공동육아 나눔터 지원 • 가족이 가진 여러 가지 자원을 나누는 가족품앗이 활동 지원

* 통합서비스 기관은 다문화가족 자녀언어발달 지원 사업, 다문화가족 사례관리 사업, 한국어교육 사업을 추가로 운영하고 있음

Introduction to Healthy Families

CHAPTER 8

건강가정사의 역할과 자격

건강가정 이념의 실천 및 건강가정사업의 원활한 수행을 위해서는 역량을 갖춘 건강가정사가 필수적이다. 본 장에서는 건강가정지원센터의 운영 주체인 건강가정사의 역할 및 직무, 그리고 건강가정사가 되기 위한 자격 요건을 소개하도록 하겠다.

1. 건강가정사의 역할

건강가정사는 건강가정지원센터에서 건강가정사업을 기획하고 수행, 평가하는 학식과 경험을 가진 전문가이다(건강가정기본법 제35조). 건강가정사의 역할은 다음 [그림 8-1]과 같이 세 가지 역할로 생각할 수 있다(성미애 · 이현아, 2004).

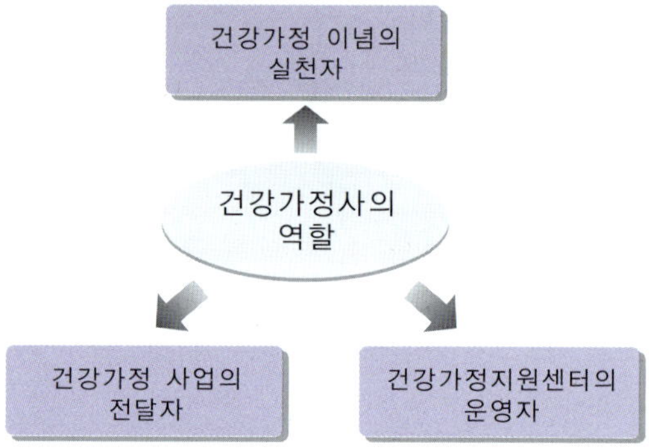

[그림 8-1] 건강가정사의 역할도

출처 : 성미애 · 이현아(2004).

첫째, 건강가정사는 건강가정 이념의 실천자로서 건강가정기본법의 기본이념과 철학에 대한 이해를 바탕으로 건강가정사업을 수행할 수 있어야 한다. 건강가정기본법은 건강한 가정생활을 영위하고 가족의 유지 및 발전을 국민의 권리이자 의무로 규정하고 있으며, 국가 및 지방자치단체 또한 그 책임을 함께 갖는다고 명시하고 있다. 또한, 가정문제의 해결 및 가족 구성원의 복지증진을 위한 지원정책의 강화를 명시하였다. 따라서 건강가정사는 이러한 건강가정의 기본 이념을 실천하는 데 있어 전문가적 자질을 발휘해야 한다.

둘째, 건강가정사는 건강가정사업의 전달자로서 필요한 역량을 갖추어야 한다. 건강가정사업의 효과적 전달을 위해서는 가족 개별 구성원 및 가족의 발달, 사회환경, 가족과 사회 간의 상호작용, 가족정책 전달체계 및 행정체계 등에 대한 이해와 건강가정사업 요구도 조사에서부터 프로그램의 개발 · 수행 · 평가 등 프로그램 개발과 실시 및 평가 전 과정에 대한 지식이 필요하다. 또한, 서류작성, 대인관계,

의사소통, 의사결정 등 사업수행을 위한 기술과 인간에 대한 존엄성, 건강가정사업에 대한 열정, 협동심 등의 태도를 갖추어야 한다(이윤정, 2009).

마지막으로 건강가정사는 건강가정지원센터를 조직적이고 체계적으로 운영하는 조직 운영자로서의 역할을 수행해야 한다. 건강가정지원센터를 효과적으로 운영하기 위해서는 건강가정지원센터의 단계별 역할 및 사업을 이해하고, 기획관리, 인사관리, 재정관리, 시설관리, 마케팅 등 조직 운영에 필요한 경영 지식과 경험이 필수적으로 요구된다. 비영리단체 운영에 있어 마케팅이나 경영전략에 대한 관심이 높아지고 있는 상황을 고려할 때, 건강가정지원센터를 운영할 건강가정사의 전문성 강화 및 실천전략이 필요하다.

2. 건강가정사의 직무

건강가정사는 전국 시 · 도 및 시 · 군 · 구 건강가정지원센터에서 다음과 같은 업무를 담당한다(건강가정기본법 시행령 제4조).

① 가정문제의 예방 · 상담 및 개선
② 건강가정의 유지를 위한 프로그램의 개발
③ 건강가정 교육[민주적이고 양성(兩性) 평등적인 가족관계 교육을 포함한다]
④ 가정생활문화운동의 전개
⑤ 가정 관련 정보 및 자료 제공
⑥ 가정에 대한 방문 및 실태 파악
⑦ 아동보호전문기관 등 지역사회자원과의 연계
⑧ 그 밖에 건강가정사업과 관련하여 여성가족부장관이 정하는 활동

건강가정사의 직무는 크게 총괄책임, 상담사업, 교육사업, 문화사업, 행정지원, 아이돌보미사업 등의 영역으로 구분될 수 있는데, 각 영역의 책무 및 세부과업은 다음 〈표 8-1〉과 같이 구분할 수 있다(이윤정 · 정은희, 2008).

〈표 8-1〉 건강가정사 직무 영역별 책무 및 세부 과업

구분			세부 과업(Task)
직무 (Job)	해당 종사자	책무 (Duty)	
총괄 책임	센터장, 사무국장 등 중간관리자 이상 종사자	센터 사업 총괄	① 중장기 사업목표 및 방향설정/조정 ② 센터 연간 및 월간 계획 수립/조정 ③ 팀별 사업기획 총괄/조정 및 업무총괄 ④ 팀간 연계사업 조정 등 업무조정 ⑤ 팀별 업무관련 서류결재 및 일일업무일지 점검 ⑥ 업무 평가체계 구축 및 평가회의 운영 ⑦ 프로젝트사업(외부지원사업) 및 협력사업 기획총괄/조정
총괄 책임	센터장, 사무국장 등 중간관리자 이상 종사자	센터 운영 총괄	① 예산계획수립/편성/조정 ② 센터 제반규정(운영내규, 인사복무규정 등) 제정/관리총괄 ③ 인사위원회, 자문위원회 등 운영 ④ 센터 내부회의 주관(센터직원회의 등)
총괄 책임	센터장, 사무국장 등 중간관리자 이상 종사자	인사 관리 및 인력 개발	① 직원 인사관리(공개채용 공고, 면접 등) ② 직원 복지후생에 대한 총괄 ③ 직원 인력개발 및 보상관련 업무총괄 ④ 직원 슈퍼비전(정기) 및 직원 업무지도(수시) ⑤ 건강가정 현장실습/슈퍼바이저 활동/실습생 평가
총괄 책임	센터장, 사무국장 등 중간관리자 이상 종사자	대외 협력 활동	① 센터협력기관 업무총괄(한국건강가정진흥원, 여성가족부, 지자체, 위탁법인 등과의 협력 업무) ② 지역사회 네트워크 구축(유관기관 네트워킹, 협업체계 구축 등) ③ 각종 외부회의 참석 등 대외적 활동 ④ 센터 및 사업홍보(매체응대 등—일반홍보 제외)
상담 사업	상근 또는 비상근 팀장 및 팀원	기획	① 상담접수 및 초기사정 ② 집단상담 프로그램 기획, 강사섭외, 참여자 모집 ③ 상담자원봉사자 모집 ④ 사업비 지출계획 수립 ⑤ 프로그램계획서 등 기안문 작성 ⑥ 사업 홍보
상담 사업	상근 또는 비상근 팀장 및 팀원	수행	① 개별 및 가족상담 ② 심리검사 및 내담자 의뢰 ③ 상담일지, 프로그램 과정일지 등 수행에 따른 문서작성 ④ 집단상담 프로그램 운영 ⑤ 상담자원봉사자 교육 및 활용 ⑥ 사업비 지출(지출결의서 작성 등)

<table>
<tr><th colspan="3">구분</th><th rowspan="2">세부 과업(Task)</th></tr>
<tr><th>직무
(Job)</th><th>해당 종사자</th><th>책무
(Duty)</th></tr>
<tr><td>상담
사업</td><td>상근 또는
비상근 팀장
및 팀원</td><td>평가</td><td>① 사례회의 및 슈퍼비전
② 기관연계 및 사후관리
③ 집단상담 프로그램 평가
④ 상담자원봉사자 관리
⑤ 사업결과 홈페이지 게시
⑥ 프로그램(사업) 실적보고서 등 서류 작성</td></tr>
<tr><td rowspan="3">교육
사업</td><td rowspan="3">상근 또는
비상근 팀장
및 팀원</td><td>기획</td><td>① 교육프로그램 기획(참여자 모집, 강사섭외, 교육자료 제작, 프로그램 제반사항 준비 등)
② 사업비 지출계획 수립
③ 프로그램계획서 등 기안문 작성
④ 사업홍보</td></tr>
<tr><td>수행</td><td>① 강사활동(센터프로그램 직접 강의)
② 프로그램 진행 및 참여자 관리
③ 프로그램 일지 등 수행에 따른 문서작성
④ 사업비 지출(지출결의서)</td></tr>
<tr><td>평가</td><td>① 프로그램 평가
② 참여자 관리
③ 사업결과 홈페이지 게시
④ 프로그램(사업) 실적보고서 등 서류 작성</td></tr>
<tr><td rowspan="3">문화
사업</td><td rowspan="3">상근 또는
비상근 팀장
및 팀원</td><td>기획</td><td>① 문화프로그램 기획(참여자 모집, 강사 및 장소 섭외, 프로그램 제반사항 준비 등)
② 가족봉사단 프로그램 기획
③ 사업비 지출계획 수립
④ 프로그램계획서 등 기안문 작성
⑤ 사업홍보</td></tr>
<tr><td>수행</td><td>① 프로그램 진행
② 가족자원봉사 프로그램 운영
③ 가족자원봉사단 교육
④ 프로그램 일지 등 수행에 따른 문서 작성
⑤ 사업비 지출(지출결의서 작성 등)</td></tr>
<tr><td>평가</td><td>① 프로그램 진행 및 참여자 관리
② 가족봉사단 관리
③ 사업결과 홈페이지 게시
④ 프로그램(사업) 실적보고서 등 서류작성</td></tr>
</table>

구분			세부 과업(Task)
직무 (Job)	해당 종사자	책무 (Duty)	
행정 지원	상근 또는 비상근 팀장 및 팀원	문서 관리	① 수신 · 발신공문관리 ② 센터 홍보물 관리 ③ 우편물 접수 및 발송 ④ 기타 서류관리
		예산 회계	① 예산편성 ② 회계처리(사업비 지출 등) ③ 급여정산 및 지급, 4대보험 관리 ④ 회계관련 장부, 문서 작성
		센터 운영	① 직원인사복무(신규채용업무 등) ② 운영위원회 등 각종위원회 설치 및 운영 ③ 센터시설 관리 ④ 물품구매 및 비품관리
아이 돌보미 사업	상근 팀장 및 팀원	기획	① 아이돌보미 전화 및 면접 상담 및 모집 ② 이용자가정 전화 및 면접 상담 및 선정 ③ 아이돌보미 양성교육 기획(강사 및 장소 섭외) ④ 모니터요원 모집
		수행	① 아이돌보미 양성교육 ② 이용자가정과 아이돌보미 연계 및 방문 ③ 활동일지 관리 ④ 모니터요원 활동관리 ⑤ 육아휴게소 운영 ⑥ 월례회의
		평가	① 사례관리 ② 아이돌보미 DB관리 및 보수교육 ③ 아이돌보미 급여정산 및 지급 ④ 예산관리 ⑤ 실적보고서 등 서류작성

출처: 이윤정 · 정은희(2008). 재구성.

한편 건강가정사의 직무는 직급별로 다를 수 있는데, 조희금 외(2013)는 직급별 직무를 다음 〈표 8-2〉와 같이 구분하였다. 관리자급 건강가정사는 건강가정사업의 운영 및 관리, 기획 및 홍보, 예산 집행, 프로그램 개발, 인력개발, 관련 네트워크 구축 등을 담당하고, 중간 실무자급 건강가정사는 건강가정지원센터 이용자 대상 상담 및 교육, 프로그램 집행 및 활동, 프로그램 요구도 분석 및 사업 개발 등의 직무를 담당할 수 있다. 마지막으로 일선 실무자급 건강가정사는 실제적인 프로그램 집행 및 활동, 건강가정지원센터 이용자 면접 및 초기상담, 홍보 및 캠페인, 관련 사무 등을 담당한다.

〈표 8-2〉 건강가정사의 직급별 직무내용

직급	직무
관리자급 건강가정사	• 건강가정사업의 운영 및 관리 • 건강가정사업의 기획 및 홍보 • 건강가정사업의 예산 집행 • 건강가정사업의 조직 및 인사 • 건강가정사업 관련 조사연구의 기획 • 건강가정사업 프로그램 개발 • 건강가정사업 인력개발 및 보급 • 건강가정사업 홍보 및 마케팅 • 건강가정 관련 상담 및 교육 • 건강가정사업 관련 네트워크 구축
중간 실무자급 건강가정사	• 건강가정 관련 상담 및 교육 • 건강가정사업 홍보 • 건강가정사업 코디네이터 • 건강가정사업 관련 네트워크 구축 • 건강가정사업 관련 프로그램 집행 및 활동 • 건강가정 요구도 분석 및 사업 개발
일선 실무자급 건강가정사	• 건강가정사업 프로그램 집행 • 건강가정사업의 활동 • 건강가정사업 대상자 면접 및 초기상담 • 건강가정 정보망 구축 및 네트워크 활동 • 건강가정 요구도 및 실태 조사 • 건강가정 홍보 및 캠페인 • 관련 사무

출처: 조희금 외(2013). p. 311.

건강가정지원센터의 팀장, 총괄팀장, 사무국장 등의 중간관리자급의 직무 현황을 분석한 이윤정의 연구(2009)에 따르면 중간관리자급 건강가정사는 팀별 사업 기획 및 조정, 팀별 업무 총괄, 팀 간 연계사업 조정, 직원 업무 지도 등의 직무를 빈번히 수행하여 센터 내부의 사업 및 조직운영이 원활하게 추진될 수 있도록 지원하는 역할을 맡고 있다. 또한, 지역사회 자원연계를 위한 센터의 자원 관리를 담당하고 있어, 사업의 기획자, 조정자, 수행관리자의 역할을 함께 수행하고 있는 것으로 나타났다. 한편 현장에서 근무하는 건강가정사를 대상으로 한 직무인식에 대한 연구(성미애 · 진미정 · 이재림 · 최새은, 2012)를 살펴보면, 건강가정사는 가족에 대한 전문지식과 함께 가족의 변화에 대한 이해를 바탕으로 보편적, 예방적 서비스를 제공하고 있으며, 현장에서 실무자, 기획자, 진행자, 평가자로서의 역할을 담당한다는 정체성을 부여하고 있었다. 이와 함께 다른 기관과는 차별화된 업무를 담당하고 있다는 점에 대해 자부심을 갖고 있는 것으로 나타났다.

3. 건강가정사의 자격

건강가정사는 건강가정기본법이 추구하는 가치를 충실하게 전달하여야 하며, 교육을 통하여 건강가정사업을 수행하는데 있어 필요한 지식과 실천기술을 습득하여야 한다. 건강가정사 자격을 취득하기 위해서는 대학 또는 이와 동등 이상의 학교에서 사회복지학 · 가정학 · 여성학 등 관련 교과목을 이수하고 졸업하여야 한다(건강가정기본법 제35조 제3항). 건강가정사가 되기 위하여 이수하여야 하는 교과목은 아래 〈표 8-3〉과 같다. 건강가정사의 자질과 전문성은 건강가정사업의 성패를 좌우하는 가장 중요한 요소 중 하나이므로 건강가정사의 전문성의 강화는 가정과 사회의 건강성 증진을 위해 중요하다.

〈표 8-3〉 건강가정사 이수 교과목

<table>
<tr><th colspan="2">구분</th><th>교과목</th><th>대학 졸업</th><th>대학원 졸업</th></tr>
<tr><td colspan="2">핵심과목</td><td>건강가정론, (건강)가정(족)정책론, 가족상담(및 치료), 가정(족)생활교육, 가족복지론, 가족과 젠더, 가족(정)과 문화, 건강가정현장실습, 여성과 (현대)사회, 비영리기관 운영관리</td><td>5과목 이상</td><td>4과목 이상</td></tr>
<tr><td rowspan="2">관련 과목</td><td>기초 이론</td><td>가족학, 가족관계(학), 가족법, 아동학, 보육학, 아동(청소년)복지론, 노년학, 노인복지론, 인간발달, 인간행동과 사회환경, 가족(정)(자원)관리, 가계경제, 가사노동론, 여가관리론, 주거학, 생애주기 영양학, 여성복지(론), 여성주의이론, 정신건강(정신보건사회복지)론, 장애인복지론, 가정생활복지론, 상담이론, 자원봉사론, 성과 사랑, 법여성학, 여성과 문화, 일과 가족(정), 사회복지(개)론</td><td>4과목 이상</td><td>2과목 이상</td></tr>
<tr><td>상담교육 등 실제</td><td>생활설계상담, 아동상담, 영양상담 및 교육, 소비자 상담, 주거상담, 부모교육, 부부교육, 소비자교육, 가정생활과 정보, 가계재무관리,주택관리, 의생활관리, 지역사회 영양학, 프로그램개발과 평가,사회복지실천기술론, 지역사회복지론, 연구(조사)방법론, 부부상담, 집단상담, 가족(정)과 지역사회, 여성과 교육, 여성과 리더십, 여성주의 상담, 사회복지실천론, 위기개입론, 사례관리론</td><td>3과목 이상</td><td>2과목 이상</td></tr>
</table>

출처: 여성가족부(2020a).

더 알아보기

건강가정사의 직업윤리

1. 건강가정사는 전문가로서의 책임감을 갖고 직무에 임하며, 이용자에게 성실하여야 한다.
2. 건강가정사는 전문가로서 자질을 유지하기 위해 직업윤리뿐 아니라, 직무 관련 전문지식과 전문기술을 향상시키는 데 최선을 다하여야 한다.
3. 건강가정사는 직무상 취득한 정보를 이용하여 부당한 영리를 취하지 않는다.
4. 건강가정사는 이용자의 사생활을 최대한 존중하고 직무상 취득한 정보를 업무 이외의 목적으로 이용하거나 공개하지 않는다.
5. 건강가정사는 팀워크를 해치는 행동을 하지 않으며, 동료 간에 존중과 신뢰로 대한다.
6. 건강가정사는 동료나 건강가정지원센터 또는 단체의 비윤리적 행동에 대해서는 공식적 절차를 통해 대처한다.
7. 건강가정사는 소속 기관의 권익보호에 힘쓰며, 기타 유관기관과 협조 관계를 유지한다.

출처: 조희금 외(2013). p. 325.

Introduction to Healthy Families

CHAPTER 9

건강가정사의 실천기술 및 현장실습

건강가정사업의 효과적 수행을 위해서는 건강가정사의 전문적인 실천기술이 필요하다. 이에 본 장에서는 건강가정사업 현장에서 필요로 하는 기본적인 실천기술을 소개하고, 건강가정사의 이수 교과목 중 하나인 건강가정현장실습의 내용 및 절차, 그리고 실습생이 지녀야 할 태도에 대해 살펴보도록 하겠다.

1. 건강가정사의 실천기술

건강가정사가 건강가정사업을 원활하게 수행하기 위해서는 여러 가지 실천기술이 필요한데, 본 장에서는 프로그램 기획 및 욕구조사 등 프로그램 구성과 관련된 기술 그리고 사업 대상자들에게 효과적으로 서비스를 전달하기 위한 관계형성 및 의사소통 기술을 중심으로 살펴보도록 하겠다.

1) 프로그램 기획

프로그램 기획은 프로그램이 추구하는 목적을 달성할 수 있도록 프로그램의 내용과 과정을 개발하는 과정이다(이봉주 · 김기덕, 2008). 프로그램 기획은 준비단계, 계획단계, 실행단계, 평가단계의 네 단계를 거치는데(그림 9-1 참조), 첫 번째 단계는 구체적인 프로그램 수립을 위한 준비단계이다. 이때 지역사회와 지역주민들의 욕구를 명확하게 파악함으로써 프로그램 개발의 필요성과 타당성을 확보함과 함께 프로그램 기획의 방향을 설정하게 된다.

두 번째 단계인 계획단계에서는 본격적인 프로그램 기획을 수행하는 단계로 크게 목표수립, 대상자 선정, 개입전략 수립, 프로그램 설계 및 평가계획 수립, 예산수립 등을 포함한다. 이 단계에서 프로그램 기획안이 실질적으로 완성된다.

세 번째 단계에서는 프로그램 실행단계로 개발된 프로그램 계획안에 따라 구체적인 행동을 취하는 실천단계로 서비스 대상자에게 구체적인 서비스가 제공된다. 서비스가 제공됨에 따라 서비스 대상자 또는 대상자 주위의 환경이 실제로 변화하는 프로그램의 결과가 나타나는 단계이다.

마지막 단계는 프로그램 기획안에 따라 수행된 프로그램이 실제로 계획한 목적을 얼마나 달성하였는지를 점검하는 평가의 단계이다. 평가단계에서 활용하는 평가계획은 평가단계에서 수립되는 것이 아니라 계획단계에서 수립되며, 평가계획이 잘 수립되어 있다는 것은 프로그램의 기획자가 프로그램 전반에 대한 이해와 구체적인 개입 논리를 바탕으로 프로그램을 기획하고, 프로그램의 결과를 예측하고 있다는 근거가 되므로 훌륭한 프로그램 기획안일 가능성이 높다. 이처럼 프로그램 기획과정에서는 4단계의 과정이 전체적으로 고려되어 기획안이 구성되어야 한다.

준비 단계	계획 단계	실행 단계	평가 단계
• 예비 조사 • 문제 확인 • 욕구 측정 • 대상자 확인 • 관련 연구 분석	• 목표 설정 • 대상자 선정 • 개입전략 수립 • 프로그램 설계 • 예산 수립 • 평가계획 수립	• 프로그램 실행	• 과정평가 실시 • 총괄평가 실시 • 보고서 작성

[그림 9-1] 프로그램 기획의 과정 및 과업

출처: 이봉주 · 김기덕(2008). p. 58.

더 알아보기

프로그램 로직 모델

프로그램 로직 모델(program logic model)이란 특정 프로그램을 수행하는 데 있어서 투입하는 자원과 프로그램 수행을 통해 발생하는 산출 및 성과/영향 간의 관계를 체계적으로 도식화한 것이다. 특히 프로그램 로직 모델은 어떤 문제를 해결하는데 있어 프로그램이 어떻게 작동하는지를 설명하는데 도움이 되는 유용한 도구이므로 프로그램 기획, 수행, 관리, 평가 등 프로그램 운영에 있어서 유용하게 사용될 수 있다. 프로그램 로직 모델의 구성 요소는 다음과 같다.

- 투입(inputs): 프로그램의 목적을 달성하기 위하여 필요한 인력, 시간, 공간, 기자재, 돈, 지역사회 파트너십, 이해관계자 등의 인적 · 물적 · 재정적 · 지역사회 자원을 포함한다.
- 산출(outputs): 프로그램 설계, 대상자 선정, 프로그램 실시 등 프로그램을 위해 실제로 행하는 모든 활동을 포함한다.

• 성과/영향(outcomes/impacts): 성과 및 영향은 프로그램 참가자들의 변화로 의도한 성과와 의도하지 않은 성과, 긍정적인 성과와 부정적인 성과를 모두 포함한다. 프로그램의 성과 및 영향의 수준은 기간별로 단기(immediate), 중기(intermediate), 장기(long-term)로 구분할 수 있다. 단기 성과/영향은 프로그램 참여를 통해 얻게 되는 참여자의 기술, 지식, 태도의 변화를 나타낸다. 중기 성과/영향은 참여자가 프로그램 참여를 통해 학습한 내용을 일상생활에 적용하거나 긍정적인 행동의 변화가 나타나는 것이다. 장기 성과/영향은 행동의 변화가 지속적으로 나타나 궁극적으로 참여자의 삶의 질 향상, 가족건강성 향상 등 상태의 변화가 일어나는 것을 나타낸다.

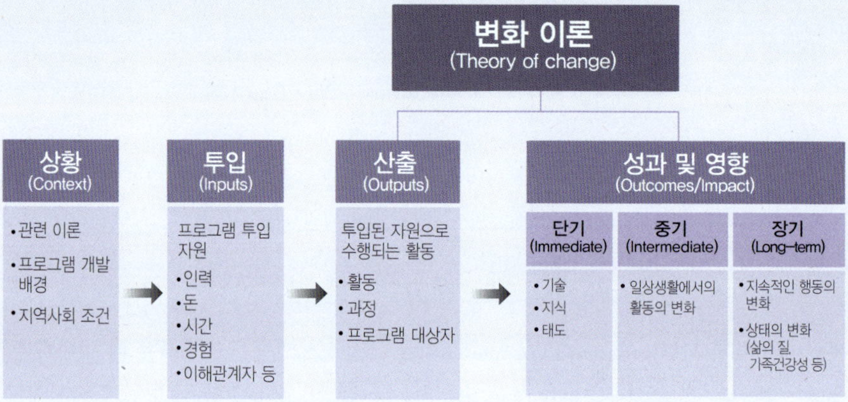

출처: Son, S. & Marczak, M. S. (2010).

2) 욕구조사

건강가정사가 건강가정지원센터에서 수행해야 할 기본적인 역할 중 하나는 서비스 대상자의 욕구(needs)를 파악하는 일이다. 욕구(needs)란 현재 상태(what it is)와 바람직한 상태(what should be) 간의 격차가 있는 경우를 뜻한다(김용현 · 김종표 · 문종철 · 이복희, 2010). 일반적으로 가족이 가진 욕구는 비슷할 수 있으나 건강가정지원센터가 속한 지역사회의 특성과 환경에 따라 가족들이 서로 다른 욕구를 가질 수 있다. 건강가정지원센터의 제한된 자원을 효율적으로 사용하기 위해서는 지역 주민의 욕구를 파악하여 적합한 서비스를 제공하는 것이 필요하다.

인간의 욕구는 여러 가지로 분류될 수 있다. 대표적으로 Maslow는 인간의 욕구를 생리적 욕구, 안전의 욕구, 애정과 소속의 욕구, 자기존중의 욕구, 자아실현의 욕구로 나누었다. 한편 Bradshow는 '누가 그 기준을 설정하느냐'를 중심으로 욕구를 규범적 욕구, 인지적 욕구, 표현적 욕구, 비교적 요구 네 가지로 분류하였다(김통원, 2009). 규범적 욕구(normative needs)는 전문가의 판단에 의해 규정된 욕구로서 바람직한 상태에 대한 기준을 정하고 그 기준에 미치지 못하는 상황일 때, 욕구가 있는 상태로 규정한다. 인지적 욕구(felt needs)는 객관적인 욕구라기보다는 사람들이 스스로 무엇이 결핍되었다고 느끼거나 필요하다고 느끼는 욕구이다. 표현적 욕구(expressed needs)는 인지된 욕구가 구체적인 행동으로 표현된 욕구로, 욕구를 느끼는 당사자가 그 욕구를 충족시키기 위해 행한 행동이나 노력에 초점을 맞추는 것이다. 실제 프로그램에 참여한 사람의 숫자나 대기자의 수를 바탕으로 대상자들의 표현적 욕구를 살펴볼 수 있으므로 이 욕구를 바탕으로 건강가정사업을 제공할 수 있다. 마지막으로 비교적 욕구(comparative needs)는 지역이나 집단 간의 서비스 제공 수준 비교를 통해 상대적으로 서비스가 부족한 지역이나 집단을 위한 서비스 보완이 필요하다는 관점이다.

욕구조사를 수행함에 있어 단계별로 다양한 방법을 사용할 수 있다(Harlow & Turner, 1993). 1단계에서는 기관의 행정자료나 가족실태조사와 같은 전국 단위 조사보고서 등의 기존자료를 활용할 수 있다. 기존자료를 분석할 경우 이미 존재하는 자료를 활용하기 때문에 조사에 소요되는 시간과 비용이 적게 드는 장점이 있지만, 지역사회의 상황에 적합한 자료를 찾기 어렵다는 단점이 있다. 기존자료 분석의 내용이 부족하다면 2단계 자료 수집을 통해 자료를 보완할 수 있다. 2단계에서는 초점집단 면담(Focus Group Interview)이나 공청회, 지역사회 자원조사 등의 방법을 이용하여 욕구를 조사하는 방법을 고려할 수 있다. 2단계에서 수집된 자료는 전국 단위의 자료를 지역사회 수준에 적용하는데 있어 필요한 근거를 제공한다. 3단계에서는 수혜자 및 서비스 제공자나 주요 정보 제공자를 대상으로 조사를 실시할 수 있는데, 이 조사를 통해 이용자들의 평가 및 서비스 제공자들의 관점을 이해할 수 있다. 3단계 조사를 통해 이용자의 충족되지 않은 욕구(unmet needs)를 파악하기에는 한계가 있지만, 비교적 낮은 비용으로 욕구조사에 대한 기관의 목적을 달성할 수 있다. 마지막 4단계는 지역주민의 욕구를 직접 조사하는 것이다. 이 단계의 조사는 지역주민의 실제적인 욕구를 파악할 수 있는 장점이 있으나, 시간과 비용이 많이 든다는 단점이 있다. 따라서 건강가정지원센터가 이용 가능한 2차 데이터에 대한 파악과 함께 센터의 활용 가능한 예산 및 인력 등을 현실적으로 고려하여 욕구조사의 수준을 결정할 수 있다.

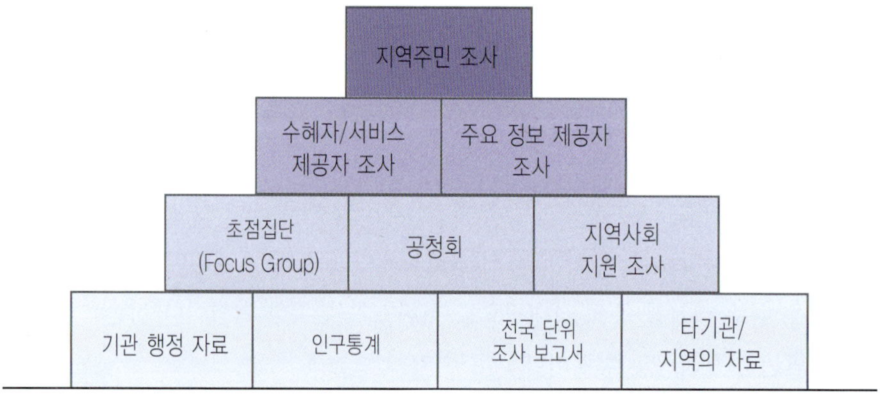

[그림 9-2] 단계별 욕구조사 방법

출처: Harlow, K. S. & Turner, M. J. (1993). p. 197.

3) 관계 형성 및 의사소통 기술

휴먼서비스는 긍정적이고 진솔한 상호관계의 맥락에서 이루어진다. 원조관계(helping relationship)는 대상자와의 연결, 신뢰관계 형성, 진솔한 의사소통을 통해 형성되는데, 대상자와의 좋은 관계 형성은 원조과정(helping processes)과 문제해결 과정을 촉진시킬 수 있다(Poindexter et al., 1999). 건강가정사의 진솔하고, 온화하고, 비평가적(nonjudgemental)이고 수용적인 태도, 그리고 대상자에 대한 진정한 관심과 존경, 감정이입 등의 자세에 의해 센터 이용자와의 관계가 강화될 수 있다. 한편 건강가정지원센터 이용자와 건강가정사 간의 유대(bond)를 라포(rapport)라 일컫는데, 라포가 잘 형성되어야 이용자가 자신의 감정을 개방적으로 표현하고 활동에 적극적으로 참여할 수 있다. 건강가정사의 측면에서 라포 형성은 센터 이용자의 복리(well-being)에 대해 진정한 관심을 갖고 돕고자 하는 열망을 가진 상태라 할 수 있다.

건강가정사업의 성공적 운영을 위해서는 건강가정사의 효과적인 의사소통 능력이 중요하다. 효과적인 의사소통은 말하는 사람이 의도한 바를 듣는 사람에게 잘 전달하여 원활한 상호작용이 일어나도록 하는 것이다. 건강가정사가 갖추어야할 의사소통 기술로 적극적 경청과 질문하기를 들 수 있다. 일반적으로 의사소통은 메시지를 듣기 전에 시작될 수 있는데, 예를 들어 말하는 사람이 메시지를 보낼 때, 듣는 사람이 갖고 있는 선입견, 가치관, 경험, 기대 등에 의해 메시지가 왜곡되어 전달될 수 있다. 따라서 말하는 사람의 감정, 생각, 욕구, 기대 등을 정확하게 이해하기 위해서는 단순한 듣기(hearing)아닌 적극적 경청(active listening)이 필요하다. 적극적 경청은 말하는 사람이 전달하는 언어적 · 비언어적 메시지의 의미, 관점 등을 명확하게 하여 서로 간의 이해를 돕고, 메시지를 들은 사람의 경험을 다시 확인함으로써 보다 깊은 수준의 의사소통을 가능하게 한다(Poindexter et al., 1999). 적극적 경청의 구체적인 방법으로는 바꿔 말하기(paraphrasing), 반영하기(reflection), 명확화하기(clarification), 요약하기(summarizing), 질문하기(use of questions) 등을 포함한다.

질문하는 기술은 이용자로부터 필요한 정보를 이끌어내기 위해 사용할 수 있다. 질문은 개방적 질문과 폐쇄적 질문으로 구분할 수 있는데, 폐쇄적 질문은 '예', '아니오'로 대답을 제한하거나 혹은 대답을 암시하는 형태로 질문하는 것이다. 예를 들어 "변화를 원하지 않으시죠? 그렇죠?" 혹은 "화나셨어요?"와 같은 형태의 질문은 폐쇄적 질문이다. 반면 개방적 질문은 대상자가 자신의 방법대로 대답할 수 있도록 질문하는 것으로, 예를 들어 "어젯밤 남편과의 대화 내용에 대해 좀 더 자세히 말씀해주시겠어요?" 혹은 "오늘 발생한 일에 대해서 좀 더 얘기해주세요" 등과 같은 질문이다. 면접 시 필요한 정보를 얻기 위해 폐쇄적 질문을 사용할 때도 있지만 (예: 생년월일이 언제 입니까?), 대상자의 인식이나 경험에 대해서 더 파악하는 것을 목적으로 한다면 개방적 질문 형태가 적합하다(Poindexter et al., 1999). 한편 건강가정사가 피해야 할 질문의 형태는 다음과 같다. 여러 가지 질문을 한 번에 묻는 다중적인 질문, "왜"라는 질문, 목적 없이 그저 호기심으로 하는 질문, 유도질문 등은 적절하지 않다. 그 밖에 효과적인 의사소통을 위해 듣는 사람과 말하는 사람이 갖추어야할 태도는 다음 〈표 9-1〉과 같다.

〈표 9-1〉 메시지의 수신자 및 전달자의 태도

메시지를 수신할 때의 규칙	메시지를 전달할 때의 규칙
• 말하는 것을 멈춘다. 말을 하는 동안에는 들을 수 없다. • 메시지 전달자를 편안하게 해주고 전달자의 불안을 줄일 수 있는 노력을 기울인다. • 말하는 사람에 대해 참을성 있게 대하고 말을 끊지 않는다. • 당신이 더 잘 이해하기 위해서 혹은 전달자가 자신의 메시지를 명확히 하도록 돕기 위해서라면 질문을 한다. • 전달자가 무엇을 말해도 반감을 보이지 않는다. 의사소통에 장애를 일으킬 수 있으므로 더 이상의 비판이나 논쟁을 하지 않는다.	• 명확하고 단순한 말을 사용한다. 분명하고 너무 빠르지 않게 말한다. • 당신의 몸짓에 주의한다. 몸짓은 당신의 메시지 내용과 일치해야 한다. • 너무 많은 정보로 수신자를 압도하지 않는다. 길고 복잡한 메시지는 몇 개의 부분으로 나누어 보다 쉽게 이해되고 다루어질 수 있게 한다. • 수신자가 잘 이해했는가를 알 수 있도록 질문이나 코멘트 등 피드백을 요구한다.

출처: 홍성례 외(2014). p. 45.

2. 건강가정현장실습[1)]

건강가정현장실습은 장차 건강가정사가 갖추어야할 실무능력의 배양 및 현장 교육경험을 제공하기 위한 것으로 학교 교과과정을 통해 학습한 이론적 지식을 바탕으로 이론을 실천에 적용하는 구체적인 방법을 습득하는 것이다(여성가족부, 2013). 현장실습을 통해 실습생이 건강가정사로서 성장할 수 있는 기회를 갖게 되고 전문가로서의 정체감을 확립하게 되므로 건강가정현장실습의 교육적 기능은 매우 중요하다 할 수 있다. 건강가정현장실습의 목적은 다음과 같다(조희금 · 송혜림 · 성미애, 2007).

첫째, 학교에서 습득한 지식, 기술, 가치를 현장실습을 통해 전문가인 건강가정사로서 통합되는 기회를 가진다.

둘째, 현장에서의 경험은 새로운 학습을 가능하게 하고, 학교에서 배운 이론과 방법론을 현장에 접목하며 수정할 수 있는 기회를 가진다.

1) 건강가정현장실습의 주체

건강가정현장실습의 주체는 실습을 받는 실습생과 실습을 실시하는 센터 또는 현장실습 업무를 담당하는 실습지도자, 실습이 이루어지도록 실습생을 지도하는 학교로 구성된다. 세 주체의 역할은 다음과 같다.

(1) 실습생

실습생은 센터 직원인 건강가정사와 건강가정지원센터를 이용하는 이용자 중간에 위치하고, 센터에서 건강가정사의 업무를 학습하는 동시에 자원봉사자의 업무를 수행할 수 있다. 그러나 실습생은 자원봉사자와 달리 업무에 대한 사고, 분석,

---

1) 건강가정현장실습은 2013 건강가정지원센터 운영가이드북(한국건강가정진흥원, 2013)에서 발췌함

비판을 함께하며 업무수행에 대해 실습지도자 및 실습기관의 지도감독 및 평가를 받는다.

(2) 실습지도자 및 실습기관

실습기관인 센터는 원활한 실습 진행을 위해 적합한 환경을 조성하고 실습지도자가 실습준비 및 업무에 최선의 노력을 기울일 수 있도록 업무분담 및 협조하도록 한다. 실습지도자는 실습생이 건강가정지원센터에서 적절하게 업무를 수행할 수 있도록 감독하고, 교육 및 지원한다. 실습지도자는 팀장급 이상 또는 가족에 관한 연구 및 실무 경력 3년 이상의 자격을 갖춘 사람으로 정한다.

(3) 학교

실습지도는 건강가정지원센터 현장에서 일차적으로 이루어지나 건강가정현장실습교육은 학교에서 실시되므로 학교는 구체적인 실습과제 수행을 지도하고, 실습지도자와 실습생 간의 관계를 조정하는 역할을 수행한다.

실습생 및 실습기관(실습지도자) 자격기준

- 실습생의 자격기준
  - 「건강가정현장실습」 과목을 이수하면서 건강가정사 이수 교과목 중 핵심 및 관련 과목 각각 3과목 이상 이수한 자가 실습을 받는 것을 권장하나, 실습지도자의 판단에 따라 재량적으로 실습생을 선발할 수 있음
- 실습기관의 자격기준
  - 건강가정기본법 제35조에 의해 건강가정사업을 행하는 건강가정지원센터
  - 자격 있는 실습지도자가 있는 기관
  - 실습지도자에게 업무조정 및 인센티브를 줄 수 있는 기관
- 실습지도자의 자격기준
  - 건강가정지원센터 팀장급 이상 또는 가족에 관한 연구 및 실무 경력 3년 이상인 자

출처: 한국건강가정진흥원(2013). p. 58.

2) 현장실습 단계

건강가정현장실습은 실습 준비 단계, 방문실습 단계, 방문실습 종결 및 평가 단계로 구분될 수 있다. 각 주체의 단계별 역할은 다음과 같다.

진행과정	실습생	기관	학교
방문실습 준비 단계	• 센터선택 • 방문과 면접 • 실습 전의 재학습 • 행정처리	• 행정처리 • 실습지도 계획수립 • 오리엔테이션 • 공통교육	• 실습센터 선정 • 실습센터 배정 • 행정처리 • 오리엔테이션
방문실습 단계	• 실습 업무 실시 • 실습과제의 수행 • 실습과제의 기록	• 실습생 개별면담 • 부서별 교육 • 실습 업무 실시 • 실습 업무 점검	• 실습 상황 점검
방문실습 종결 및 평가 단계	• 실습의 종결 • 자기평가서 작성	• 실습생 평가 • 실습지도 평가 • 행정 처리	• 성적 평가 • 실습 교육 평가

3) 현장실습의 내용과 형식

건강가정현장실습 구성을 살펴보면 필수 업무와 선택 업무로 구분되는데(표 7〉 참조), 필수 업무로는 기관 및 지역사회에 대한 이해, 실습 일정과 과제에 대한 이해를 돕는 오리엔테이션, 건강가정지원센터 행정업무 지원, 프로그램 보조진행, 실습 평가회 등으로 구성된다. 건강가정현장실습은 방문실습 2학점(64시간) 이상을 포함하도록 교과가 구성되어 있으며, 총 64시간의 방문실습 중 48시간 이상은 건강가정지원센터를 통해 실습하고 나머지 시간은 가족 관련 서비스 제공기간의 실습을 인정한다(여성가족부, 2013). 건강가정현장실습은 실시 시기에 따라 학기 중 실습과 방학 중 실습으로 나누어 볼 수 있다. 학기 중 실습은 학기 시작부터 종료까지 주 1회 8시간 실습기관에 출석하여 최소 48시간 이상을 시행해야 하며, 방학 중 실습은 방학기간 중 1일 8시간 연속된 6일 동안 실습기관에 출석하여 최소 48시간 이상을 실습해야 한다. 각 실습 형태의 장·단점은 다음 〈표 9-2〉와 같다.

〈표 9-2〉 건강가정지원센터 현장실습의 구성과 내용

구분		내용	과제물
필수	오리엔테이션	• 기관소개 • 지역소개 • 대상 집단의 이해 • 실습생의 자세와 역할 • 실습 일정과 과제 안내	
	행정업무	• 각종 기안서(공문, 품의서 작성 및 결재과정 참여) • 기관운영과 관련된 규정 검토 • 사업수행 절차(매 사업별 계획서, 실행서, 만족도 조사, 피드백 등의 절차를 체계화하는 과정 및 관련되는 문서 관찰)	관련서식 작성 및 제출
	프로그램 보조진행	• 가족생활교육 프로그램 보조진행 • 가족문화 프로그램 보조진행 • 기타 센터의 특화 사업 보조진행	프로그램 계획서, 평가서, 과정일지, 기타 해당자료
	실습 평가회	• 과제에 대한 슈퍼비전 • 실습생의 자세 등 전반에 대한 슈퍼비전	실습평가서
선택	선택	• 지역사회 조직사업(지역사회 자원개발, 주민교육, 건강가정 네트워크 구축) • 지역사회 홍보활동 • 프로그램 개발 및 평가 • 사례관리 • 타 기관 방문 및 지역탐방	활동기록서(프로그램 계획서, 프로그램 평가서, 사례관리 기록서, 기관 방문보고서, 지역 탐방 보고서 등)

출처: 한국건강가정진흥원(2013). 2013 건강가정지원센터 운영가이드북. p. 60.

〈표 9-3〉 실습형태에 따른 장·단점 비교

구분	장단점	내용
학기 중 실습	장점	• 수업에서 학습한 개념을 현장에서 즉시 시행 가능 • 학교 수업과의 병행으로 실습경험의 교류와 토의, 지도교수의 정기적 슈퍼비전 가능 • 실습 시 어려움에 대해 지도교수와의 즉각적 의논, 해결 가능
	단점	• 특정한 요일에 실습을 함으로 기관 전체 업무 파악의 어려움 • 학업과 실습 병행의 어려움
방학 중 실습	장점	• 일정 기간 실습에만 전념 가능 • 다양한 현장 경험 가능
	단점	• 이론과 실제의 연결에 대한 어려움 • 지도교수와의 정기적 슈퍼비전의 한계 • 다른 기관에서 실습하는 학교 학생들과 교류의 어려움

4) 실습생의 태도

현장실습에 임하는 실습생이 갖추어야 할 태도는 다음과 같다(김명숙 · 노정자 · 박주현 · 허은실, 2014).

(1) 실습생이 실습에 임하는 태도

- 학교의 대표성을 가지고 품위유지를 하며 성실하게 실습에 임해야 한다.
- 지시사항은 끝까지 듣고 지시를 받고 난 후 반드시 재확인한다.
- 지시받은 사항을 마치면 자료를 준비하여 반드시 지시한 사람에게 육하원칙에 의하여 결론부터 보고하고, 과정, 이유 등의 순서로 간결하게 보고한다.
- 서면으로 보고하는 경우 정확한 문장과 알아보기 쉬운 글씨체로 의사소통하도록 노력한다.
- 보고내용과 자신의 의견은 반드시 구분한다.
- 궁금한 사항이나 의문점은 정중하게 질문한다.
- 업무지시를 주의 깊게 듣고 필요하면 메모하도록 한다. 이미 주어진 정보를 두 번 세 번 반복해서 요청하지 않도록 주의한다.

- 주어진 업무는 미루지 않고 처리한다.
- 주어진 업무가 없을 때는 실습지도자나 직원에게 적극적으로 요청하여 전문성을 향상한다.
- 주어진 과제에 대해서 불평하는 태도를 보이지 않는다.
- 주어진 과제나 업무를 책임감 있게 수행하도록 한다.
- 부득이 지각했을 때는 미안한 태도로 "좀 늦었습니다."하고 정중히 인사한다.
- 부득이 조퇴를 해야 할 경우 사실대로 사유를 말하고 진행 중인 업무가 있으면 실습지도자에게 보고하여 지장이 없도록 한다.
- 외출할 때는 반드시 실습지도자에게 행선지를 알리고 "다녀오겠습니다."하고 인사한다.
- 외근으로 출타지에서 바로 퇴근을 해야 할 경우 미리 실습지도자와 의논한다.
- 퇴근 전 하루일과를 실습일지에 사실에 근거하여 기록하고 주변정리를 청결하게 한다. 늦거나 결석 시는 미리 전화하여 허락을 받도록 한다.
- 실습기관 및 직원, 실습지도자의 허락을 받지 않은 개인행동은 하지 않는다.
- 피치 못할 사정으로 실습일정에 변동이 있을 때는 실습지도자의 허락을 받고 실습지도교수에게 보고해야 한다.
- 기관의 모든 서류 열람 및 소유 시 반드시 실습지도자의 허락을 받는다.

(2) 본인의 자세

- 감기 등 타인에게 전염 및 감염의 우려가 있는 건강상의 문제가 있으면 즉시 실습지도자와 의논한 후 병가를 신청하여 의사의 치료를 받는다.
- 실습기간 중 실습지침서를 항시 지참한다.
- 출퇴근 노선은 두세 가지 경로를 알아두어 뜻밖의 경우에 대비한다.
- 집을 나서기 전에 미리 복장, 화장, 머리손질 등을 단정하게 한다.
- 실습업무에 적절한 복장을 단정하게 착용한다.

- 너무 크거나 화려한 장신구(고가의 보석, 번쩍이는 머리핀, 귀고리, 목걸이 등)는 피한다.
- 늦어도 10~20분 전에 출근하여 청소 등 주변정리를 한 후 실습에 임한다.
- 항상 밝은 표정과 친절한 음성으로 인사한다.
- 필기구를 항상 준비하고 중요한 내용은 바로 메모하여 잊지 않도록 한다.
- 근무시간에 사무실에서 개인적인 인터넷 · 휴대전화 사용(문자, 게임 등)을 자제한다.

(3) 기타 일반적 자세

- 직원 · 센터 이용자 · 동료실습생과 사적인 잡담을 하지 않는다.
- 사고 및 문제 발생 시 즉시 실습지도자나 직원에게 보고하여 피해를 최소화할 수 있도록 대처한다.
- 모든 기록은 사실에 근거하여 간단, 명료하게 오탈자 없이 정확하게 기록한다.
- 기관 직원들 간에 알력이나 갈등이 있다면 관여되지 않도록 주의한다.
- 실습지도자 및 직원과 갈등이 생겼다면 지도교수와 즉각적으로 의논하도록 한다.

더 알아보기

[실습 1] 건강가정지원센터 실습신청서

ㅇㅇ건강가정지원센터 실습신청서

<table>
<tr><td>성명</td><td colspan="2"></td></tr>
<tr><td rowspan="3">소속</td><td colspan="2">학교:</td></tr>
<tr><td colspan="2">학과(전공):</td></tr>
<tr><td colspan="2">학년:</td></tr>
<tr><td rowspan="2">연락처</td><td colspan="2">주소:</td></tr>
<tr><td colspan="2">E-mail / HP:</td></tr>
<tr><td>실습신청기간</td><td colspan="2">년 월 일 ~ 년 월 일</td></tr>
<tr><td>자원봉사경력</td><td colspan="2">기관, 활동내용, 기간 등으로 구성</td></tr>
<tr><td rowspan="3">기 이수하거나 현재 이수 중인 건강가정사 자격취득 관련 수강과목</td><td>전공</td><td>□ 건강가정론 □ (건강)가정(족)정책론 □ 가족상담(및 치료)
□ 가정(족)생활교육 □ 가족복지론 □ 건강가정현장실습
□ 가족과 젠더 □ 가족(정)과 문화 □ 여성과 (현대)사회
□ 비영리기관 운영관리</td></tr>
<tr><td>기초</td><td>□ 가족학 □ 가족관계(학) □ 가족법 □ 아동학
□ 보육학 □ 아동(청소년)복지론 □ 노년학 □ 노인복지론
□ 가계경제 □ 인간발달 □ 인간행동과 사회환경
□ 가족(정)(자원)관리 □ 가사노동론 □ 여가관리론 □ 주거학
□ 생애주기영양학 □ 정신건강(정신보건사회복지론) □ 상담이론
□ 자원봉사론 □ 사회복지(개론)론 □ 성과 사랑 □ 법여성학
□ 여성과 문화 □ 일과 가족(정)</td></tr>
<tr><td>실제</td><td>□ 부부교육 □ 부모교육 □ 아동상담 □ 소비자상담
□ 소비자교육 □ 가정생활과 정보 □ 가계재무관리 □ 생활설계상담
□ 주택관리 □ 주거상담 □ 의생활관리 □ 영양상담 및 교육
□ 지역사회영양학 □ 지역사회복지론 □ 사회복지실천기술론
□ 연구조사방법론 □ 부부상담 □ 집단상담 □ 가족(정)과 지역사회
□ 사회복지실천론 □ 여성과 교육 □ 여성과 리더십 □ 여성주의 상담
□ 위기개입론 □ 사례관리론 □ 프로그램 개발과 평가</td></tr>
<tr><td>기 취득한 또는 취득 예정인 건강가정사 관련 자격증</td><td colspan="2">□ 가정복지사 □ 가정폭력상담원 □ 가족상담사 □ 가족생활교육사
□ 공공가정관리사 □ 보육교사 □ 사회복지사 □ 기타( )</td></tr>
<tr><td>기타</td><td colspan="2"></td></tr>
</table>

ㅇㅇㅇㅇ년 ㅇㅇ월 ㅇㅇ일

출처: 한국건강가정진흥원(2013). 2013 건강가정지원센터 운영가이드북. p. 205.

더 알아보기

[실습 2] 실습일지

실습일지

○○○○년 ○○월 ○○일 ○요일	실습생		실습지도사	

실습시간 및 실습명	실습내용	준비물 및 유의점
특기사항 및 실습생 소감		
실습지도자 의견		

출처: 한국건강가정진흥원(2013). 2013 건강가정지원센터 운영가이드북. p. 210.

Introduction to Healthy Families

참고문헌

가사노동 임금지불 운동 포스터. (http://maydayrooms.org/archives/wages-for-housework/).

건강가정기본법 시행령 제4조. (http://law.go.kr/lsEfInfoP.do?lsiSeq=164774#0000).

건강가정기본법. (http://www.law.go.kr/lsEfInfoP.do?lsiSeq=116782#0000).

건강가정지원센터 (2014). 주요사업 소개. (https://www.familynet.or.kr/web/lay1/S1T296C297/contents.do)

건강가정지원센터. (http://www.familynet.or.kr).

공세권(1987). 한국인구보건연구원.

국민일보(2014). 3년내 다문화가정 학생 10만명 돌파. (http://news.kmib.co.kr/article/view.asp?arcid=0922792426&code=11171111&cp=nv)에서 2014년 10월 15일 출력.

김경란(2006). 다문화가정자녀의 자아정체감과 사회적지지가 사회적응에 미치는 영향. 국민대학교 행정대학원 석사학위논문.

김경신 · 이승미(2004). 건강가정기본법의 실천을 위한 건강가정사업 및 프로그램개발에 관한 연구. 한국가정관리학회지, 22(5), 357-373.

김명숙 · 노정자 · 박주현 · 허은실(2014). 사회복지현장실습 길라잡이. 서울: 창지사.

김민희(2013). 다문화 이해 넓혀준 미가선생님, '바야믈라'. (http://go.seoul.co.kr/news/newsView.php?id=20130516015036)에서 2014년 10월 4일 출력.

김승권(2000). 한국가족의 변화와 대응방안. 한국보건사회연구원. 522-551.

김승권(2012). 한국가족의 위기성 및 취약성과 정책과제. (통권 제187호)

김용현 · 김종표 · 문종철 · 이복희(2010). 평생교육프로그램개발론. 서울: 양서원.

김익균 · 김재원 · 이수영 · 김태식 · 고선옥 · 유수정(2012). 건강가정론. 경기: 정민사.

김익준(2014). 다문화가족 교육프로그램이 사회통합에 미치는 영향. 호남대학교 대학원 박사학위논문.

김정옥 · 도미향 · 문혜숙 · 박옥임 · 박충선 · 손홍숙 · 오정옥 · 홍달아기(2009). 건강가정론. 서울: 창지사.

김태현 · 전길양 · 이영자 · 임선영(2004). 현대 가족복지. 서울: 하우.

김통원(2009). 사회복지 프로그램 기획과 평가.서울: 신정.

김혜경 · 도미향 · 문혜숙 · 박충선 · 손홍숙 · 오정옥 · 홍달아기(2008). 가족복지론. 서울: 공동체.

도미향 · 주정 · 최순옥 · 이무영 · 송혜자 · 장미나 (2019). 건강가정론. 서울: 신정.

두산백과(2014). 건강가정기본법. 네이버지식사전. (http://terms.naver.com/entry.nhn?docId=1232564&cid=40942&categoryId=31708).

문혁준 · 김진이 · 양성은 · 이은주 · 천희영 · 황옥경(2014). 가족복지. 서울: 창지사.

법제처(2014). 찾기 쉬운 생활법령 정보한부모가족.

베이비 뉴스(2015. 1. 23). 건강가정지원센터, 가족 문화프로그램 무료 운영. (http://www.ibabynews.com/news/newsview.aspx?newscode=201501231714234690005482&categorycode=0031#z).

부산시 건강가정지원센터. (http://bfsc.busan.go.kr/00_main).

서울시건강가정지원센터(2013). 2013 서울시 건강가정지원센터 가족지원서비스 활성화를 위한 욕구 수요조사.

서울시건강가정지원센터(2013). 우리 결혼할까요? 서울특별시와 함께하는 예비부부교육 매뉴얼.

서울시건강가정지원센터(2014). 2014년 건강가정세미나.

서울시건강가정지원센터(2014). 2014년도 사업운영성과보고서.

서울시건강가정지원센터(2019). 서울특별시건강가정지원센터 2019년 사업운영성과보고서.

서울시건강가정지원센터. (http://family.seoul.go.kr/index.html).

성미애 · 이현아(2004). 건강가정사의 역할, 자격 및 양성 방안. 한국가정관리학회지, 22(5), 345-355.

성미애 · 진미정 · 이재림 · 최새은(2012). 건강가정사의 직무 및 근무환경 인식. 한국생활과학회지, 21(3), 453-468.

손명동 · 박천규(2014). 건강가정지원센터의 프로그램 개발 연구. 한국콘텐츠학회 2014 추계종합학술대회 발표자료집.

손병덕 · 황혜원 · 전미애 (2008). 가족복지론. 서울: 학지사.

손승영 · 김은정 (2010). 여대생의 가족 가치관을 통해 살펴 본 저출산 문제의 이해: 성별, 세대별 하위집단 간 가족 가치관 차이를 중심으로. 현상과인식, 34(4), 169-200.

안전행정부(2014). 2014년 외국인주민 현황. (www.mospa.go.kr)에서 2014년 12월 12일 인출.

여성가족부(2010). 2010년 제2차 가족실태조사.

여성가족부(2011). 2010 조손가족 실태조사.

여성가족부(2011). 제2차 건강가정기본계획 2011-2015.

여성가족부(2013b). 2013년 다문화가족지원사업 안내.

여성가족부(2014). 2014년도 건강가정지원센터사업 안내.

여성가족부(2015). (http://www.mogef.go.kr)

여성가족부(2015). 2015년도 건강가정지원센터사업 안내.

여성가족부(2019). 2018년 전국 다문화가족 실태조사연구.

여성가족부(2020). 제3차 건강가정 기본계획 [보완](2016-2020) 2020년 시행계획.

유근형 · 이샘물(2013). '다문화'라는 말 자체가 주홍글씨, 다문화 구분하는 프로그램 지양해야. (http://news.donga.com/3/all/20130506/54926123/1)에서 2014년 11월 30일 출력.

유영주(2004). 가족강화를 위한 한국형 가족건강성 척도개발연구. 한국가족관계학회. 9(2), 119-151.

유영주 · 김순옥 · 김경신(2008). 가족관계학. 서울: 교문사.

유혜민(2014). 다문화가족지원센터가 이주민의 사회적응에 미치는 영향영등포구, 구로구, 안산시 다문화가족지원센터를 중심으로. 성균관대학교 국정관리대학원 석사학위논문.

은기수 · 이윤석 (2005). 한국의 가족가치에 대한 국제비교연구. 한국인구학, 28(1), 107-132.

이경(2014). 서울시, 교실로 찾아가는 다문화 이해교육. (http://www.bzeronews.com/news/articleView.html?idxno=101074)에서 2014년 11월 2일 출력.

이봉주 · 김기덕(2008). 사회복지 프로그램 기획의 이해와 적용. 서울: 신정.

이상화 · 권혁재(2013). 다문화 1호 국회의원, 이자스민의 1년. (http://article.joins.com/news/article/article.asp?total_id=11936784&cloc=olink|article|default)에서 2014년 12월 20일 출력.

이선형 · 임춘희(2009). 건강가정론. 서울: 학지사

이선형 · 임춘희(2012). 건강가정론. 서울: 학지사.

이윤정 · 정은희(2008). 건강가정지원센터의 건강가정사 직무분석을 위한 기초연구표준직무도출을 중심으로. 한국가정관리학회. 26(5), 177-194.

이은경(2013). 다문화가정 어머니의 부모역량 강화 프로그램 개발 및 적용. 중앙대학교 대학원 박사학위논문.

이태희(2008). 건강가정론. 서울: 형지사.

장명선 · 장은애(2010). 다문화가족 지원 서비스 전달체계의 효율화 방안연구. 서울시여성가족재단.

장혜경 · 김혜경 · 이진숙 · 김현주 · 장화경(2002). 외국의 가족정책과 한국의 가족정책 및 전담부서의 체계화 방안연구. 한국여성개발원.

전국다문화가족지원센터지원단(2012). 다문화가족지원사업 안내.

정문자 · 정혜정 · 이선혜 · 전영주(2011). 가족치료의 이해. 서울: 학지사.

정지영 · 송정애 · 임혜경 · 조성은 · 황희숙 (2013). 건강가정론. 서울: 양서원.

정혜정 · 공미혜 · 전영주 · 정현숙(2009). 가족과 젠더. 서울: 신정.

제석봉 · 김춘경 · 천성문 · 이영순 · 김미애 · 이지민(2014). 가족치료. 파주: 정민.

조선일보 2009. 1. 17.

조선일보 2012. 7. 17.

조선일보 2015. 4. 24.

조선주 · 김혜영 · 민현주 · 이선행(2010). 가족 문제 예방의 사회적 비용 절감효과 측정연구. 한국여성정책연구원.

조옥라(1996). 재혼, 그 또 다른 시작. 한국가정법률상담소 창립 40주년 심포지엄 자료집.

조희금 · 김경신 · 정민자 · 송혜림 · 이승미 · 성미애 · 이현아 (2013). 건강가정론(3판). 서울: 신정.

조희금 · 송혜림 · 성미애(2007). 건강가정 현장 실습. 서울: 신정.

중앙일보(2015. 1. 31.). 네 아이? 내 아이? 우리 아이죠… 엄마들 전공 살려 함께 키워요. (http://article.joins.com/news/article/article.asp?total_id=17063900&cloc=olink|article|default).

채정민 · 황수영(2012). 차별 · 편견이 서러운 다문화가족. (http://www.imaeil.com/sub_news/sub_news_view.php?news_id=59060&yy=2012#axzz3MlkJSAYQ)에서 2014년 10월 5일 출력.

통계청(2018). 2018년 사회조사.

통계청(2020). 2019 다문화인구동태통계.

통계청(2020). 2019 인구주택총조사.

통계청(2020). 2019년 하반기 지역별고용조사 맞벌이 가구 및 1인 가구 고용 현황.

통계청(2020). 2019년 혼인 · 이혼통계.

통계청(2020). 2020년 고령자 통계.

통계청(2020). 2020년 사회조사.

통합논술개념어사전 (2007). 가족이기주의. 네이버 지식백과(http://terms.naver.com/entry.nhn?docId=2060544&cid=47331&categoryId=47331)

한겨레 2015. 3. 24.

한국가족복지학회(2009). 건강가정론. 서울: 신정.

한국가족복지학회(2011). 건강가정론. 서울: 신정.

한국가족상담교육연구소(2010). 변화하는 사회의 가족학. 파주: 교문사.

한국건강가정진흥원(2013). 2013 건강가정지원센터 운영가이드북.

한국건강가정진흥원(2013). 건강한 한부모가족을 위한 자녀양육가이드북.

한국건강가정진흥원(2013). 영유아기 자녀가 있는 아버지를 위한 양육가이드북.

한국건강가정진흥원(2014). 건강가정지원센터 연간사업실적 보고서

한국건강가정진흥원(2014). 아동기 자녀가 있는 아버지를 위한 양육가이드북.

한국건강가정진흥원. (http://www.kihf.or.kr).

한국일보 2012. 6. 17.

행정안전부(2012). 2012년 지방자치단체 외국인주민 현황 조사결과.

허보름(2014). 다문화가족정책의 실태와 개선방안에 관한 연구. 공주대학교 대학원 석사학위논문.

홍성례 · 양정빈 · 이무영 · 김소진 · 정연정(2014). 사회복지실천기술론. 파주: 교문사.

홍승아(2015). 중앙차원의 일 · 가정 양립 환경조성 정책방안. 제19회 부산여성가족정책포럼. 일 · 가정 양립 지원을 위한 사회 환경 · 문화 조성방안. (2015.4.30.) 부산여성가족개발원.

홍승아 · 황정임 · 김소영 · 이아름(2014). 가족서비스 전달체계 개편을 위한 통합모델 개발 연구. 서울: 한국여성정책연구원.

Anderson, S., & Sabatelli, B.(1999). *Family interaction: A multi-generational developmental perspectives*. Boston: Allyn and Bacon.

Bengtson, V. L., & Allen, K. R.(1993). Life course perspective. In P. G. Boss, W. J. Doherty, R. LaRossa, W. R. Schumm, & S. K. Steinmetz(Eds.), *Sourcebook of family theories and methods: A contextual approach*. (pp. 469-498). NY: Plenum Press.

Bubolz, M. M., & Sontag, M. S.(1993). Human ecology theory. In P. G. Boss, W. J. Doherty, R. LaRossa, W. R. Schumm, & S. K. Steinmetz(Eds.), *Sourcebook of family theories and methods: A contextual approach*(pp. 419-447). NY: Plenum Press.

Harlow, K. S., & Turner, M. J.(1993). State units and convergence modelsNeeds assessment revisited. *The Gerontologist, 33*, 190-199.

Klein, D., & White, J 저, 김종천 외 역(2000). 가족 이론. 서울: 대학출판사.

McCarthy, J. R. & Edwards, R. 저, 전영주 · 원성희 · 황경란 · 양무희 · 배덕경 · 송정숙 · 이복숙 · 정수빈 역(2013). 가족학의 핵심 개념. 서울: 시그마프레스.

Murdock, G. P.(1949). *Social structure*. New York, NY: Macmillian.

News1(2014). 국방부, 맞춤형 군인가족지원 서비스 업그레이드키로. (http://news1.kr/articles/?1557609).

Olson, D. H., & DeFrain, J.(2003). *Marriage and families-Intimacy, diversity and strengths*. McGraw-Hill Company.

Osmond, M. W., & Thorne, B.(1993). Feminist theoriesthe social construction of gender in families. In P. G. Boss, W. J. Doherty, R. LaRossa, W. R. Schumm, & S. K. Steinmetz(Eds.), *Sourcebook of family theories and methods: A contextual approach*(pp. 591-622). NY: Plenum Press.

Poindexter, C. C., Valentine, D., & Conway, P.(1999). *Essential skills for human services*. CA: Wadsworth Publishing Company.

Rodgers, R. H., & White, J. M.(1993). Family development theory. In P. G. Boss, W. J. Doherty, R. LaRossa, W. R. Schumm, & S. K. Steinmetz(Eds.), *Sourcebook of family theories and methods: A contextual approach*(pp. 225-254). NY: Plenum Press.

Son, S., & Marczak, M. S.(2010). Connecting program evaluation strategies with the program life cycleImplications for family development programs. *International Journal of Human Ecology*, *11*, 65-74.

Uhlenberg, P.(1980). Death and the family. *Journal of Family History*, *5*, 313-320.

Walsh, F. 저, 양옥경 · 김미옥 · 최명민 역(2002). 가족과 레질리언스. 파주: 나남출판.

Westney, O. E.(1993). Human ecology theoryimplications for education, research, and practice. In P. G. Boss, W. J. Doherty, R. LaRossa, W. R. Schumm, & S. K. Steinmetz(Eds.), *Sourcebook of family theories and methods: A contextual approach*(pp. 448-450). NY: Plenum Press.

Whitchurch, G. G., & Constantine, L. L.(1993). Systems theory. In P. G. Boss, W. J. Doherty, R. LaRossa, W. R. Schumm, & S. K. Steinmetz(Eds.), *Sourcebook of family theories and methods: A contextual approach*(pp. 325-352). NY: Plenum Press.

Introduction to Healthy Families

부록

건강가정기본법

[시행 2020. 5. 19] [법률 제17280호, 2020. 5. 19, 일부개정]

여성가족부(가족정책과) 02-2100-6282

제1장 총칙

제1조(목적) 이 법은 건강한 가정생활의 영위와 가족의 유지 및 발전을 위한 국민의 권리 · 의무와 국가 및 지방자치단체 등의 책임을 명백히 하고, 가정문제의 적절한 해결방안을 강구하며 가족구성원의 복지증진에 이바지할 수 있는 지원정책을 강화함으로써 건강가정 구현에 기여하는 것을 목적으로 한다.

제2조(기본이념) 가정은 개인의 기본적인 욕구를 충족시키고 사회통합을 위하여 기능할 수 있도록 유지 · 발전되어야 한다.

제3조(정의) 이 법에서 사용하는 용어의 정의는 다음과 같다. 〈개정 2018. 1. 16.〉

1. "가족"이라 함은 혼인 · 혈연 · 입양으로 이루어진 사회의 기본단위를 말한다.

2. "가정"이라 함은 가족구성원이 생계 또는 주거를 함께 하는 생활공동체로서 구성원의 일상적인 부양 · 양육 · 보호 · 교육 등이 이루어지는 생활단위를 말한다.

2의2. "1인가구"라 함은 1명이 단독으로 생계를 유지하고 있는 생활단위를 말한다.

3. "건강가정"이라 함은 가족구성원의 욕구가 충족되고 인간다운 삶이 보장되는 가정을 말한다.

4. "건강가정사업"이라 함은 건강가정을 저해하는 문제(이하 "가정문제"라 한다)의 발생을 예방하고 해결하기 위한 여러 가지 조치와 가족의 부양 · 양육 · 보호 · 교육 등의 가정기능을 강화하기 위한 사업을 말한다.

제4조(국민의 권리와 의무) ① 모든 국민은 가정의 구성원으로서 안정되고 인간다운 삶을 유지할 수 있는 가정생활을 영위할 권리를 가진다.

② 모든 국민은 가정의 중요성을 인식하고 그 복지의 향상을 위하여 노력하여야 한다.

제5조(국가 및 지방자치단체의 책임) ① 국가 및 지방자치단체는 건강가정을 위하여 필요한 제도와 여건을 조성하고 이를 위한 시책을 강구하여 추진하여야 한다.

② 국가 및 지방자치단체는 제1항의 시책을 강구함에 있어 가족구성원의 특성과 가정유형을 고려하여야 한다.

③ 국가 및 지방자치단체는 민주적인 가정형성, 가정친화적 환경조성, 양성평등한 가족가치 실현 및 가사노동의 정당한 가치평가를 위하여 노력하여야 한다.

제6조(다른 법률과의 관계) 국가는 건강가정사업과 관련되는 다른 법률을 제정 또는 개정하는 경우에는 이 법에 부합되도록 하여야 한다.

제7조(가족가치) 가족구성원은 부양 · 자녀양육 · 가사노동 등 가정생활의 운영에 함께 참여하여야 하고 서로 존중하며 신뢰하여야 한다.

제8조(혼인과 출산) ① 모든 국민은 혼인과 출산의 사회적 중요성을 인식하여야 한다.

② 국가 및 지방자치단체는 출산과 육아에 대한 사회적 책임을 인식하고 모 · 부성권 보호 및 태아의 건강보장 등 적절한 출산 · 육아환경을 조성하기 위하여 적극적으로 지원하여야 한다. 〈개정 2016. 5. 29.〉

제9조(가족해체 예방) ① 가족구성원 모두는 가족해체를 예방하기 위하여 노력하여야 한다.
② 국가 및 지방자치단체는 가족해체를 예방하기 위하여 필요한 제도와 시책을 강구하여야 한다.

제10조(지역사회자원의 개발 · 활용) 국가 및 지방자치단체는 건강한 가정구현에 기여할 수 있도록 지역사회자원을 최대한 개발하고 활용하여야 한다.

제11조(정보제공) 국가 및 지방자치단체는 자녀양육, 가족교육 · 상담 등 가족구성원에게 건강한 가정생활을 영위하는데 도움이 되는 정보를 최대한 제공하고 가정생활에 관한 정보관리체계를 확립하여야 한다. 〈개정 2020. 5. 19.〉

제12조(가정의 날) 가정의 중요성을 고취하고 건강가정을 위한 개인 · 가정 · 사회의 적극적인 참여분위기를 조성하기 위하여 매년 5월을 가정의 달로 하고, 5월 15일을 가정의 날로 한다.

제2장 건강가정정책

제13조 삭제 〈2011. 9. 15.〉

제14조 삭제 〈2011. 9. 15.〉

제15조(건강가정기본계획의 수립) ① 여성가족부장관은 관계 중앙행정기관의 장과 협의하여 건강가정기본계획(이하 "기본계획"이라 한다)을 5년마다 수립하여야 한다. 〈개정 2005. 3. 24., 2008. 2. 29., 2010. 1. 18., 2011. 9. 15.〉
② 기본계획에는 다음 각호의 사항이 포함되어야 한다. 〈개정 2018. 1. 16.〉
1. 가족기능의 강화 및 가정의 잠재력개발을 통한 가정의 자립 증진 대책
2. 사회통합과 문화계승을 위한 가족공동체문화의 조성
3. 다양한 가족의 욕구충족을 통한 건강가정 구현
4. 민주적인 가족관계와 양성평등적인 역할분담
5. 가정친화적인 사회환경의 조성
6. 가족의 양육 · 부양 등의 부담완화와 가족해체예방을 통한 사회비용 절감
7. 위기가족에 대한 긴급 지원책
8. 가족의 건강증진을 통한 건강사회 구현
9. 가족지원정책의 추진과 관련한 재정조달 방안
10. 1인가구의 복지 증진을 위한 대책
③ 기본계획은 국무회의의 심의를 거쳐 확정한다.
④ 여성가족부장관은 확정된 기본계획을 지체없이 국회 소관 상임위원회에 보고하고, 관계 중앙행정기관의 장 및 지방자치단체의 장에게 통보하여야 한다. 〈개정 2005. 3. 24., 2008. 2. 29., 2010. 1. 18., 2011. 9. 15., 2020. 5. 19.〉

제16조(연도별 시행계획의 수립 · 시행 등) ① 여성가족부장관, 관계중앙행정기관의 장 및 지방자치단체의 장은 매년 기본계획에 따라 건강가정시행계획(이하 "시행계획"이라 한다)을 수립 · 시행 및 평가하여야 한다. 이 경우 관계중앙행정기관의 장 및 지방자치단체의 장은 그 시행계획 및 추진실적을 매년 여성가족부장관에게 제출하여야 한다. 〈개정 2005. 3. 24., 2008. 2. 29., 2010. 1. 18., 2011. 9. 15.〉
② 시행계획의 수립 · 추진 및 평가에 관하여 필요한 사항은 대통령령으로 정한다.

제17조(시 · 도별 시행계획의 조정 등) ① 여성가족부장관은 기본계획에 기초하여 지방자치단체별 시행계획을 조정하고 그 이행상황을 점검하여야 한다. 〈개정 2005. 3. 24., 2008. 2. 29., 2010. 1. 18., 2011. 9. 15.〉

② 여성가족부장관은 지방자치단체별 시행계획이 기본계획 및 중앙행정기관의 시행계획에 위배되는 경우에는 해당 지방자치단체의 장에게 이를 변경하도록 요구할 수 있다. 〈개정 2005. 3. 24., 2008. 2. 29., 2010. 1. 18., 2011. 9. 15., 2016. 12. 20.〉

제18조(계획수립의 협조) ① 여성가족부장관, 관계중앙행정기관의 장 및 지방자치단체의 장은 기본계획 또는 시행계획의 수립 · 시행을 위하여 필요한 때에는 관계공공기관 · 사회단체 그 밖의 민간기업체의 장에게 협조를 요청할 수 있다. 〈개정 2005. 3. 24., 2008. 2. 29., 2010. 1. 18., 2011. 9. 15.〉

② 제1항의 규정에 의하여 협조요청을 받은 자는 특별한 사유가 없는 한 이에 응하여야 한다.

제19조(교육 · 연구의 진흥) ① 국가 및 지방자치단체는 건강가정과 관련된 연구를 진흥하고 전문가를 양성하여야 한다.

② 국가 및 지방자치단체는 건강가정을 위한 교육프로그램을 지속적으로 개발 · 제공하여야 한다.

제20조(가족실태조사) ① 국가 및 지방자치단체는 개인과 가족의 생활실태를 파악하고, 건강가정 구현 및 가정문제 예방 등을 위한 서비스의 욕구와 수요를 파악하기 위하여 3년마다 가족실태조사를 실시하고 그 결과를 발표하여야 한다. 〈개정 2020. 5. 19.〉

② 제1항에 따른 가족실태조사에는 1인가구의 연령별 · 성별 · 지역별 현황과 정책 수요 등에 관한 사항이 포함되어야 한다. 〈신설 2018. 1. 16.〉

③ 제1항의 규정에 의한 가족실태조사를 위하여 필요한 사항은 여성가족부령으로 정한다. 〈개정 2005. 3. 24., 2008. 2. 29., 2010. 1. 18., 2018. 1. 16.〉

제3장 건강가정사업

제21조(가정에 대한 지원) ① 국가 및 지방자치단체는 가정이 원활한 기능을 수행하도록 지원하여야 한다.

② 제1항의 규정에 의하여 지원하여야 할 사항은 다음 각호와 같다.

1. 가족구성원의 정신적 · 신체적 건강지원
2. 소득보장 등 경제생활의 안정
3. 안정된 주거생활
4. 태아검진 및 출산 · 양육의 지원
5. 직장과 가정의 양립
6. 음란물 · 유흥가 · 폭력 등 위해환경으로부터의 보호
7. 가정폭력으로부터의 보호
8. 가정친화적 사회분위기의 조성
9. 그 밖에 건강한 가정의 기능을 강화 · 지원할 수 있는 관련 사항

③ 국가 및 지방자치단체는 임신 · 출산 · 수유 및 육아와 관련된 모 · 부성권 보장을 위한 육아휴직 및 유급휴가시책이 확산되도록 노력하여야 한다. 〈개정 2016. 5. 29.〉

④ 국가 및 지방자치단체는 한부모가족, 노인단독가정, 장애인가정, 미혼모가정, 공동생활가정, 자활공동체 등 사회적 보호를 필요로 하는 가정에 대하여 적극적으로 지원하여야 한다. 〈개정 2007. 10. 17.〉

⑤ 제2항 및 제4항의 규정에 의한 국가 및 지방자치단체의 지원에 관한 세부적 사항은 관계법률이 정하는 바에 의한다.

제21조의2(위기가족긴급지원) ① 국가와 지방자치단체는 「재난 및 안전관리 기본법」 제3조 제1호에 따른 재난 중 대통령령으로 정하는 재난에 의하여 가족의 부양 · 양육 · 보호 · 교육 등 가족기능이 현저하게 저하된 경우 원활한 가족기능을 수행하는 데에 긴급하게 필요한 범위에서 지원(이하 "위기가족긴급지원"이라 한다)을 하여야 한다.

② 위기가족긴급지원의 종류 및 내용은 다음 각 호와 같다.

1. 아이돌봄지원, 가사돌봄지원 등 가족돌봄
2. 가족상담, 집단프로그램, 자조모임 운영 등 가족의 심리 · 정서지원
3. 법률구조, 의료지원, 복지서비스 등 연계
4. 그 밖에 여성가족부장관이 필요하다고 인정하는 지원

③ 제2항의 지원기간은 1년 이내로 한다. 다만, 제2항제2호의 심리 · 정서지원의 지원기간은 3년 이내로 하되, 필요한 경우 1년의 범위에서 한 번 연장할 수 있다.

④ 위기가족긴급지원의 절차 및 방법 등에 필요한 사항은 대통령령으로 정한다.

⑤ 「긴급복지지원법」 등 다른 법률에 따른 이 법의 지원내용과 동일한 내용의 지원을 받고 있는 경우에는 이 법에 따른 지원을 하지 아니한다.

[본조신설 2016. 5. 29.]

제21조의3(위기가족긴급지원에 관한 정보의 이용) 여성가족부장관 또는 지방자치단체의 장은 위기가족긴급지원을 위하여 필요한 경우 국가 및 지방자치단체, 공공기관에서 확보하고 있는 위기가족긴급지원 관련 성명, 주소, 연락처 등의 정보를 요청할 수 있으며, 수집된 정보를 가공 또는 이용할 수 있다.

[본조신설 2016. 5. 29.]

제21조의4(위기가족긴급지원에 대한 비용의 지원) 국가와 지방자치단체는 위기가족긴급지원에 필요한 비용의 전부 또는 일부를 지원할 수 있다.

[본조신설 2016. 5. 29.]

제22조(자녀양육지원의 강화) ① 국가 및 지방자치단체는 자녀를 양육하는 가정에 대하여 자녀양육으로 인한 부담을 완화하고 아동의 행복추구권을 보장하기 위하여 보육, 방과후 서비스, 양성이 평등한 육아휴직제 등의 정책을 적극적으로 확대 시행하여야 한다. 〈개정 2011. 9. 15.〉

② 국가 및 지방자치단체는 다양한 가족형태를 고려하여 아동양육지원사업 시책(아이돌보미 서비스를 포함한다. 이하 같다)을 수립 · 시행하여야 한다. 〈신설 2011. 9. 15.〉

③ 국가 및 지방자치단체는 아동양육지원사업을 예산의 범위에서 지원할 수 있다. 〈신설 2011. 9. 15.〉

④ 국가 및 지방자치단체는 가사노동의 가치에 대한 사회적 인식을 제고하고 이를 관련법 · 제도 및 가족정책에 반영하도록 노력하여야 한다. 〈개정 2011. 9. 15.〉

제23조(가족단위 복지증진) ① 국가 및 지방자치단체는 사회보험 · 공공부조 등 사회보장제도의 운용과 관련하여 보험료의 산정 · 부과, 급여 등을 운용함에 있어서 가족을 지지하

는 시책을 개발 · 추진하여야 한다.

② 국가 및 지방자치단체는 경제 · 사회, 교육 · 문화, 체육, 지역사회개발 등 각 분야의 제도 · 정책 및 사업을 수립 · 추진함에 있어 가족을 우대하는 방안을 강구하여야 한다.

제24조(가족의 건강증진) 국가 및 지방자치단체는 영 · 유아, 아동, 청소년, 중 · 장년, 노인 등 생애주기에 따르는 가족구성원의 종합적인 건강증진대책을 마련하여야 한다. 〈개정 2011. 9. 15.〉

제25조(가족부양의 지원) ① 국가 및 지방자치단체는 영 · 유아 혹은 노인 등 부양지원을 요하는 가족구성원이 있는 가정에 대하여 부양부담을 완화하기 위한 시책을 적극적으로 강구하여야 한다.

② 국가 및 지방자치단체는 질환이나 장애로 가족내 수발을 요하는 가족구성원이 있는 가정을 적극 지원하며, 보호시설을 이용할 수 있도록 전문보호시설을 확대하여야 한다.

③ 국가 및 지방자치단체는 가족구성원중 장기요양을 필요로 하는 질병이나 사고로 간병을 요할 경우 가족간호를 위한 휴가 등의 시책을 마련하여야 한다.

제26조(민주적이고 양성평등한 가족관계의 증진) ① 국가 및 지방자치단체는 부부 및 세대간에 가족갈등이 있는 경우 이를 예방 · 상담하고, 민주적이고 양성평등한 가족관계를 증진시킬 수 있도록 가족지원서비스를 확대하고, 다양한 가족생활교육 · 부모교육 · 가족상담 · 평등가족홍보 등을 추진하여야 한다.

② 국가 및 지방자치단체는 가정폭력이 있는 가정의 경우 가정폭력피해자와 피해자 가족에 대한 개입에 있어 전문가의 체계적인 개입과 서비스가 이루어지도록 노력하여야 한다.

제27조(가족단위의 시민적 역할증진) ① 국가 및 지방자치단체는 가족의 결속력과 가족구성원의 발전을 위하여 가족이 시민으로서의 역할을 증진할 수 있는 기회와 서비스를 제공하여야 한다.

② 국가 및 지방자치단체는 가족단위의 자원봉사참여가 확대되도록 노력하여야 한다.

제28조(가정생활문화의 발전) ① 국가 및 지방자치단체는 건강가정의 생활문화를 고취하고 그에 대한 지원정책을 수립하여야 한다.

② 국가 및 지방자치단체가 지원하여야 하는 건강가정의 생활문화는 다음 각호의 사항을 포함한다.

1. 가족여가문화
2. 양성평등한 가족문화
3. 가족단위 자원봉사활동
4. 건강한 의식주 생활문화
5. 합리적인 소비문화
6. 지역사회 공동체문화
7. 그 밖에 건강가정의 생활문화와 관련된 사항

제29조(가정의례) ① 개인과 가정은 건전한 가정의례를 확립하도록 노력하여야 한다.

② 국가 및 지방자치단체는 건전한 가정의례를 확립하기 위한 지원정책을 수립하여야 한다.

제30조(가정봉사원) ① 국가 및 지방자치단체는 건강한 가정을 유지하기 위하여 필요한 경우에는 가정을 방문하여 가사 · 육아 · 산후조리 · 간병 등을 돕는 가정봉사원(이하 "가

정봉사원"이라 한다)을 지원할 수 있다.

② 가정봉사원은 여성가족부령이 정하는 바에 따라 교육을 받아야 한다. 〈개정 2005. 3. 24., 2008. 2. 29., 2010. 1. 18.〉

③ 국가 및 지방자치단체는 가정봉사원에게 예산의 범위안에서 일정금액을 지급할 수 있다.

④ 가정봉사원의 지원에 관하여 필요한 사항은 여성가족부령으로 정한다. 〈개정 2005. 3. 24., 2008. 2. 29., 2010. 1. 18.〉

제31조(이혼예방 및 이혼가정지원) ① 국가 및 지방자치단체는 이혼하고자 하는 부부가 이혼 전 상담을 받을 수 있게 하는 등 이혼조정을 내실화 할 수 있도록 필요한 조치를 강구하여야 한다.

② 국가 및 지방자치단체는 이혼의 의사가 정해진 가족에 대하여 이들 가족이 자녀양육 · 재산 · 정서 등의 제반문제를 준비할 수 있도록 도움을 주는 지원서비스를 제공하도록 하여야 한다.

③ 국가 및 지방자치단체는 이혼한 가족에 대하여 양육비에 대한 집행력의 실효성을 강화하고 그 적용대상을 확대하도록 하여야 한다.

제32조(건강가정교육) ① 국가 및 지방자치단체는 건강가정교육을 실시하여야 한다.

② 제1항의 규정에 의한 교육내용에는 다음 각호의 사항이 포함되어야 한다.

1. 결혼준비교육
2. 부모교육
3. 가족윤리교육
4. 가족가치실현 및 가정생활관련 교육 등

③ 제1항의 규정에 의한 건강가정교육에 관하여 필요한 사항은 여성가족부령으로 정한다. 〈개정 2005. 3. 24., 2008. 2. 29., 2010. 1. 18.〉

제33조(자원봉사활동의 지원) 국가 및 지방자치단체는 건강가정과 관련되는 자원봉사활동사업을 육성하고 장려하여야 한다.

제4장 건강가정전담조직 등

제34조(건강가정사업의 전담수행) 여성가족부 및 지방자치단체는 건강가정사업에 관한 업무를 전담하여 수행할 수 있도록 하여야 한다. 〈개정 2005. 3. 24., 2008. 2. 29., 2010. 1. 18., 2011. 9. 15.〉

제34조의2(한국건강가정진흥원의 설립 등) ① 다양한 가족의 삶의 질 제고 및 가족역량 강화를 위한 가족정책을 효율적이고 체계적으로 지원하기 위하여 한국건강가정진흥원(이하 "진흥원"이라 한다)을 설립한다.

② 진흥원은 법인으로 한다.

③ 진흥원은 그 주된 사무소의 소재지에서 설립등기를 함으로써 성립한다.

④ 진흥원의 정관에는 다음 각 호의 사항이 포함되어야 한다. 〈신설 2020. 5. 19.〉

1. 목적
2. 명칭
3. 주된 사무소가 있는 곳

4. 자산에 관한 사항
5. 임원 및 직원에 관한 사항
6. 이사회의 운영
7. 사업범위 및 내용과 그 집행
8. 회계
9. 공고의 방법
10. 정관의 변경
11. 그 밖에 진흥원의 운영에 관한 중요 사항

⑤ 진흥원이 정관의 기재사항을 변경하려는 경우에는 여성가족부장관의 인가를 받아야 한다. 〈신설 2020. 5. 19.〉

⑥ 진흥원에는 정관으로 정하는 바에 따라 임원과 필요한 직원을 둔다. 〈개정 2020. 5. 19.〉

⑦ 진흥원은 다음 각 호의 사업을 한다. 〈개정 2020. 5. 19.〉

1. 가족상담 및 가족교육 사업
2. 가족친화 사회환경 조성사업
3. 아이돌봄 및 자녀양육지원 사업
4. 「양육비 이행확보 및 지원에 관한 법률」에 따른 양육비 이행 전담기관 운영
5. 다문화가족, 한부모가족, 조손가족 등 취약 가족의 역량강화 지원 사업
6. 다문화가족의 사회통합지원 사업
7. 제35조의 건강가정지원센터, 「다문화가족지원법」 제12조의 다문화가족지원센터 및 「가족친화 사회환경의 조성 촉진에 관한 법률」 제19조의 가족친화지원센터의 사업 관리 및 종사자 교육훈련
8. 가족사업 관련 대내외 교류 및 협력 사업
9. 가족정책 및 사업개발을 위한 조사, 연구
10. 제1호부터 제9호까지의 사업에 부수되는 사업 또는 이와 관련하여 국가기관 등으로부터 위탁받은 사업
11. 그 밖에 진흥원의 목적달성을 위하여 정관으로 정하는 사항

⑧ 정부는 예산의 범위에서 진흥원의 사업과 운영에 필요한 경비를 출연할 수 있다. 〈개정 2020. 5. 19.〉

⑨ 진흥원은 「기부금품의 모집 및 사용에 관한 법률」에도 불구하고 자발적으로 기탁되는 금품을 사업목적에 부합하는 범위에서 접수할 수 있으며 접수 절차 등에 관한 사항은 진흥원의 장이 별도로 정한다. 〈신설 2016. 3. 2., 2020. 5. 19.〉

⑩ 진흥원에 관하여는 이 법에서 규정한 것을 제외하고는 「민법」 중 재단법인에 관한 규정을 준용한다. 〈개정 2016. 3. 2., 2020. 5. 19.〉

[본조신설 2014. 3. 24.]

제35조(건강가정지원센터의 설치) ① 국가 및 지방자치단체는 가정문제의 예방 · 상담 및 치료, 건강가정의 유지를 위한 프로그램의 개발, 가족문화운동의 전개, 가정관련 정보 및 자료제공 등을 위하여 건강가정지원센터(이하 "센터"라 한다)를 설치 · 운영하여야 한다. 〈개정 2011. 9. 15.〉

② 센터에는 건강가정사업을 수행하기 위하여 관련분야에 대한 학식과 경험을 가진전문가(이하 "건강가정사"라 한다)를 두어야 한다.

③ 건강가정사는 다음 각 호의 요건을 모두 갖춘 사람이어야 한다. 〈개정 2018. 1. 16.〉

1. 대학 또는 이와 동등 이상의 학교를 졸업할 것(법령에 따라 이와 같은 수준 이상의 학력이 있다고 인정되는 경우를 포함한다)

2. 제1호에 따른 학력 취득과정이나 그 밖에 여성가족부장관이 인정하는 방법으로 사회복지학 · 가정학 · 여성학 등 여성가족부령으로 정하는 관련 교과목을 이수할 것

④ 센터의 조직 · 운영 및 건강가정사의 자격 · 직무에 관하여 필요한 사항은 대통령령으로 정한다.

⑤ 센터의 운영은 여성가족부령이 정하는 바에 의하여 민간에 위탁할 수 있다. 〈개정 2005. 3. 24., 2008. 2. 29., 2010. 1. 18.〉

⑥ 국가 및 지방자치단체는 센터의 설치 · 운영에 필요한 비용의 전부 또는 일부를 지원할 수 있다. 〈신설 2020. 5. 19.〉

제35조의2(유사명칭의 사용금지) 이 법에 따른 센터가 아닌 자는 건강가정지원센터 또는 이와 유사한 명칭을 사용하지 못한다.

[본조신설 2011. 9. 15.]

제5장 보칙

제36조(민간단체 등의 지원) 국가 및 지방자치단체는 건강가정사업을 수행하는 단체 또는 개인에 대하여 필요한 비용의 전부 또는 일부를 보조하거나 그 업무수행에 필요한 지원을 할 수 있다.

제37조(과태료) ① 제35조의2를 위반한 자에게는 300만원 이하의 과태료를 부과한다.

② 제1항에 따른 과태료는 대통령령으로 정하는 바에 따라 여성가족부장관 또는 지방자치단체의 장이 부과 · 징수한다.

[본조신설 2011. 9. 15.]

부칙 〈제17280호, 2020. 5. 19.〉

이 법은 공포한 날부터 시행한다.

건강가정기본법 시행령

[시행 2019. 1. 1] [대통령령 제29421호, 2018. 12. 24, 타법개정]

여성가족부(가족정책과) 02-2100-6282

제1조(목적) 이 영은 「건강가정기본법」에서 위임된 사항과 그 시행에 필요한 사항을 규정함을 목적으로 한다.

제2조(연도별 시행계획의 수립 · 평가 등) ① 여성가족부장관은 「건강가정기본법」(이하 "법"이라 한다) 제16조제1항에 따라 관계 중앙행정기관의 장 및 지방자치단체의 장이 건강가정시행계획(이하 이 조에서 "시행계획"이라 한다)을 수립할 수 있도록 필요한 지침을 정하여 매년 11월 30일까지 관계 중앙행정기관의 장 및 지방자치단체의 장에게 통보하여야 한다.

② 시장 · 군수 · 구청장(자치구의 구청장을 말한다. 이하 같다)은 매년 12월 31일까지 해당 연도의 시행계획 추진실적과 제1항의 지침에 따라 수립한 다음 연도의 시행계획을 특별시장 · 광역시장 · 도지사에게 제출하여야 한다.

③ 관계 중앙행정기관의 장, 특별시장 · 광역시장 · 도지사 및 특별자치도지사는 매년 1월 31일까지 전년도의 시행계획 추진실적과 제1항의 지침에 따라 수립한 해당 연도의 시행계획을 여성가족부장관에게 제출하여야 한다. 이 경우 특별시장 · 광역시장 · 도지사는 제2항에 따라 시장 · 군수 · 구청장이 제출한 시행계획 및 추진실적을 포함하여 제출하여야 한다.

④ 여성가족부장관은 제3항에 따라 제출받은 관계 중앙행정기관 및 지방자치단체의 시행계획 추진실적과 여성가족부의 시행계획 추진실적을 종합하여 성과를 평가하여야 한다. 이 경우 여성가족부장관은 평가에 필요한 조사 · 분석 등을 전문기관에 의뢰할 수 있다.

⑤ 여성가족부장관은 제3항에 따라 제출받은 지방자치단체의 시행계획을 법 제17조에 따라 조정하거나 그 변경을 요구하기 위하여 필요한 경우 관련 분야 전문가의 의견을 들을 수 있다.

제2조의2(재난의 범위) 법 제21조의2제1항에서 "대통령령으로 정하는 재난"이란 다음 각 호의 어느 하나에 해당하는 재난을 말한다.

1. 「재난 및 안전관리 기본법」 제60조제1항에 따른 재난
2. 제1호의 재난에 준하는 재난으로서 여성가족부장관이 법 제21조의2제1항에 따른 위기가족긴급지원(이하 "위기가족긴급지원"이라 한다)을 위하여 필요하다고 인정하는 재난

[본조신설 2016. 11. 22.]

제2조의3(위기가족긴급지원의 절차 및 방법) ① 누구든지 제2조의2에 따른 재난으로 가족의 부양 · 양육 · 보호 · 교육 등 가족기능이 현저하게 저하된 가족(이하 "위기가족긴급지원 대상 가족"이라 한다)을 발견한 경우에는 관할 지방자치단체의 장에게 위기가족긴급지원을 요청할 수 있다.

② 제1항에 따른 요청을 받은 지방자치단체의 장은 지체 없이 위기가족긴급지원 업무를

수행하는 공무원 또는 법 제35조에 따른 건강가정지원센터(이하 "위기가족긴급지원 담당공무원등"이라 한다)로 하여금 위기가족긴급지원대상 가족의 거주지 등을 방문하여 위기가족긴급지원이 필요한지를 확인하게 하여야 한다.

③ 지방자치단체의 장은 제2항에 따른 확인을 위하여 필요한 경우에는 관할 경찰관서 또는 관할 소방관서 등 관계 행정기관의 장에게 협조를 요청할 수 있다. 이 경우 관계 행정기관의 장은 정당한 사유가 없으면 그 요청에 따라야 한다.

④ 지방자치단체의 장은 제2항에 따른 확인 결과 위기가족긴급지원이 필요하다고 인정하는 경우에는 지체 없이 위기가족긴급지원의 종류와 내용을 결정하여 지원을 하여야 한다.

⑤ 제4항에도 불구하고 지방자치단체의 장은 위기가족긴급지원대상 가족에 대하여 신속히 지원할 필요가 있다고 판단되는 경우에는 위기가족긴급지원의 종류와 내용을 결정하기 전에 위기가족긴급지원 담당공무원등으로 하여금 필요한 지원을 하게 할 수 있다.

⑥ 제2항에 따른 확인을 하는 위기가족긴급지원 담당공무원등은 권한을 표시하는 증표를 지니고 이를 관계인에게 보여 주어야 한다.

[본조신설 2016. 11. 22.]

제3조(건강가정지원센터의 조직 등) ① 법 제35조제1항에 따라 국가 및 지방자치단체가 설치·운영하는 건강가정지원센터에는 센터장과 건강가정사업의 수행에 필요한 팀을 둔다.

② 제1항에 따라 국가가 설치·운영하는 건강가정지원센터의 센터장은 연도별로 사업계획을 수립하고, 해당 건강가정지원센터의 조직·인사·복무·보수·회계·물품·문서의 처리에 관한 규정을 정한 후 이에 따라 사무를 처리하여야 한다.

③ 제1항에 따라 지방자치단체가 설치·운영하는 건강가정지원센터의 조직과 운영에 필요한 사항은 해당 지방자치단체의 조례로 정한다.

제4조(건강가정사의 직무) 법 제35조제2항에 따른 건강가정사의 직무는 다음 각 호와 같다.

1. 가정문제의 예방·상담 및 개선
2. 건강가정의 유지를 위한 프로그램의 개발
3. 건강가정 실현을 위한 교육[민주적이고 양성(兩性) 평등적인 가족관계 교육을 포함한다]
4. 가정생활문화운동의 전개
5. 가정 관련 정보 및 자료 제공
6. 가정에 대한 방문 및 실태 파악
7. 아동보호전문기관 등 지역사회자원과의 연계
8. 그 밖에 건강가정사업과 관련하여 여성가족부장관이 정하는 활동

제4조의2 삭제 〈2018. 12. 24.〉

제5조(과태료의 부과·징수) 법 제37조제2항에 따른 과태료는 별표의 부과기준에 따라 여성가족부장관이 부과·징수한다.

부칙 〈제29421호, 2018. 12. 24.〉

이 영은 2019년 1월 1일부터 시행한다.

건강가정기본법 시행규칙

[시행 2016. 6. 7] [여성가족부령 제91호, 2016. 6. 7, 일부개정]

여성가족부(가족정책과) 02-2100-6282

제1조(목적) 이 규칙은 건강가정기본법 및 동법시행령에서 위임된 사항과 그 시행에 관하여 필요한 사항을 규정함을 목적으로 한다.

제2조(가족실태조사의 실시 등) ① 건강가정기본법(이하 "법"이라 한다) 제20조의 규정에 의하여 여성가족부장관은 2005년을 기준연도로 하여 전국을 대상으로 하는 가족실태조사를 실시하고, 특별시장 · 광역시장 · 도지사(이하 "시 · 도지사"라 한다) 또는 시장 · 군수 · 구청장(자치구의 구청장에 한한다. 이하 같다)은 관할 지역을 대상으로 필요한 경우에 가족실태조사를 실시한다. 〈개정 2005. 6. 23., 2008. 3. 3., 2010. 3. 19.〉

② 제1항의 규정에 의한 가족실태조사에는 다음 각호의 사항이 포함되어야 한다. 〈개정 2005. 6. 23., 2008. 3. 3., 2010. 3. 19.〉

1. 성별 · 연령 · 학력 · 혼인상태 · 취업상태 · 건강상태 등 가족구성원의 일반특성에 관한 사항
2. 소득 · 지출 · 자산 등 가족의 경제상태에 관한 사항
3. 가정의 형성 · 유지와 관련한 가족의 가치관에 관한 사항
4. 혼인 · 출산 · 자녀양육 · 가족부양 · 가족역할 등 가족행태에 관한 사항
5. 부부관계 · 부모자녀관계 등 가족관계에 관한 사항
6. 의식주 · 소비 · 여가 · 정보이용 등 생활양식에 관한 사항
7. 가족갈등 · 가족해체 등 가족문제에 관한 사항
8. 건강가정관련 교육 · 상담 · 가정봉사원의 이용 등 서비스 욕구에 관한 사항
9. 그 밖에 건강가정에 관한 사항으로서 여성가족부장관이 필요하다고 인정하는 사항

③ 여성가족부장관은 사회환경의 급격한 변동 등으로 추가적인 조사가 필요한 때에는 제1항의 규정에 의한 가족실태조사 외에 임시조사를 실시하여 이를 보완할 수 있다. 〈개정 2005. 6. 23., 2008. 3. 3., 2010. 3. 19.〉

제3조(가정봉사원의 교육 등) ① 법 제30조제2항의 규정에 의하여 가정봉사원은 법 제35조제1항의 규정에 의한 건강가정지원센터에서 가사 · 육아 · 산후조리 · 간병 등에 관한 이론교육과 실습교육을 매년 16시간 이상 받아야 한다. 이 경우 이론교육은 건강가정지원센터에 출석하여 받는 교육과 동일한 내용의 시청각교육으로 갈음할 수 있다.

② 여성가족부장관 및 지방자치단체의 장은 제1항의 규정에 의한 가정봉사원의 교육에 소요되는 비용의 전부 또는 일부를 건강가정지원센터에 보조할 수 있다. 〈개정 2005. 6. 23., 2008. 3. 3., 2010. 3. 19.〉

제4조(건강가정교육계획의 수립 등) 여성가족부장관 및 시 · 도지사는 법 제32조제1항의 규정에 의하여 매년 건강가정교육에 관한 계획을 수립 · 시행하고, 건강가정에 관한 교재 · 교구 등을 개발 · 보급하여야 한다. 〈개정 2005. 6. 23., 2008. 3. 3., 2010. 3. 19.〉

제5조(건강가정사의 이수교과목) 법 제35조제3항의 규정에 의한 관련 교과목은 별표와 같다.

제6조(건강가정지원센터의 위탁운영) 국가 및 지방자치단체는 법 제35조제5항의 규정에 의

하여 다음 각호의 어느 하나에 해당하는 민간기관에 건강가정지원센터의 운영을 위탁할 수 있다. 〈개정 2016. 6. 7.〉

1. 「민법」제32조에 따라 설립된 건강가정사업 관련 비영리법인
2. 「고등교육법」제2조에 따른 학교
3. 「사회복지사업법」 제2조제3호에 따른 사회복지법인
4. 「공익법인의 설립 · 운영에 관한 법률」 제2조에 따른 공익법인
5. 「비영리민간단체지원법」제2조에 따른 건강가정사업 관련 비영리단체
6. 「협동조합 기본법」제2조제3호에 따른 사회적협동조합
7. 그 밖에 여성가족부장관이 건강가정사업을 위한 시설 및 전문인력을 갖추었다고 인정하는 비영리법인 또는 단체

제7조(규제의 재검토) 여성가족부장관은 제5조 및 별표에 따른 건강가정사의 이수교과목에 대하여 2015년 1월 1일을 기준으로 매 2년마다(매 2년이 되는 해의 기준일과 같은 날 전까지를 말한다) 그 타당성을 검토하여 개선 등의 조치를 하여야 한다.
[본조신설 2014. 12. 12.]

부칙 〈제91호, 2016. 6. 7.〉

이 규칙은 공포한 날부터 시행한다.

다문화가족지원법(약칭: 다문화가족법)

[시행 2020. 5. 19] [법률 제17281호, 2020. 5. 19, 일부개정]

여성가족부(다문화가족과) 02-2100-6372

제1조(목적) 이 법은 다문화가족 구성원이 안정적인 가족생활을 영위하고 사회구성원으로서의 역할과 책임을 다할 수 있도록 함으로써 이들의 삶의 질 향상과 사회통합에 이바지함을 목적으로 한다. 〈개정 2015. 12. 22.〉

제2조(정의) 이 법에서 사용하는 용어의 뜻은 다음과 같다. 〈개정 2011. 4. 4., 2015. 12. 1.〉

1. "다문화가족"이란 다음 각 목의 어느 하나에 해당하는 가족을 말한다.

가. 「재한외국인 처우 기본법」 제2조제3호의 결혼이민자와 「국적법」 제2조부터 제4조까지의 규정에 따라 대한민국 국적을 취득한 자로 이루어진 가족

나. 「국적법」 제3조 및 제4조에 따라 대한민국 국적을 취득한 자와 같은 법 제2조부터 제4조까지의 규정에 따라 대한민국 국적을 취득한 자로 이루어진 가족

2. "결혼이민자등"이란 다문화가족의 구성원으로서 다음 각 목의 어느 하나에 해당하는 자를 말한다.

가. 「재한외국인 처우 기본법」 제2조제3호의 결혼이민자

나. 「국적법」 제4조에 따라 귀화허가를 받은 자

3. "아동·청소년"이란 24세 이하인 사람을 말한다.

제3조(국가와 지방자치단체의 책무) ① 국가와 지방자치단체는 다문화가족 구성원이 안정적인 가족생활을 영위하고 경제·사회·문화 등 각 분야에서 사회구성원으로서의 역할과 책임을 다할 수 있도록 필요한 제도와 여건을 조성하고 이를 위한 시책을 수립·시행하여야 한다. 〈개정 2015. 12. 22.〉

② 특별시·광역시·특별자치시·도·특별자치도 및 시·군·구(자치구를 말한다. 이하 같다)에는 다문화가족 지원을 담당할 기구와 공무원을 두어야 한다. 〈신설 2012. 2. 1., 2015. 12. 1.〉

③ 국가와 지방자치단체는 이 법에 따른 시책 중 외국인정책 관련 사항에 대하여는 「재한외국인 처우 기본법」 제5조부터 제9조까지의 규정에 따른다. 〈개정 2012. 2. 1.〉

제3조의2(다문화가족 지원을 위한 기본계획의 수립) ① 여성가족부장관은 다문화가족 지원을 위하여 5년마다 다문화가족정책에 관한 기본계획(이하 "기본계획"이라 한다)을 수립하여야 한다.

② 기본계획에는 다음 각 호의 사항을 포함하여야 한다. 〈개정 2015. 12. 22.〉

1. 다문화가족 지원 정책의 기본 방향
2. 다문화가족 지원을 위한 분야별 발전시책과 평가에 관한 사항
3. 다문화가족 지원을 위한 제도 개선에 관한 사항

3의2. 다문화가족 구성원의 경제·사회·문화 등 각 분야에서 활동 증진에 관한 사항

4. 다문화가족 지원을 위한 재원 확보 및 배분에 관한 사항
5. 그 밖에 다문화가족 지원을 위하여 필요한 사항

③ 여성가족부장관은 기본계획을 수립할 때에는 미리 관계 중앙행정기관의 장과 협의하

여야 한다.

④ 기본계획은 제3조의4에 따른 다문화가족정책위원회의 심의를 거쳐 확정한다. 이 경우 여성가족부장관은 확정된 기본계획을 지체 없이 국회 소관 상임위원회에 보고하고, 관계 중앙행정기관의 장과 특별시장 · 광역시장 · 특별자치시장 · 도지사 · 특별자치도지사(이하 "시 · 도지사"라 한다)에게 알려야 한다. 〈개정 2015. 12. 1., 2020. 5. 19.〉

⑤ 여성가족부장관은 기본계획을 수립하기 위하여 필요하다고 인정하는 경우 관계 기관의 장에게 기본계획의 수립에 필요한 자료의 제출을 요구할 수 있다.

⑥ 제5항에 따라 자료의 제출을 요구받은 관계 기관의 장은 정당한 사유가 없으면 이에 따라야 한다.

[본조신설 2011. 4. 4.]

제3조의3(연도별 시행계획의 수립 · 시행) ① 여성가족부장관, 관계 중앙행정기관의 장과 시 · 도지사는 매년 기본계획에 따라 다문화가족정책에 관한 시행계획(이하 "시행계획"이라 한다)을 수립 · 시행하여야 한다.

② 관계 중앙행정기관의 장과 시 · 도지사는 전년도의 시행계획에 따른 추진실적 및 다음 연도의 시행계획을 대통령령으로 정하는 바에 따라 매년 여성가족부장관에게 제출하여야 한다.

③ 시행계획의 수립 · 시행 및 추진실적의 평가 등에 필요한 사항은 대통령령으로 정한다.

[본조신설 2011. 4. 4.]

제3조의4(다문화가족정책위원회의 설치) ① 다문화가족의 삶의 질 향상과 사회통합에 관한 중요 사항을 심의 · 조정하기 위하여 국무총리 소속으로 다문화가족정책위원회(이하 "정책위원회"라 한다)를 둔다.

② 정책위원회는 다음 각 호의 사항을 심의 · 조정한다.

1. 제3조의2에 따른 다문화가족정책에 관한 기본계획의 수립 및 추진에 관한 사항
2. 제3조의3에 따른 다문화가족정책의 시행계획의 수립, 추진실적 점검 및 평가에 관한 사항
3. 다문화가족과 관련된 각종 조사, 연구 및 정책의 분석 · 평가에 관한 사항
4. 각종 다문화가족 지원 관련 사업의 조정 및 협력에 관한 사항
5. 다문화가족정책과 관련된 국가 간 협력에 관한 사항
6. 그 밖에 다문화가족의 사회통합에 관한 중요 사항으로 위원장이 필요하다고 인정하는 사항

③ 정책위원회는 위원장 1명을 포함한 20명 이내의 위원으로 구성하고, 위원장은 국무총리가 되며, 위원은 다음 각 호의 사람이 된다.

1. 대통령령으로 정하는 중앙행정기관의 장
2. 다문화가족정책에 관하여 학식과 경험이 풍부한 사람 중에서 위원장이 위촉하는 사람

④ 정책위원회에서 심의 · 조정할 사항을 미리 검토하고 대통령령에 따라 위임된 사항을 다루기 위하여 정책위원회에 실무위원회를 둔다.

⑤ 그 밖에 정책위원회 및 실무위원회의 구성 및 운영 등에 필요한 사항은 대통령령으로 정한다.

[본조신설 2011. 4. 4.]

제4조(실태조사 등) ① 여성가족부장관은 다문화가족의 현황 및 실태를 파악하고 다문화가족 지원을 위한 정책수립에 활용하기 위하여 3년마다 다문화가족에 대한 실태조사를 실시하고 그 결과를 공표하여야 한다. 〈개정 2010. 1. 18.〉

② 여성가족부장관은 제1항에 따른 실태조사를 위하여 관계 공공기관 또는 관련 법인 · 단체에 대하여 필요한 자료의 제출 등 협조를 요청할 수 있다. 이 경우 자료의 제출 등 협조를 요청받은 관계 공공기관 또는 관련 법인 · 단체 등은 특별한 사유가 없는 한 이에 협조하여야 한다. 〈개정 2010. 1. 18.〉

③ 여성가족부장관은 제1항에 따른 실태조사를 실시함에 있어서 외국인정책 관련 사항에 대하여는 법무부장관과, 다문화가족 구성원인 아동 · 청소년의 교육현황 및 아동 · 청소년의 다문화가족에 대한 인식 등에 관한 사항에 대하여는 교육부장관과 협의를 거쳐 실시한다. 〈개정 2010. 1. 18., 2011. 4. 4., 2013. 3. 23., 2015. 12. 1., 2017. 3. 21.〉

④ 제1항에 따른 실태조사의 대상 및 방법 등에 필요한 사항은 여성가족부령으로 정한다. 〈개정 2010. 1. 18.〉

제5조(다문화가족에 대한 이해증진) ①국가와 지방자치단체는 다문화가족에 대한 사회적 차별 및 편견을 예방하고 사회구성원이 문화적 다양성을 인정하고 존중할 수 있도록 다문화 이해교육을 실시하고 홍보 등 필요한 조치를 하여야 한다. 〈개정 2011. 4. 4., 2013. 3. 22.〉

② 여성가족부장관은 제1항에 따른 조치를 함에 있어 홍보영상을 제작하여 「방송법」 제2조제3호에 따른 방송사업자에게 배포하여야 한다. 〈신설 2015. 12. 1.〉

③ 여성가족부장관은 「방송법」 제2조제3호에 따른 방송사업자(이하 이 조에서 "방송사업자"라 한다)에게 같은 법 제73조제4항에 따라 대통령령으로 정하는 비상업적 공익광고 편성비율의 범위에서 제2항의 홍보영상을 채널별로 송출하도록 요청할 수 있다. 〈신설 2015. 12. 1., 2020. 5. 19.〉

④ 방송사업자는 제2항의 홍보영상 외에 독자적으로 홍보영상을 제작하여 송출할 수 있다. 이 경우 여성가족부장관에게 필요한 협조 및 지원을 요청할 수 있다. 〈신설 2015. 12. 1., 2020. 5. 19.〉

⑤ 교육부장관과 특별시 · 광역시 · 특별자치시 · 도 · 특별자치도의 교육감은 「유아교육법」 제2조, 「초 · 중등교육법」 제2조 또는「고등교육법」 제2조에 따른 학교에서 다문화가족에 대한 이해를 돕는 교육을 실시하기 위한 시책을 수립 · 시행하여야 한다. 이 경우 제4조에 따른 실태조사의 결과 중 다문화가족 구성원인 아동 · 청소년의 교육현황 및 아동 · 청소년의 다문화가족에 대한 인식 등에 관한 사항을 반영하여야 한다. 〈신설 2011. 4. 4., 2013. 3. 23., 2015. 12. 1., 2017. 3. 21.〉

⑥ 교육부장관과 특별시 · 광역시 · 특별자치시 · 도 · 특별자치도의 교육감은 「유아교육법」 제2조 및 「초 · 중등교육법」 제2조에 따른 학교의 교원에 대하여 대통령령으로 정하는 바에 따라 다문화 이해교육 관련 연수를 실시하여야 한다. 〈신설 2017. 12. 12.〉

제6조(생활정보 제공 및 교육 지원) ① 국가와 지방자치단체는 결혼이민자등이 대한민국에서 생활하는데 필요한 기본적 정보(아동 · 청소년에 대한 학습 및 생활지도 관련 정보를 포함한다)를 제공하고, 사회적응교육과 직업교육 · 훈련 및 언어소통 능력 향상을 위한 한국어교육 등을 받을 수 있도록 필요한 지원을 할 수 있다. 〈개정 2011. 4. 4., 2016. 3. 2.〉

② 국가와 지방자치단체는 결혼이민자등의 배우자 및 가족구성원이 결혼이민자등의 출신 국가 및 문화 등을 이해하는 데 필요한 기본적 정보를 제공하고 관련 교육을 지원할 수 있다. 〈신설 2017. 12. 12.〉

③ 국가와 지방자치단체는 제1항 및 제2항에 따른 교육을 실시함에 있어 거주지 및 가정환경 등으로 인하여 서비스에서 소외되는 결혼이민자등과 배우자 및 그 가족구성원이 없도록 방문교육이나 원격교육 등 다양한 방법으로 교육을 지원하고, 교재와 강사 등의 전문성을 강화하기 위한 시책을 수립 · 시행하여야 한다. 〈신설 2011. 4. 4., 2017. 12. 12.〉

④ 국가와 지방자치단체는 제3항의 방문교육의 비용을 결혼이민자등의 가구 소득수준, 교육의 종류 등 여성가족부장관이 정하여 고시하는 기준에 따라 차등지원할 수 있다. 〈신설 2015. 12. 1., 2017. 12. 12.〉

⑤ 국가와 지방자치단체가 제4항에 따른 비용을 지원함에 있어 비용 지원의 신청, 금융정보 등의 제공, 조사 · 질문 등은 「아이돌봄 지원법」 제22조부터 제25조까지의 규정을 준용한다. 〈신설 2015. 12. 1., 2017. 12. 12.〉

⑥ 결혼이민자등의 배우자 등 다문화가족 구성원은 결혼이민자등이 한국어교육 등 사회적응에 필요한 다양한 교육을 받을 수 있도록 노력하여야 한다. 〈신설 2015. 12. 1., 2017. 12. 12.〉

⑦ 그 밖에 제1항 및 제2항에 따른 정보제공 및 교육에 필요한 사항은 대통령령으로 정한다. 〈개정 2011. 4. 4., 2015. 12. 1., 2017. 12. 12.〉

제7조(평등한 가족관계의 유지를 위한 조치) 국가와 지방자치단체는 다문화가족이 민주적이고 양성평등한 가족관계를 누릴 수 있도록 가족상담, 부부교육, 부모교육, 가족생활교육 등을 추진하여야 한다. 이 경우 문화의 차이 등을 고려한 전문적인 서비스가 제공될 수 있도록 노력하여야 한다.

제8조(가정폭력 피해자에 대한 보호 · 지원) ① 국가와 지방자치단체는 「가정폭력방지 및 피해자보호 등에 관한 법률」에 따라 다문화가족 내 가정폭력을 예방하기 위하여 노력하여야 한다. 〈개정 2011. 4. 4.〉

② 국가와 지방자치단체는 가정폭력으로 피해를 입은 결혼이민자등을 보호 · 지원할 수 있다. 〈신설 2011. 4. 4.〉

③ 국가와 지방자치단체는 가정폭력의 피해를 입은 결혼이민자등에 대한 보호 및 지원을 위하여 외국어 통역 서비스를 갖춘 가정폭력 상담소 및 보호시설의 설치를 확대하도록 노력하여야 한다. 〈개정 2011. 4. 4.〉

④ 국가와 지방자치단체는 결혼이민자등이 가정폭력으로 혼인관계를 종료하는 경우 의사소통의 어려움과 법률체계 등에 관한 정보의 부족 등으로 불리한 입장에 놓이지 아니하도록 의견진술 및 사실확인 등에 있어서 언어통역, 법률상담 및 행정지원 등 필요한 서비스를 제공할 수 있다. 〈개정 2011. 4. 4.〉

제9조(의료 및 건강관리를 위한 지원) ①국가와 지방자치단체는 결혼이민자등이 건강하게 생활할 수 있도록 영양 · 건강에 대한 교육, 산전 · 산후 도우미 파견, 건강검진 등의 의료서비스를 지원할 수 있다. 〈개정 2011. 4. 4.〉

② 국가와 지방자치단체는 결혼이민자등이 제1항에 따른 의료서비스를 제공받을 경우 외국어 통역 서비스를 제공할 수 있다. 〈신설 2011. 4. 4.〉

[제목개정 2011. 4. 4.]

제10조(아동 · 청소년 보육 · 교육) ① 국가와 지방자치단체는 아동 · 청소년 보육 · 교육을 실시함에 있어서 다문화가족 구성원인 아동 · 청소년을 차별하여서는 아니 된다. 〈개정 2015. 12. 1.〉

② 국가와 지방자치단체는 다문화가족 구성원인 아동 · 청소년이 학교생활에 신속히 적응할 수 있도록 교육지원대책을 마련하여야 하고, 특별시 · 광역시 · 특별자치시 · 도 · 특별자치도의 교육감은 다문화가족 구성원인 아동 · 청소년에 대하여 학과 외 또는 방과 후 교육 프로그램 등을 지원할 수 있다. 〈개정 2015. 12. 1.〉

③ 국가와 지방자치단체는 다문화가족 구성원인 18세 미만인 사람의 초등학교 취학 전 보육 및 교육 지원을 위하여 노력하고, 그 구성원의 언어발달을 위하여 한국어 및 결혼이민자등인 부 또는 모의 모국어 교육을 위한 교재지원 및 학습지원 등 언어능력 제고를 위하여 필요한 지원을 할 수 있다. 〈개정 2013. 3. 22., 2015. 12. 1.〉

④ 「영유아보육법」 제10조에 따른 어린이집의 원장, 「유아교육법」 제7조에 따른 유치원의 장, 「초 · 중등교육법」 제2조에 따른 각급 학교의 장, 그 밖에 대통령령으로 정하는 기관의 장은 아동 · 청소년 보육 · 교육을 실시함에 있어 다문화가족 구성원인 아동 · 청소년이 차별을 받지 아니하도록 필요한 조치를 하여야 한다. 〈신설 2015. 12. 1.〉

[제목개정 2015. 12. 1.]

제11조(다국어에 의한 서비스 제공) 국가와 지방자치단체는 제5조부터 제10조까지의 규정에 따른 지원정책을 추진함에 있어서 결혼이민자등의 의사소통의 어려움을 해소하고 서비스 접근성을 제고하기 위하여 다국어에 의한 서비스 제공이 이루어지도록 노력하여야 한다.

제11조의2(다문화가족 종합정보 전화센터의 설치 · 운영 등) ① 여성가족부장관은 다국어에 의한 상담 · 통역 서비스 등을 결혼이민자등에게 제공하기 위하여 다문화가족 종합정보 전화센터(이하 "전화센터"라 한다)를 설치 · 운영할 수 있다. 이 경우 「가정폭력방지 및 피해자보호 등에 관한 법률」 제4조의6제1항 후단에 따른 외국어 서비스를 제공하는 긴급전화센터와 통합하여 운영할 수 있다.

② 여성가족부장관은 전화센터의 설치 · 운영을 대통령령으로 정하는 기관 또는 단체에 위탁할 수 있다.

③ 여성가족부장관은 전화센터의 설치 · 운영을 위탁할 경우 예산의 범위에서 그에 필요한 비용의 전부 또는 일부를 지원할 수 있다.

④ 전화센터의 설치 · 운영에 필요한 사항은 여성가족부령으로 정한다.

[본조신설 2013. 8. 13.]

제12조(다문화가족지원센터의 설치 · 운영 등) ① 국가와 지방자치단체는 다문화가족지원센터(이하 "지원센터"라 한다)를 설치 · 운영할 수 있다.

② 국가 또는 지방자치단체는 지원센터의 설치 · 운영을 대통령령으로 정하는 법인이나 단체에 위탁할 수 있다.

③ 국가 또는 지방자치단체 아닌 자가 지원센터를 설치 · 운영하고자 할 때에는 미리 시 · 도지사 또는 시장 · 군수 · 구청장(자치구의 구청장을 말한다. 이하 같다)의 지정을 받아야 한다.

④ 지원센터는 다음 각 호의 업무를 수행한다. 〈개정 2020. 5. 19.〉

1. 다문화가족을 위한 교육 · 상담 등 지원사업의 실시
2. 결혼이민자등에 대한 한국어교육
3. 다문화가족 지원서비스 정보제공 및 홍보
4. 다문화가족 지원 관련 기관 · 단체와의 서비스 연계
5. 일자리에 관한 정보제공 및 일자리의 알선
6. 다문화가족을 위한 통역 · 번역 지원사업
7. 다문화가족 내 가정폭력 방지 및 피해자 연계 지원
8. 그 밖에 다문화가족 지원을 위하여 필요한 사업

⑤ 지원센터에는 다문화가족에 대한 교육 · 상담 등의 업무를 수행하기 위하여 관련 분야에 대한 학식과 경험을 가진 전문인력을 두어야 한다.

⑥ 국가와 지방자치단체는 제3항에 따라 지정한 지원센터에 대하여 예산의 범위에서 제4항 각 호의 업무를 수행하는 데에 필요한 비용 및 지원센터의 운영에 드는 비용의 전부 또는 일부를 보조할 수 있다. 〈개정 2016. 3. 2.〉

⑦ 제1항, 제2항 및 제3항에 따른 지원센터의 설치 · 운영 기준, 위탁 · 지정 기간 및 절차 등에 필요한 사항은 대통령령으로 정하고, 제5항에 따른 전문인력의 기준 등에 필요한 사항은 여성가족부령으로 정한다.

[전문개정 2012. 2. 1.]

제12조의2(보수교육의 실시) ① 여성가족부장관 또는 시 · 도지사는 지원센터에 두는 전문인력의 자질과 능력을 향상시키기 위하여 보수교육을 실시하여야 한다.

② 제1항에 따른 보수교육의 내용 · 기간 및 방법 등은 여성가족부령으로 정한다.

[본조신설 2012. 2. 1.]

제12조의3(유사명칭 사용 금지) 이 법에 따른 지원센터가 아니면 다문화가족지원센터 또는 이와 유사한 명칭을 사용하지 못한다.

[본조신설 2013. 8. 13.]

제13조(다문화가족 지원업무 관련 공무원의 교육) 국가와 지방자치단체는 다문화가족 지원 관련 업무에 종사하는 공무원의 다문화가족에 대한 이해증진과 전문성 향상을 위하여 교육을 실시할 수 있다.

제13조의2(다문화가족지원사업 전문인력 양성) ① 국가 또는 지방자치단체는 다문화가족지원 및 다문화 이해교육 등의 사업 추진에 필요한 전문인력을 양성하는 데 노력하여야 한다.

② 여성가족부장관은 제1항에 따른 전문인력을 양성하기 위하여 대통령령으로 정하는 바에 따라 대학이나 연구소 등 적절한 인력과 시설 등을 갖춘 기관이나 단체를 전문인력 양성기관으로 지정하여 관리할 수 있다.

③ 국가 또는 지방자치단체는 제2항에 따라 지정된 전문인력 양성기관에 대하여 예산의 범위에서 필요한 경비의 전부 또는 일부를 지원할 수 있다.

④ 제2항에 따른 전문인력 양성기관의 지정 기준 및 절차 등은 대통령령으로 정한다.

[본조신설 2012. 2. 1.]

제14조(사실혼 배우자 및 자녀의 처우) 제5조부터 제12조까지의 규정은 대한민국 국민과 사실혼 관계에서 출생한 자녀를 양육하고 있는 다문화가족 구성원에 대하여 준용한다.

제14조의2(다문화가족 자녀에 대한 적용 특례) 다문화가족이 이혼 등의 사유로 해체된 경우

에도 그 구성원이었던 자녀에 대하여는 이 법을 적용한다.
[본조신설 2013. 8. 13.]

제15조(권한의 위임과 위탁) ① 여성가족부장관은 이 법에 따른 권한의 일부를 대통령령으로 정하는 바에 따라 시 · 도지사 또는 시장 · 군수 · 구청장에게 위임할 수 있다. 〈개정 2010. 1. 18., 2011. 4. 4., 2012. 2. 1.〉
② 국가와 지방자치단체는 이 법에 따른 업무의 일부를 대통령령으로 정하는 바에 따라 비영리법인이나 단체에 위탁할 수 있다.

제15조의2(정보 제공의 요청) ① 여성가족부장관 또는 지방자치단체의 장은 이 법의 시행을 위하여 필요한 경우에는 법무부장관에게 다음 각 호의 정보 중 결혼이민자등의 현황 파악을 위한 정보로서 대통령령으로 정하는 정보의 제공을 요청할 수 있다. 이 경우 지방자치단체의 장은 해당 관할구역의 결혼이민자등에 관한 정보에 한정하여 요청할 수 있다.
1. 「재한외국인 처우 기본법」 제2조제3호에 따른 결혼이민자의 외국인 등록 정보
2. 「국적법」 제6조제2항에 따라 귀화허가를 받은 사람의 귀화허가 신청 정보
② 제1항에 따라 정보의 제공을 요청받은 법무부장관은 정당한 사유가 없으면 이에 따라야 한다.
③ 제1항에 따라 정보를 제공받은 여성가족부장관 또는 지방자치단체의 장은 제공받은 정보를 제12조제1항 · 제3항에 따른 지원센터에 제공할 수 있다.
[본조신설 2012. 2. 1.]

제16조(민간단체 등의 지원) ① 국가와 지방자치단체는 다문화가족 지원 사업을 수행하는 단체나 개인에 대하여 필요한 비용의 전부 또는 일부를 보조하거나 그 업무수행에 필요한 행정적 지원을 할 수 있다.
② 국가와 지방자치단체는 결혼이민자등이 상부상조하기 위한 단체의 구성 · 운영 등을 지원할 수 있다.

제17조(과태료) ① 제12조의3을 위반한 자에게는 300만원 이하의 과태료를 부과한다.
② 제1항에 따른 과태료는 대통령령으로 정하는 바에 따라 여성가족부장관 또는 지방자치단체의 장이 부과 · 징수한다.
[본조신설 2013. 8. 13.]

부칙 〈제17281호, 2020. 5. 19.〉

제1조(시행일) 이 법은 공포한 날부터 시행한다.

제2조(다문화가족정책에 관한 기본계획에 관한 적용례) 제3조의2제4항의 개정규정은 이 법 시행 후 최초로 여성가족부장관이 수립하는 기본계획부터 적용한다.

다문화가족지원법 시행령

[시행 2019. 10. 8] [대통령령 제30114호, 2019. 10. 8, 일부개정]

여성가족부(다문화가족과) 02-2100-6372

제1조(목적) 이 영은 「다문화가족지원법」에서 위임된 사항과 그 시행에 필요한 사항을 규정함을 목적으로 한다.

제2조(연도별 시행계획의 수립 · 시행) ① 여성가족부장관은 관계 중앙행정기관의 장과 특별시장 · 광역시장 · 특별자치시장 · 도지사 · 특별자치도지사(이하 "시 · 도지사"라 한다)가 「다문화가족지원법」(이하 "법"이라 한다) 제3조의3제1항에 따른 연도별 시행계획(이하 "시행계획"이라 한다)을 효율적으로 수립 · 시행할 수 있도록 다음 연도의 시행계획 수립지침을 정하여 매년 10월 31일까지 관계 중앙행정기관의 장과 시 · 도지사에게 알려야 한다. 〈개정 2018. 6. 5.〉

② 제1항에 따른 지침의 내용 중 외국인 정책 관련 사항은 법무부장관과 협의하여 정한다.

③ 관계 중앙행정기관의 장과 시 · 도지사는 제1항에 따른 시행계획 수립지침에 따라 다음 연도의 시행계획을 수립하여 매년 12월 31일까지 여성가족부장관에게 제출하여야 한다.

④ 여성가족부장관은 제3항에 따라 관계 중앙행정기관의 장과 시 · 도지사로부터 제출받은 시행계획과 여성가족부 소관 시행계획을 종합하여 법 제3조의4에 따른 다문화가족정책위원회(이하 "정책위원회"라 한다)의 회의에 부쳐야 한다.

⑤ 여성가족부장관은 제3항에 따른 시행계획이 정책위원회의 심의 · 조정을 거쳐 확정된 경우에는 이를 지체 없이 관계 중앙행정기관의 장과 시 · 도지사에게 알려야 한다.

제3조(추진실적의 평가 등) ① 여성가족부장관은 법 제3조의3제2항 및 제3항에 따른 전년도 시행계획 추진실적의 작성지침을 정하여 관계 중앙행정기관의 장과 시 · 도지사에게 알려야 한다.

② 제1항에 따른 지침의 내용 중 외국인 정책 관련 사항은 법무부장관과 협의하여 정한다.

③ 관계 중앙행정기관의 장과 시 · 도지사는 제1항에 따른 추진실적 작성지침에 따라 전년도 추진실적을 작성하여 매년 2월 말까지 여성가족부장관에게 제출하여야 한다.

④ 여성가족부장관은 제3항에 따라 관계 중앙행정기관의 장과 시 · 도지사로부터 제출받은 추진실적과 여성가족부 소관 추진실적을 종합하여 성과를 평가하고, 그 결과를 정책위원회에 보고하여야 한다.

⑤ 여성가족부장관은 제4항에 따른 평가를 효율적으로 하기 위하여 필요한 경우 전문가에게 자문하거나 조사 · 분석 등을 의뢰할 수 있다. 이 경우 여성가족부장관은 해당 전문가에게 예산의 범위에서 수당과 여비, 그 밖에 필요한 경비를 지급할 수 있다.

제4조(계획 수립 등의 협조) ① 여성가족부장관, 관계 중앙행정기관의 장 및 시 · 도지사는 시행계획을 수립 · 시행하고 추진실적을 평가하기 위하여 필요한 경우에는 국가기관, 지방자치단체 또는 「공공기관의 운영에 관한 법률」 제4조에 따른 공공기관의 장에게 협조

를 요청할 수 있다.

② 제1항에 따른 협조 요청을 받은 자는 특별한 사유가 없으면 협조하여야 한다.

제5조(정책위원회의 구성 등) ① 법 제3조의4제3항제1호에서 "대통령령으로 정하는 중앙행정기관의 장"이란 기획재정부장관, 교육부장관, 과학기술정보통신부장관, 외교부장관, 법무부장관, 행정안전부장관, 문화체육관광부장관, 농림축산식품부장관, 보건복지부장관, 고용노동부장관, 여성가족부장관 및 국무조정실장을 말한다. 〈개정 2013. 3. 23., 2014. 11. 19., 2017. 7. 26.〉

② 정책위원회 위원장(이하 "위원장"이라 한다)은 법 제3조의4제3항제2호에 따라 7명 이내의 위원을 위촉할 수 있다.

③ 제2항에 따른 위원의 임기는 2년으로 한다.

④ 위원장은 필요하다고 인정되면 정책위원회의 심의 안건과 관련된 중앙행정기관의 장 및 지방자치단체의 장을 회의에 참석하게 할 수 있다.

⑤ 정책위원회의 사무를 처리하기 위하여 정책위원회에 간사 1명을 두며, 간사는 여성가족부 청소년가족정책실장이 된다.

제6조(위원장) ① 위원장은 정책위원회를 대표하고, 정책위원회의 사무를 총괄한다.

② 위원장이 부득이한 사유로 직무를 수행할 수 없을 때에는 여성가족부장관이 그 직무를 대행한다.

제7조(정책위원회의 회의) ① 위원장은 정책위원회의 회의를 소집하고 그 의장이 된다.

② 위원장은 회의를 소집하려면 회의의 일시 · 장소 및 심의 안건을 정책위원회 위원과 제5조제4항에 따라 회의에 참석하는 사람에게 회의 개최 5일 전까지 서면으로 알려야 한다. 다만, 긴급히 개최하여야 하는 경우와 그 밖의 부득이한 사정이 있는 경우에는 그러하지 아니하다.

③ 정책위원회의 회의는 재적위원 과반수의 출석으로 개의(開議)하고, 출석위원 과반수의 찬성으로 의결한다.

제8조(실무위원회의 구성 및 운영 등) ① 법 제3조의4제4항에 따라 정책위원회에 두는 실무위원회(이하 "실무위원회"라 한다)는 다음 각 호의 사항을 검토한다.

1. 정책위원회에서 심의할 안건에 관한 사항
2. 정책위원회로부터 검토 지시를 받은 사항
3. 그 밖에 실무위원회 운영에 필요한 사항

② 실무위원회 위원장은 여성가족부차관이 되고, 위원은 제5조제1항에 따른 정책위원회 위원이 소속된 중앙행정기관의 고위공무원단에 속하는 일반직공무원 또는 고위공무원단에 속하지 아니한 1급부터 3급까지의 공무원 중에서 소속 중앙행정기관의 장이 지명한다.

③ 실무위원회 위원장은 필요하다고 인정되면 실무위원회 안건과 관련된 중앙행정기관 및 지방자치단체의 소속 공무원을 회의에 참석하게 할 수 있다.

④ 실무위원회 위원장은 다문화가족과 관련된 사안으로서 전문적인 검토가 필요하다고 인정되는 경우에는 제5조제1항에 따른 정책위원회 위원이 소속된 중앙행정기관 및 관계 행정기관의 과장급 공무원으로 다문화가족정책 실무협의체(이하 "실무협의체"라 한다)를 구성 · 운영할 수 있다.

⑤ 실무위원회는 직무수행을 위하여 필요한 경우에는 관계 공무원 또는 전문가의 의견

을 듣거나 관계 기관 · 단체 등에 자료 · 의견의 제출을 요구하는 등 필요한 협조를 요청할 수 있다.

⑥ 실무위원회의 운영에 관하여는 제7조를 준용한다. 이 경우 "정책위원회"는 "실무위원회"로 본다.

제9조(수당 등) 정책위원회 및 실무위원회의 회의에 출석한 위원, 관계 기관 · 단체 등의 직원 또는 전문가에게는 예산의 범위에서 수당과 여비를 지급할 수 있다. 다만, 공무원이 소관 업무와 직접 관련하여 출석한 경우에는 그러하지 아니하다.

제10조(운영 세칙) 이 영에서 규정한 사항 외에 정책위원회의 구성과 운영에 필요한 사항은 정책위원회의 의결을 거쳐 위원장이 정하고, 실무위원회 및 실무협의체의 구성과 운영에 필요한 사항은 실무위원회의 의결을 거쳐 실무위원회 위원장이 정한다.

제10조의2(다문화 이해교육 관련 연수) ① 교육부장관은 「교육공무원법」 제38조제2항에 따라 교육공무원의 연수를 위한 계획을 수립 · 시행할 때 법 제5조제6항에 따른 다문화 이해교육 관련 내용을 포함하여야 한다.

② 특별시 · 광역시 · 특별자치시 · 도 · 특별자치도의 교육감은 법 제5조제6항에 따른 연수 실시와 관련하여 다음 각 호의 사항을 모두 포함하는 다문화 이해교육 관련 교원연수계획을 매년 수립하여 시행하여야 한다.

1. 연수의 목적 및 내용
2. 연수의 개설 및 운영 기관
3. 연수의 종류
4. 연수과정별 대상 및 인원
5. 연수의 이수기준
6. 그 밖에 연수의 운영 및 연수비의 지급 등에 필요한 사항

[본조신설 2018. 6. 5.]

제11조(생활정보 제공 및 교육 지원) ① 국가와 지방자치단체는 법 제6조제1항에 따라 다문화가족 지원 관련 정책정보, 이민자 정착 성공사례, 어린이집 등의 기관 소개, 한국문화 소개 등을 수록한 생활안내책자 등 정보지를 발간하여 배포한다. 〈개정 2011. 12. 8.〉

② 국가와 지방자치단체는 법 제6조제1항에 따라 결혼이민자등의 국적, 수학능력(修學能力), 그 밖의 교육 여건 등을 고려하여 체계적 · 단계적 교육을 실시할 수 있다.

③ 국가와 지방자치단체는 법 제6조제1항에 따라 결혼이민자등의 취업 및 창업을 촉진하기 위하여 능력 및 적성을 고려한 직업교육 · 훈련을 실시할 수 있다.

④ 국가와 지방자치단체는 법 제6조제2항에 따라 다음 각 호의 정보가 포함된 정보지, 시청각 자료 또는 교육용 자료 등을 발간 · 배포한다. 〈신설 2019. 10. 8.〉

1. 결혼이민자등의 출신 국가의 역사 · 전통 · 문화 또는 언어 등에 관한 사항
2. 결혼이민자등의 출신 국가에 대한 체험 또는 거주 사례 등에 관한 사항
3. 다양한 문화의 존중과 이해를 위한 기본 소양에 관한 사항
4. 제1호부터 제3호까지의 규정에 준하는 사항으로서 여성가족부장관 또는 지방자치단체의 장이 필요하다고 인정하는 사항

제11조의2(다문화가족 종합정보 전화센터 설치 · 운영의 위탁) 법 제11조의2제2항에서 "대통령령으로 정하는 기관 또는 단체"란 다음 각 호의 기관 또는 단체를 말한다.

1. 「사회복지사업법」에 따른 사회복지법인

2. 「가정폭력방지 및 피해자보호 등에 관한 법률」 제4조의6제1항 각 호 외의 부분 후단에 따른 외국어 서비스를 제공하는 긴급전화센터를 운영하는 기관 또는 단체

3. 그 밖에 다문화가족 지원을 위한 다국어 상담 · 통역 시설 및 전문인력을 갖춘 비영리법인 또는 단체 중 여성가족부장관이 지정 · 고시하는 법인 또는 단체

[전문개정 2014. 6. 30.]

제12조(다문화가족지원센터의 설치 · 운영 기준) ① 법 제12조제1항에 따른 다문화가족지원센터(이하 "지원센터"라 한다)의 설치 · 운영 기준은 별표 1과 같다. 〈개정 2013. 12. 30.〉

② 그 밖에 지원센터의 설치 · 운영에 관한 세부사항은 여성가족부장관이 정한다.

[전문개정 2012. 7. 31.]

제12조의2(지원센터의 위탁 대상 및 절차 등) ① 국가 또는 지방자치단체는 법 제12조제2항에 따라 지원센터의 설치 · 운영을 다음 각 호의 어느 하나에 해당하는 법인이나 단체에 위탁할 수 있다.

1. 「사회복지사업법」 제2조제3호에 따른 사회복지법인
2. 「민법」 제32조에 따라 설립된 다문화가족 지원 관련 비영리법인
3. 「공익법인의 설립 · 운영에 관한 법률」 제2조에 따라 같은 법을 적용받는 공익법인
4. 「비영리민간단체지원법」 제2조에 따른 다문화가족 지원 관련 비영리단체
5. 「고등교육법」 제2조에 따른 학교
6. 그 밖에 여성가족부장관이 다문화가족 지원을 위한 시설 및 전문인력을 갖추었다고 인정하는 법인 · 단체

② 국가 또는 지방자치단체는 법 제12조제2항에 따라 지원센터의 설치 · 운영을 위탁하려는 경우에는 위탁 내용 및 절차를 고시하여 지원센터의 설치 · 운영을 위탁받으려는 자의 신청을 받은 후 신청자의 사업수행 능력, 재정적 능력, 활동 실적, 신뢰성 등을 종합적으로 고려하여 위탁받을 자를 선정하고 여성가족부령으로 정하는 내용이 포함된 위탁계약을 체결하여야 한다.

③ 지원센터 설치 · 운영의 위탁기간은 최대 5년으로 한다. 〈개정 2019. 10. 8.〉

[본조신설 2012. 7. 31.]

제12조의3(지원센터의 지정 신청 등) ① 법 제12조제3항에 따라 지원센터를 지정받으려는 자는 별표 1에 따른 지원센터의 설치 · 운영 기준에 따른 요건을 갖추고 여성가족부령으로 정하는 지정 신청서에 다음 각 호의 서류를 첨부하여 시 · 도지사 또는 시장 · 군수 · 구청장(자치구의 구청장을 말한다. 이하 같다)에게 제출하여야 한다. 〈개정 2013. 12. 30.〉

1. 사업계획서
2. 별표 1에 따른 설치 · 운영 기준에 맞는 요건을 갖추었음을 증명하는 서류

② 시 · 도지사 또는 시장 · 군수 · 구청장은 제1항에 따라 지정 신청을 받은 경우에는 다음 각 호의 사항을 고려하여 지정 여부를 결정한다.

1. 다문화가족 지원 관련 업무 수행 경력
2. 교통여건, 지리적 위치 등 접근성
3. 법 제12조제5항에 따른 전문인력의 확보 수준
4. 시설의 적정성
5. 사업계획서의 충실성 및 실행 가능성

③ 시·도지사 또는 시장·군수·구청장은 제2항에 따라 지원센터로 지정한 경우에는 여성가족부령으로 정하는 지정서를 발급하여야 한다.
④ 지원센터의 지정기간은 3년으로 한다.
[본조신설 2012. 7. 31.]

제12조의4(전문인력 양성기관 지정 등) ① 법 제13조의2제2항에 따라 전문인력 양성기관으로 지정받으려는 자는 여성가족부령으로 정하는 지정 신청서에 다음 각 호에 해당하는 서류를 첨부하여 여성가족부장관에게 제출하여야 한다.
1. 사업계획서
2. 교육 과정 및 내용을 설명하는 서류
3. 교육 관련 인력 현황
4. 시설 및 장비 등 교육 환경 현황
② 여성가족부장관은 제1항에 따라 지정 신청을 받은 경우에는 다음 각 호의 사항을 고려하여 지정 여부를 결정한다.
1. 교육 과정 및 내용의 체계성
2. 교육 관련 인력의 전문성 및 교육기능 수행 역량
3. 시설 및 장비 등의 교육 적합성
4. 전문인력의 수 및 전문인력 양성기관의 지역적 분포 등 교육 수요
③ 여성가족부장관은 제2항에 따라 전문인력 양성기관으로 지정한 경우에는 여성가족부령으로 정하는 지정서를 발급하여야 한다.
[본조신설 2012. 7. 31.]

제13조(보수교육의 위탁) 여성가족부장관은 법 제15조제2항에 따라 법 제12조의2제1항에 따른 보수교육을 다음 각 호의 어느 하나에 해당하는 법인·단체에 위탁할 수 있다.
1. 「고등교육법」 제2조에 따른 학교
2. 「민법」 제32조 또는 특별법에 따라 설립된 다문화가족 지원 관련 비영리법인
[전문개정 2012. 7. 31.]

제14조(정보제공의 범위) ① 법 제15조의2제1항 각 호 외의 부분 전단에서 "대통령령으로 정하는 정보"란 다음 각 호의 정보를 말한다. 다만, 제6호의 정보는 본인이 제공에 동의한 경우로 한정한다. 〈개정 2014. 6. 30.〉
1. 이름
2. 성별
3. 출생연도
4. 국적
5. 국내거주지역(시, 군 또는 자치구까지로 한다)
6. 주소 및 연락처(전화번호·전자우편주소 등을 말한다)
② 법무부장관은 제1항에 따른 정보를 제출받은 여성가족부장관 또는 지방자치단체의 장(그로부터 정보를 제공받은 법 제12조제1항·제3항에 따른 지원센터를 포함한다)에게 그 정보의 사용내역, 제공·관리 현황 등 정보관리에 필요한 자료를 요청할 수 있다.
[본조신설 2012. 7. 31.]

제15조(고유식별정보의 처리) 국가와 지방자치단체의 장(법 제15조제2항에 따라 그 업무를 위탁받은 자를 포함한다) 또는 법 제12조에 따라 설치된 다문화가족지원센터는 다음 각

호의 사무를 수행하기 위하여 불가피한 경우 「개인정보 보호법 시행령」 제19조제1호 또는 제4호에 따른 주민등록번호 또는 외국인등록번호가 포함된 자료를 처리할 수 있다.
1. 법 제6조제1항에 따른 정보 제공 및 교육 지원에 관한 사무
2. 법 제7조에 따른 가족상담, 부부교육 등에 관한 사무
3. 법 제9조제1항에 따른 영양 · 건강 교육 및 의료서비스 지원 등에 관한 사무
4. 법 제10조제3항에 따른 보육 및 교육 지원 등에 관한 사무
5. 법 제11조에 따른 다국어 서비스 제공에 관한 사무
[본조신설 2013. 1. 16.]

제15조의2(규제의 재검토) 여성가족부장관은 제12조 및 별표 1에 따른 다문화가족지원센터의 설치 · 운영 기준에 대하여 2017년 1월 1일을 기준으로 2년마다(매 2년이 되는 해의 1월 1일 전까지를 말한다) 그 타당성을 검토하여 개선 등의 조치를 하여야 한다.
[전문개정 2016. 12. 30.]

제16조(과태료의 부과기준) 법 제17조제2항에 따른 과태료의 부과기준은 별표 2와 같다.
[본조신설 2013. 12. 30.]

부칙 〈제30114호, 2019. 10. 8.〉

이 영은 공포한 날부터 시행한다.

다문화가족지원법 시행규칙

[시행 2019. 1. 1] [여성가족부령 제134호, 2018. 12. 21, 일부개정]

여성가족부(다문화가족과) 02-2100-6372

제1조(목적) 이 규칙은 「다문화가족지원법」 및 같은 법 시행령에서 위임된 사항과 그 시행에 필요한 사항을 규정함을 목적으로 한다.

제2조(다문화가족 실태조사의 대상 및 방법 등) ① 여성가족부장관은 「다문화가족지원법」(이하 "법"이라 한다) 제4조에 따라 결혼이민자등과 그 한국인 배우자 및 자녀 등을 대상으로 하는 다문화가족 실태조사(이하 "실태조사"라 한다)를 실시한다. 〈개정 2010. 3. 19.〉

② 여성가족부장관은 제1항에 따른 실태조사를 다문화가족에 관한 전문성, 인력 및 장비를 갖춘 연구기관 · 법인 또는 단체에 의뢰하여 실시할 수 있다. 〈개정 2010. 3. 19.〉

③ 제1항에 따른 실태조사에는 다음 각 호의 사항이 포함되어야 한다. 〈개정 2010. 3. 19.〉

1. 성별, 연령, 학력, 취업상태 등 가족구성원의 일반특성에 관한 사항
2. 소득, 지출, 자산 등 가족의 경제상태에 관한 사항
3. 자녀양육, 가족부양 등 가족행태 및 가족관계에 관한 사항
4. 의식주, 소비, 여가, 정보 이용 등 생활양식에 관한 사항
5. 가족갈등 등 가족문제에 관한 사항
6. 다문화가족 지원 관련 교육 · 상담 등 서비스 수요에 관한 사항
7. 그 밖에 다문화가족의 현황 및 실태파악에 필요한 사항으로서 여성가족부장관이 정하는 사항

④ 여성가족부장관은 사회환경의 급격한 변동 등으로 추가적인 조사가 필요할 때에는 제1항에 따른 실태조사 외에 임시조사를 실시하여 이를 보완할 수 있다. 〈개정 2010. 3. 19.〉

제2조의2(다문화가족 종합정보 전화센터의 설치 · 운영기준) 법 제11조의2제4항에 따른 다문화가족 종합정보 전화센터(이하 "전화센터"라 한다)의 설치 · 운영기준은 별표와 같다.

[본조신설 2013. 12. 30.]

제3조(다문화가족지원센터 전문인력의 기준) 법 제12조제1항부터 제3항까지의 규정에 따른 다문화가족지원센터(이하 "지원센터"라 한다)에는 같은 조 제5항에 따라 다음 각 호의 어느 하나에 해당하는 전문인력을 1명 이상 두어야 한다. 〈개정 2010. 3. 19., 2012. 8. 16.〉

1. 「건강가정기본법」 제35조에 따른 건강가정사
2. 「사회복지사업법」 제11조에 따른 사회복지사
3. 그 밖에 여성가족부장관이 인정하는 관련 분야의 전문인력

제4조(위탁계약서) 「다문화가족지원법 시행령」(이하 "영"이라 한다) 제12조의2제2항에 따른 위탁계약에는 다음 각 호의 내용이 포함되어야 한다.

1. 수탁자의 성명 및 주소

2. 위탁계약기간
3. 위탁대상 시설 및 업무내용
4. 수탁자의 의무 및 준수 사항
5. 지원센터의 안전관리에 관한 사항
6. 전문인력의 고용승계에 관한 사항
7. 계약의 해지에 관한 사항
8. 그 밖에 여성가족부장관이 지원센터의 운영에 필요하다고 인정하는 사항

[전문개정 2012. 8. 16.]

제5조(다문화가족지원센터 지정 신청서) 영 제12조의3제1항에 따른 다문화가족지원센터 지정 신청서는 별지 제1호서식과 같다.

[본조신설 2012. 8. 16.]

제6조(다문화가족지원센터 지정서) 영 제12조의3제3항에 따른 다문화가족지원센터 지정서는 별지 제2호서식과 같다.

[본조신설 2012. 8. 16.]

제7조(전문인력 양성기관 지정 신청서) 영 제12조의4제1항에 따른 다문화가족지원 전문인력 양성기관 지정 신청서는 별지 제3호서식과 같다.

[본조신설 2012. 8. 16.]

제8조(전문인력 양성기관 지정서) 영 제12조의4제3항에 따른 다문화가족지원 전문인력 양성기관 지정서는 별지 제4호서식과 같다.

[본조신설 2012. 8. 16.]

제9조(보수교육의 실시기준) ① 삭제 〈2014. 12. 12.〉

② 보수교육은 집합교육, 온라인 교육 등 다양한 방법으로 실시할 수 있다.

③ 보수교육에는 다문화사회의 이해, 다문화가족정책, 비영리기관의 운영관리 등이 포함되도록 하고, 그 구체적인 내용은 여성가족부장관이 정한다.

[본조신설 2012. 8. 16.]

제10조(규제의 재검토) 여성가족부장관은 다음 각 호의 사항에 대하여 2015년 1월 1일을 기준으로 2년마다(매 2년이 되는 해의 기준일과 같은 날 전까지를 말한다) 그 타당성을 검토하여 개선 등의 조치를 하여야 한다.

1. 제2조의2 및 별표에 따른 다문화가족 종합정보 전화센터의 설치 · 운영기준
2. 제3조에 따른 다문화가족지원센터 전문인력의 기준

[본조신설 2014. 12. 12.]

부칙 〈제134호, 2018. 12. 21.〉

이 규칙은 2019년 1월 1일부터 시행한다.

한부모가족지원법(약칭: 한부모가족법)

[시행 2019. 6. 19] [법률 제15989호, 2018. 12. 18, 일부개정]

여성가족부(가족지원과) 02-2100-6364

제1장 총칙 〈개정 2007. 10. 17.〉

제1조(목적) 이 법은 한부모가족이 안정적인 가족 기능을 유지하고 자립할 수 있도록 지원함으로써 한부모가족의 생활 안정과 복지 증진에 이바지함을 목적으로 한다. 〈개정 2018. 1. 16.〉

[전문개정 2007. 10. 17.]

제2조(국가 등의 책임) ① 국가와 지방자치단체는 한부모가족의 복지를 증진할 책임을 진다.

② 국가와 지방자치단체는 한부모가족의 권익과 자립을 지원하기 위한 여건을 조성하고 이를 위한 시책을 수립·시행하여야 한다. 〈신설 2011. 4. 12., 2014. 1. 21., 2018. 1. 16.〉

③ 국가와 지방자치단체는 한부모가족에 대한 사회적 편견과 차별을 예방하고, 사회구성원이 한부모가족을 이해하고 존중할 수 있도록 교육 및 홍보 등 필요한 조치를 하여야 한다. 〈신설 2013. 3. 22., 2016. 12. 20.〉

④ 교육부장관과 특별시·광역시·특별자치시·도·특별자치도의 교육감은 「유아교육법」 제2조제2호의 유치원, 「초·중등교육법」 제2조 및 「고등교육법」 제2조의 학교에서 한부모가족에 대한 이해를 돕는 교육을 실시하기 위한 시책을 수립·시행하여야 한다. 〈신설 2016. 12. 20.〉

⑤ 국가와 지방자치단체는 청소년 한부모가족의 자립을 위하여 노력하여야 한다. 〈신설 2014. 1. 21., 2016. 12. 20.〉

⑥ 모든 국민은 한부모가족의 복지 증진에 협력하여야 한다. 〈개정 2011. 4. 12., 2013. 3. 22., 2014. 1. 21., 2016. 12. 20.〉

[전문개정 2007. 10. 17.]

제3조(한부모가족의 권리와 책임) ① 한부모가족의 모(母) 또는 부(父)는 임신과 출산 및 양육을 사유로 합리적인 이유 없이 교육·고용 등에서 차별을 받지 아니한다. 〈신설 2011. 4. 12.〉

② 한부모가족의 모 또는 부와 아동은 한부모가족 관련 정책결정과정에 참여할 권리가 있다. 〈신설 2018. 1. 16.〉

③ 한부모가족의 모 또는 부와 아동은 그가 가지고 있는 자산과 노동능력 등을 최대한으로 활용하여 자립과 생활 향상을 위하여 노력하여야 한다. 〈개정 2011. 4. 12., 2018. 1. 16.〉

[전문개정 2007. 10. 17.]

[제목개정 2011. 4. 12.]

제4조(정의) 이 법에서 사용하는 용어의 뜻은 다음과 같다. 〈개정 2008. 2. 29., 2010. 1. 18., 2011. 4. 12., 2012. 2. 1., 2014. 1. 21.〉

1. "모" 또는 "부"란 다음 각 목의 어느 하나에 해당하는 자로서 아동인 자녀를 양육하

는 자를 말한다.

가. 배우자와 사별 또는 이혼하거나 배우자로부터 유기(遺棄)된 자

나. 정신이나 신체의 장애로 장기간 노동능력을 상실한 배우자를 가진 자

다. 교정시설 · 치료감호시설에 입소한 배우자 또는 병역복무 중인 배우자를 가진 사람

라. 미혼자{ 사실혼(事實婚) 관계에 있는 자는 제외한다}

마. 가목부터 라목까지에 규정된 자에 준하는 자로서 여성가족부령으로 정하는 자

1의2. "청소년 한부모"란 24세 이하의 모 또는 부를 말한다.

2. "한부모가족"이란 모자가족 또는 부자가족을 말한다.

3. "모자가족"이란 모가 세대주{세대주가 아니더라도 세대원(世代員)을 사실상 부양하는 자를 포함한다}인 가족을 말한다.

4. "부자가족"이란 부가 세대주{세대주가 아니더라도 세대원을 사실상 부양하는 자를 포함한다}인 가족을 말한다.

5. "아동"이란 18세 미만(취학 중인 경우에는 22세 미만을 말하되, 「병역법」에 따른 병역의무를 이행하고 취학 중인 경우에는 병역의무를 이행한 기간을 가산한 연령 미만을 말한다)의 자를 말한다.

6. "지원기관"이란 이 법에 따른 지원을 행하는 국가나 지방자치단체를 말한다.

7. "한부모가족복지단체"란 한부모가족의 복지 증진을 목적으로 설립된 기관이나 단체를 말한다.

[전문개정 2007. 10. 17.]

제5조(지원대상자의 범위) ① 이 법에 따른 지원대상자는 제4조제1호 · 제1호의2 및 제2호부터 제5호까지의 규정에 해당하는 자로서 여성가족부령으로 정하는 자로 한다. 〈개정 2008. 2. 29., 2010. 1. 18., 2011. 4. 12., 2014. 1. 21.〉

② 제1항에 따른 지원대상자 중 아동의 연령을 초과하는 자녀가 있는 한부모가족의 경우 그 자녀를 제외한 나머지 가족구성원을 지원대상자로 한다. 〈신설 2011. 4. 12., 2014. 1. 21.〉

[전문개정 2007. 10. 17.]

[제목개정 2014. 1. 21.]

제5조의2(지원대상자의 범위에 대한 특례) ① 혼인 관계에 있지 아니한 자로서 출산 전 임신부와 출산 후 해당 아동을 양육하지 아니하는 모는 제5조에도 불구하고 제19조제1항제3호의 미혼모자가족복지시설을 이용할 때에는 이 법에 따른 지원대상자가 된다. 〈개정 2011. 4. 12., 2014. 1. 21., 2018. 1. 16.〉

② 다음 각 호의 어느 하나에 해당하는 아동과 그 아동을 양육하는 조부 또는 조모로서 여성가족부령으로 정하는 자는 제5조에도 불구하고 이 법에 따른 지원대상자가 된다. 〈개정 2008. 2. 29., 2010. 1. 18., 2011. 4. 12., 2014. 1. 21.〉

1. 부모가 사망하거나 생사가 분명하지 아니한 아동
2. 부모가 정신 또는 신체의 장애 · 질병으로 장기간 노동능력을 상실한 아동
3. 부모의 장기복역 등으로 부양을 받을 수 없는 아동
4. 부모가 이혼하거나 유기하여 부양을 받을 수 없는 아동
5. 제1호부터 제4호까지에 규정된 자에 준하는 자로서 여성가족부령으로 정하는 아동

③ 국내에 체류하고 있는 외국인 중 대한민국 국민과 혼인하여 대한민국 국적의 아동을 양육하고 있는 사람으로서 대통령령으로 정하는 사람이 제5조에 해당하면 이 법에 따른 지원대상자가 된다. 〈개정 2014. 1. 21.〉

[전문개정 2007. 10. 17.]

[제목개정 2014. 1. 21.]

제5조의3(자료 또는 정보의 제공과 홍보) 국가와 지방자치단체는 이 법에 따른 지원대상자를 발굴하기 위하여 필요한 자료 또는 정보의 제공과 홍보에 노력하여야 한다.

[본조신설 2018. 1. 16.]

제5조의4(한부모가족의 날) ① 한부모가족에 대한 국민의 이해와 관심을 제고하기 위하여 매년 5월 10일을 한부모가족의 날로 한다.

② 국가와 지방자치단체는 한부모가족의 날의 취지에 맞는 행사 등 사업을 실시할 수 있다.

[본조신설 2018. 1. 16.]

제6조(실태조사 등) ① 여성가족부장관은 한부모가족 지원을 위한 정책수립에 활용하기 위하여 3년마다 한부모가족에 대한 실태조사를 실시하고 그 결과를 공표하여야 한다. 또한, 여성가족부장관은 필요한 경우 여성가족부령으로 정하는 바에 따라 청소년 한부모 등에 대한 실태를 조사 · 연구할 수 있다. 〈개정 2017. 12. 12.〉

② 여성가족부장관은 제1항에 따른 실태조사를 위하여 관계 공공기관 또는 관련 법인 · 단체에 대하여 필요한 자료의 제출 등 협조를 요청할 수 있으며, 요청받은 관계 공공기관 또는 관련 법인 · 단체는 특별한 사유가 없으면 이에 협조하여야 한다.

③ 제1항에 따른 실태조사의 대상 및 방법, 그 밖에 필요한 사항은 여성가족부령으로 정한다.

[본조신설 2011. 4. 12.]

제6조의2(한부모가족 지원업무 관련 공무원의 교육) 국가와 지방자치단체는 한부모가족 지원 관련 업무에 종사하는 공무원의 한부모가족에 대한 이해 증진과 전문성 향상을 위하여 교육을 실시할 수 있다.

[본조신설 2016. 12. 20.]

제7조 삭제 〈2011. 4. 12.〉

제8조 삭제 〈2011. 4. 12.〉

제9조(한부모가족복지단체에 대한 지원 등) ① 국가와 지방자치단체는 한부모가족복지단체에 대하여 필요한 비용의 전부 또는 일부를 보조하거나 그 업무수행에 필요한 행정적 지원을 할 수 있다.

② 국가와 지방자치단체는 한부모가족 간의 정보 공유와 상부상조 등을 위한 자조모임 단체의 사업 등을 지원할 수 있다.

[전문개정 2018. 1. 16.]

제2장 복지의 내용과 실시 〈개정 2007. 10. 17.〉

제10조(지원대상자의 조사 등) ① 특별자치시장 · 특별자치도지사 · 시장 · 군수 · 구청장(자치구의 구청장을 말한다. 이하 같다)은 매년 1회 이상 관할구역 지원대상자의 가족상황,

생활실태 등을 조사하여야 한다. 〈개정 2010. 5. 17., 2011. 4. 12., 2014. 1. 21.〉

② 특별자치시장 · 특별자치도지사 · 시장 · 군수 · 구청장은 제1항에 따른 조사 결과를 대장(臺帳)으로 작성 · 비치하여야 한다. 다만, 「사회복지사업법」 제6조의2제2항에 따른 정보시스템을 활용할 때에는 전자적으로 작성하여 관리할 수 있다. 〈개정 2011. 4. 12., 2014. 1. 21.〉

③ 제1항 및 제2항에 따른 조사 및 대장의 작성 · 관리에 필요한 사항은 여성가족부령으로 정한다. 〈개정 2011. 4. 12.〉

④ 삭제 〈2011. 4. 12.〉

⑤ 삭제 〈2011. 4. 12.〉

[전문개정 2007. 10. 17.]

[제목개정 2011. 4. 12., 2014. 1. 21.]

제11조(복지 급여의 신청) ① 지원대상자 또는 그 친족이나 그 밖의 이해관계인은 제12조에 따른 복지 급여를 관할 특별자치시장 · 특별자치도지사 · 시장 · 군수 · 구청장에게 신청할 수 있다. 〈개정 2010. 5. 17., 2014. 1. 21.〉

② 제1항에 따라 복지 급여 신청을 할 때에는 다음 각 호에 따른 자료 또는 정보의 제공에 대한 지원대상자의 동의 서면을 제출하여야 한다. 〈개정 2012. 2. 1., 2014. 1. 21.〉

1. 「금융실명거래 및 비밀보장에 관한 법률」 제2조제2호 및 제3호에 따른 금융자산 및 금융거래의 내용에 대한 자료 또는 정보 중 예금의 평균잔액과 그 밖에 대통령령으로 정하는 자료 또는 정보(이하 "금융정보"라 한다)
2. 「신용정보의 이용 및 보호에 관한 법률」 제2조제1호에 따른 신용정보 중 채무액과 그 밖에 대통령령으로 정하는 자료 또는 정보(이하 "신용정보"라 한다)
3. 「보험업법」 제4조제1항 각 호에 따른 보험에 가입하여 납부한 보험료와 그 밖에 대통령령으로 정하는 자료 또는 정보(이하 "보험정보"라 한다)

③ 제1항에 따른 급여의 신청 방법 · 절차와 제2항에 따른 동의의 방법 · 절차 등 필요한 사항은 대통령령으로 정한다. 〈신설 2012. 2. 1.〉

[전문개정 2007. 10. 17.]

제12조(복지 급여의 내용) ① 국가나 지방자치단체는 제11조에 따른 복지 급여의 신청이 있으면 다음 각 호의 복지 급여를 실시하여야 한다. 다만, 이 법에 따른 지원대상자가 「국민기초생활 보장법」 등 다른 법령에 따라 지원을 받고 있는 경우에는 그 범위에서 이 법에 따른 급여를 하지 아니한다. 〈개정 2011. 4. 12., 2014. 1. 21.〉

1. 생계비
2. 아동교육지원비
3. 삭제 〈2011. 4. 12.〉
4. 아동양육비
5. 그 밖에 대통령령으로 정하는 비용

② 제1항제4호의 아동양육비를 지급할 때에 미혼모나 미혼부가 5세 이하의 아동을 양육하거나 청소년 한부모가 아동을 양육하면 예산의 범위에서 추가적인 복지 급여를 실시하여야 한다. 이 경우 모 또는 부의 직계존속이 5세 이하의 아동을 양육하는 경우에도 또한 같다. 〈개정 2011. 4. 12.〉

③ 국가나 지방자치단체는 이 법에 따른 지원대상자의 신청이 있는 경우에는 예산의 범

위에서 직업훈련비와 훈련기간 중 생계비를 추가적으로 지급할 수 있다. 〈신설 2011. 4. 12., 2014. 1. 21.〉

④ 제1항부터 제3항까지의 규정에 따른 복지 급여의 기준 및 절차, 그 밖에 필요한 사항은 여성가족부령으로 정한다. 〈개정 2011. 4. 12.〉

[전문개정 2007. 10. 17.]

제12조의2(복지 급여 사유의 확인 등) ① 여성가족부장관 또는 특별자치시장 · 특별자치도지사 · 시장 · 군수 · 구청장은 제11조에 따라 복지 급여를 신청한 지원대상자 또는 제12조에 따른 복지 급여를 받고 있는 지원대상자에 대하여 급여 사유의 발생 · 변경 또는 상실을 확인하기 위하여 필요한 소득 · 재산 등에 관한 자료의 제출을 요구할 수 있으며, 소속 공무원으로 하여금 지원대상자의 주거 등에 출입하여 생활환경 및 소득자료 등을 조사하게 하거나 지원대상자의 고용주 등 관계인에게 필요한 질문을 하게 할 수 있다. 〈개정 2014. 1. 21.〉

② 여성가족부장관 또는 특별자치시장 · 특별자치도지사 · 시장 · 군수 · 구청장은 제1항에 따른 확인을 위하여 필요한 국세 · 지방세, 토지 · 건물, 건강보험 · 고용보험 · 국민연금, 출국 · 입국, 교정시설 · 치료감호시설의 입소 · 출소, 병무, 주민등록 · 가족관계등록 등에 관한 자료의 제공을 관계 기관의 장에게 요청할 수 있다. 이 경우 자료의 제공을 요청받은 관계 기관의 장은 정당한 사유가 없으면 이에 응하여야 한다. 〈개정 2014. 1. 21.〉

③ 제1항에 따라 출입 · 조사 · 질문을 하는 공무원은 그 권한을 표시하는 증표를 지니고 이를 관계인에게 보여주어야 한다.

④ 제1항 또는 제2항에 따른 업무에 종사하거나 종사하였던 사람은 업무를 수행하면서 받은 자료와 그 밖에 알게 된 사실을 이 법에서 정한 목적과 다르게 사용하거나 누설하여서는 아니 된다.

[본조신설 2012. 2. 1.]

제12조의3(금융정보등의 제공) ① 여성가족부장관은 제11조에 따라 복지 급여를 신청한 지원대상자의 급여 사유의 발생을 확인하기 위하여 필요하다고 인정하는 경우 「금융실명거래 및 비밀보장에 관한 법률」 제4조제1항과 「신용정보의 이용 및 보호에 관한 법률」 제32조제2항에도 불구하고 지원대상자가 제11조제2항에 따라 제출한 동의 서면을 전자적 형태로 바꾼 문서에 의하여 금융기관등(「금융실명거래 및 비밀보장에 관한 법률」 제2조제1호에 따른 금융회사등 및 「신용정보의 이용 및 보호에 관한 법률」 제2조제6호에 따른 신용정보집중기관을 말한다. 이하 같다)의 장에게 금융정보, 신용정보 또는 보험정보(이하 "금융정보등"이라 한다)의 제공을 요청할 수 있다. 〈개정 2014. 1. 21.〉

② 여성가족부장관은 제12조에 따라 복지 급여를 받고 있는 지원대상자의 급여 사유의 변경 · 상실을 확인하기 위하여 필요하다고 인정하는 경우 「금융실명거래 및 비밀보장에 관한 법률」 제4조제1항과 「신용정보의 이용 및 보호에 관한 법률」 제32조제2항에도 불구하고 대통령령으로 정하는 기준에 따라 인적사항을 적은 문서 또는 정보통신망으로 금융기관등의 장에게 금융정보등을 제공하도록 요청할 수 있다. 〈개정 2014. 1. 21.〉

③ 제1항 및 제2항에 따라 금융정보등의 제공을 요청받은 금융기관등의 장은 「금융실명거래 및 비밀보장에 관한 법률」 제4조제1항과 「신용정보의 이용 및 보호에 관한 법률」 제32조에도 불구하고 명의인의 금융정보등을 제공하여야 한다.

④ 제3항에 따라 금융정보등을 제공한 금융기관등의 장은 금융정보등의 제공사실을 명의인에게 통보하여야 한다. 다만, 명의인의 동의가 있는 경우에는 「금융실명거래 및 비밀보장에 관한 법률」 제4조의2제1항과 「신용정보의 이용 및 보호에 관한 법률」 제32조제7항에도 불구하고 통보하지 아니할 수 있다. 〈개정 2015. 3. 11.〉

⑤ 제1항부터 제3항까지의 규정에 따른 금융정보등의 제공 요청과 제공은 「정보통신망 이용촉진 및 정보보호 등에 관한 법률」 제2조제1항제1호에 따른 정보통신망을 이용하여야 한다. 다만, 정보통신망의 손상 등 불가피한 경우에는 그러하지 아니하다.

⑥ 제1항부터 제3항까지의 규정에 따른 업무에 종사하거나 종사하였던 사람은 업무를 수행하면서 취득한 금융정보등을 이 법에서 정한 목적 외의 다른 용도로 사용하거나 다른 사람 또는 기관에 제공하거나 누설하여서는 아니 된다.

⑦ 제1항부터 제3항까지의 규정 및 제5항에 따른 금융정보등의 제공 요청과 제공 등 필요한 사항은 대통령령으로 정한다.

[본조신설 2012. 2. 1.]

제12조의4(복지 급여의 거절 · 변경 등) ① 여성가족부장관 또는 특별자치시장 · 특별자치도지사 · 시장 · 군수 · 구청장은 제11조에 따라 복지 급여를 신청한 지원대상자가 제12조의2제1항에 따른 자료의 제출을 거부하거나 조사 · 질문을 거부 · 방해 또는 기피하는 경우에는 복지 급여의 지급을 거절할 수 있다. 〈개정 2014. 1. 21.〉

② 여성가족부장관 또는 특별자치시장 · 특별자치도지사 · 시장 · 군수 · 구청장은 제12조에 따른 복지 급여를 받고 있는 지원대상자에 대하여 다음 각 호의 구분에 따른 조치를 할 수 있다. 〈개정 2014. 1. 21.〉

1. 지원대상자가 제12조의2제1항에 따른 자료의 제출을 거부하거나 조사 · 질문을 거부 · 방해 또는 기피하는 경우: 복지 급여 지급의 정지
2. 지원대상자의 복지 급여 사유가 변경되거나 상실된 경우: 복지 급여의 변경 또는 지급 중지

[본조신설 2012. 2. 1.]

제12조의5(복지급여수급계좌) ① 국가나 지방자치단체는 제12조에 따른 복지 급여를 받는 지원대상자의 신청이 있는 경우에는 복지 급여를 지원대상자 명의의 지정된 계좌(이하 "복지급여수급계좌"라 한다)로 입금하여야 한다. 다만, 정보통신장애나 그 밖에 대통령령으로 정하는 불가피한 사유로 복지급여수급계좌로 이체할 수 없을 때에는 현금 지급 등 대통령령으로 정하는 바에 따라 복지 급여를 지급할 수 있다.

② 복지급여수급계좌의 해당 금융기관은 이 법에 따른 복지 급여만이 복지급여수급계좌에 입금되도록 관리하여야 한다.

③ 제1항에 따른 신청 방법 · 절차와 제2항에 따른 복지급여수급계좌의 관리에 필요한 사항은 대통령령으로 정한다.

[본조신설 2014. 1. 21.]

제13조(복지 자금의 대여) ① 국가나 지방자치단체는 한부모가족의 생활안정과 자립을 촉진하기 위하여 다음 각 호의 어느 하나의 자금을 대여할 수 있다.

1. 사업에 필요한 자금
2. 아동교육비
3. 의료비

4. 주택자금
5. 그 밖에 대통령령으로 정하는 한부모가족의 복지를 위하여 필요한 자금

② 제1항에 따른 대여 자금의 한도, 대여 방법 및 절차, 그 밖에 필요한 사항은 대통령령으로 정한다.

[전문개정 2007. 10. 17.]

제14조(고용의 촉진) ① 국가 또는 지방자치단체는 한부모가족의 모 또는 부와 아동의 직업능력을 개발하기 위하여 능력 및 적성 등을 고려한 직업능력개발훈련을 실시하여야 한다.

② 국가 또는 지방자치단체는 한부모가족의 모 또는 부와 아동의 고용을 촉진하기 위하여 적합한 직업을 알선하고 각종 사업장에 모 또는 부와 아동이 우선 고용되도록 노력하여야 한다.

[전문개정 2007. 10. 17.]

제14조의2(고용지원 연계) ① 국가 및 지방자치단체는 한부모가족의 모 또는 부와 아동의 취업기회를 확대하기 위하여 한부모가족 관련 시설 및 기관과 「직업안정법」 제2조의2제1호에 따른 직업안정기관간 효율적인 연계를 도모하여야 한다. 〈개정 2009. 10. 9.〉

② 고용노동부장관은 한부모가족의 모 또는 부와 아동을 위한 취업지원사업 등이 효율적으로 추진될 수 있도록 여성가족부장관과 긴밀히 협조하여야 한다. 〈개정 2008. 2. 29., 2010. 1. 18., 2010. 6. 4.〉

[본조신설 2007. 10. 17.]

제15조(공공시설에 매점 및 시설 설치) 국가나 지방자치단체가 운영하는 공공시설의 장은 그 공공시설에 각종 매점 및 시설의 설치를 허가하는 경우 이를 한부모가족 또는 한부모가족복지단체에 우선적으로 허가할 수 있다.

[전문개정 2007. 10. 17.]

제16조(시설 우선이용) 국가나 지방자치단체는 한부모가족의 아동이 공공의 아동 편의시설과 그 밖의 공공시설을 우선적으로 이용할 수 있도록 노력하여야 한다.

[전문개정 2007. 10. 17.]

제17조(가족지원서비스) 국가나 지방자치단체는 한부모가족에게 다음 각 호의 가족지원서비스를 제공하도록 노력하여야 한다. 〈개정 2011. 4. 12.〉

1. 아동의 양육 및 교육 서비스
2. 장애인, 노인, 만성질환자 등의 부양 서비스
3. 취사, 청소, 세탁 등 가사 서비스
4. 교육 · 상담 등 가족 관계 증진 서비스
5. 인지청구 및 자녀양육비 청구 등을 위한 법률상담, 소송대리 등 법률구조서비스
6. 그 밖에 대통령령으로 정하는 한부모가족에 대한 가족지원서비스

[전문개정 2007. 10. 17.]

제17조의2(청소년 한부모에 대한 교육 지원) ① 국가나 지방자치단체는 청소년 한부모가 학업을 할 수 있도록 청소년 한부모의 선택에 따라 다음 각 호의 어느 하나에 해당하는 지원을 할 수 있다.

1. 「초 · 중등교육법」 제2조에 따른 학교에서의 학적 유지를 위한 지원 및 교육비 지원 또는 검정고시 지원

2. 「평생교육법」 제31조제2항에 따른 학력인정 평생교육시설에 대한 교육비 지원
3. 「초 · 중등교육법」 제28조에 따른 교육 지원
4. 그 밖에 청소년 한부모의 교육 지원을 위하여 여성가족부령으로 정하는 사항

② 제1항제3호에 따른 교육 지원을 위하여 특별시 · 광역시 · 특별자치시 · 도 · 특별자치도의 교육감은 제19조에 따른 한부모가족복지시설에 순회교육 실시를 위한 지원을 할 수 있다. 〈개정 2014. 1. 21.〉

③ 국가와 지방자치단체는 청소년 한부모의 학업과 양육의 병행을 위하여 그 자녀가 청소년 한부모가 속한 「고등교육법」 제2조에 따른 학교에 설치된 직장어린이집을 이용할 수 있도록 지원할 수 있다. 〈신설 2018. 1. 16.〉

④ 여성가족부장관은 청소년 한부모가 학업을 계속할 수 있도록 교육부장관에게 협조를 요청하여야 한다. 〈개정 2013. 3. 23., 2018. 1. 16.〉

[본조신설 2011. 4. 12.]

제17조의3(자녀양육비 이행지원) 여성가족부장관은 자녀양육비 산정을 위한 자녀양육비 가이드라인을 마련하여 법원이 이혼 판결 시 적극 활용할 수 있도록 노력하여야 한다.

[본조신설 2012. 2. 1.]

제17조의4(청소년 한부모의 자립지원) ① 국가나 지방자치단체는 청소년 한부모가 주거마련 등 자립에 필요한 자산을 형성할 수 있도록 재정적인 지원을 할 수 있다.

② 제1항에 따른 지원으로 형성된 자산은 청소년 한부모가 이 법에 따른 지원대상자에 해당하는지 여부를 조사 · 확인할 때 이를 포함하지 아니한다.

③ 제1항에 따른 자립 지원의 대상과 기준은 대통령령으로 정하고, 자립 지원의 신청, 방법 및 지원금의 반환절차 등에 필요한 사항은 여성가족부령으로 정한다.

[본조신설 2014. 1. 21.]

제17조의5(청소년 한부모의 건강진단) ① 국가와 지방자치단체는 청소년 한부모의 건강증진을 위하여 건강진단을 실시할 수 있다.

② 국가와 지방자치단체는 제1항에 따른 건강진단의 결과를 청소년 한부모 본인에게 알려주어야 한다.

③ 국가와 지방자치단체는 제1항과 제2항에 따른 건강진단의 실시와 그 결과 통보를 전문기관 또는 단체에 위탁할 수 있다.

④ 제1항에 따른 건강진단의 대상과 기준은 대통령령으로 정하고, 건강진단의 신청, 방법 및 제2항에 따른 결과의 통보 등에 필요한 사항은 여성가족부령으로 정한다.

[본조신설 2017. 12. 12.]

[종전 제17조의5는 제17조의6으로 이동 〈2017. 12. 12.〉]

제17조의6(미혼모 등의 건강관리 등 지원) ① 국가와 지방자치단체는 미혼모 또는 미혼부와 그 자녀가 건강하게 생활할 수 있도록 산전(産前) · 분만 · 산후(産後)관리, 질병의 예방 · 상담 · 치료, 영양 · 건강에 관한 교육 등 건강관리를 위한 지원을 할 수 있다.

② 국가와 지방자치단체는 제19조제1항제3호가목의 기본생활지원 미혼모자가족복지시설에 입소한 미혼모 등의 신청이 있는 경우에는 미혼모 등 본인 및 함께 생활하는 자녀에 대한 의료비를 추가적으로 지원할 수 있다.

③ 제1항에 따른 건강관리와 제2항에 따른 의료비 지원의 기준 및 절차, 그 밖에 필요한 사항은 대통령령 또는 조례로 정한다.

[본조신설 2018. 12. 18.]
[종전 제17조의6은 제17조의7로 이동 〈2018. 12. 18.〉]

제17조의7(아동 · 청소년 보육 · 교육) 국가와 지방자치단체는 아동 · 청소년 보육 · 교육을 실시함에 있어서 한부모가족 구성원인 아동 · 청소년을 차별하여서는 아니 된다.
[본조신설 2016. 12. 20.]
[제17조의6에서 이동 〈2018. 12. 18.〉]

제18조(국민주택의 분양 및 임대) 국가나 지방자치단체는 「주택법」에서 정하는 바에 따라 국민주택을 분양하거나 임대할 때에는 한부모가족에게 일정 비율이 우선 분양될 수 있도록 노력하여야 한다.
[전문개정 2007. 10. 17.]

제18조의2(한부모가족 상담전화의 설치) ① 여성가족부장관은 한부모가족 지원에 관한 종합정보의 제공과 지원기관 및 시설의 연계 등에 관한 전문적이고 체계적인 상담서비스를 제공하기 위하여 한부모가족 상담전화를 설치 · 운영할 수 있다.
② 제1항에 따른 한부모가족 상담전화의 설치 · 운영에 필요한 사항은 여성가족부령으로 정한다.
[본조신설 2018. 1. 16.]

제3장 한부모가족복지시설 〈개정 2007. 10. 17.〉

제19조(한부모가족복지시설) ① 한부모가족복지시설은 다음 각 호의 시설로 한다. 〈개정 2018. 1. 16.〉

1. 모자가족복지시설: 모자가족에게 다음 각 목의 어느 하나 이상의 편의를 제공하는 시설
   가. 기본생활지원: 생계가 어려운 모자가족에게 일정 기간 동안 주거와 생계를 지원
   나. 공동생활지원: 독립적인 생활이 어려운 모자가족에게 일정 기간 동안 공동생활을 통하여 자립을 준비할 수 있도록 주거 등을 지원
   다. 자립생활지원: 자립욕구가 강한 모자가족에게 일정 기간 동안 주거를 지원
2. 부자가족복지시설: 부자가족에게 다음 각 목의 어느 하나 이상의 편의를 제공하는 시설
   가. 기본생활지원: 생계가 어려운 부자가족에게 일정 기간 동안 주거와 생계를 지원
   나. 공동생활지원: 독립적인 생활이 어려운 부자가족에게 일정 기간 동안 공동생활을 통하여 자립을 준비할 수 있도록 주거 등을 지원
   다. 자립생활지원: 자립욕구가 강한 부자가족에게 일정 기간 동안 주거를 지원
3. 미혼모자가족복지시설: 미혼모자가족과 출산 미혼모 등에게 다음 각 목의 어느 하나 이상의 편의를 제공하는 시설
   가. 기본생활지원: 미혼 여성의 임신 · 출산 시 안전 분만 및 심신의 건강 회복과 출산 후의 아동의 양육 지원을 위하여 일정 기간 동안 주거와 생계를 지원(제5조에 따른 지원대상자 중 미혼이 아닌 여성의 임신 · 출산 시 안전 분만과 출산 후 양육 지원을 포함한다)
   나. 공동생활지원: 출산 후 해당 아동을 양육하지 아니하는 미혼모 또는 미혼모와 그

출산 아동으로 구성된 미혼모자가족에게 일정 기간 동안 공동생활을 통하여 자립을 준비할 수 있도록 주거 등을 지원

4. 일시지원복지시설: 배우자(사실혼 관계에 있는 사람을 포함한다)가 있으나 배우자의 물리적·정신적 학대로 아동의 건전한 양육이나 모의 건강에 지장을 초래할 우려가 있을 경우 일시적 또는 일정 기간 동안 모와 아동 또는 모에게 주거와 생계를 지원하는 시설

5. 한부모가족복지상담소: 한부모가족에 대한 위기·자립 상담 또는 문제해결 지원 등을 목적으로 하는 시설

② 제1항제1호부터 제4호까지의 규정에 따른 복지시설의 입소기간 및 그 기간의 연장 등에 필요한 사항은 여성가족부령으로 정한다. 〈개정 2014. 1. 21.〉

[전문개정 2011. 4. 12.]

제20조(한부모가족복지시설의 설치) ① 국가나 지방자치단체는 한부모가족복지시설을 설치할 수 있다.

② 제19조에 따른 한부모가족복지시설의 장은 청소년 한부모가 입소를 요청하는 경우에는 우선 입소를 위한 조치를 취하여야 한다. 〈신설 2011. 4. 12.〉

③ 국가나 지방자치단체 외의 자가 한부모가족복지시설을 설치·운영하려면 특별자치시장·특별자치도지사·시장·군수·구청장에게 신고하여야 한다. 신고한 사항 중 여성가족부령으로 정하는 중요 사항을 변경하려는 경우에도 또한 같다. 〈개정 2010. 5. 17., 2011. 4. 12., 2014. 1. 21.〉

④ 「입양특례법」 제20조에 따른 입양기관을 운영하는 자는 제19조제1항제3호가목에 해당하는 편의제공시설을 설치·운영할 수 없다. 〈신설 2011. 4. 12., 2018. 12. 18.〉

⑤ 한부모가족복지시설의 시설 설치·운영 기준, 시설 종사자의 직종(職種)과 수(數) 및 자격기준, 그 밖에 설치신고에 필요한 사항은 여성가족부령으로 정한다. 〈개정 2011. 4. 12.〉

[전문개정 2007. 10. 17.]

제21조(폐지 또는 휴지) ① 제20조제3항에 따라 한부모가족복지시설의 설치 신고를 한 자가 그 시설을 폐지하거나 그 시설의 운영을 일시적으로 중단하려면 여성가족부령으로 정하는 바에 따라 미리 특별자치시장·특별자치도지사·시장·군수·구청장에게 신고하여야 한다. 〈개정 2008. 2. 29., 2010. 1. 18., 2010. 5. 17., 2011. 4. 12., 2014. 1. 21., 2016. 3. 2.〉

② 한부모가족복지시설의 장은 한부모가족복지시설을 폐지하거나 그 시설의 운영을 일시적으로 중단하는 경우에는 여성가족부령으로 정하는 바에 따라 그 시설에 입소하고 있는 사람이 다른 한부모가족복지시설로 옮길 수 있도록 하는 등 입소자의 권익을 보호하기 위한 조치를 하여야 한다. 〈신설 2016. 3. 2.〉

③ 특별자치시장·특별자치도지사·시장·군수·구청장은 제1항에 따른 신고를 받은 경우 한부모가족복지시설의 장이 제2항에 따른 입소자의 권익을 보호하기 위한 조치를 하였는지 여부를 확인하는 등 여성가족부령으로 정하는 조치를 하여야 한다. 〈신설 2016. 3. 2.〉

[전문개정 2007. 10. 17.]

제22조(수탁 의무) 한부모가족복지시설을 설치·운영하는 자는 특별시장·광역시장·특별

자치시장 · 도지사 · 특별자치도지사(이하 "시 · 도지사"라 한다) 또는 시장 · 군수 · 구청장으로부터 한부모가족복지시설에 한부모가족을 입소하도록 위탁받으면 정당한 사유 없이 이를 거부하지 못한다. 〈개정 2014. 1. 21.〉
[전문개정 2007. 10. 17.]

제23조(감독) ① 여성가족부장관, 시 · 도지사 또는 시장 · 군수 · 구청장은 한부모가족복지시설을 설치 · 운영하는 자에게 그 시설에 관하여 필요한 보고를 하게 하거나, 관계 공무원에게 시설의 운영 상황을 조사하게 하거나 장부 등 그 밖의 서류를 검사하게 할 수 있다. 〈개정 2008. 2. 29., 2010. 1. 18.〉
② 제1항에 따라 그 직무를 수행하는 관계 공무원은 그 권한을 표시하는 증표를 지니고 이를 관계인에게 내보여야 한다.
[전문개정 2007. 10. 17.]

제24조(시설 폐쇄 등) ① 특별자치시장 · 특별자치도지사 · 시장 · 군수 · 구청장은 한부모가족복지시설이 다음 각 호의 어느 하나에 해당하면 그 사업의 정지나 폐지를 명하거나 시설을 폐쇄할 수 있다. 〈개정 2010. 5. 17., 2011. 4. 12., 2014. 1. 21., 2016. 3. 2.〉
1. 제20조제5항의 시설 기준에 미달하게 된 경우
2. 제22조를 위반한 경우
3. 정당한 이유 없이 제23조제1항에 따른 보고를 하지 아니하거나 거짓으로 한 경우 또는 조사 · 검사를 거부하거나 기피한 경우
② 특별자치시장 · 특별자치도지사 · 시장 · 군수 · 구청장은 한부모가족복지시설이 제1항에 따라 그 사업이 정지 또는 폐지되거나 시설이 폐쇄되는 경우에는 해당 시설에 입소하고 있는 사람이 다른 한부모가족복지시설로 옮길 수 있도록 하는 등 여성가족부령으로 정하는 바에 따라 입소자의 권익을 보호하기 위하여 필요한 조치를 하여야 한다. 〈신설 2016. 3. 2.〉
[전문개정 2007. 10. 17.]

제24조의2(청문) 특별자치시장 · 특별자치도지사 · 시장 · 군수 · 구청장은 제24조제1항에 따라 사업의 폐지를 명하거나 시설을 폐쇄하려면 청문을 하여야 한다. 〈개정 2010. 5. 17., 2014. 1. 21., 2016. 3. 2.〉
[전문개정 2007. 10. 17.]

제4장 비용 〈개정 2007. 10. 17.〉

제25조(비용의 보조) 국가나 지방자치단체는 대통령령으로 정하는 바에 따라 한부모가족복지사업에 드는 비용을 보조할 수 있다.
[전문개정 2007. 10. 17.]

제25조의2(부정수급자에 대한 비용의 징수) ① 거짓이나 그 밖의 부정한 방법으로 복지 급여를 받거나 타인으로 하여금 복지 급여를 받게 한 경우 복지 급여를 지급한 지원기관은 그 비용의 전부 또는 일부를 그 복지 급여를 받은 자 또는 복지 급여를 받게 한 자(이하 "부정수급자"라 한다)로부터 징수할 수 있다. 〈개정 2014. 1. 21.〉
② 제1항에 따라 징수할 금액은 부정수급자에게 통지하여 징수하고, 부정수급자가 이에 응하지 아니하는 경우 국세 또는 지방세 체납처분의 예에 따라 징수한다.
[본조신설 2007. 10. 17.]

제26조(보조금 등의 반환명령) ① 국가나 지방자치단체는 한부모가족복지시설의 장이나 한부모가족복지단체의 장이 다음 각 호의 어느 하나에 해당하면 이미 내준 보조금의 전부 또는 일부의 반환을 명할 수 있다.

1. 보조금의 교부 조건을 위반한 경우
2. 거짓이나 그 밖의 부정한 방법으로 보조금을 받은 경우
3. 한부모가족복지시설을 경영하면서 개인의 영리를 도모하는 행위를 한 경우
4. 이 법 또는 이 법에 따른 명령을 위반한 경우

② 지원기관은 복지 급여의 변경 또는 복지 급여의 정지 · 중지에 따라 지원대상자에게 이미 지급한 복지 급여 중 과잉지급분이 발생한 경우에는 즉시 지원대상자에 대하여 그 전부 또는 일부의 반환을 명하여야 한다. 다만, 이를 소비하였거나 그 밖에 지원대상자에게 부득이한 사유가 있는 경우에는 그 반환을 면제할 수 있다. 〈개정 2014. 1. 21.〉

[전문개정 2007. 10. 17.]

제5장 보칙 〈개정 2007. 10. 17.〉

제27조(양도 · 담보 및 압류 금지) ① 이 법에 따라 지급된 복지급여와 이를 받을 권리는 다른 사람에게 양도하거나 담보로 제공할 수 없으며, 다른 사람은 이를 압류할 수 없다. 〈개정 2014. 1. 21.〉

② 제12조의5제1항에 따라 지정된 복지급여수급계좌의 예금에 관한 채권은 압류할 수 없다. 〈신설 2014. 1. 21.〉

[전문개정 2011. 4. 12.]

제28조(심사 청구) ① 지원대상자 또는 그 친족이나 그 밖의 이해관계인은 이 법에 따른 복지 급여 등에 대하여 이의가 있으면 그 결정을 통지받은 날부터 90일 이내에 서면으로 해당 복지실시기관에 심사를 청구할 수 있다. 〈개정 2014. 1. 21.〉

② 복지실시기관은 제1항의 심사 청구를 받으면 30일 이내에 이를 심사 · 결정하여 청구인에게 통보하여야 한다.

[전문개정 2007. 10. 17.]

제29조(벌칙) ① 제12조의3제6항을 위반하여 금융정보등을 사용 또는 누설한 사람은 5년 이하의 징역 또는 5천만원 이하의 벌금에 처한다. 〈신설 2012. 2. 1., 2014. 1. 21.〉

② 제12조의2제4항을 위반하여 자료 등을 사용 또는 누설한 사람은 3년 이하의 징역 또는 3천만원 이하의 벌금에 처한다. 〈신설 2012. 2. 1., 2014. 1. 21.〉

③ 다음 각 호의 어느 하나에 해당하는 자는 1년 이하의 징역 또는 1천만원 이하의 벌금에 처한다. 〈개정 2011. 4. 12., 2012. 2. 1., 2014. 1. 21., 2016. 3. 2.〉

1. 제20조제3항에 따른 신고를 하지 아니하고 한부모가족복지시설을 설치한 자
2. 제24조제1항에 따라 시설의 폐쇄, 사업의 정지 또는 폐지의 명령을 받고 사업을 계속한 자

④ 거짓이나 그 밖의 부정한 방법으로 복지 급여를 받거나 타인으로 하여금 복지 급여를 받게 한 자는 1년 이하의 징역, 1천만원 이하의 벌금, 구류 또는 과료에 처한다. 〈개정 2012. 2. 1., 2014. 1. 21.〉

[전문개정 2007. 10. 17.]

제30조(양벌규정) 법인의 대표자나 법인 또는 개인의 대리인, 사용인, 그 밖의 종업원이 그 법인 또는 개인의 업무에 관하여 제29조의 위반행위를 하면 그 행위자를 벌하는 외에 그 법인 또는 개인에게도 해당 조문의 벌금 또는 과료의 형을 과(科)한다. 다만, 법인 또는 개인이 그 위반행위를 방지하기 위하여 해당 업무에 관하여 상당한 주의와 감독을 게을리하지 아니한 경우에는 그러하지 아니하다.

[전문개정 2010. 5. 17.]

제30조의2(과태료) ① 다음 각 호의 어느 하나에 해당하는 자에게는 300만원 이하의 과태료를 부과할 수 있다. 〈개정 2011. 4. 12.〉

1. 제22조를 위반하여 정당한 사유 없이 수탁을 거부한 자
2. 정당한 이유 없이 제23조제1항에 따른 보고를 하지 아니하거나 거짓으로 한 자 또는 조사 · 검사를 거부하거나 기피한 자

② 제1항에 따른 과태료는 대통령령으로 정하는 바에 따라 여성가족부장관이 부과 · 징수한다.

[본조신설 2010. 5. 17.]

제31조(권한의 위임) 여성가족부장관이나 시 · 도지사는 대통령령으로 정하는 바에 따라 이 법에 따른 권한의 일부를 시장 · 군수 · 구청장에게 위임할 수 있다. 〈개정 2008. 2. 29., 2010. 1. 18.〉

[전문개정 2007. 10. 17.]

부칙 〈제15989호, 2018. 12. 18.〉

이 법은 공포 후 6개월이 경과한 날부터 시행한다.

한부모가족지원법 시행령

[시행 2020. 8. 5] [대통령령 제30893호, 2020. 8. 4, 타법개정]

여성가족부(가족지원과) 02-2100-6364

제1조(목적) 이 영은 「한부모가족지원법」에서 위임된 사항과 그 시행에 필요한 사항을 규정함을 목적으로 한다. 〈개정 2003. 6. 13., 2008. 1. 15.〉

제2조 삭제 〈1999. 4. 24.〉

제3조 삭제 〈1999. 4. 24.〉

제4조 삭제 〈1999. 4. 24.〉

제5조 삭제 〈1999. 4. 24.〉

제6조 삭제 〈1999. 4. 24.〉

제7조 삭제 〈1999. 4. 24.〉

제8조 삭제 〈1999. 4. 24.〉

제9조 삭제 〈1999. 4. 24.〉

제10조(외국인에 대한 특례) 「한부모가족지원법」(이하 "법"이라 한다) 제5조의2제3항에 따른 외국인에 대한 특례 대상자는 국내에 체류하고 있는 외국인 중 대한민국 국민과 혼인하여 대한민국 국적의 아동을 양육하고 있는 사람으로서 「출입국관리법」 제31조에 따른 외국인 등록을 마친 자를 말한다. 〈개정 2008. 1. 15.〉

[본조신설 2007. 3. 22.]

제11조(금융정보등의 범위) 법 제11조제2항에 따라 복지 급여 신청을 하는 경우 지원대상자가 제공하는 데에 동의하여야 하는 금융정보, 신용정보 및 보험정보(이하 "금융정보등"이라 한다)의 범위는 다음 각 호와 같다. 〈개정 2014. 7. 21., 2018. 5. 29.〉

1. 법 제11조제2항제1호에 따른 금융정보
   가. 보통예금, 저축예금, 자유저축예금, 외화예금 등 요구불예금: 최근 3개월 이내의 평균잔액
   나. 정기예금, 정기적금, 정기저축 등 저축성예금: 예금의 잔액 또는 총납입액
   다. 주식, 수익증권, 출자금, 출자지분, 부동산신탁, 연금신탁: 최종 시세가액. 이 경우 비상장주식의 가액 평가에 관하여는 「상속세 및 증여세법 시행령」 제54조제1항을 준용한다.
   라. 채권, 어음, 수표, 채무증서, 신주인수권증서, 양도성예금증서: 액면가액
   마. 연금저축: 정기적으로 지급된 금액 또는 최종 잔액
   바. 가목부터 마목까지의 규정에 해당하는 금융재산에서 발생하는 이자와 배당금 또는 할인액
2. 법 제11조제2항제2호에 따른 신용정보
   가. 대출 현황 및 연체 내용
   나. 신용카드 미결제금액
3. 법 제11조제2항제3호에 따른 보험정보
   가. 보험증권: 해약하는 경우 지급받게 될 환급금 또는 최근 1년 이내에 지급된 보험금

나. 연금보험: 해약하는 경우 지급받게 될 환급금 또는 정기적으로 지급되는 금액
[본조신설 2012. 7. 24.]

제12조(복지 급여의 신청 및 지급 절차 등) ① 법 제11조제1항에 따라 법 제12조의 복지 급여를 신청할 수 있는 이해관계인은 다음 각 호의 어느 하나에 해당하는 사람을 말한다. 〈개정 2014. 7. 21.〉

1. 법 제19조에 따른 한부모가족복지시설의 종사자
2. 「사회복지사업법」 제14조에 따른 사회복지 전담공무원
3. 지원대상자의 자녀가 재학하는 학교의 교사

② 법 제12조에 따른 복지 급여를 신청하려는 사람은 여성가족부령으로 정하는 복지 급여 신청서(전자문서로 된 신청서를 포함한다)에 지원대상자의 다음 각 호의 서류(전자문서를 포함한다)를 첨부하여 특별자치시장 · 특별자치도지사 · 시장 · 군수 · 구청장(자치구의 구청장을 말한다. 이하 같다)에게 제출하여야 한다. 〈개정 2014. 7. 21.〉

1. 소득 · 재산 신고서
2. 금융정보등의 제공 동의서
3. 배우자의 건강진단서(지원대상자가 법 제4조제1호나목에 해당하는 경우로 한정한다)

③ 제2항에 따른 신청을 받은 특별자치시장 · 특별자치도지사 · 시장 · 군수 · 구청장은 지원대상자의 가족관계기록사항에 관한 증명서의 내용을 「전자정부법」 제36조제1항에 따른 행정정보의 공동이용을 통하여 확인하여야 한다. 다만, 지원대상자가 확인에 동의하지 아니하면 해당 서류를 첨부하도록 하여야 한다. 〈개정 2014. 7. 21.〉

④ 제2항에 따른 신청을 받은 특별자치시장 · 특별자치도지사 · 시장 · 군수 · 구청장은 신청을 받은 날부터 30일 이내에 복지 급여 제공 여부를 결정하여 신청인에게 통지하여야 한다. 〈개정 2014. 7. 21., 2018. 5. 29.〉

⑤ 제4항에 따라 결정된 복지 급여는 급여 신청일이 포함된 달부터 지급한다.
[본조신설 2012. 7. 24.]

제13조(복지 급여의 내용 등) ① 법 제12조제1항제1호 · 제4호에 따른 복지 급여의 내용과 수준은 한부모가족의 실태와 국민생활 수준을 고려하여 예산의 범위에서 매년 여성가족부장관이 정한다.

② 법 제12조제1항제2호에 따른 아동교육지원비는 입학금 · 수업료(고등학교의 입학금 · 수업료를 말한다. 이하 같다), 학용품비와 그 밖에 교육에 필요한 비용으로 하고, 그 내용과 수준은 한부모가족의 실태와 국민생활 수준을 고려하여 예산의 범위에서 매년 다음 각 호의 구분에 따른 자가 정한다. 〈개정 2013. 3. 23.〉

1. 입학금 · 수업료: 다음 각 목의 구분에 따른 자
   가. 국립 고등학교: 교육부장관
   나. 공립 · 사립 고등학교: 교육감
2. 학용품비와 그 밖에 교육에 필요한 비용: 여성가족부장관

[전문개정 2012. 1. 31.]
[제14조에서 이동 〈2012. 7. 24.〉]

제14조(금융정보등의 요청 및 제공) ① 법 제12조의3에 따라 여성가족부장관이 금융기관등(「금융실명거래 및 비밀보장에 관한 법률」 제2조제1호에 따른 금융회사등 및 「신용정보의 이용 및 보호에 관한 법률」 제25조제2항제1호에 따른 종합신용정보집중기관을 말한

다. 이하 같다)의 장에게 지원대상자의 금융정보등을 요청하는 경우에는 요청 내용에 다음 각 호의 사항을 포함하여야 한다. 〈개정 2014. 7. 21., 2020. 8. 4.〉

1. 지원대상자의 성명과 주민등록번호
2. 제공을 요청하는 금융정보등의 범위와 조회기준일 및 조회기간

② 제1항에 따른 요청을 받은 금융기관등의 장이 여성가족부장관에게 해당 금융정보등을 제공할 때에는 제공 내용에 다음 각 호의 사항을 포함하여야 한다. 〈개정 2014. 7. 21.〉

1. 지원대상자의 성명과 주민등록번호
2. 금융정보등을 제공하는 금융기관등의 명칭
3. 제공 대상 금융상품명과 계좌번호
4. 금융정보등의 내용

③ 여성가족부장관은 금융기관등의 장에게 제1항에 따른 금융정보등을 해당 금융기관등이 가입한 협회, 연합회 또는 중앙회 등의 정보통신망을 이용하여 제공하도록 요청할 수 있다.

④ 여성가족부장관이 법 제12조의3제2항에 따라 지원대상자의 금융정보등을 요청할 때에는 지원대상자에 대한 급여의 적정성을 확인하기 위하여 필요한 최소한의 범위에서 요청하여야 한다. 〈개정 2014. 7. 21.〉

[본조신설 2012. 7. 24.]

[종전 제14조는 제13조로 이동 〈2012. 7. 24.〉]

제14조의2(복지급여수급계좌의 신청 방법 및 절차 등) ① 법 제12조의5제1항 본문에 따라 복지 급여를 복지급여수급계좌로 받으려는 사람은 여성가족부령으로 정하는 복지급여수급계좌 입금 신청서(전자문서로 된 신청서를 포함한다)에 예금통장(계좌번호가 기록되어 있는 면을 말한다) 사본을 첨부하여 관할 특별자치시장 · 특별자치도지사 · 시장 · 군수 · 구청장에게 신청하여야 한다.

② 법 제12조의5제1항 단서에서 "대통령령으로 정하는 불가피한 사유"란 지원대상자가 금융회사나 우편관서가 없는 지역에 거주하는 경우를 말한다.

③ 특별자치시장 · 특별자치도지사 · 시장 · 군수 · 구청장은 법 제12조의5제1항 단서에 따라 복지급여수급계좌로 이체할 수 없을 때에는 해당 금전을 지원대상자에게 직접 현금으로 지급할 수 있다.

④ 특별자치시장 · 특별자치도지사 · 시장 · 군수 · 구청장은 지원대상자에게 미리 제1항에 따른 신청 절차 등에 관한 사항을 안내하여야 한다.

[본조신설 2014. 7. 21.]

제15조(복지 자금의 대여한도) 법 제13조에 따른 복지 자금의 대여한도는 대여목적에 부합되는 수준으로 하되, 그 금액은 각 복지 자금별로 매년 여성가족부장관이 정한다. 〈개정 1994. 12. 23., 2005. 6. 23., 2008. 1. 15., 2008. 2. 29., 2010. 3. 15.〉

[제목개정 2008. 1. 15.]

제16조(복지 자금의 대여절차 등) ① 법 제13조에 따른 복지 자금의 대여를 받으려는 사람은 여성가족부령으로 정하는 바에 따라 복지자금대여신청서를 특별자치시장 · 특별자치도지사 · 시장 · 군수 · 구청장에게 제출하여야 한다. 〈개정 1994. 12. 23., 1999. 4. 24., 2005. 6. 23., 2008. 1. 15., 2008. 2. 29., 2010. 3. 15., 2010. 8. 11., 2012. 7. 24., 2014. 7. 21.〉

② 특별자치시장 · 특별자치도지사 · 시장 · 군수 · 구청장은 제1항의 복지 자금의 대여 신청이 있는 경우 지체없이 대여여부를 결정하여 신청인에게 통지하고 대여대상자로 선정된 사람에 대한 대여내용을 복지 자금의 대여를 취급하는 금융기관(이하 "취급금융기관"이라 한다)에 통지하여야 한다. 〈개정 2008. 1. 5., 2010. 8. 11., 2014. 7. 21.〉

[제목개정 2008. 1. 15.]

제17조(복지 자금의 상환방법 등) ① 법 제13조에 따라 복지 자금을 대여받은 사람은 여성가족부장관이 정하는 상환기준에 따라 상환하여야 한다. 〈개정 1994. 12. 23., 2005. 6. 23., 2008. 1. 15., 2008. 2. 29., 2010. 3. 15., 2014. 7. 21.〉

② 특별자치시장 · 특별자치도지사 · 시장 · 군수 · 구청장은 복지 자금을 대여받은 사람에 대한 대여 내용과 상환내역 등을 여성가족부령으로 정하는 바에 따라 기록 · 관리하여야 한다. 〈개정 1994. 12. 23., 2005. 6. 23., 2008. 1. 15., 2008. 2. 29., 2010. 3. 15., 2010. 8. 11., 2014. 7. 21.〉

③ 제1항에 따라 복지 자금을 상환하여야 할 사람이 거주지를 다른 특별자치시 · 특별자치도 · 시 · 군 · 구(자치구를 말한다)로 이동한 경우에는 전 거주지를 관할하는 특별자치시장 · 특별자치도지사 · 시장 · 군수 · 구청장은 제2항에 따른 서류를 지체없이 신 거주지를 관할하는 특별자치시장 · 특별자치도지사 · 시장 · 군수 · 구청장에게 송부(전자문서에 의한 송부를 포함한다)하고 그 내용을 취급금융기관에 통지(취급금융기관이 원하는 경우에는 전자문서에 의한 통지를 포함한다)하여야 한다. 〈개정 1999. 4. 24., 2007. 12. 31., 2008. 1. 15., 2010. 8. 11., 2014. 7. 21.〉

[제목개정 2008. 1. 15.]

제17조의2(가족지원서비스 등) 법 제17조제6호에서 "대통령령으로 정하는 한부모가족에 대한 가족지원서비스"란 한부모가족에 대한 상담 · 심리치료를 말한다.

[본조신설 2011. 12. 28.]

제17조의3(청소년 한부모 자립지원의 대상과 기준) ① 국가나 지방자치단체는 법 제17조의4 제1항에 따라 청소년 한부모의 가구 소득이 「국민기초생활 보장법」 제2조제11호에 따른 기준 중위소득의 일정 비율 이하인 사람 중에서 취업 여부, 주거 여건 등 자립 실태를 고려하여 청소년 한부모 자립지원 대상을 선정하여 지원한다. 이 경우 기준 중위소득에 대한 비율 기준은 여성가족부장관이 정하여 고시한다. 〈개정 2015. 11. 30.〉

② 국가나 지방자치단체는 제1항에 따라 지원하는 경우 예산의 범위에서 자립지원 대상 청소년 한부모에게 해당 청소년 한부모가 자산형성 계좌에 매월 적립한 금액을 기준으로 일정 금액을 지원한다.

③ 제2항에 따른 청소년 한부모 자산형성 계좌의 개설 방법 등에 관하여 필요한 사항은 여성가족부장관이 정하여 고시한다.

[본조신설 2014. 7. 21.]

제17조의4(청소년 한부모 건강진단의 대상 및 기준) 법 제17조의5제1항에 따른 건강진단은 법 제5조 및 제5조의2에 따른 지원대상자로서 가구소득이 「국민기초생활 보장법」 제2조 제11호의 기준 중위소득에 여성가족부장관이 정하는 비율을 곱한 금액 이하에 해당하는 청소년 한부모를 대상으로 실시한다.

[본조신설 2018. 5. 29.]

제17조의5(미혼모 등의 건강관리 및 의료비 지원 기준 등) ① 법 제17조의6제1항에 따른 건강

관리를 위한 지원의 범위는 다음 각 호와 같다.
1. 산전(産前) · 분만 · 산후(産後) 관리를 위한 영양 · 건강 교육
2. 의료기관과의 연계를 통한 질병의 예방 · 상담 · 치료
3. 미혼모 또는 미혼부와 그 자녀의 정서적 안정을 위한 상담 · 심리 치료
4. 그 밖에 「모자보건법」에 따른 임신 · 출산 · 양육의 지원을 위해 여성가족부장관이 필요하다고 인정하는 지원
② 국가와 지방자치단체는 법 제17조의6제2항에 따라 다음 각 호의 사항에 대한 의료비 중 「국민건강보험법」 또는 「의료급여법」에 따라 급여가 지급되지 않는 의료비의 전부 또는 일부를 지원할 수 있다.
1. 산전 · 분만 · 산후 관리
2. 미혼모와 그 자녀의 질병 예방 및 치료
3. 그 밖에 「모자보건법」에 따른 임신 · 출산 · 양육의 지원을 위해 여성가족부장관이 필요하다고 인정하는 지원
③ 제2항에 따라 의료비를 지원받으려는 미혼모 등은 관할 특별자치시장 · 특별자치도지사 · 시장 · 군수 · 구청장에게 의료비의 지원을 신청해야 한다.
④ 제1항 및 제2항에 따른 건강관리 및 의료비의 지원 대상은 가구소득이 「국민기초생활 보장법」 제2조제11호의 기준 중위소득에 여성가족부장관이 정하는 비율을 곱한 금액 이하의 소득에 해당하는 한부모가족으로 한다.
⑤ 제1항부터 제4항까지에서 규정한 사항 외에 건강관리 및 의료비의 지원 방법 등에 관한 세부 사항은 여성가족부장관이 정한다.
[본조신설 2019. 5. 21.]

제18조(비용의 부담) 법 제25조에 따라 국가나 지방자치단체가 보조하여야 할 한부모가족복지사업에 드는 비용의 부담기준은 다음과 같다. 〈개정 1999. 4. 24., 2003. 6. 13., 2008. 1. 15., 2010. 8. 11., 2012. 1. 31., 2012. 7. 24.〉
1. 법 제12조에 따른 복지 급여에 드는 비용은 예산의 범위안에서 국가와 지방자치단체가 부담하되, 그 부담의 비율은 별표 1과 같다.
2. 법 제20조제1항에 따라 국가나 지방자치단체가 설치하는 한부모가족복지시설의 설치 및 운영에 드는 비용은 그 한부모가족복지시설을 설치 · 운영하는 국가나 지방자치단체가 부담한다.
3. 법 제20조제3항에 따른 국가나 지방자치단체외의 자가 설치하는 한부모가족복지시설의 설치 및 운영에 드는 비용은 예산의 범위에서 국가와 지방자치단체가 그 비용의 100분의 80이상을 부담한다.

제19조(부정수급자에 대한 비용의 징수) ① 법 제25조의2제1항에 따라 지원기관이 부정수급자로부터 징수하는 비용은 징수대상 비용 전액으로 하되, 부정수급자가 2인 이상인 경우에는 부정수급자의 수로 나눈 금액을 각각 징수한다. 〈개정 2014. 7. 21.〉
② 지원기관은 비용을 징수하는 경우에는 30일 이상의 기한을 정하여 부정수급자에게 납부통지(부정수급자가 원하는 경우에는 전자문서에 의한 통지를 포함한다)를 하여야 한다. 〈개정 2014. 7. 21.〉
[본조신설 2008. 1. 15.]

제20조(과태료의 부과기준) 법 제30조의2에 따른 과태료의 부과기준은 별표 2와 같다.

[전문개정 2011. 12. 28.]

제21조(권한의 위임) 여성가족부장관은 법 제31조에 따라 법 제30조의2제2항에 따른 과태료의 부과 · 징수에 관한 권한을 특별자치시장 · 특별자치도지사 · 시장 · 군수 · 구청장에게 위임한다. 〈개정 2014. 7. 21.〉

[본조신설 2011. 12. 28.]

제22조(민감정보 및 고유식별정보의 처리) 여성가족부장관(법 제31조에 따라 여성가족부장관의 권한을 위임받은 자를 포함한다), 지방자치단체의 장(해당 권한이 위임 · 위탁된 경우에는 그 권한을 위임 · 위탁받은 자를 포함한다) 또는 법 제19조에 따른 한부모가족복지시설의 장은 다음 각 호의 사무를 수행하기 위하여 불가피한 경우 「개인정보 보호법」 제23조에 따른 건강에 관한 정보나 같은 법 시행령 제19조제1호, 제2호 또는 제4호에 따른 주민등록번호, 여권번호 또는 외국인등록번호가 포함된 자료를 처리할 수 있다.

1. 법 제12조의2에 따른 복지 급여 사유의 확인에 관한 사무
2. 법 제13조에 따른 복지 자금의 대여에 관한 사무
3. 법 제14조 및 제14조의2에 따른 한부모가족 고용 촉진 및 고용지원 연계에 관한 사무
4. 법 제17조의4에 따른 청소년 한부모의 자립지원에 관한 사무
5. 법 제18조에 따른 국민주택의 분양 및 임대에 관한 사무
6. 법 제19조에 따른 한부모가족복지시설 입소자 지원에 관한 사무

[본조신설 2014. 8. 6.]

제23조(규제의 재검토) 여성가족부장관은 제12조제2항에 따른 복지 급여 신청 시의 제출 서류에 대하여 2017년 1월 1일을 기준으로 2년마다(매 2년이 되는 해의 1월 1일 전까지를 말한다) 그 타당성을 검토하여 개선 등의 조치를 하여야 한다.

[전문개정 2016. 12. 30.]

부칙 〈제30893호, 2020. 8. 4.〉

제1조(시행일) ① 이 영은 2020년 8월 5일부터 시행한다. 〈단서 생략〉

② 및 ③ 생략

제2조 생략

제3조(다른 법령의 개정) ①부터 〈63〉까지 생략

〈64〉 한부모가족지원법 시행령 일부를 다음과 같이 개정한다.

제14조제1항 각 호 외의 부분 중 "「신용정보의 이용 및 보호에 관한 법률」 제2조제6호에 따른 신용정보집중기관"을 "「신용정보의 이용 및 보호에 관한 법률」 제25조제2항제1호에 따른 종합신용정보집중기관"으로 한다.

〈65〉 생략

제4조 생략

한부모가족지원법 시행규칙

[시행 2019. 8. 28] [여성가족부령 제143호, 2019. 8. 28, 타법개정]

여성가족부(가족지원과) 02-2100-6364

제1조(목적) 이 규칙은 「한부모가족지원법」 및 같은 법 시행령에서 위임된 사항과 그 시행에 필요한 사항을 규정함을 목적으로 한다. 〈개정 2003. 7. 9., 2006. 5. 12., 2008. 1. 15.〉

제2조(모 · 부의 범위) 「한부모가족지원법」(이하 "법"이라 한다) 제4조제1호마목에서 "여성가족부령으로 정하는 자"란 다음 각 호의 어느 하나에 해당하는 자를 말한다. 〈개정 1996. 1. 17., 2003. 7. 9., 2005. 6. 23., 2006. 5. 12., 2008. 1. 15., 2008. 3. 3., 2010. 3. 19., 2012. 8. 2.〉

1. 배우자의 생사가 분명하지 아니한 자
2. 배우자 또는 배우자 가족과의 불화등으로 인하여 가출한 자
3. 삭제 〈2012. 8. 2.〉

[제목개정 2003. 7. 9.]

제3조(지원대상자의 범위) 법 제5조 및 제5조의2제2항에 따른 지원대상자의 범위는 여성가족부장관이 매년 「국민기초생활 보장법」 제2조제11호에 따른 기준 중위소득, 지원대상자의 소득수준 및 재산의 정도 등을 고려하여 지원의 종류별로 정하여 고시한다. 〈개정 2014. 7. 22., 2015. 12. 14.〉

[전문개정 2012. 6. 29.]

[제목개정 2014. 7. 22.]

제3조의2(지원대상자의 범위에 대한 특례) 법 제5조의2제2항제5호에서 "여성가족부령으로 정하는 아동"이란 다음 각 호의 어느 하나에 해당하는 아동을 말한다. 〈개정 2008. 12. 31., 2010. 3. 19., 2012. 1. 2.〉

1. 삭제 〈2012. 1. 2.〉
2. 부모가 가정의 불화 등으로 가출하여 부모의 부양을 받을 수 없는 아동
3. 그 밖에 부모가 실직 등으로 장기간 경제적 능력을 상실하여 부양을 받을 수 없는 아동

[본조신설 2008. 1. 15.]

[제목개정 2014. 7. 22.]

제3조의3(한부모가족증명서의 발급) ①제3조에 따른 지원대상자, 그 친권자 또는 후견인 등이 한부모가족증명서를 발급받으려는 경우에는 별지 제1호서식의 한부모가족증명서 발급신청서를 특별자치시장 · 특별자치도지사 · 시장 · 군수 · 구청장(자치구의 구청장을 말한다. 이하 같다)에게 제출하여야 한다. 다만, 제3조에 따른 지원대상자는 정보통신망이나 무인(無人)민원발급기에서 한부모가족증명서를 직접 발급받을 수 있다. 〈개정 2012. 1. 2., 2014. 7. 22.〉

② 제1항에 따라 신청을 받은 특별자치시장 · 특별자치도지사 · 시장 · 군수 · 구청장은 별지 제2호서식의 한부모가족증명서를 신청인에게 발급하여야 한다. 〈신설 2014. 7. 22.〉

[전문개정 2011. 3. 30.]
[제9조의2에서 이동 〈2012. 1. 2.〉]

제4조(실태조사의 대상 및 방법 등) ① 법 제6조제1항에 따른 실태조사는 한부모가족이 된 사유와 형태를 고려한 대표성 있는 조사대상을 선정하여 실시하며, 다음 각 호의 사항에 관한 조사가 포함되어야 한다.
1. 가구주의 성별, 나이, 학력, 혼인상태, 장애여부, 거주지역 등 신상에 관한 사항
2. 가구주의 이혼, 사별, 미혼, 출산 등 한부모가족이 된 사유에 관한 사항
3. 자녀 수, 가족 부양자, 자녀양육비 부담자 등 가족 관계 및 그 부양에 관한 사항
4. 주거 상태, 소비 수준, 여가 활용행태, 정보 이용 등 생활양식에 관한 사항
5. 취업 및 소득 등 경제 상태에 관한 사항
6. 한부모가족 관련 지원 수요에 관한 사항
7. 그 밖에 여성가족부장관이 한부모가족 지원정책의 수립을 위하여 필요하다고 인정하는 사항

② 여성가족부장관은 법 제6조제1항에 따른 실태조사 및 연구를 가족복지에 관한 전문성과 인력을 갖춘 대학, 연구기관, 법인 또는 단체에 의뢰하여 실시할 수 있다. 〈개정 2018. 6. 12.〉
[본조신설 2012. 1. 2.]
[종전 제4조는 제9조의4로 이동 〈2012. 1. 2.〉]

제5조(지원대상 한부모가족의 조사보고 등) ① 법 제10조제3항에 따라 특별자치시장 · 특별자치도지사 · 시장 · 군수 · 구청장은 관할구역안의 지원대상자의 실태에 관하여 다음 각 호의 사항을 조사하고 이를 복지대상자 통합관리카드에 기록 · 관리하여야 한다. 〈개정 1999. 10. 1., 2000. 9. 30., 2003. 7. 9., 2007. 3. 29., 2008. 1. 15., 2009. 12. 31., 2010. 8. 17., 2012. 1. 2., 2014. 7. 22.〉
1. 가족상황
2. 소득 및 자산보유상황 등 생활상태
3. 부양의무자가 있으면 그 부양능력의 유무
4. 그 밖에 지원실시에 필요한 사항

② 특별자치시장 · 특별자치도지사 · 시장 · 군수 · 구청장은 제1항에 따라 조사된 복지대상자 통합관리카드를 기초로 하여 지원대상 한부모가족 현황을 매년 12월 31일 현재로 작성하여 다음해 1월 20일까지 특별시장 · 광역시장 · 특별자치시장 · 도지사 또는 특별자치도지사(이하 "시 · 도지사"라 한다)에게 보고하여야 하며, 시 · 도지사는 이를 1월 31일까지 여성가족부장관에게 보고하여야 한다. 다만, 특별자치시 · 특별자치도의 경우에는 특별자치시장 · 특별자치도지사가 1월 31일까지 직접 여성가족부장관에게 보고하여야 한다. 〈개정 1996. 1. 17., 2000. 9. 30., 2003. 7. 9., 2005. 6. 23., 2008. 1. 15., 2008. 3. 3., 2010. 3. 19., 2010. 8. 17., 2014. 7. 22.〉
[제목개정 2014. 7. 22.]
[제6조에서 이동 〈2012. 1. 2.〉]

제6조(복지 급여의 지급기준) 법 제12조에 따른 복지 급여의 기준은 여성가족부장관이 매년 지원대상자의 급여 수준, 지원대상자의 수, 물가 수준 및 예산 등을 종합적으로 고려하여 정하고 이를 고시하여야 한다. 〈개정 2014. 7. 22.〉

[본조신설 2012. 1. 2.]
[종전 제6조는 제5조로 이동 〈2012. 1. 2.〉]

제7조(복지급여수급계좌 입금 신청서) 「한부모가족지원법 시행령」(이하 "영"이라 한다) 제14조의2제1항에 따른 복지급여수급계좌 입금 신청서는 별지 제3호서식에 따른다.
[본조신설 2014. 7. 22.]

제8조(복지 자금의 대여신청 등) ① 영 제16조제1항에 따른 복지자금대여신청서는 거주지관할 읍·면·동장을 거쳐 특별자치시장·특별자치도지사·시장·군수·구청장에게 제출하여야 한다. 〈개정 2000. 9. 30., 2003. 7. 9., 2006. 5. 12., 2008. 1. 15., 2010. 8. 17., 2014. 7. 22.〉
② 제1항에 따른 복지자금대여신청서에 첨부할 서류는 다음 각 호와 같다. 〈개정 2008. 1. 15.〉
1. 사업에 필요한 자금: 사업의 종류, 사업장의 소재지 및 사업의 내용등을 기재한 사업계획서
2. 아동교육비: 재학증명서
3. 의료비: 의사의 진단서
4. 주택자금:매매·전세 또는 임대차계약서사본
③ 제1항에 따른 신청을 받은 특별자치시장·특별자치도지사·시장·군수·구청장은 신청인을 복지 자금대여자로 결정하면 그에게 복지대상자자금대여결정통지서를 송부하여야 한다. 〈신설 1996. 1. 17., 2000. 9. 30., 2008. 1. 15., 2009. 12. 31., 2010. 8. 17., 2014. 7. 22.〉
[제목개정 2008. 1. 15.]

제9조(복지자금대여 관리카드) 영 제17조제2항에 따른 복지 자금대여 내용과 상환내역 등은 복지대상자 자금대여 관리카드에 기록·관리한다. 〈개정 2000. 9. 30., 2008. 1. 15., 2009. 12. 31., 2014. 7. 22.〉

제9조의2(청소년 한부모에 대한 교육 지원) 법 제17조의2제1항제4호에서 "여성가족부령으로 정하는 사항"이란 청소년 한부모가 학업을 하는 기간 중 해당 청소년 한부모가 양육하고 있는 자녀를 돌보는 내용의 지원을 말한다.
[본조신설 2012. 1. 2.]
[종전 제9조의2는 제3조의3으로 이동 〈2012. 1. 2.〉]

제9조의3(청소년 한부모 자립지원의 신청 및 방법) ① 법 제17조의4제1항에 따라 자산형성을 위한 재정적인 지원을 받으려는 청소년 한부모는 복지 급여 신청서(전자문서로 된 신청서를 포함한다)에 다음 각 호의 서류(전자문서를 포함한다)를 첨부하여 관할 특별자치시장·특별자치도지사·시장·군수·구청장에게 제출하여야 한다.
1. 소득·재산 신고서
2. 금융정보등의 제공 동의서
3. 배우자의 건강진단서(신청인이 법 제4조제1호나목에 해당하는 경우로 한정한다)
② 제1항에 따른 신청을 받은 특별자치시장·특별자치도지사·시장·군수·구청장은 「전자정부법」 제36조제1항에 따른 행정정보의 공동이용을 통하여 신청인의 가족관계기록사항에 관한 증명서의 내용을 확인하여야 한다. 다만, 신청인이 확인에 동의하지 아니하면 해당 서류를 첨부하도록 하여야 한다.

③ 제1항에 따른 신청을 받은 특별자치시장 · 특별자치도지사 · 시장 · 군수 · 구청장은 신청을 받은 날부터 14일 이내에 청소년 한부모 자립지원 여부를 결정하고, 그 결과를 신청인에게 통지하여야 한다.

[본조신설 2014. 7. 22.]

[종전 제9조의3은 제9조의4로 이동 〈2014. 7. 22.〉]

제9조의4(건강진단의 신청 절차 및 방법 등) ① 법 제17조의5에 따른 건강진단을 받으려는 청소년 한부모는 별지 제3호의2서식의 청소년 한부모 건강진단 신청서를 관할 특별자치시장 · 특별자치도지사 · 시장 · 군수 · 구청장에게 제출하여야 한다.

② 제1항에 따른 신청을 받은 특별자치시장 · 특별자치도지사 · 시장 · 군수 · 구청장은 신청을 받은 날부터 30일 이내에 건강진단의 실시 여부를 결정하여 신청인에게 통지하여야 한다.

③ 특별자치시장 · 특별자치도지사 · 시장 · 군수 · 구청장은 제2항에 따라 건강진단 실시를 결정한 경우 신청인이 「건강검진기본법」 제14조에 따라 지정된 건강검진기관에서 건강진단을 원활하게 받을 수 있도록 건강진단 실시 비용 등을 지원한다.

[본조신설 2018. 6. 12.]

[종전 제9조의4는 제9조의6으로 이동 〈2018. 6. 12.〉]

제9조의5(상담전화의 설치 · 운영 기준) ① 여성가족부장관은 법 제18조의2제1항에 따른 한부모가족 상담전화를 운영할 때 전화 상담실을 별도로 갖추고, 행정전담인력과 상담원을 배치한다.

② 여성가족부장관은 한부모가족 상담전화 사무실에 다음 각 호에 해당하는 서류를 비치한다.

1. 한부모가족지원정책 지침, 관련 기관 정보 등 한부모가족 상담에 필요한 정책 자료
2. 한부모가족 상담전화 운영일지 및 상담일지
3. 그 밖에 회의록 등 여성가족부장관이 정하는 서류

[본조신설 2018. 6. 12.]

[종전 제9조의5는 제9조의7로 이동 〈2018. 6. 12.〉]

제9조의6(복지시설의 입소 · 퇴소의 절차 및 기준) ① 법 제19조에 따른 한부모가족복지시설(이하 "한부모가족복지시설"이라 한다)에 입소하려는 사람은 입소 신청서를 입소하려는 한부모가족복지시설의 관할 특별자치시장 · 특별자치도지사 · 시장 · 군수 · 구청장에게 제출하여야 한다. 〈개정 2014. 7. 22.〉

② 제1항에 따른 입소 신청을 받은 담당 공무원은 신청인(이미 한부모가족복지시설에 입소하고 있는 사람으로서 가족관계등록에 변동사항이 없는 사람은 제외한다)에 대한 가족관계기록사항에 관한 증명서의 내용을 「전자정부법」 제36조제1항에 따른 행정정보의 공동이용을 통하여 확인하여야 한다. 다만, 신청인이 확인에 동의하지 아니하는 경우에는 해당 서류를 첨부하도록 하여야 한다. 〈개정 2014. 7. 22.〉

③ 제1항에 따라 입소 신청을 받은 특별자치시장 · 특별자치도지사 · 시장 · 군수 · 구청장은 신청을 받은 날부터 14일 이내에 입소 여부를 결정하여 신청인과 한부모가족복지시설의 장에게 통지하여야 한다. 다만, 한부모가족복지시설의 장은 신청인에 대한 긴급한 지원이 필요하다고 인정되는 경우에는 특별자치시장 · 특별자치도지사 · 시장 · 군수 · 구청장의 입소 결정 전까지 신청인을 임시로 입소시켜 지원할 수 있다. 〈개정 2014.

7. 22.〉

④ 특별자치시장 · 특별자치도지사 · 시장 · 군수 · 구청장은 다음 각 호의 사유가 발생한 경우 한부모가족복지시설에서의 퇴소를 결정하여 해당 입소자 및 한부모가족복지시설의 장에게 통지하여야 한다. 〈개정 2012. 6. 29., 2014. 7. 22., 2018. 6. 12.〉

1. 제9조의7에서 정한 입소기간의 만료
2. 입소자가 거짓이나 그 밖의 부정한 방법으로 입소한 경우
3. 입소자 본인이 퇴소를 요청한 경우
4. 입소자가 한부모가족복지시설 안에서 질서문란 행위를 하여 퇴소가 필요하다고 한부모가족복지시설의 장이 인정하여 요청한 경우

⑤ 입소자가 퇴소한 경우 한부모가족복지시설의 장은 퇴소일로부터 3일 이내에 그 사실을 특별자치시장 · 특별자치도지사 · 시장 · 군수 · 구청장에게 보고하여야 한다. 이 경우 공휴일 및 토요일은 산입하지 아니한다. 〈개정 2014. 7. 22.〉

[본조신설 2012. 1. 2.]

[제9조의4에서 이동 〈2018. 6. 12.〉]

제9조의7(입소기간) 법 제19조제2항에 따른 한부모가족복지시설에서의 입소기간, 입소기간의 연장사유 및 연장가능 기간은 별표 1과 같다. 〈개정 2014. 7. 22.〉

[전문개정 2012. 6. 29.]

[제목개정 2014. 7. 22.]

[제9조의5에서 이동 〈2018. 6. 12.〉]

제10조(한부모가족복지시설의 설치 신고 등) ① 법 제20조제3항에 따른 한부모가족복지시설의 설치신고를 하려는 자는 별지 제4호서식의 한부모가족복지시설 설치신고서(전자문서로 된 신고서를 포함한다)에 다음 각 호의 서류(전자문서를 포함한다. 이하 같다)를 첨부하여 관할 특별자치시장 · 특별자치도지사 · 시장 · 군수 · 구청장에게 제출하여야 한다. 〈개정 2008. 1. 15., 2010. 8. 17., 2012. 1. 2., 2014. 7. 22.〉

1. 법인의 정관(법인인 경우에 한한다) 1부
2. 시설운영에 필요한 재산목록(소유 또는 사용할 수 있는 권리를 증명할 수 있는 서류를 첨부하여야 한다. 이하 같다) 1부
3. 사업계획서 및 예산서 각 1부
4. 시설의 평면도(시설의 층별 및 구조별 면적을 표시하여야 한다) 1부

② 제1항에 따라 신고서를 제출받은 담당공무원은 「전자정부법」 제36조제1항에 따른 행정정보의 공동이용을 통하여 법인 등기사항증명서(법인인 경우만 해당한다), 건축물대장을 확인하여야 한다. 〈개정 2008. 1. 15., 2010. 8. 17., 2014. 6. 19., 2014. 7. 22.〉

③ 제1항에 따라 신고를 받은 특별자치시장 · 특별자치도지사 · 시장 · 군수 · 구청장은 별지 제5호서식의 한부모가족복지시설 설치신고 확인증을 신고인에게 교부하여야 한다. 〈개정 2008. 1. 15., 2010. 8. 17., 2014. 7. 22.〉

④ 제1항에 따라 한부모가족복지시설을 설치 · 운영하는 자는 한부모가족복지시설의 대표자(법인이 설치한 시설의 경우만 해당한다) 또는 시설의 장, 시설의 종류 · 명칭 · 소재지 또는 입소정원을 변경하려는 경우에는 별지 제6호서식의 한부모가족복지시설 변경신고서(전자문서로 된 신고서를 포함한다. 이하 같다)에 다음 각 호의 서류를 첨부하여 특별자치시장 · 특별자치도지사 · 시장 · 군수 · 구청장에게 제출하여야 한다. 〈개정

2008. 1. 15., 2010. 8. 17., 2014. 7. 22., 2016. 9. 7.〉

1. 법인의 이사회 회의록(법인의 대표자가 변경된 경우에 한한다)

2. 변경시설의 평면도(소재지 또는 입소정원의 변경 등으로 시설의 변경이 있는 경우에 한한다)

3. 한부모가족복지시설의 장의 자격을 증명하는 서류(한부모가족복지시설의 장의 자격이 변경된 경우에 한한다)

4. 시설 및 재산에 관한 사용 · 처분계획서(소재지가 변경되는 경우에 한한다)

5. 한부모가족복지시설 입소자에 대한 조치계획서(소재지 또는 입소정원이 변경되는 경우에 한한다)

6. 한부모가족복지시설 설치신고 확인증

⑤ 제4항에 따라 변경신고서를 제출받은 담당공무원은 「전자정부법」 제36조제1항에 따른 행정정보의 공동이용을 통하여 건축물대장(소재지 또는 입소정원의 변경 등으로 시설의 변경이 있는 경우에 한한다)을 확인하여야 한다. 〈개정 2008. 1. 15., 2010. 8. 17.〉

⑥ 특별자치시장 · 특별자치도지사 · 시장 · 군수 · 구청장은 제3항에 따라 한부모가족복지시설 설치신고 확인증을 교부하거나 제4항에 따라 한부모가족복지시설 변경신고를 받은 때에는 그 때부터 15일 이내에 시 · 도지사를 거쳐 여성가족부장관에게 보고하여야 한다. 다만, 특별자치시 · 특별자치도의 경우에는 특별자치시장 · 특별자치도지사가 직접 여성가족부장관에게 보고하여야 한다. 〈개정 2008. 1. 15., 2008. 3. 3., 2010. 3. 19., 2010. 8. 17., 2014. 7. 22.〉

[전문개정 2007. 3. 29.]

[제목개정 2008. 1. 15.]

제10조의2(한부모가족복지시설의 설치기준 등) ① 법 제20조제5항에 따른 한부모가족복지시설의 설치기준은 별표 2와 같다. 〈개정 2008. 1. 15., 2012. 1. 2.〉

② 법 제20조제5항에 따라 한부모가족복지시설에 두어야 할 종사자의 직종과 수 및 자격기준은 각각 별표 3 및 별표 4와 같다. 다만, 지역 내에 별표 4에 따른 종사자의 자격기준을 충족하는 사람이 부족한 경우 등 부득이한 경우에는 특별자치시 · 특별자치도 · 시 · 군 · 구의 조례로 정하는 바에 따라 그 기준을 완화할 수 있다. 〈개정 2008. 1. 15., 2012. 1. 2., 2014. 12. 12.〉

[본조신설 2007. 3. 29.]

[제목개정 2008. 1. 15.]

제11조(한부모가족복지시설의 폐지 · 운영중단 등 신고) ① 법 제21조에 따라 한부모가족복지시설을 폐지 또는 운영중단(운영중단기간은 1년 이내로 한정한다)하거나 운영을 재개하려는 자는 폐지 · 운영중단 · 재개 3개월 전까지 별지 제7호서식의 한부모가족복지시설 폐지(운영중단 · 재개)신고서(전자문서로 된 신고서를 포함한다)에 다음 각 호의 서류를 첨부하여 특별자치시장 · 특별자치도지사 · 시장 · 군수 · 구청장에게 제출하여야 하며, 이를 시설종사자 및 입소자에게 알려주어야 한다. 〈개정 2008. 1. 15., 2010. 8. 17., 2014. 7. 22., 2016. 9. 7., 2019. 8. 28.〉

1. 한부모가족복지시설의 폐지 · 운영중단 또는 재개사유서(법인인 경우에는 폐지 · 운영중단 또는 재개를 결의한 이사회의 회의록 사본) 1부

2. 한부모가족복지시설의 입소자에 대한 조치계획서(폐지 또는 운영중단하는 경우만 해

당한다) 1부

3. 보조금 · 후원금의 사용 결과 보고서와 이를 재원으로 조성한 잔여재산 반환조치계획서(폐지 또는 운영중단하는 경우만 해당한다) 1부

4. 한부모가족복지시설의 재산에 관한 사용 또는 처분계획서(폐지 또는 운영중단하는 경우만 해당한다) 1부

5. 한부모가족복지시설 설치신고 확인증(폐지하는 경우만 해당한다) 1부

② 제1항에 따라 신고서를 제출받은 특별자치시장 · 특별자치도지사 · 시장 · 군수 · 구청장은 제1항에 따라 제출된 계획서에 따른 조치가 이루어지는지를 확인하여야 한다. 〈신설 2016. 9. 7.〉

③ 특별자치시장 · 특별자치도지사 · 시장 · 군수 · 구청장이 제1항에 따른 폐지(운영중단 · 재개)신고서를 수리한 경우에는 그 때부터 15일 이내에 시 · 도지사를 거쳐 여성가족부장관에게 보고하여야 한다. 다만, 특별자치시 · 특별자치도의 경우에는 특별자치시장 · 특별자치도지사가 직접 여성가족부장관에게 보고하여야 한다. 〈개정 2008. 3. 3., 2010. 3. 19., 2010. 8. 17., 2014. 7. 22., 2016. 9. 7., 2019. 8. 28.〉

[전문개정 2007. 3. 29.]

[제목개정 2008. 1. 15., 2019. 8. 28.]

제11조의2(시설 폐쇄 등에 따른 조치) 특별자치시장 · 특별자치도지사 · 시장 · 군수 · 구청장은 법 제24조제2항에 따라 한부모가족복지시설의 사업이 정지 또는 폐지되거나 시설이 폐쇄되는 경우에는 다음 각 호에 따른 조치를 하여야 한다.

1. 시설 입소자가 다른 시설을 선택할 수 있도록 하고 그 이행을 확인하는 조치

2. 보조금 · 후원금의 사용 실태 확인과 이를 재원으로 조성한 재산 중 남은 재산의 회수 조치

3. 그 밖에 시설 입소자의 권익 보호를 위하여 필요하다고 인정되는 조치

[본조신설 2016. 9. 7.]

제12조(서식) 영 제12조제2항 및 이 규칙 제9조의3제1항에 따른 복지 급여 신청서, 소득 · 재산 신고서 및 금융정보등 제공 동의서, 영 제12조제4항에 따른 통지, 제5조제1항에 따른 복지대상자 통합관리카드, 제8조제1항에 따른 복지자금대여신청서, 제8조제3항에 따른 복지대상자자금대여결정통지서, 제9조에 따른 복지대상자 자금대여관리카드 및 제9조의4제1항에 따른 복지대상자 시설입소 신청서는 사회복지관련 사업 및 서비스와 관련하여 보건복지부장관이 정하여 고시하는 공통서식에 따른다. 〈개정 2010. 3. 19., 2010. 8. 17., 2012. 1. 2., 2012. 8. 2., 2014. 7. 22.〉

[전문개정 2009. 12. 31.]

제13조(규제의 재검토) 여성가족부장관은 다음 각 호의 사항에 대하여 2015년 1월 1일을 기준으로 2년마다(매 2년이 되는 해의 기준일과 같은 날 전까지를 말한다) 그 타당성을 검토하여 개선 등의 조치를 하여야 한다. 〈개정 2018. 6. 12.〉

1. 제9조의6에 따른 한부모가족복지시설의 입소 · 퇴소의 절차 및 기준

2. 제10조의2제1항 및 별표 2에 따른 한부모가족복지시설의 설치기준

3. 제10조의2제2항 및 별표 3에 따른 한부모가족복지시설 종사자의 직종과 수

4. 제10조의2제2항 및 별표 4에 따른 한부모가족복지시설 종사자의 자격기준

[본조신설 2014. 12. 12.]

부칙 〈제143호, 2019. 8. 28.〉

제1조(시행일) 이 규칙은 공포한 날부터 시행한다.

제2조(서식개정에 따른 경과조치) 다음 각 호의 개정규정에도 불구하고 이 규칙 시행일부터 1개월까지는 종전의 규정에 따른 서식을 개정규정에 따른 서식과 함께 사용할 수 있다.

1.부터 4.까지 생략

5. 「한부모가족지원법 시행규칙」 별지 제4호서식, 별지 제6호서식 및 별지 제7호서식

남녀고용평등과 일 · 가정 양립 지원에 관한 법률(약칭: 남녀고용평등법)

[시행 2020. 9. 8] [법률 제17489호, 2020. 9. 8, 일부개정]

고용노동부(여성고용정책과) 044-202-7473

제1장 총칙 〈개정 2007. 12. 21.〉

제1조(목적) 이 법은 「대한민국헌법」의 평등이념에 따라 고용에서 남녀의 평등한 기회와 대우를 보장하고 모성 보호와 여성 고용을 촉진하여 남녀고용평등을 실현함과 아울러 근로자의 일과 가정의 양립을 지원함으로써 모든 국민의 삶의 질 향상에 이바지하는 것을 목적으로 한다.

[전문개정 2007. 12. 21.]

제2조(정의) 이 법에서 사용하는 용어의 뜻은 다음과 같다. 〈개정 2017. 11. 28., 2020. 5. 26.〉

1. "차별"이란 사업주가 근로자에게 성별, 혼인, 가족 안에서의 지위, 임신 또는 출산 등의 사유로 합리적인 이유 없이 채용 또는 근로의 조건을 다르게 하거나 그 밖의 불리한 조치를 하는 경우[사업주가 채용조건이나 근로조건은 동일하게 적용하더라도 그 조건을 충족할 수 있는 남성 또는 여성이 다른 한 성(性)에 비하여 현저히 적고 그에 따라 특정 성에게 불리한 결과를 초래하며 그 조건이 정당한 것임을 증명할 수 없는 경우를 포함한다]를 말한다. 다만, 다음 각 목의 어느 하나에 해당하는 경우는 제외한다.
   가. 직무의 성격에 비추어 특정 성이 불가피하게 요구되는 경우
   나. 여성 근로자의 임신 · 출산 · 수유 등 모성보호를 위한 조치를 하는 경우
   다. 그 밖에 이 법 또는 다른 법률에 따라 적극적 고용개선조치를 하는 경우
2. "직장 내 성희롱"이란 사업주 · 상급자 또는 근로자가 직장 내의 지위를 이용하거나 업무와 관련하여 다른 근로자에게 성적 언동 등으로 성적 굴욕감 또는 혐오감을 느끼게 하거나 성적 언동 또는 그 밖의 요구 등에 따르지 아니하였다는 이유로 근로조건 및 고용에서 불이익을 주는 것을 말한다.
3. "적극적 고용개선조치"란 현존하는 남녀 간의 고용차별을 없애거나 고용평등을 촉진하기 위하여 잠정적으로 특정 성을 우대하는 조치를 말한다.
4. "근로자"란 사업주에게 고용된 사람과 취업할 의사를 가진 사람을 말한다.

[전문개정 2007. 12. 21.]

제3조(적용 범위) ① 이 법은 근로자를 사용하는 모든 사업 또는 사업장(이하 "사업"이라 한다)에 적용한다. 다만, 대통령령으로 정하는 사업에 대하여는 이 법의 전부 또는 일부를 적용하지 아니할 수 있다.

② 남녀고용평등의 실현과 일 · 가정의 양립에 관하여 다른 법률에 특별한 규정이 있는 경우 외에는 이 법에 따른다.

[전문개정 2007. 12. 21.]

제4조(국가와 지방자치단체의 책무) ① 국가와 지방자치단체는 이 법의 목적을 실현하기 위하여 국민의 관심과 이해를 증진시키고 여성의 직업능력 개발 및 고용 촉진을 지원하여야 하며, 남녀고용평등의 실현에 방해가 되는 모든 요인을 없애기 위하여 필요한 노력을

하여야 한다.

② 국가와 지방자치단체는 일 · 가정의 양립을 위한 근로자와 사업주의 노력을 지원하여야 하며 일 · 가정의 양립 지원에 필요한 재원을 조성하고 여건을 마련하기 위하여 노력하여야 한다.

[전문개정 2007. 12. 21.]

제5조(근로자 및 사업주의 책무) ① 근로자는 상호 이해를 바탕으로 남녀가 동등하게 존중받는 직장문화를 조성하기 위하여 노력하여야 한다.

② 사업주는 해당 사업장의 남녀고용평등의 실현에 방해가 되는 관행과 제도를 개선하여 남녀근로자가 동등한 여건에서 자신의 능력을 발휘할 수 있는 근로환경을 조성하기 위하여 노력하여야 한다.

③ 사업주는 일 · 가정의 양립을 방해하는 사업장 내의 관행과 제도를 개선하고 일 · 가정의 양립을 지원할 수 있는 근무환경을 조성하기 위하여 노력하여야 한다.

[전문개정 2007. 12. 21.]

제6조(정책의 수립 등) ① 고용노동부장관은 남녀고용평등과 일 · 가정의 양립을 실현하기 위하여 다음 각 호의 정책을 수립 · 시행하여야 한다. 〈개정 2010. 6. 4.〉

1. 남녀고용평등 의식 확산을 위한 홍보
2. 남녀고용평등 우수기업(제17조의4에 따른 적극적 고용개선조치 우수기업을 포함한다)의 선정 및 행정적 · 재정적 지원
3. 남녀고용평등 강조 기간의 설정 · 추진
4. 남녀차별 개선과 여성취업 확대를 위한 조사 · 연구
5. 모성보호와 일 · 가정 양립을 위한 제도개선 및 행정적 · 재정적 지원
6. 그 밖에 남녀고용평등의 실현과 일 · 가정의 양립을 지원하기 위하여 필요한 사항

② 고용노동부장관은 제1항에 따른 정책의 수립 · 시행을 위하여 관계자의 의견을 반영하도록 노력하여야 하며 필요하다고 인정되는 경우 관계 행정기관 및 지방자치단체, 그 밖의 공공단체의 장에게 협조를 요청할 수 있다. 〈개정 2010. 6. 4.〉

[전문개정 2007. 12. 21.]

제6조의2(기본계획 수립) ① 고용노동부장관은 남녀고용평등 실현과 일 · 가정의 양립에 관한 기본계획(이하 "기본계획"이라 한다)을 5년마다 수립하여야 한다. 〈개정 2010. 6. 4., 2016. 1. 28.〉

② 기본계획에는 다음 각 호의 사항이 포함되어야 한다. 〈개정 2010. 6. 4., 2016. 1. 28.〉

1. 여성취업의 촉진에 관한 사항
2. 남녀의 평등한 기회보장 및 대우에 관한 사항
3. 동일 가치 노동에 대한 동일 임금 지급의 정착에 관한 사항
4. 여성의 직업능력 개발에 관한 사항
5. 여성 근로자의 모성 보호에 관한 사항
6. 일 · 가정의 양립 지원에 관한 사항
7. 여성 근로자를 위한 복지시설의 설치 및 운영에 관한 사항
8. 직전 기본계획에 대한 평가
9. 그 밖에 남녀고용평등의 실현과 일 · 가정의 양립 지원을 위하여 고용노동부장관이

필요하다고 인정하는 사항

③ 고용노동부장관은 필요하다고 인정하면 관계 행정기관 또는 공공기관의 장에게 기본계획 수립에 필요한 자료의 제출을 요청할 수 있다. 〈신설 2016. 1. 28.〉

④ 고용노동부장관이 기본계획을 수립한 때에는 지체 없이 소관 상임위원회에 보고하여야 한다. 〈신설 2016. 1. 28.〉

[본조신설 2007. 12. 21.]

제6조의3(실태조사 실시) ① 고용노동부장관은 사업 또는 사업장의 남녀차별개선, 모성보호, 일 · 가정의 양립 실태를 파악하기 위하여 정기적으로 조사를 실시하여야 한다. 〈개정 2010. 6. 4.〉

② 제1항에 따른 실태조사의 대상, 시기, 내용 등 필요한 사항은 고용노동부령으로 정한다. 〈개정 2010. 6. 4.〉

[본조신설 2007. 12. 21.]

제2장 고용에서 남녀의 평등한 기회보장 및 대우 등 〈개정 2020. 5. 26.〉

제1절 남녀의 평등한 기회보장 및 대우 〈개정 2007. 12. 21.〉

제7조(모집과 채용) ① 사업주는 근로자를 모집하거나 채용할 때 남녀를 차별하여서는 아니 된다.

② 사업주는 여성 근로자를 모집 · 채용할 때 그 직무의 수행에 필요하지 아니한 용모 · 키 · 체중 등의 신체적 조건, 미혼 조건, 그 밖에 고용노동부령으로 정하는 조건을 제시하거나 요구하여서는 아니 된다. 〈개정 2010. 6. 4.〉

[전문개정 2007. 12. 21.]

제8조(임금) ① 사업주는 동일한 사업 내의 동일 가치 노동에 대하여는 동일한 임금을 지급하여야 한다.

② 동일 가치 노동의 기준은 직무 수행에서 요구되는 기술, 노력, 책임 및 작업 조건 등으로 하고, 사업주가 그 기준을 정할 때에는 제25조에 따른 노사협의회의 근로자를 대표하는 위원의 의견을 들어야 한다.

③ 사업주가 임금차별을 목적으로 설립한 별개의 사업은 동일한 사업으로 본다.

[전문개정 2007. 12. 21.]

제9조(임금 외의 금품 등) 사업주는 임금 외에 근로자의 생활을 보조하기 위한 금품의 지급 또는 자금의 융자 등 복리후생에서 남녀를 차별하여서는 아니 된다.

[전문개정 2007. 12. 21.]

제10조(교육 · 배치 및 승진) 사업주는 근로자의 교육 · 배치 및 승진에서 남녀를 차별하여서는 아니 된다.

[전문개정 2007. 12. 21.]

제11조(정년 · 퇴직 및 해고) ① 사업주는 근로자의 정년 · 퇴직 및 해고에서 남녀를 차별하여서는 아니 된다.

② 사업주는 여성 근로자의 혼인, 임신 또는 출산을 퇴직 사유로 예정하는 근로계약을 체결하여서는 아니 된다.

[전문개정 2007. 12. 21.]

제2절 직장 내 성희롱의 금지 및 예방 〈개정 2007. 12. 21.〉

제12조(직장 내 성희롱의 금지) 사업주, 상급자 또는 근로자는 직장 내 성희롱을 하여서는 아니 된다.
[전문개정 2007. 12. 21.]

제13조(직장 내 성희롱 예방 교육 등) ① 사업주는 직장 내 성희롱을 예방하고 근로자가 안전한 근로환경에서 일할 수 있는 여건을 조성하기 위하여 직장 내 성희롱의 예방을 위한 교육(이하 "성희롱 예방 교육"이라 한다)을 매년 실시하여야 한다. 〈개정 2017. 11. 28.〉
② 사업주 및 근로자는 제1항에 따른 성희롱 예방 교육을 받아야 한다. 〈신설 2014. 1. 14.〉
③ 사업주는 성희롱 예방 교육의 내용을 근로자가 자유롭게 열람할 수 있는 장소에 항상 게시하거나 갖추어 두어 근로자에게 널리 알려야 한다. 〈신설 2017. 11. 28.〉
④ 사업주는 고용노동부령으로 정하는 기준에 따라 직장 내 성희롱 예방 및 금지를 위한 조치를 하여야 한다. 〈신설 2017. 11. 28.〉
⑤ 제1항 및 제2항에 따른 성희롱 예방 교육의 내용·방법 및 횟수 등에 관하여 필요한 사항은 대통령령으로 정한다. 〈개정 2014. 1. 14., 2017. 11. 28.〉
[전문개정 2007. 12. 21.]
[제목개정 2017. 11. 28.]

제13조의2(성희롱 예방 교육의 위탁) ① 사업주는 성희롱 예방 교육을 고용노동부장관이 지정하는 기관(이하 "성희롱 예방 교육기관"이라 한다)에 위탁하여 실시할 수 있다. 〈개정 2010. 6. 4.〉
② 사업주가 성희롱 예방 교육기관에 위탁하여 성희롱 예방 교육을 하려는 경우에는 제13조제5항에 따라 대통령령으로 정하는 내용을 성희롱 예방 교육기관에 미리 알려 그 사항이 포함되도록 하여야 한다. 〈신설 2017. 11. 28.〉
③ 성희롱 예방 교육기관은 고용노동부령으로 정하는 기관 중에서 지정하되, 고용노동부령으로 정하는 강사를 1명 이상 두어야 한다. 〈개정 2010. 6. 4., 2017. 11. 28.〉
④ 성희롱 예방 교육기관은 고용노동부령으로 정하는 바에 따라 교육을 실시하고 교육이수증이나 이수자 명단 등 교육 실시 관련 자료를 보관하며 사업주나 교육 대상자에게 그 자료를 내주어야 한다. 〈개정 2010. 6. 4., 2017. 11. 28., 2020. 5. 26.〉
⑤ 고용노동부장관은 성희롱 예방 교육기관이 다음 각 호의 어느 하나에 해당하면 그 지정을 취소할 수 있다. 〈개정 2010. 6. 4., 2017. 11. 28.〉
1. 거짓이나 그 밖의 부정한 방법으로 지정을 받은 경우
2. 정당한 사유 없이 제3항에 따른 강사를 3개월 이상 계속하여 두지 아니한 경우
3. 2년 동안 직장 내 성희롱 예방 교육 실적이 없는 경우
⑥ 고용노동부장관은 제5항에 따라 성희롱 예방 교육기관의 지정을 취소하려면 청문을 하여야 한다. 〈신설 2014. 5. 20., 2017. 11. 28.〉
[전문개정 2007. 12. 21.]

제14조(직장 내 성희롱 발생 시 조치) ① 누구든지 직장 내 성희롱 발생 사실을 알게 된 경우 그 사실을 해당 사업주에게 신고할 수 있다.

② 사업주는 제1항에 따른 신고를 받거나 직장 내 성희롱 발생 사실을 알게 된 경우에는 지체 없이 그 사실 확인을 위한 조사를 하여야 한다. 이 경우 사업주는 직장 내 성희롱과 관련하여 피해를 입은 근로자 또는 피해를 입었다고 주장하는 근로자(이하 "피해근로자등"이라 한다)가 조사 과정에서 성적 수치심 등을 느끼지 아니하도록 하여야 한다.
③ 사업주는 제2항에 따른 조사 기간 동안 피해근로자등을 보호하기 위하여 필요한 경우 해당 피해근로자등에 대하여 근무장소의 변경, 유급휴가 명령 등 적절한 조치를 하여야 한다. 이 경우 사업주는 피해근로자등의 의사에 반하는 조치를 하여서는 아니 된다.
④ 사업주는 제2항에 따른 조사 결과 직장 내 성희롱 발생 사실이 확인된 때에는 피해근로자가 요청하면 근무장소의 변경, 배치전환, 유급휴가 명령 등 적절한 조치를 하여야 한다.
⑤ 사업주는 제2항에 따른 조사 결과 직장 내 성희롱 발생 사실이 확인된 때에는 지체 없이 직장 내 성희롱 행위를 한 사람에 대하여 징계, 근무장소의 변경 등 필요한 조치를 하여야 한다. 이 경우 사업주는 징계 등의 조치를 하기 전에 그 조치에 대하여 직장 내 성희롱 피해를 입은 근로자의 의견을 들어야 한다.
⑥ 사업주는 성희롱 발생 사실을 신고한 근로자 및 피해근로자등에게 다음 각 호의 어느 하나에 해당하는 불리한 처우를 하여서는 아니 된다.
1. 파면, 해임, 해고, 그 밖에 신분상실에 해당하는 불이익 조치
2. 징계, 정직, 감봉, 강등, 승진 제한 등 부당한 인사조치
3. 직무 미부여, 직무 재배치, 그 밖에 본인의 의사에 반하는 인사조치
4. 성과평가 또는 동료평가 등에서 차별이나 그에 따른 임금 또는 상여금 등의 차별 지급
5. 직업능력 개발 및 향상을 위한 교육훈련 기회의 제한
6. 집단 따돌림, 폭행 또는 폭언 등 정신적 · 신체적 손상을 가져오는 행위를 하거나 그 행위의 발생을 방치하는 행위
7. 그 밖에 신고를 한 근로자 및 피해근로자등의 의사에 반하는 불리한 처우
⑦ 제2항에 따라 직장 내 성희롱 발생 사실을 조사한 사람, 조사 내용을 보고 받은 사람 또는 그 밖에 조사 과정에 참여한 사람은 해당 조사 과정에서 알게 된 비밀을 피해근로자등의 의사에 반하여 다른 사람에게 누설하여서는 아니 된다. 다만, 조사와 관련된 내용을 사업주에게 보고하거나 관계 기관의 요청에 따라 필요한 정보를 제공하는 경우는 제외한다.
[전문개정 2017. 11. 28.]

제14조의2(고객 등에 의한 성희롱 방지) ① 사업주는 고객 등 업무와 밀접한 관련이 있는 사람이 업무수행 과정에서 성적인 언동 등을 통하여 근로자에게 성적 굴욕감 또는 혐오감 등을 느끼게 하여 해당 근로자가 그로 인한 고충 해소를 요청할 경우 근무 장소 변경, 배치전환, 유급휴가의 명령 등 적절한 조치를 하여야 한다. 〈개정 2017. 11. 28., 2020. 5. 26.〉
② 사업주는 근로자가 제1항에 따른 피해를 주장하거나 고객 등으로부터의 성적 요구 등에 따르지 아니하였다는 것을 이유로 해고나 그 밖의 불이익한 조치를 하여서는 아니 된다. 〈개정 2020. 5. 26.〉
[본조신설 2007. 12. 21.]

제3절 여성의 직업능력 개발 및 고용 촉진 〈개정 2007. 12. 21.〉

제15조(직업 지도) 「직업안정법」 제2조의2제1호에 따른 직업안정기관은 여성이 적성, 능력, 경력 및 기능의 정도에 따라 직업을 선택하고, 직업에 적응하는 것을 쉽게 하기 위하여 고용정보와 직업에 관한 조사 · 연구 자료를 제공하는 등 직업 지도에 필요한 조치를 하여야 한다. 〈개정 2009. 10. 9.〉

[전문개정 2007. 12. 21.]

제16조(직업능력 개발) 국가, 지방자치단체 및 사업주는 여성의 직업능력 개발 및 향상을 위하여 모든 직업능력 개발 훈련에서 남녀에게 평등한 기회를 보장하여야 한다.

[전문개정 2007. 12. 21.]

제17조(여성 고용 촉진) ① 고용노동부장관은 여성의 고용 촉진을 위한 시설을 설치 · 운영하는 비영리법인과 단체에 대하여 필요한 비용의 전부 또는 일부를 지원할 수 있다. 〈개정 2010. 6. 4.〉

② 고용노동부장관은 여성의 고용 촉진을 위한 사업을 실시하는 사업주 또는 여성휴게실과 수유시설을 설치하는 등 사업장 내의 고용환경을 개선하고자 하는 사업주에게 필요한 비용의 전부 또는 일부를 지원할 수 있다. 〈개정 2010. 6. 4.〉

[전문개정 2007. 12. 21.]

제17조의2(경력단절여성의 능력개발과 고용촉진지원) ① 고용노동부장관은 임신 · 출산 · 육아 등의 이유로 직장을 그만두었으나 재취업할 의사가 있는 경력단절여성(이하 "경력단절여성"이라 한다)을 위하여 취업유망 직종을 선정하고, 특화된 훈련과 고용촉진프로그램을 개발하여야 한다. 〈개정 2010. 6. 4.〉

② 고용노동부장관은 「직업안정법」 제2조의2제1호에 따른 직업안정기관을 통하여 경력단절여성에게 직업정보, 직업훈련정보 등을 제공하고 전문화된 직업지도, 직업상담 등의 서비스를 제공하여야 한다. 〈개정 2009. 10. 9., 2010. 6. 4.〉

[본조신설 2007. 12. 21.]

[종전 제17조의2는 제17조의3으로 이동 〈2007. 12. 21.〉]

제4절 적극적 고용개선조치 〈개정 2007. 12. 21.〉

제17조의3(적극적 고용개선조치 시행계획의 수립 · 제출 등) ① 고용노동부장관은 다음 각 호의 어느 하나에 해당하는 사업주로서 고용하고 있는 직종별 여성 근로자의 비율이 산업별 · 규모별로 고용노동부령으로 정하는 고용 기준에 미달하는 사업주에 대하여는 차별적 고용관행 및 제도 개선을 위한 적극적 고용개선조치 시행계획(이하 "시행계획"이라 한다)을 수립하여 제출할 것을 요구할 수 있다. 이 경우 해당 사업주는 시행계획을 제출하여야 한다. 〈개정 2010. 6. 4.〉

1. 대통령령으로 정하는 공공기관 · 단체의 장
2. 대통령령으로 정하는 규모 이상의 근로자를 고용하는 사업의 사업주

② 제1항 각 호의 어느 하나에 해당하는 사업주는 직종별 · 직급별 남녀 근로자 현황과 남녀 근로자 임금 현황을 고용노동부장관에게 제출하여야 한다. 〈개정 2010. 6. 4., 2019. 1. 15.〉

③ 제1항 각 호의 어느 하나에 해당하지 아니하는 사업주로서 적극적 고용개선조치를

하려는 사업주는 직종별 · 직급별 남녀 근로자 현황, 남녀 근로자 임금 현황과 시행계획을 작성하여 고용노동부장관에게 제출할 수 있다. 〈개정 2010. 6. 4., 2019. 1. 15.〉

④ 고용노동부장관은 제1항과 제3항에 따라 제출된 시행계획을 심사하여 그 내용이 명확하지 아니하거나 차별적 고용관행을 개선하려는 노력이 부족하여 시행계획으로서 적절하지 아니하다고 인정되면 해당 사업주에게 시행계획의 보완을 요구할 수 있다. 〈개정 2010. 6. 4.〉

⑤ 제1항과 제2항에 따른 시행계획과 남녀 근로자 현황, 남녀 근로자 임금 현황의 기재사항, 제출 시기, 제출 절차 등에 관하여 필요한 사항은 고용노동부령으로 정한다. 〈개정 2010. 6. 4., 2019. 1. 15.〉

[전문개정 2007. 12. 21.]

[제17조의2에서 이동, 종전 제17조의3은 제17조의4로 이동 〈2007. 12. 21.〉]

제17조의4(이행실적의 평가 및 지원 등) ① 제17조의3제1항 및 제3항에 따라 시행계획을 제출한 자는 그 이행실적을 고용노동부장관에게 제출하여야 한다. 〈개정 2010. 6. 4.〉

② 고용노동부장관은 제1항에 따라 제출된 이행실적을 평가하고, 그 결과를 사업주에게 통보하여야 한다. 〈개정 2010. 6. 4.〉

③ 고용노동부장관은 제2항에 따른 평가 결과 이행실적이 우수한 기업(이하 "적극적 고용개선조치 우수기업"이라 한다)에 표창을 할 수 있다. 〈개정 2010. 6. 4.〉

④ 국가와 지방자치단체는 적극적 고용개선조치 우수기업에 행정적 · 재정적 지원을 할 수 있다.

⑤ 고용노동부장관은 제2항에 따른 평가 결과 이행실적이 부진한 사업주에게 시행계획의 이행을 촉구할 수 있다. 〈개정 2010. 6. 4.〉

⑥ 고용노동부장관은 제2항에 따른 평가 업무를 대통령령으로 정하는 기관이나 단체에 위탁할 수 있다. 〈개정 2010. 6. 4.〉

⑦ 제1항에 따른 이행실적의 기재 사항, 제출 시기 및 제출 절차와 제2항에 따른 평가 결과의 통보 절차 등에 관하여 필요한 사항은 고용노동부령으로 정한다. 〈개정 2010. 6. 4.〉

[전문개정 2007. 12. 21.]

[제17조의3에서 이동, 종전 제17조의4는 제17조의5로 이동 〈2007. 12. 21.〉]

제17조의5(적극적 고용개선조치 미이행 사업주 명단 공표) ① 고용노동부장관은 명단 공개 기준일 이전에 3회 연속하여 제17조의3제1항의 기준에 미달한 사업주로서 제17조의4제5항의 이행촉구를 받고 이에 따르지 아니한 경우 그 명단을 공표할 수 있다. 다만, 사업주의 사망 · 기업의 소멸 등 대통령령으로 정하는 사유가 있는 경우에는 그러하지 아니하다.

② 제1항에 따른 공표의 구체적인 기준 · 내용 및 방법 등 공표에 필요한 사항은 대통령령으로 정한다.

[본조신설 2014. 1. 14.]

[종전 제17조의5는 제17조의6으로 이동 〈2014. 1. 14.〉]

제17조의6(시행계획 등의 게시) 제17조의3제1항에 따라 시행계획을 제출한 사업주는 시행계획 및 제17조의4제1항에 따른 이행실적을 근로자가 열람할 수 있도록 게시하는 등 필요한 조치를 하여야 한다.

[전문개정 2007. 12. 21.]

[제17조의5에서 이동, 종전 제17조의6은 제17조의7로 이동 〈2014. 1. 14.〉]

제17조의7(적극적 고용개선조치에 관한 협조) 고용노동부장관은 적극적 고용개선조치의 효율적 시행을 위하여 필요하다고 인정하면 관계 행정기관의 장에게 차별의 시정 또는 예방을 위하여 필요한 조치를 하여 줄 것을 요청할 수 있다. 이 경우 관계 행정기관의 장은 특별한 사유가 없으면 요청에 따라야 한다. 〈개정 2010. 6. 4.〉

[전문개정 2007. 12. 21.]

[제17조의6에서 이동, 종전 제17조의7은 제17조의8로 이동 〈2014. 1. 14.〉]

제17조의8(적극적 고용개선조치에 관한 중요 사항 심의) 적극적 고용개선조치에 관한 다음 각 호의 사항은 「고용정책 기본법」 제10조에 따른 고용정책심의회의 심의를 거쳐야 한다. 〈개정 2014. 1. 14.〉

1. 제17조의3제1항에 따른 여성 근로자 고용기준에 관한 사항
2. 제17조의3제4항에 따른 시행계획의 심사에 관한 사항
3. 제17조의4제2항에 따른 적극적 고용개선조치 이행실적의 평가에 관한 사항
4. 제17조의4제3항 및 제4항에 따른 적극적 고용개선조치 우수기업의 표창 및 지원에 관한 사항
5. 제17조의5제1항에 따른 공표 여부에 관한 사항
6. 그 밖에 적극적 고용개선조치에 관하여 고용정책심의회의 위원장이 회의에 부치는 사항

[전문개정 2009. 10. 9.]

[제17조의7에서 이동, 종전 제17조의8은 제17조의9로 이동 〈2014. 1. 14.〉]

제17조의9(적극적 고용개선조치의 조사 · 연구 등) ① 고용노동부장관은 적극적 고용개선조치에 관한 업무를 효율적으로 수행하기 위하여 조사 · 연구 · 교육 · 홍보 등의 사업을 할 수 있다. 〈개정 2010. 6. 4.〉

② 고용노동부장관은 필요하다고 인정하면 제1항에 따른 업무의 일부를 대통령령으로 정하는 자에게 위탁할 수 있다. 〈개정 2010. 6. 4.〉

[전문개정 2007. 12. 21.]

[제17조의8에서 이동 〈2014. 1. 14.〉]

제3장 모성 보호 〈개정 2007. 12. 21.〉

제18조(출산전후휴가 등에 대한 지원) ① 국가는 제18조의2에 따른 배우자 출산휴가, 「근로기준법」 제74조에 따른 출산전후휴가 또는 유산 · 사산 휴가를 사용한 근로자 중 일정한 요건에 해당하는 사람에게 그 휴가기간에 대하여 통상임금에 상당하는 금액(이하 "출산전후휴가급여등"이라 한다)을 지급할 수 있다. 〈개정 2012. 2. 1., 2019. 8. 27., 2020. 5. 26.〉

② 제1항에 따라 지급된 출산전후휴가급여등은 그 금액의 한도에서 제18조의2제1항 또는 「근로기준법」 제74조제4항에 따라 사업주가 지급한 것으로 본다. 〈개정 2012. 2. 1., 2019. 8. 27.〉

③ 출산전후휴가급여등을 지급하기 위하여 필요한 비용은 국가재정이나 「사회보장기본

법」에 따른 사회보험에서 분담할 수 있다. 〈개정 2012. 2. 1.〉

④ 근로자가 출산전후휴가급여등을 받으려는 경우 사업주는 관계 서류의 작성 · 확인 등 모든 절차에 적극 협력하여야 한다. 〈개정 2012. 2. 1., 2019. 8. 27.〉

⑤ 출산전후휴가급여등의 지급요건, 지급기간 및 절차 등에 관하여 필요한 사항은 따로 법률로 정한다. 〈개정 2012. 2. 1.〉

[전문개정 2007. 12. 21.]

[제목개정 2012. 2. 1., 2019. 8. 27.]

제18조의2(배우자 출산휴가) ① 사업주는 근로자가 배우자의 출산을 이유로 휴가(이하 "배우자 출산휴가"라 한다)를 청구하는 경우에 10일의 휴가를 주어야 한다. 이 경우 사용한 휴가기간은 유급으로 한다. 〈개정 2012. 2. 1., 2019. 8. 27.〉

② 제1항 후단에도 불구하고 출산전후휴가급여등이 지급된 경우에는 그 금액의 한도에서 지급의 책임을 면한다. 〈신설 2019. 8. 27.〉

③ 배우자 출산휴가는 근로자의 배우자가 출산한 날부터 90일이 지나면 청구할 수 없다. 〈개정 2019. 8. 27.〉

④ 배우자 출산휴가는 1회에 한정하여 나누어 사용할 수 있다. 〈신설 2019. 8. 27.〉

⑤ 사업주는 배우자 출산휴가를 이유로 근로자를 해고하거나 그 밖의 불리한 처우를 하여서는 아니 된다. 〈신설 2019. 8. 27.〉

[본조신설 2007. 12. 21.]

제18조의3(난임치료휴가) ① 사업주는 근로자가 인공수정 또는 체외수정 등 난임치료를 받기 위하여 휴가(이하 "난임치료휴가"라 한다)를 청구하는 경우에 연간 3일 이내의 휴가를 주어야 하며, 이 경우 최초 1일은 유급으로 한다. 다만, 근로자가 청구한 시기에 휴가를 주는 것이 정상적인 사업 운영에 중대한 지장을 초래하는 경우에는 근로자와 협의하여 그 시기를 변경할 수 있다.

② 사업주는 난임치료휴가를 이유로 해고, 징계 등 불리한 처우를 하여서는 아니 된다.

③ 난임치료휴가의 신청방법 및 절차 등은 대통령령으로 정한다.

[본조신설 2017. 11. 28.]

제3장의2 일 · 가정의 양립 지원 〈신설 2007. 12. 21.〉

제19조(육아휴직) ① 사업주는 근로자가 만 8세 이하 또는 초등학교 2학년 이하의 자녀(입양한 자녀를 포함한다. 이하 같다)를 양육하기 위하여 휴직(이하 "육아휴직"이라 한다)을 신청하는 경우에 이를 허용하여야 한다. 다만, 대통령령으로 정하는 경우에는 그러하지 아니하다. 〈개정 2010. 2. 4., 2014. 1. 14., 2019. 8. 27.〉

② 육아휴직의 기간은 1년 이내로 한다.

③ 사업주는 육아휴직을 이유로 해고나 그 밖의 불리한 처우를 하여서는 아니 되며, 육아휴직 기간에는 그 근로자를 해고하지 못한다. 다만, 사업을 계속할 수 없는 경우에는 그러하지 아니하다.

④ 사업주는 육아휴직을 마친 후에는 휴직 전과 같은 업무 또는 같은 수준의 임금을 지급하는 직무에 복귀시켜야 한다. 또한 제2항의 육아휴직 기간은 근속기간에 포함한다.

⑤ 기간제근로자 또는 파견근로자의 육아휴직 기간은 「기간제 및 단시간근로자 보호 등

에 관한 법률」 제4조에 따른 사용기간 또는 「파견근로자 보호 등에 관한 법률」 제6조에 따른 근로자파견기간에서 제외한다. 〈신설 2012. 2. 1., 2019. 4. 30., 2020. 5. 26.〉

⑥ 육아휴직의 신청방법 및 절차 등에 관하여 필요한 사항은 대통령령으로 정한다. 〈개정 2012. 2. 1.〉

[전문개정 2007. 12. 21.]

제19조의2(육아기 근로시간 단축) ① 사업주는 근로자가 만 8세 이하 또는 초등학교 2학년 이하의 자녀를 양육하기 위하여 근로시간의 단축(이하 "육아기 근로시간 단축"이라 한다)을 신청하는 경우에 이를 허용하여야 한다. 다만, 대체인력 채용이 불가능한 경우, 정상적인 사업 운영에 중대한 지장을 초래하는 경우 등 대통령령으로 정하는 경우에는 그러하지 아니하다. 〈개정 2012. 2. 1., 2019. 8. 27.〉

② 제1항 단서에 따라 사업주가 육아기 근로시간 단축을 허용하지 아니하는 경우에는 해당 근로자에게 그 사유를 서면으로 통보하고 육아휴직을 사용하게 하거나 출근 및 퇴근 시간 조정 등 다른 조치를 통하여 지원할 수 있는지를 해당 근로자와 협의하여야 한다. 〈개정 2012. 2. 1., 2019. 8. 27.〉

③ 사업주가 제1항에 따라 해당 근로자에게 육아기 근로시간 단축을 허용하는 경우 단축 후 근로시간은 주당 15시간 이상이어야 하고 35시간을 넘어서는 아니 된다. 〈개정 2019. 8. 27.〉

④ 육아기 근로시간 단축의 기간은 1년 이내로 한다. 다만, 제19조제1항에 따라 육아휴직을 신청할 수 있는 근로자가 제19조제2항에 따른 육아휴직 기간 중 사용하지 아니한 기간이 있으면 그 기간을 가산한 기간 이내로 한다. 〈개정 2019. 8. 27.〉

⑤ 사업주는 육아기 근로시간 단축을 이유로 해당 근로자에게 해고나 그 밖의 불리한 처우를 하여서는 아니 된다.

⑥ 사업주는 근로자의 육아기 근로시간 단축기간이 끝난 후에 그 근로자를 육아기 근로시간 단축 전과 같은 업무 또는 같은 수준의 임금을 지급하는 직무에 복귀시켜야 한다.

⑦ 육아기 근로시간 단축의 신청방법 및 절차 등에 관하여 필요한 사항은 대통령령으로 정한다.

[본조신설 2007. 12. 21.]

제19조의3(육아기 근로시간 단축 중 근로조건 등) ① 사업주는 제19조의2에 따라 육아기 근로시간 단축을 하고 있는 근로자에 대하여 근로시간에 비례하여 적용하는 경우 외에는 육아기 근로시간 단축을 이유로 그 근로조건을 불리하게 하여서는 아니 된다.

② 제19조의2에 따라 육아기 근로시간 단축을 한 근로자의 근로조건(육아기 근로시간 단축 후 근로시간을 포함한다)은 사업주와 그 근로자 간에 서면으로 정한다.

③ 사업주는 제19조의2에 따라 육아기 근로시간 단축을 하고 있는 근로자에게 단축된 근로시간 외에 연장근로를 요구할 수 없다. 다만, 그 근로자가 명시적으로 청구하는 경우에는 사업주는 주 12시간 이내에서 연장근로를 시킬 수 있다.

④ 육아기 근로시간 단축을 한 근로자에 대하여 「근로기준법」 제2조제6호에 따른 평균임금을 산정하는 경우에는 그 근로자의 육아기 근로시간 단축 기간을 평균임금 산정기간에서 제외한다.

[본조신설 2007. 12. 21.]

제19조의4(육아휴직과 육아기 근로시간 단축의 사용형태) ① 근로자는 육아휴직을 1회에 한

정하여 나누어 사용할 수 있다.

② 근로자는 육아기 근로시간 단축을 나누어 사용할 수 있다. 이 경우 나누어 사용하는 1회의 기간은 3개월(근로계약기간의 만료로 3개월 이상 근로시간 단축을 사용할 수 없는 기간제근로자에 대해서는 남은 근로계약기간을 말한다) 이상이 되어야 한다.

[전문개정 2019. 8. 27.]

제19조의5(육아지원을 위한 그 밖의 조치) ① 사업주는 만 8세 이하 또는 초등학교 2학년 이하의 자녀를 양육하는 근로자의 육아를 지원하기 위하여 다음 각 호의 어느 하나에 해당하는 조치를 하도록 노력하여야 한다. 〈개정 2015. 1. 20., 2019. 8. 27.〉

1. 업무를 시작하고 마치는 시간 조정
2. 연장근로의 제한
3. 근로시간의 단축, 탄력적 운영 등 근로시간 조정
4. 그 밖에 소속 근로자의 육아를 지원하기 위하여 필요한 조치

② 고용노동부장관은 사업주가 제1항에 따른 조치를 할 경우 고용 효과 등을 고려하여 필요한 지원을 할 수 있다. 〈개정 2010. 6. 4.〉

[본조신설 2007. 12. 21.]

제19조의6(직장복귀를 위한 사업주의 지원) 사업주는 이 법에 따라 육아휴직 중인 근로자에 대한 직업능력 개발 및 향상을 위하여 노력하여야 하고 출산전후휴가, 육아휴직 또는 육아기 근로시간 단축을 마치고 복귀하는 근로자가 쉽게 직장생활에 적응할 수 있도록 지원하여야 한다. 〈개정 2012. 2. 1.〉

[본조신설 2007. 12. 21.]

제20조(일 · 가정의 양립을 위한 지원) ① 국가는 사업주가 근로자에게 육아휴직이나 육아기 근로시간 단축을 허용한 경우 그 근로자의 생계비용과 사업주의 고용유지비용의 일부를 지원할 수 있다.

② 국가는 소속 근로자의 일 · 가정의 양립을 지원하기 위한 조치를 도입하는 사업주에게 세제 및 재정을 통한 지원을 할 수 있다.

[전문개정 2007. 12. 21.]

제21조(직장어린이집 설치 및 지원 등) ① 사업주는 근로자의 취업을 지원하기 위하여 수유 · 탁아 등 육아에 필요한 어린이집(이하 "직장어린이집"이라 한다)을 설치하여야 한다. 〈개정 2011. 6. 7.〉

② 직장어린이집을 설치하여야 할 사업주의 범위 등 직장어린이집의 설치 및 운영에 관한 사항은 「영유아보육법」에 따른다. 〈개정 2011. 6. 7.〉

③ 고용노동부장관은 근로자의 고용을 촉진하기 위하여 직장어린이집의 설치 · 운영에 필요한 지원 및 지도를 하여야 한다. 〈개정 2010. 6. 4., 2011. 6. 7.〉

④ 사업주는 직장어린이집을 운영하는 경우 근로자의 고용형태에 따라 차별해서는 아니 된다. 〈신설 2019. 8. 27.〉

[전문개정 2007. 12. 21.]

[제목개정 2011. 6. 7.]

제21조의2(그 밖의 보육 관련 지원) 고용노동부장관은 제21조에 따라 직장어린이집을 설치하여야 하는 사업주 외의 사업주가 직장어린이집을 설치하려는 경우에는 직장어린이집의 설치 · 운영에 필요한 정보 제공, 상담 및 비용의 일부 지원 등 필요한 지원을 할 수 있

다. 〈개정 2010. 6. 4., 2011. 6. 7.〉
[본조신설 2007. 12. 21.]

제22조(공공복지시설의 설치) ① 국가 또는 지방자치단체는 여성 근로자를 위한 교육 · 육아 · 주택 등 공공복지시설을 설치할 수 있다.
② 제1항에 따른 공공복지시설의 기준과 운영에 필요한 사항은 고용노동부장관이 정한다. 〈개정 2010. 6. 4.〉
[전문개정 2007. 12. 21.]

제22조의2(근로자의 가족 돌봄 등을 위한 지원) ① 사업주는 근로자가 조부모, 부모, 배우자, 배우자의 부모, 자녀 또는 손자녀(이하 "가족"이라 한다)의 질병, 사고, 노령으로 인하여 그 가족을 돌보기 위한 휴직(이하 "가족돌봄휴직"이라 한다)을 신청하는 경우 이를 허용하여야 한다. 다만, 대체인력 채용이 불가능한 경우, 정상적인 사업 운영에 중대한 지장을 초래하는 경우, 본인 외에도 조부모의 직계비속 또는 손자녀의 직계존속이 있는 경우 등 대통령령으로 정하는 경우에는 그러하지 아니하다. 〈개정 2012. 2. 1., 2019. 8. 27.〉
② 사업주는 근로자가 가족(조부모 또는 손자녀의 경우 근로자 본인 외에도 직계비속 또는 직계존속이 있는 등 대통령령으로 정하는 경우는 제외한다)의 질병, 사고, 노령 또는 자녀의 양육으로 인하여 긴급하게 그 가족을 돌보기 위한 휴가(이하 "가족돌봄휴가"라 한다)를 신청하는 경우 이를 허용하여야 한다. 다만, 근로자가 청구한 시기에 가족돌봄휴가를 주는 것이 정상적인 사업 운영에 중대한 지장을 초래하는 경우에는 근로자와 협의하여 그 시기를 변경할 수 있다. 〈신설 2019. 8. 27.〉
③ 제1항 단서에 따라 사업주가 가족돌봄휴직을 허용하지 아니하는 경우에는 해당 근로자에게 그 사유를 서면으로 통보하고, 다음 각 호의 어느 하나에 해당하는 조치를 하도록 노력하여야 한다. 〈신설 2012. 2. 1., 2019. 8. 27.〉
1. 업무를 시작하고 마치는 시간 조정
2. 연장근로의 제한
3. 근로시간의 단축, 탄력적 운영 등 근로시간의 조정
4. 그 밖에 사업장 사정에 맞는 지원조치

④ 가족돌봄휴직 및 가족돌봄휴가의 사용기간과 분할횟수 등은 다음 각 호에 따른다. 〈신설 2019. 8. 27., 2020. 9. 8.〉
1. 가족돌봄휴직 기간은 연간 최장 90일로 하며, 이를 나누어 사용할 수 있을 것. 이 경우 나누어 사용하는 1회의 기간은 30일 이상이 되어야 한다.
2. 가족돌봄휴가 기간은 연간 최장 10일[제3호에 따라 가족돌봄휴가 기간이 연장되는 경우 20일(「한부모가족지원법」 제4조제1호의 모 또는 부에 해당하는 근로자의 경우 25일) 이내]로 하며, 일단위로 사용할 수 있을 것. 다만, 가족돌봄휴가 기간은 가족돌봄휴직 기간에 포함된다.
3. 고용노동부장관은 감염병의 확산 등을 원인으로 「재난 및 안전관리 기본법」 제38조에 따른 심각단계의 위기경보가 발령되거나, 이에 준하는 대규모 재난이 발생한 경우로서 근로자에게 가족을 돌보기 위한 특별한 조치가 필요하다고 인정되는 경우 「고용정책 기본법」 제10조에 따른 고용정책심의회의 심의를 거쳐 가족돌봄휴가 기간을 연간 10일(「한부모가족지원법」 제4조제1호에 따른 모 또는 부에 해당하는 근로자의 경우 15일)의

범위에서 연장할 수 있을 것. 이 경우 고용노동부장관은 지체 없이 기간 및 사유 등을 고시하여야 한다.

⑤ 제4항제3호에 따라 연장된 가족돌봄휴가는 다음 각 호의 어느 하나에 해당하는 경우에만 사용할 수 있다. 〈신설 2020. 9. 8.〉

1. 감염병 확산을 사유로 「재난 및 안전관리 기본법」 제38조에 따른 심각단계의 위기경보가 발령된 경우로서 가족이 위기경보가 발령된 원인이 되는 감염병의 「감염병의 예방 및 관리에 관한 법률」 제2조제13호부터 제15호까지의 감염병환자, 감염병의사환자, 병원체보유자인 경우 또는 같은 법 제2조제15호의2의 감염병의심자 중 유증상자 등으로 분류되어 돌봄이 필요한 경우

2. 자녀가 소속된 「초 · 중등교육법」 제2조의 학교, 「유아교육법」 제2조제2호의 유치원 또는 「영유아보육법」 제2조제3호의 어린이집(이하 이 조에서 "학교등"이라 한다)에 대한 「초 · 중등교육법」 제64조에 따른 휴업명령 또는 휴교처분, 「유아교육법」 제31조에 따른 휴업 또는 휴원 명령이나 「영유아보육법」 제43조의2에 따른 휴원명령으로 자녀의 돌봄이 필요한 경우

3. 자녀가 제1호에 따른 감염병으로 인하여 「감염병의 예방 및 관리에 관한 법률」 제42조제2항제1호에 따른 자가(自家) 격리 대상이 되거나 학교등에서 등교 또는 등원 중지 조치를 받아 돌봄이 필요한 경우

4. 그 밖에 근로자의 가족돌봄에 관하여 고용노동부장관이 정하는 사유에 해당하는 경우

⑥ 사업주는 가족돌봄휴직 또는 가족돌봄휴가를 이유로 해당 근로자를 해고하거나 근로조건을 악화시키는 등 불리한 처우를 하여서는 아니 된다. 〈신설 2012. 2. 1., 2019. 8. 27., 2020. 9. 8.〉

⑦ 가족돌봄휴직 및 가족돌봄휴가 기간은 근속기간에 포함한다. 다만, 「근로기준법」 제2조제1항제6호에 따른 평균임금 산정기간에서는 제외한다. 〈신설 2012. 2. 1., 2019. 8. 27., 2020. 9. 8.〉

⑧ 사업주는 소속 근로자가 건전하게 직장과 가정을 유지하는 데에 도움이 될 수 있도록 필요한 심리상담 서비스를 제공하도록 노력하여야 한다. 〈개정 2012. 2. 1., 2019. 8. 27., 2020. 9. 8.〉

⑨ 고용노동부장관은 사업주가 제1항 또는 제2항에 따른 조치를 하는 경우에는 고용 효과 등을 고려하여 필요한 지원을 할 수 있다. 〈개정 2010. 6. 4., 2012. 2. 1., 2019. 8. 27., 2020. 9. 8.〉

⑩ 가족돌봄휴직 및 가족돌봄휴가의 신청방법 및 절차 등에 관하여 필요한 사항은 대통령령으로 정한다. 〈신설 2012. 2. 1., 2019. 8. 27., 2020. 9. 8.〉

[본조신설 2007. 12. 21.]

제22조의3(가족돌봄 등을 위한 근로시간 단축) ① 사업주는 근로자가 다음 각 호의 어느 하나에 해당하는 사유로 근로시간의 단축을 신청하는 경우에 이를 허용하여야 한다. 다만, 대체인력 채용이 불가능한 경우, 정상적인 사업 운영에 중대한 지장을 초래하는 경우 등 대통령령으로 정하는 경우에는 그러하지 아니하다.

1. 근로자가 가족의 질병, 사고, 노령으로 인하여 그 가족을 돌보기 위한 경우

2. 근로자 자신의 질병이나 사고로 인한 부상 등의 사유로 자신의 건강을 돌보기 위한 경우

3. 55세 이상의 근로자가 은퇴를 준비하기 위한 경우
4. 근로자의 학업을 위한 경우
② 제1항 단서에 따라 사업주가 근로시간 단축을 허용하지 아니하는 경우에는 해당 근로자에게 그 사유를 서면으로 통보하고 휴직을 사용하게 하거나 그 밖의 조치를 통하여 지원할 수 있는지를 해당 근로자와 협의하여야 한다.
③ 사업주가 제1항에 따라 해당 근로자에게 근로시간 단축을 허용하는 경우 단축 후 근로시간은 주당 15시간 이상이어야 하고 30시간을 넘어서는 아니 된다.
④ 근로시간 단축의 기간은 1년 이내로 한다. 다만, 제1항제1호부터 제3호까지의 어느 하나에 해당하는 근로자는 합리적 이유가 있는 경우에 추가로 2년의 범위 안에서 근로시간 단축의 기간을 연장할 수 있다.
⑤ 사업주는 근로시간 단축을 이유로 해당 근로자에게 해고나 그 밖의 불리한 처우를 하여서는 아니 된다.
⑥ 사업주는 근로자의 근로시간 단축기간이 끝난 후에 그 근로자를 근로시간 단축 전과 같은 업무 또는 같은 수준의 임금을 지급하는 직무에 복귀시켜야 한다.
⑦ 근로시간 단축의 신청방법 및 절차 등에 필요한 사항은 대통령령으로 정한다.
[본조신설 2019. 8. 27.]
[종전 제22조의3은 제22조의5로 이동 〈2019. 8. 27.〉]

제22조의4(가족돌봄 등을 위한 근로시간 단축 중 근로조건 등) ① 사업주는 제22조의3에 따라 근로시간 단축을 하고 있는 근로자에게 근로시간에 비례하여 적용하는 경우 외에는 가족돌봄 등을 위한 근로시간 단축을 이유로 그 근로조건을 불리하게 하여서는 아니 된다.
② 제22조의3에 따라 근로시간 단축을 한 근로자의 근로조건(근로시간 단축 후 근로시간을 포함한다)은 사업주와 그 근로자 간에 서면으로 정한다.
③ 사업주는 제22조의3에 따라 근로시간 단축을 하고 있는 근로자에게 단축된 근로시간 외에 연장근로를 요구할 수 없다. 다만, 그 근로자가 명시적으로 청구하는 경우에는 사업주는 주 12시간 이내에서 연장근로를 시킬 수 있다.
④ 근로시간 단축을 한 근로자에 대하여 「근로기준법」 제2조제6호에 따른 평균임금을 산정하는 경우에는 그 근로자의 근로시간 단축 기간을 평균임금 산정기간에서 제외한다.
[본조신설 2019. 8. 27.]

제22조의5(일 · 가정 양립 지원 기반 조성) ① 고용노동부장관은 일 · 가정 양립프로그램의 도입 · 확산, 모성보호 조치의 원활한 운영 등을 지원하기 위하여 조사 · 연구 및 홍보 등의 사업을 하고, 전문적인 상담 서비스와 관련 정보 등을 사업주와 근로자에게 제공하여야 한다. 〈개정 2010. 6. 4.〉
② 고용노동부장관은 제1항에 따른 업무와 제21조와 제21조의2에 따른 직장보육시설 설치 · 운영의 지원에 관한 업무를 대통령령으로 정하는 바에 따라 공공기관 또는 민간에 위탁하여 수행할 수 있다. 〈개정 2010. 6. 4.〉
③ 고용노동부장관은 제2항에 따라 업무를 위탁받은 기관에 업무수행에 사용되는 경비를 지원할 수 있다. 〈개정 2010. 6. 4.〉
[본조신설 2007. 12. 21.]
[제22조의3에서 이동 〈2019. 8. 27.〉]

제4장 분쟁의 예방과 해결 〈개정 2007. 12. 21.〉

제23조(상담지원) ① 고용노동부장관은 차별, 직장 내 성희롱, 모성보호 및 일·가정 양립 등에 관한 상담을 실시하는 민간단체에 필요한 비용의 일부를 예산의 범위에서 지원할 수 있다. 〈개정 2010. 6. 4.〉

② 제1항에 따른 단체의 선정요건, 비용의 지원기준과 지원절차 및 지원의 중단 등에 필요한 사항은 고용노동부령으로 정한다. 〈개정 2010. 6. 4.〉

[전문개정 2007. 12. 21.]

제24조(명예고용평등감독관) ① 고용노동부장관은 사업장의 남녀고용평등 이행을 촉진하기 위하여 그 사업장 소속 근로자 중 노사가 추천하는 사람을 명예고용평등감독관(이하 "명예감독관"이라 한다)으로 위촉할 수 있다. 〈개정 2010. 6. 4., 2020. 5. 26.〉

② 명예감독관은 다음 각 호의 업무를 수행한다. 〈개정 2010. 6. 4.〉

1. 해당 사업장의 차별 및 직장 내 성희롱 발생 시 피해 근로자에 대한 상담·조언
2. 해당 사업장의 고용평등 이행상태 자율점검 및 지도 시 참여
3. 법령위반 사실이 있는 사항에 대하여 사업주에 대한 개선 건의 및 감독기관에 대한 신고
4. 남녀고용평등 제도에 대한 홍보·계몽
5. 그 밖에 남녀고용평등의 실현을 위하여 고용노동부장관이 정하는 업무

③ 사업주는 명예감독관으로서 정당한 임무 수행을 한 것을 이유로 해당 근로자에게 인사상 불이익 등의 불리한 조치를 하여서는 아니 된다.

④ 명예감독관의 위촉과 해촉 등에 필요한 사항은 고용노동부령으로 정한다. 〈개정 2010. 6. 4.〉

[전문개정 2007. 12. 21.]

제25조(분쟁의 자율적 해결) 사업주는 제7조부터 제13조까지, 제13조의2, 제14조, 제14조의2, 제18조제4항, 제18조의2, 제19조, 제19조의2부터 제19조의6까지, 제21조 및 제22조의2에 따른 사항에 관하여 근로자가 고충을 신고하였을 때에는 「근로자참여 및 협력증진에 관한 법률」에 따라 해당 사업장에 설치된 노사협의회에 고충의 처리를 위임하는 등 자율적인 해결을 위하여 노력하여야 한다.

[전문개정 2007. 12. 21.]

제26조 삭제 〈2005. 12. 30.〉

제27조 삭제 〈2005. 12. 30.〉

제28조 삭제 〈2005. 12. 30.〉

제29조 삭제 〈2005. 12. 30.〉

제30조(입증책임) 이 법과 관련한 분쟁해결에서 입증책임은 사업주가 부담한다.

[전문개정 2007. 12. 21.]

제5장 보칙 〈개정 2007. 12. 21.〉

제31조(보고 및 검사 등) ① 고용노동부장관은 이 법 시행을 위하여 필요한 경우에는 사업주에게 보고와 관계 서류의 제출을 명령하거나 관계 공무원이 사업장에 출입하여 관계인에게 질문하거나 관계 서류를 검사하도록 할 수 있다. 〈개정 2010. 6. 4.〉

② 제1항의 경우에 관계 공무원은 그 권한을 표시하는 증표를 지니고 이를 관계인에게 내보여야 한다.
[전문개정 2007. 12. 21.]

제31조의2(자료 제공의 요청) ① 고용노동부장관은 다음 각 호의 업무를 수행하기 위하여 보건복지부장관 또는 「국민건강보험법」에 따른 국민건강보험공단에 같은 법 제50조에 따른 임신·출산 진료비의 신청과 관련된 자료의 제공을 요청할 수 있다. 이 경우 해당 자료의 제공을 요청받은 기관의 장은 정당한 사유가 없으면 그 요청에 따라야 한다.
1. 제3장에 따른 모성 보호에 관한 업무
2. 제3장의2에 따른 일·가정의 양립 지원에 관한 업무
3. 제3장에 따른 모성 보호, 제3장의2에 따른 일·가정의 양립 지원에 관한 안내
4. 제31조에 따른 보고 및 검사 등

② 고용노동부장관은 제1항에 따라 제공 받은 자료를 「고용정책 기본법」 제15조제3항에 따른 고용보험전산망을 통하여 처리할 수 있다.
[본조신설 2016. 1. 28.]

제32조(고용평등 이행실태 등의 공표) 고용노동부장관은 이 법 시행의 실효성을 확보하기 위하여 필요하다고 인정하면 고용평등 이행실태나 그 밖의 조사결과 등을 공표할 수 있다. 다만, 다른 법률에 따라 공표가 제한되어 있는 경우에는 그러하지 아니하다. 〈개정 2010. 6. 4.〉
[전문개정 2007. 12. 21.]

제33조(관계 서류의 보존) 사업주는 이 법의 규정에 따른 사항에 관하여 대통령령으로 정하는 서류를 3년간 보존하여야 한다. 이 경우 대통령령으로 정하는 서류는 「전자문서 및 전자거래 기본법」 제2조제1호에 따른 전자문서로 작성·보존할 수 있다. 〈개정 2010. 2. 4., 2012. 6. 1.〉
[전문개정 2007. 12. 21.]

제34조(파견근로에 대한 적용) 「파견근로자 보호 등에 관한 법률」에 따라 파견근로가 이루어지는 사업장에 제13조제1항을 적용할 때에는 「파견근로자 보호 등에 관한 법률」 제2조제4호에 따른 사용사업주를 이 법에 따른 사업주로 본다. 〈개정 2019. 4. 30.〉
[전문개정 2007. 12. 21.]

제35조(경비보조) ① 국가, 지방자치단체 및 공공단체는 여성의 취업촉진과 복지증진에 관련되는 사업에 대하여 예산의 범위에서 그 경비의 전부 또는 일부를 보조할 수 있다.

② 국가, 지방자치단체 및 공공단체는 제1항에 따라 보조를 받은 자가 다음 각 호의 어느 하나에 해당하면 보조금 지급결정의 전부 또는 일부를 취소하고, 지급된 보조금의 전부 또는 일부를 반환하도록 명령할 수 있다.
1. 사업의 목적 외에 보조금을 사용한 경우
2. 보조금의 지급결정의 내용(그에 조건을 붙인 경우에는 그 조건을 포함한다)을 위반한 경우
3. 거짓이나 그 밖의 부정한 방법으로 보조금을 받은 경우

[전문개정 2007. 12. 21.]

제36조(권한의 위임 및 위탁) 고용노동부장관은 대통령령으로 정하는 바에 따라 이 법에 따른 권한의 일부를 지방고용노동행정기관의 장 또는 지방자치단체의 장에게 위임하거나

공공단체에 위탁할 수 있다. 〈개정 2010. 6. 4.〉
[전문개정 2007. 12. 21.]

제36조의2(규제의 재검토) 고용노동부장관은 제31조의2에 따른 임신 · 출산 진료비의 신청과 관련된 자료 제공의 요청에 대하여 2016년 1월 1일을 기준으로 5년마다(매 5년이 되는 해의 1월 1일 전까지를 말한다) 그 타당성을 검토하여 개선 등의 조치를 하여야 한다.
[본조신설 2016. 1. 28.]

제6장 벌칙 〈개정 2007. 12. 21.〉

제37조(벌칙) ① 사업주가 제11조를 위반하여 근로자의 정년 · 퇴직 및 해고에서 남녀를 차별하거나 여성 근로자의 혼인, 임신 또는 출산을 퇴직사유로 예정하는 근로계약을 체결하는 경우에는 5년 이하의 징역 또는 3천만원 이하의 벌금에 처한다.
② 사업주가 다음 각 호의 어느 하나에 해당하는 위반행위를 한 경우에는 3년 이하의 징역 또는 3천만원 이하의 벌금에 처한다. 〈개정 2012. 2. 1., 2017. 11. 28., 2019. 8. 27., 2020. 9. 8.〉
1. 제8조제1항을 위반하여 동일한 사업 내의 동일 가치의 노동에 대하여 동일한 임금을 지급하지 아니한 경우
2. 제14조제6항을 위반하여 직장 내 성희롱 발생 사실을 신고한 근로자 및 피해근로자등에게 불리한 처우를 한 경우
2의2. 제18조의2제5항을 위반하여 배우자 출산휴가를 이유로 해고나 그 밖의 불리한 처우를 한 경우
3. 제19조제3항을 위반하여 육아휴직을 이유로 해고나 그 밖의 불리한 처우를 하거나, 같은 항 단서의 사유가 없는데도 육아휴직 기간동안 해당 근로자를 해고한 경우
4. 제19조의2제5항을 위반하여 육아기 근로시간 단축을 이유로 해당 근로자에 대하여 해고나 그 밖의 불리한 처우를 한 경우
5. 제19조의3제1항을 위반하여 육아기 근로시간 단축을 하고 있는 근로자에 대하여 근로시간에 비례하여 적용하는 경우 외에 육아기 근로시간 단축을 이유로 그 근로조건을 불리하게 한 경우
6. 제22조의2제6항을 위반하여 가족돌봄휴직 또는 가족돌봄휴가(같은 조 제4항제3호에 따라 기간이 연장된 경우를 포함한다)를 이유로 해당 근로자를 해고하거나 근로조건을 악화시키는 등 불리한 처우를 한 경우
7. 제22조의3제5항을 위반하여 근로시간 단축을 이유로 해당 근로자에게 해고나 그 밖의 불리한 처우를 한 경우
8. 제22조의4제1항을 위반하여 근로시간 단축을 하고 있는 근로자에게 근로시간에 비례하여 적용하는 경우 외에 가족돌봄 등을 위한 근로시간 단축을 이유로 그 근로조건을 불리하게 한 경우
③ 사업주가 제19조의3제3항 또는 제22조의4제3항을 위반하여 해당 근로자가 명시적으로 청구하지 아니하였는데도 육아기 또는 가족돌봄 등을 위한 근로시간 단축을 하고 있는 근로자에게 단축된 근로시간 외에 연장근로를 요구한 경우에는 1천만원 이하의 벌금에 처한다. 〈개정 2019. 8. 27.〉

④ 사업주가 다음 각 호의 어느 하나에 해당하는 위반행위를 한 경우에는 500만원 이하의 벌금에 처한다.

1. 제7조를 위반하여 근로자의 모집 및 채용에서 남녀를 차별하거나, 여성 근로자를 모집·채용할 때 그 직무의 수행에 필요하지 아니한 용모·키·체중 등의 신체적 조건, 미혼 조건 등을 제시하거나 요구한 경우

2. 제9조를 위반하여 임금 외에 근로자의 생활을 보조하기 위한 금품의 지급 또는 자금의 융자 등 복리후생에서 남녀를 차별한 경우

3. 제10조를 위반하여 근로자의 교육·배치 및 승진에서 남녀를 차별한 경우

4. 제19조제1항·제4항을 위반하여 근로자의 육아휴직 신청을 받고 육아휴직을 허용하지 아니하거나, 육아휴직을 마친 후 휴직 전과 같은 업무 또는 같은 수준의 임금을 지급하는 직무에 복귀시키지 아니한 경우

5. 제19조의2제6항을 위반하여 육아기 근로시간 단축기간이 끝난 후에 육아기 근로시간 단축 전과 같은 업무 또는 같은 수준의 임금을 지급하는 직무에 복귀시키지 아니한 경우

6. 제24조제3항을 위반하여 명예감독관으로서 정당한 임무 수행을 한 것을 이유로 해당 근로자에게 인사상 불이익 등의 불리한 조치를 한 경우

[전문개정 2007. 12. 21.]

제38조(양벌규정) 법인의 대표자나 법인 또는 개인의 대리인, 사용인, 그 밖의 종업원이 그 법인 또는 개인의 업무에 관하여 제37조의 위반행위를 하면 그 행위자를 벌하는 외에 그 법인 또는 개인에게도 해당 조문의 벌금형을 과(科)한다. 다만, 법인 또는 개인이 그 위반행위를 방지하기 위하여 해당 업무에 관하여 상당한 주의와 감독을 게을리하지 아니한 경우에는 그러하지 아니하다.

[전문개정 2010. 2. 4.]

제39조(과태료) ① 사업주가 제12조를 위반하여 직장 내 성희롱을 한 경우에는 1천만원 이하의 과태료를 부과한다.

② 사업주가 다음 각 호의 어느 하나에 해당하는 위반행위를 한 경우에는 500만원 이하의 과태료를 부과한다. 〈개정 2012. 2. 1., 2017. 11. 28., 2019. 8. 27., 2020. 5. 26., 2020. 9. 8.〉

1. 삭제 〈2017. 11. 28.〉

1의2. 제13조제1항을 위반하여 성희롱 예방 교육을 하지 아니한 경우

1의3. 제13조제3항을 위반하여 성희롱 예방 교육의 내용을 근로자가 자유롭게 열람할 수 있는 장소에 항상 게시하거나 갖추어 두지 아니한 경우

1의4. 제14조제2항 전단을 위반하여 직장 내 성희롱 발생 사실 확인을 위한 조사를 하지 아니한 경우

1의5. 제14조제4항을 위반하여 근무장소의 변경 등 적절한 조치를 하지 아니한 경우

1의6. 제14조제5항 전단을 위반하여 징계, 근무장소의 변경 등 필요한 조치를 하지 아니한 경우

1의7. 제14조제7항을 위반하여 직장 내 성희롱 발생 사실 조사 과정에서 알게 된 비밀을 다른 사람에게 누설한 경우

2. 제14조의2제2항을 위반하여 근로자가 고객 등에 의한 성희롱 피해를 주장하거나 고객 등으로부터의 성적 요구 등에 따르지 아니하였다는 이유로 해고나 그 밖의 불이익한

조치를 한 경우
3. 제18조의2제1항을 위반하여 근로자가 배우자의 출산을 이유로 휴가를 청구하였는데도 휴가를 주지 아니하거나 근로자가 사용한 휴가를 유급으로 하지 아니한 경우
3의2. 제18조의3제1항을 위반하여 난임치료휴가를 주지 아니한 경우
4. 제19조의2제2항을 위반하여 육아기 근로시간 단축을 허용하지 아니하였으면서도 해당 근로자에게 그 사유를 서면으로 통보하지 아니하거나, 육아휴직의 사용 또는 그 밖의 조치를 통한 지원 여부에 관하여 해당 근로자와 협의하지 아니한 경우
5. 제19조의3제2항을 위반하여 육아기 근로시간 단축을 한 근로자의 근로조건을 서면으로 정하지 아니한 경우
6. 제19조의2제1항을 위반하여 육아기 근로시간 단축 신청을 받고 육아기 근로시간 단축을 허용하지 아니한 경우
7. 제22조의2제1항을 위반하여 가족돌봄휴직의 신청을 받고 가족돌봄휴직을 허용하지 아니한 경우
8. 제22조의2제2항(같은 조 제4항제3호에 따라 기간이 연장된 경우를 포함한다)을 위반하여 가족돌봄휴가의 신청을 받고 가족돌봄휴가를 허용하지 아니한 경우
③ 다음 각 호의 어느 하나에 해당하는 자에게는 300만원 이하의 과태료를 부과한다. 〈개정 2017. 11. 28.〉
1. 삭제 〈2017. 11. 28.〉
1의2. 제14조의2제1항을 위반하여 근무 장소 변경, 배치전환, 유급휴가의 명령 등 적절한 조치를 하지 아니한 경우
2. 제17조의3제1항을 위반하여 시행계획을 제출하지 아니한 자
3. 제17조의3제2항을 위반하여 남녀 근로자 현황을 제출하지 아니하거나 거짓으로 제출한 자
4. 제17조의4제1항을 위반하여 이행실적을 제출하지 아니하거나 거짓으로 제출한 자(제17조의3제3항에 따라 시행계획을 제출한 자가 이행실적을 제출하지 아니하는 경우는 제외한다)
5. 제18조제4항을 위반하여 관계 서류의 작성 · 확인 등 모든 절차에 적극 협력하지 아니한 자
6. 제31조제1항에 따른 보고 또는 관계 서류의 제출을 거부하거나 거짓으로 보고 또는 제출한 자
7. 제31조제1항에 따른 검사를 거부, 방해 또는 기피한 자
8. 제33조를 위반하여 관계 서류를 3년간 보존하지 아니한 자
④ 제1항부터 제3항까지의 규정에 따른 과태료는 대통령령으로 정하는 바에 따라 고용노동부장관이 부과 · 징수한다. 〈개정 2010. 6. 4.〉
⑤ 삭제 〈2016. 1. 28.〉
⑥ 삭제 〈2016. 1. 28.〉
⑦ 삭제 〈2016. 1. 28.〉
[전문개정 2007. 12. 21.]

부칙 〈제17489호, 2020. 9. 8.〉

제1조(시행일) 이 법은 공포한 날부터 시행한다.
제2조(가족돌봄휴가에 관한 적용례) 제22조의2의 개정규정은 종전의 규정에 따라 2020년 1월 1일 이후 가족돌봄휴가를 모두 사용한 근로자에게도 적용한다.

남녀고용평등과 일 · 가정 양립 지원에 관한 법률 시행령(약칭: 남녀고용평등법 시행령)

[시행 2020. 3. 3] [대통령령 제30509호, 2020. 3. 3, 타법개정]

고용노동부(여성고용정책과) 044-202-7473

제1장 총칙

제1조(목적) 이 영은 「남녀고용평등과 일 · 가정 양립 지원에 관한 법률」에서 위임된 사항과 그 시행에 필요한 사항을 규정함을 목적으로 한다.

제2조(적용범위) ① 「남녀고용평등과 일 · 가정 양립 지원에 관한 법률」(이하 "법"이라 한다) 제3조제1항 단서에 따라 동거하는 친족만으로 이루어지는 사업 또는 사업장(이하 "사업"이라 한다)과 가사사용인에 대하여는 법의 전부를 적용하지 아니한다.

② 삭제 〈2018. 5. 28.〉

제2장 고용에 있어서 남녀의 평등한 기회보장 및 대우 등

제3조(직장 내 성희롱 예방 교육) ① 사업주는 법 제13조에 따라 직장 내 성희롱 예방을 위한 교육을 연 1회 이상 하여야 한다 .

② 제1항에 따른 예방 교육에는 다음 각 호의 내용이 포함되어야 한다.

1. 직장 내 성희롱에 관한 법령
2. 해당 사업장의 직장 내 성희롱 발생 시의 처리 절차와 조치 기준
3. 해당 사업장의 직장 내 성희롱 피해 근로자의 고충상담 및 구제 절차
4. 그 밖에 직장 내 성희롱 예방에 필요한 사항

③ 제1항에 따른 예방 교육은 사업의 규모나 특성 등을 고려하여 직원연수 · 조회 · 회의, 인터넷 등 정보통신망을 이용한 사이버 교육 등을 통하여 실시할 수 있다. 다만, 단순히 교육자료 등을 배포 · 게시하거나 전자우편을 보내거나 게시판에 공지하는 데 그치는 등 근로자에게 교육 내용이 제대로 전달되었는지 확인하기 곤란한 경우에는 예방 교육을 한 것으로 보지 아니한다.

④ 제2항 및 제3항에도 불구하고 다음 각 호의 어느 하나에 해당하는 사업의 사업주는 제2항제1호부터 제4호까지의 내용을 근로자가 알 수 있도록 교육자료 또는 홍보물을 게시하거나 배포하는 방법으로 직장 내 성희롱 예방 교육을 할 수 있다. 〈개정 2014. 12. 30.〉

1. 상시 10명 미만의 근로자를 고용하는 사업
2. 사업주 및 근로자 모두가 남성 또는 여성 중 어느 한 성(性)으로 구성된 사업

⑤ 사업주가 소속 근로자에게 「근로자직업능력 개발법」 제24조에 따라 인정받은 훈련과정 중 제2항 각 호의 내용이 포함되어 있는 훈련과정을 수료하게 한 경우에는 그 훈련과정을 마친 근로자에게는 제1항에 따른 예방 교육을 한 것으로 본다.

제4조(적극적 고용개선조치 시행계획 수립 · 제출의무 등의 부과대상 사업) ① 법 제17조의3제1항제1호에서 "대통령령으로 정하는 공공기관 · 단체"란 「공공기관의 운영에 관한 법률」 제4조에 따른 공공기관, 「지방공기업법」 제49조에 따른 지방공사 및 같은 법 제76조에 따른 지방공단을 말한다. 〈개정 2017. 12. 19.〉

② 법 제17조의3제1항제2호에서 "대통령령으로 정하는 규모 이상의 근로자를 고용하는 사업"이란 다음 각 호의 어느 하나에 해당하는 사업을 말한다. 〈개정 2018. 5. 28.〉

1. 「독점규제 및 공정거래에 관한 법률」 제14조제1항 및 같은 법 시행령 제21조제1항에 따라 지정된 공시대상기업집단의 사업의 경우에는 상시 300명 이상의 근로자를 고용하는 사업

2. 제1호 외의 사업의 경우에는 상시 500명 이상의 근로자를 고용하는 사업

③ 제2항을 적용할 때 상시 고용하는 근로자의 수는 전년도에 매월 고용한 월평균 근로자 수의 연간 합계를 전년도의 조업월수로 나누어 산정(算定)한다.

[시행일] 이 영은 다음 각 호의 구분에 따른 날부터 시행한다.

1. 상시 근로자가 300명 이상인 「지방공기업법」 제49조에 따른 지방공사 및 같은 법 제76조에 따른 지방공단: 2018년 1월 1일

2. 상시 근로자가 300명 미만인 「지방공기업법」 제49조에 따른 지방공사 및 같은 법 제76조에 따른 지방공단: 2019년 1월 1일

제5조(이행실적 평가 위탁기관 등) ① 법 제17조의4제6항에서 "대통령령으로 정하는 기관이나 단체"란 「정부출연연구기관 등의 설립 · 운영 및 육성에 관한 법률」 제8조에 따라 설립된 연구기관 또는 「민법」 제32조에 따라 설립된 비영리법인 중 고용노동부장관이 지정하는 연구기관 또는 법인을 말한다. 〈개정 2010. 7. 12.〉

② 고용노동부장관은 법 제17조의4제6항에 따라 평가 업무를 위탁하는 경우에는 그 업무를 위탁받은 기관에 업무 수행에 필요한 경비를 지원할 수 있다. 〈개정 2010. 7. 12.〉

제6조(명단 공표 제외 사유) ① 법 제17조의5제1항 단서에서 "사업주의 사망 · 기업의 소멸 등 대통령령으로 정하는 사유가 있는 경우"란 다음 각 호의 어느 하나에 해당하는 경우를 말한다.

1. 사업주가 사망한 경우

2. 사업장이 폐업하거나 소멸한 경우

3. 「채무자 회생 및 파산에 관한 법률」에 따른 회생절차개시 결정을 받거나 파산선고를 받은 경우 등 중대한 경영상의 이유로 법 제17조의3에 따른 시행계획(이하 "시행계획"이라 한다)의 이행이 어려운 경우

4. 사업주가 여성 근로자의 채용 또는 여성 관리자(사업장의 단위 부서의 책임자로서 해당 부서의 사업을 기획 · 지휘하는 업무를 수행하고 부서 구성원을 감독 · 평가하는 자를 말한다. 이하 같다)의 임용 등 시행계획의 이행을 위하여 실질적인 노력을 하고 있는 경우

② 고용노동부장관은 사업주가 제1항 각 호의 어느 하나에 해당하는지 여부를 결정할 때에는 법 제17조의8제5호에 따라 고용정책심의회의 심의를 거쳐야 한다.

[본조신설 2014. 12. 30.]

제7조(명단 공표의 내용 · 방법 등) ① 고용노동부장관은 법 제17조의5제1항 본문에 따라 명단을 공표하려는 경우 명단 공표 대상 사업주에게 공표 결정 사실, 공표 내용 등을 서면으로 통지하여야 한다.

② 고용노동부장관은 제1항에 따른 통지를 받은 날부터 30일 이상의 기간을 정하여 사업주가 소명자료를 제출하거나 의견을 진술할 수 있도록 기회를 주어야 한다.

③ 법 제17조의5제2항에 따른 공표의 내용은 다음 각 호와 같다.

1. 해당 사업주의 성명, 사업장의 명칭 · 주소. 이 경우 해당 사업주가 법인인 경우에는 그 대표자의 성명 및 법인의 명칭 · 주소를 말한다.

2. 해당 연도의 전체 근로자 수, 여성 근로자 수 및 그 비율, 전체 관리자 수, 여성 관리자 수 및 그 비율, 해당 업종의 여성 근로자의 고용기준

④ 법 제17조의5제2항에 따른 공표 방법은 관보에 게재하거나 고용노동부의 홈페이지에 6개월 간 게시하는 것으로 한다.

[본조신설 2014. 12. 30.]

제8조 삭제 〈2009. 12. 30.〉

제9조(조사 · 연구 위탁기관) 법 제17조의9제2항에서 "대통령령으로 정하는 자"란 「정부출연연구기관 등의 설립 · 운영 및 육성에 관한 법률」 제8조에 따라 설립된 연구기관 또는 「민법」 제32조에 따라 설립된 비영리법인 중 고용노동부장관이 지정한 연구기관 또는 법인을 말한다. 〈개정 2010. 7. 12., 2014. 12. 30.〉

제3장 모성 보호 및 일 · 가정의 양립 지원 〈개정 2018. 5. 28.〉

제9조의2(난임치료휴가의 신청) ① 법 제18조의3제1항에 따라 난임치료를 받기 위한 휴가(이하 "난임치료휴가"라 한다)를 신청하려는 근로자는 난임치료휴가를 사용하려는 날, 난임치료휴가 신청 연월일 등에 대한 사항을 적은 문서(전자문서를 포함한다)를 사업주에게 제출해야 한다. 〈개정 2019. 12. 24.〉

② 사업주는 난임치료휴가를 신청한 근로자에게 난임치료를 받을 사실을 증명할 수 있는 서류의 제출을 요구할 수 있다.

[본조신설 2018. 5. 28.]

제10조(육아휴직의 적용 제외) 법 제19조제1항 단서에서 "대통령령으로 정하는 경우"란 육아휴직을 시작하려는 날(이하 "휴직개시예정일"이라 한다)의 전날까지 해당 사업에서 계속 근로한 기간이 6개월 미만인 근로자가 신청한 경우를 말한다.

[전문개정 2019. 12. 24.]

제11조(육아휴직의 신청 등) ① 법 제19조제1항에 따라 육아휴직을 신청하려는 근로자는 휴직개시예정일의 30일 전까지 육아휴직 대상인 영유아의 성명, 생년월일, 휴직개시예정일, 육아휴직을 종료하려는 날(이하 "휴직종료예정일"이라 한다), 육아휴직 신청 연월일, 신청인 등에 대한 사항을 신청서에 적어 사업주에게 제출하여야 한다.

② 제1항에도 불구하고 다음 각 호의 어느 하나에 해당하는 경우에는 휴직개시예정일 7일 전까지 육아휴직을 신청할 수 있다.

1. 출산 예정일 이전에 자녀가 출생한 경우

2. 배우자의 사망, 부상, 질병 또는 신체적 · 정신적 장애나 배우자와의 이혼 등으로 해당 영유아를 양육하기 곤란한 경우

③ 사업주는 근로자가 제1항에 따른 기한이 지난 뒤에 육아휴직을 신청한 경우에는 그 신청일부터 30일 이내에, 제2항에 따른 기한이 지난 뒤에 육아휴직을 신청한 경우에는 그 신청일부터 7일 이내에 육아휴직 개시일을 지정하여 육아휴직을 허용하여야 한다.

④ 사업주는 육아휴직을 신청한 근로자에게 해당 자녀의 출생 등을 증명할 수 있는 서류의 제출을 요구할 수 있다.

제12조(육아휴직의 변경신청 등) ① 육아휴직을 신청한 근로자는 휴직 개시예정일 전에 제11조제2항 각 호의 어느 하나에 해당하는 사유가 발생한 경우에는 사업주에게 그 사유를 명시하여 휴직개시예정일을 당초의 예정일 전으로 변경하여 줄 것을 신청할 수 있다.

② 근로자는 휴직종료예정일을 연기하려는 경우에는 한 번만 연기할 수 있다. 이 경우 당초의 휴직종료예정일 30일 전(제11조제2항제2호의 사유로 휴직종료예정일을 연기하려는 경우에는 당초의 예정일 7일 전)까지 사업주에게 신청하여야 한다.

제13조(육아휴직 신청의 철회 등) ① 육아휴직을 신청한 근로자는 휴직개시예정일의 7일 전까지 사유를 밝혀 그 신청을 철회할 수 있다.

② 근로자가 육아휴직을 신청한 후 휴직개시예정일 전에 다음 각 호의 어느 하나에 해당하는 사유가 발생하면 그 육아휴직 신청은 없었던 것으로 본다. 이 경우 근로자는 지체 없이 그 사실을 사업주에게 알려야 한다.

1. 해당 영유아의 사망
2. 양자인 영유아의 파양 또는 입양의 취소
3. 육아휴직을 신청한 근로자가 부상, 질병 또는 신체적 · 정신적 장애나 배우자와의 이혼 등으로 해당 영유아를 양육할 수 없게 된 경우

제14조(육아휴직의 종료) ① 육아휴직 중인 근로자는 그 영유아가 사망한 경우 또는 그 영유아와 동거하지 않게 된 경우(영유아의 양육에 기여하지 않는 경우로 한정한다)에는 그 사유가 발생한 날부터 7일 이내에 그 사실을 사업주에게 알려야 한다. 〈개정 2019. 12. 24.〉

② 사업주는 제1항에 따라 육아휴직 중인 근로자로부터 영유아의 사망 등에 대한 사실을 통지받은 경우에는 통지받은 날부터 30일 이내로 근무개시일을 지정하여 그 근로자에게 알려야 한다.

③ 근로자는 다음 각 호의 어느 하나에 해당하는 날에 육아휴직이 끝난 것으로 본다.

1. 제1항에 따라 통지를 하고 제2항에 따른 근무개시일을 통지받은 경우에는 그 근무개시일의 전날
2. 제1항에 따라 통지를 하였으나 제2항에 따른 근무개시일을 통지받지 못한 경우에는 제1항의 통지를 한 날부터 30일이 되는 날
3. 제1항에 따른 통지를 하지 아니한 경우에는 영유아의 사망 등의 사유가 발생한 날부터 37일이 되는 날

④ 육아휴직 중인 근로자가 새로운 육아휴직을 시작하거나 「근로기준법」 제74조에 따른 출산전후휴가 또는 법 제19조의2에 따른 육아기 근로시간 단축(이하 "육아기 근로시간 단축"이라 한다)을 시작하는 경우에는 그 새로운 육아휴직, 출산전후휴가 또는 육아기 근로시간 단축 개시일의 전날에 육아휴직이 끝난 것으로 본다. 〈개정 2012. 7. 10.〉

[제목개정 2019. 12. 24.]

제15조(육아기 근로시간 단축의 신청 등) ① 법 제19조의2제1항 본문에 따라 육아기 근로시간 단축을 신청하려는 근로자는 육아기 근로시간 단축을 시작하려는 날(이하 "단축개시예정일"이라 한다)의 30일 전까지 육아기 근로시간 단축기간 중 양육하는 대상인 자녀의 성명, 생년월일, 단축개시예정일, 육아기 근로시간 단축을 종료하려는 날(이하 "단축종료예정일"이라 한다), 육아기 근로시간 단축 중 근무개시시각 및 근무종료시각, 육아기 근로시간 단축 신청 연월일, 신청인 등에 대한 사항을 적은 문서(전자문서를 포함한

다)를 사업주에게 제출하여야 한다.
② 사업주는 근로자가 제1항에 따른 기한이 지난 뒤에 육아기 근로시간 단축을 신청한 경우에는 그 신청일부터 30일 이내로 육아기 근로시간 단축 개시일을 지정하여 육아기 근로시간 단축을 허용하여야 한다.
③ 사업주는 제1항 및 제2항에 따라 육아기 근로시간 단축을 신청한 근로자에게 해당 자녀의 출생 등을 증명할 수 있는 서류의 제출을 요구할 수 있다.
[본조신설 2012. 7. 10.]
[종전 제15조는 제15조의4로 이동 〈2012. 7. 10.〉]

제15조의2(육아기 근로시간 단축의 허용 예외) 법 제19조의2제1항 단서에서 "대통령령으로 정하는 경우"란 다음 각 호의 어느 하나에 해당하는 경우를 말한다. 〈개정 2019. 12. 24.〉
1. 단축개시예정일의 전날까지 해당 사업에서 계속 근로한 기간이 6개월 미만인 근로자가 신청한 경우
2. 삭제 〈2019. 12. 24.〉
3. 사업주가 「직업안정법」 제2조의2제1호에 따른 직업안정기관(이하 "직업안정기관"이라 한다)에 구인신청을 하고 14일 이상 대체인력을 채용하기 위하여 노력하였으나 대체인력을 채용하지 못한 경우. 다만, 직업안정기관의 장의 직업소개에도 불구하고 정당한 이유 없이 2회 이상 채용을 거부한 경우는 제외한다.
4. 육아기 근로시간 단축을 신청한 근로자의 업무 성격상 근로시간을 분할하여 수행하기 곤란하거나 그 밖에 육아기 근로시간 단축이 정상적인 사업 운영에 중대한 지장을 초래하는 경우로서 사업주가 이를 증명하는 경우
[본조신설 2012. 7. 10.]

제15조의3(육아기 근로시간 단축의 종료) ① 육아기 근로시간 단축 중인 근로자는 그 영유아가 사망한 경우 또는 그 영유아와 동거하지 않게 된 경우(영유아의 양육에 기여하지 않는 경우로 한정한다)에는 그 사유가 발생한 날부터 7일 이내에 그 사실을 사업주에게 알려야 한다. 〈개정 2019. 12. 24.〉
② 사업주는 제1항에 따라 육아기 근로시간 단축 중인 근로자로부터 영유아의 사망 등에 대한 사실을 통지받은 경우에는 통지받은 날부터 30일 이내로 육아기 근로시간 단축 전 직무 복귀일을 지정하여 그 근로자에게 알려야 한다.
③ 근로자는 다음 각 호의 어느 하나에 해당하는 날에 육아기 근로시간 단축이 끝난 것으로 본다.
1. 제1항에 따라 통지를 하고 제2항에 따른 육아기 근로시간 단축 전 직무 복귀일을 통지받은 경우에는 그 육아기 근로시간 단축 전 직무 복귀일의 전날
2. 제1항에 따라 통지를 하였으나 제2항에 따른 육아기 근로시간 단축 전 직무 복귀일을 통지받지 못한 경우에는 제1항의 통지를 한 날부터 30일이 되는 날
3. 제1항에 따른 통지를 하지 아니한 경우에는 영유아의 사망 등 육아기 근로시간 단축의 종료 사유가 발생한 날부터 37일이 되는 날
④ 육아기 근로시간 단축 중인 근로자가 새로운 육아기 근로시간 단축을 시작하거나 육아휴직 또는 「근로기준법」 제74조에 따른 출산전후휴가를 시작하는 경우에는 그 새로운 육아기 근로시간 단축, 육아휴직 또는 출산전후휴가 개시일의 전날에 육아기 근로시간

단축이 끝난 것으로 본다.
[본조신설 2012. 7. 10.]
[제목개정 2019. 12. 24.]

제15조의4(준용) 법 제19조의2에 따른 육아기 근로시간 단축의 절차 등에 관하여는 제12조 제2항 및 제13조를 준용한다. 이 경우 "육아휴직"은 "육아기 근로시간 단축"으로, "휴직개시예정일"은 "단축개시예정일"로, "휴직종료예정일"은 "단축종료예정일"로 본다.
[전문개정 2012. 7. 10.]
[제15조에서 이동 〈2012. 7. 10.〉]

제16조(복지시설의 우선 설치지역) 법 제22조제1항에 따라 국가나 지방자치단체가 여성근로자를 위한 공공복지시설을 설치하는 경우에는 공업단지 · 농공지구 등 여성근로자가 많은 지역부터 우선 설치하여야 한다.

제16조의2(가족돌봄휴직 및 가족돌봄휴가의 신청 등) ① 법 제22조의2제1항 본문에 따라 가족돌봄휴직을 신청하려는 근로자는 가족돌봄휴직을 시작하려는 날(이하 "돌봄휴직개시예정일"이라 한다)의 30일 전까지 가족돌봄휴직 기간 중 돌보는 대상인 가족의 성명, 생년월일, 돌봄이 필요한 사유, 돌봄휴직개시예정일, 가족돌봄휴직을 종료하려는 날(이하 "돌봄휴직종료예정일"이라 한다), 가족돌봄휴직 신청 연월일, 신청인 등에 대한 사항을 적은 문서(전자문서를 포함한다)를 사업주에게 제출하여야 한다.
② 사업주는 근로자가 제1항에 따른 기한이 지난 뒤에 가족돌봄휴직을 신청한 경우에는 그 신청일부터 30일 이내로 가족돌봄휴직 개시일을 지정하여 가족돌봄휴직을 허용하여야 한다.
③ 사업주는 가족돌봄휴직을 신청한 근로자에게 돌봄이 필요한 가족의 건강 상태, 신청인 외의 가족 등의 돌봄 가능 여부 등 근로자의 가족돌봄휴직의 필요성을 확인할 수 있는 서류의 제출을 요구할 수 있다.
④ 법 제22조의2제2항 본문에 따라 가족돌봄휴가를 신청하려는 근로자는 가족돌봄휴가를 사용하려는 날, 가족돌봄휴가 중 돌보는 대상인 가족의 성명 · 생년월일, 가족돌봄휴가 신청 연월일, 신청인 등에 대한 사항을 적은 문서(전자문서를 포함한다)를 사업주에게 제출해야 한다. 〈신설 2019. 12. 24.〉
[본조신설 2012. 7. 10.]
[제목개정 2019. 12. 24.]

제16조의3(가족돌봄휴직 및 가족돌봄휴가의 허용 예외) ① 법 제22조의2제1항 단서에서 "대통령령으로 정하는 경우"란 다음 각 호의 어느 하나에 해당하는 경우를 말한다. 〈개정 2019. 12. 24.〉
1. 돌봄휴직개시예정일의 전날까지 해당 사업에서 계속 근로한 기간이 6개월 미만인 근로자가 신청한 경우
2. 부모, 배우자, 자녀 또는 배우자의 부모를 돌보기 위하여 가족돌봄휴직을 신청한 근로자 외에도 돌봄이 필요한 가족의 부모, 자녀, 배우자 등이 돌봄이 필요한 가족을 돌볼 수 있는 경우
3. 조부모 또는 손자녀를 돌보기 위하여 가족돌봄휴직을 신청한 근로자 외에도 조부모의 직계비속 또는 손자녀의 직계존속이 있는 경우. 다만, 조부모의 직계비속 또는 손자녀의 직계존속에게 질병, 노령, 장애 또는 미성년 등의 사유가 있어 신청한 근로자가 돌

봐야 하는 경우는 제외한다.

4. 사업주가 직업안정기관에 구인신청을 하고 14일 이상 대체인력을 채용하기 위하여 노력하였으나 대체인력을 채용하지 못한 경우. 다만, 직업안정기관의 장의 직업소개에도 불구하고 정당한 이유 없이 2회 이상 채용을 거부한 경우는 제외한다.

5. 근로자의 가족돌봄휴직으로 인하여 정상적인 사업 운영에 중대한 지장이 초래되는 경우로서 사업주가 이를 증명하는 경우

② 법 제22조의2제2항 본문에서 "조부모 또는 손자녀의 경우 근로자 본인 외에도 직계비속 또는 직계존속이 있는 등 대통령령으로 정하는 경우"란 조부모 또는 손자녀를 돌보기 위하여 가족돌봄휴가를 신청한 근로자 외에도 조부모의 직계비속 또는 손자녀의 직계존속이 있는 경우를 말한다. 다만, 조부모의 직계비속 또는 손자녀의 직계존속에게 질병, 노령, 장애 또는 미성년 등의 사유가 있어 신청한 근로자가 돌봐야 하는 경우는 제외한다. 〈신설 2019. 12. 24.〉

[본조신설 2012. 7. 10.]

[제목개정 2019. 12. 24.]

제16조의4(가족돌봄휴직 신청의 철회 등) ① 가족돌봄휴직을 신청한 근로자는 돌봄휴직개시예정일의 7일 전까지 사유를 밝혀 그 신청을 철회할 수 있다.

② 근로자가 가족돌봄휴직을 신청한 후 돌봄휴직개시예정일 전에 돌봄이 필요한 가족이 사망하거나 질병 등이 치유된 경우에는 그 신청은 없었던 것으로 본다. 이 경우 근로자는 지체 없이 그 사실을 사업주에게 알려야 한다.

[본조신설 2019. 12. 24.]

[종전 제16조의4는 제16조의6으로 이동 〈2019. 12. 24.〉]

제16조의5(가족돌봄휴직의 종료) ① 가족돌봄휴직 중인 근로자는 돌봄이 필요한 가족이 사망하거나 질병 등이 치유된 경우에는 그 사유가 발생한 날부터 7일 이내에 그 사실을 사업주에게 알려야 한다.

② 사업주는 제1항에 따라 통지를 받은 경우 통지받은 날부터 30일 이내로 근무개시일을 지정하여 그 근로자에게 알려야 한다.

③ 근로자는 다음 각 호의 어느 하나에 해당하는 날에 가족돌봄휴직이 끝난 것으로 본다.

1. 제1항에 따라 통지를 하고 제2항에 따른 근무개시일을 통지받은 경우에는 그 근무개시일의 전날

2. 제1항에 따라 통지를 했으나 제2항에 따른 근무개시일을 통지받지 못한 경우에는 제1항의 통지를 한 날부터 30일이 되는 날

3. 제1항에 따른 통지를 하지 않은 경우에는 제1항에 따른 사유가 발생한 날부터 37일이 되는 날

[본조신설 2019. 12. 24.]

제16조의6(준용) 법 제22조의2제1항에 따른 가족돌봄휴직의 절차 등에 관하여는 제12조제2항을 준용한다. 이 경우 "휴직종료예정일"은 "돌봄휴직종료예정일"로 본다. 〈개정 2019. 12. 24.〉

[본조신설 2012. 7. 10.]

[제16조의4에서 이동 〈2019. 12. 24.〉]

제16조의7(가족돌봄 등을 위한 근로시간 단축의 신청 등) ① 법 제22조의3제1항에 따라 가족돌봄 등을 위한 근로시간 단축(이하 "가족돌봄등근로시간단축"이라 한다)을 신청하려는 근로자는 가족돌봄등근로시간단축을 시작하려는 날(이하 "가족돌봄등단축개시예정일"이라 한다)의 30일 전까지 가족돌봄등근로시간단축 신청사유, 가족돌봄등단축개시예정일, 가족돌봄등근로시간단축을 종료하려는 날(이하 "가족돌봄등단축종료예정일"이라 한다), 가족돌봄등근로시간단축 기간 중 근무개시시각 · 근무종료시각, 가족돌봄등근로시간단축 신청 연월일 및 신청인 등에 대한 사항을 적은 문서(전자문서를 포함한다)를 사업주에게 제출해야 한다.

② 사업주는 근로자가 제1항에 따른 기한이 지난 후에 가족돌봄등근로시간단축을 신청한 경우 그 신청일부터 30일 이내로 가족돌봄등근로시간단축 개시일을 지정하여 가족돌봄등근로시간단축을 허용해야 한다.

③ 제1항 및 제2항에 따라 근로자가 가족돌봄등근로시간단축을 신청했음에도 불구하고 그 신청일부터 30일 이내에 사업주로부터 가족돌봄등근로시간단축 허용 여부에 대하여 통지를 받지 못한 경우에는 근로자가 신청한 내용대로 사업주가 가족돌봄등근로시간단축을 허용한 것으로 본다.

④ 사업주는 제1항 및 제2항에 따라 가족돌봄등근로시간단축을 신청한 근로자에게 가족의 질병 등 해당 사유를 증명할 수 있는 서류의 제출을 요구할 수 있다.

[본조신설 2019. 12. 24.]

제16조의8(가족돌봄등근로시간단축의 허용 예외) 법 제22조의3제1항 각 호 외의 부분 단서에서 "대체인력 채용이 불가능한 경우, 정상적인 사업 운영에 중대한 지장을 초래하는 경우 등 대통령령으로 정하는 경우"란 다음 각 호의 어느 하나에 해당하는 경우를 말한다.

1. 가족돌봄등단축개시예정일의 전날까지 해당 사업에서 계속 근로한 기간이 6개월 미만의 근로자가 신청한 경우
2. 사업주가 직업안정기관에 구인신청을 하고 14일 이상 대체인력을 채용하기 위하여 노력했으나 대체인력을 채용하지 못한 경우. 다만, 직업안정기관의 장의 직업소개에도 불구하고 정당한 이유 없이 2회 이상 채용을 거부한 경우는 제외한다.
3. 가족돌봄등근로시간단축을 신청한 근로자의 업무 성격상 근로시간을 분할하여 수행하기 곤란하거나 그 밖에 가족돌봄등근로시간단축이 정상적인 사업 운영에 중대한 지장을 초래하는 경우로서 사업주가 이를 증명하는 경우
4. 가족돌봄등근로시간단축 종료일부터 2년이 지나지 않은 근로자가 신청한 경우

[본조신설 2019. 12. 24.]

제16조의9(가족돌봄등근로시간단축의 기간 연장 신청 등) ① 가족돌봄등근로시간단축 기간을 연장하려는 근로자는 가족돌봄등단축종료예정일 30일 전까지 가족돌봄등근로시간단축 기간 연장 사유, 당초 가족돌봄등단축종료예정일, 가족돌봄등근로시간단축 기간 연장에 따른 가족돌봄등단축종료예정일, 연장된 가족돌봄등근로시간단축 기간 중 근무개시시각 · 근무종료시각, 가족돌봄등근로시간단축 기간 연장 신청 연월일 및 신청인 등에 대한 사항을 적은 문서(전자문서를 포함한다)를 사업주에게 제출해야 한다.

② 사업주는 근로자가 제1항에 따른 기한이 지난 후에 가족돌봄등근로시간단축 기간 연장을 신청한 경우 그 신청일부터 30일 이내에 가족돌봄등근로시간단축을 연장하는 기간을 지정하여 가족돌봄등근로시간단축을 허용해야 한다.

③ 제1항 및 제2항에 따른 기간의 연장은 1회로 한정한다.

④ 제1항 및 제2항에 따라 근로자가 가족돌봄등근로시간단축 기간 연장을 신청했음에도 불구하고 그 신청일부터 30일 이내에 사업주로부터 가족돌봄등근로시간단축 기간 연장 허용 여부에 대하여 통지를 받지 못한 경우에는 근로자가 신청한 내용대로 사업주가 가족돌봄등근로시간단축 기간 연장을 허용한 것으로 본다.

⑤ 사업주는 제1항 및 제2항에 따라 가족돌봄등근로시간단축 기간 연장을 신청한 근로자에게 가족의 질병 등 해당 사유를 증명할 수 있는 서류의 제출을 요구할 수 있다.

[본조신설 2019. 12. 24.]

제16조의10(가족돌봄등근로시간단축 신청의 철회 등) ① 가족돌봄등근로시간단축을 신청한 근로자는 가족돌봄등단축개시예정일의 7일 전까지 사유를 밝혀 그 신청을 철회할 수 있다.

② 근로자가 가족돌봄등근로시간단축을 신청한 후 가족돌봄등단축개시예정일 전에 다음 각 호의 구분에 따른 사유가 발생하면 그 신청은 없었던 것으로 본다. 이 경우 근로자는 지체 없이 그 사실을 사업주에게 알려야 한다.

1. 법 제22조의3제1항제1호의 사유로 신청한 경우: 해당 가족의 사망 또는 질병 등의 치유
2. 법 제22조의3제1항제2호의 사유로 신청한 경우: 해당 질병 또는 부상 등의 치유
3. 법 제22조의3제1항제3호 또는 제4호의 사유로 신청한 경우: 사정 변경으로 인한 은퇴준비 또는 학업에 관한 계획의 취소

[본조신설 2019. 12. 24.]

제16조의11(가족돌봄등근로시간단축의 종료) ① 가족돌봄등근로시간단축 중인 근로자는 다음 각 호의 구분에 따른 사유가 발생한 경우에는 그 사유가 발생한 날부터 7일 이내에 그 사실을 사업주에게 알려야 한다.

1. 법 제22조의3제1항제1호의 사유로 단축 중인 경우: 해당 가족의 사망 또는 질병 등의 치유
2. 법 제22조의3제1항제2호의 사유로 단축 중인 경우: 해당 질병 또는 부상 등의 치유
3. 법 제22조의3제1항제3호 또는 제4호의 사유로 단축 중인 경우: 사정 변경으로 인한 은퇴준비 또는 학업의 중단

② 사업주는 제1항에 따라 통지를 받은 경우 통지받은 날부터 30일 이내로 가족돌봄등근로시간단축 전 직무 복귀일을 지정하여 그 근로자에게 알려야 한다.

③ 근로자는 다음 각 호의 어느 하나에 해당하는 날에 가족돌봄등근로시간단축이 끝난 것으로 본다.

1. 제1항에 따라 통지를 하고 제2항에 따른 가족돌봄등근로시간단축 전 직무 복귀일을 통지받은 경우에는 그 가족돌봄등근로시간단축 전 직무 복귀일의 전날
2. 제1항에 따라 통지를 했으나 제2항에 따른 가족돌봄등근로시간단축 전 직무 복귀일을 통지받지 못한 경우에는 제1항의 통지를 한 날부터 30일이 되는 날
3. 제1항에 따른 통지를 하지 않은 경우에는 제1항 각 호의 구분에 따른 사유가 발생한 날부터 37일이 되는 날

[본조신설 2019. 12. 24.]

제17조(일 · 가정 양립 지원을 위한 조사 · 연구 등의 업무 위탁) ① 고용노동부장관은 법 제22

조의5제2항에 따라 법 제21조 및 법 제21조의2에 따른 직장어린이집 설치 · 운영의 지원에 관한 업무와 법 제22조의5제1항에 따른 일 · 가정 양립 지원 기반 조성에 관한 업무를 다음 각 호의 어느 하나에 해당하는 기관 또는 법인에 위탁할 수 있다. 〈개정 2010. 7. 12., 2011. 12. 8., 2019. 12. 24.〉

1. 「공공기관의 운영에 관한 법률」 제5조제3항제2호에 따른 준정부기관
2. 「정부출연연구기관 등의 설립 · 운영 및 육성에 관한 법률」 제8조에 따라 설립된 연구기관
3. 「민법」 제32조에 따라 설립된 비영리법인으로서 일 · 가정 양립 지원 등의 사업 수행을 목적으로 설립된 법인

제4장 분쟁의 예방과 해결

제18조(고충 신고 등) ① 법 제25조에 따른 고충 신고는 구두, 서면, 우편, 전화, 팩스 또는 인터넷 등의 방법으로 하여야 한다.

② 사업주는 제1항에 따라 고충 신고를 받은 경우 특별한 사유가 없으면 신고 접수일부터 10일 이내에 신고된 고충을 직접 처리하거나 「근로자참여 및 협력증진에 관한 법률」에 따라 설치된 노사협의회에 위임하여 처리하게 하고, 사업주가 직접 처리한 경우에는 처리 결과를, 노사협의회에 위임하여 처리하게 한 경우에는 위임 사실을 해당 근로자에게 알려야 한다.

③ 사업주는 고충접수 · 처리대장을 작성하여 갖추어 두고 관련 서류를 3년간 보존하여야 한다.

④ 제3항의 고충접수 · 처리대장은 전자적 처리가 불가능한 특별한 사유가 없으면 전자적 처리가 가능한 방법으로 작성하여 갖추어 두어야 하며, 같은 항에 따른 서류는 전자적인 방법으로 작성 · 보존할 수 있다.

제5장 보칙

제19조(보존서류의 종류) 법 제33조에서 "대통령령으로 정하는 서류"란 다음 각 호의 서류를 말한다. 〈개정 2018. 5. 28.〉

1. 법 제7조부터 제11조까지의 규정에 따른 모집과 채용, 임금, 임금 외의 금품 등, 교육 · 배치 및 승진, 정년 · 퇴직 및 해고에 관한 서류
2. 법 제13조 및 법 제13조의2에 따른 직장 내 성희롱 예방 교육을 하였음을 확인할 수 있는 서류
3. 법 제14조제5항 전단에 따른 직장 내 성희롱 행위자에 대한 징계 등 조치에 관한 서류
4. 삭제 〈2009. 6. 19.〉
5. 법 제18조의2에 따른 배우자 출산휴가의 청구 및 허용에 관한 서류
6. 법 제19조에 따른 육아휴직의 신청 및 허용에 관한 서류
7. 법 제19조의2 및 법 제19조의3에 따른 육아기 근로시간 단축의 신청 및 허용에 관한 서류, 허용하지 아니한 경우 그 사유의 통보 및 협의 서류, 육아기 근로시간 단축 중의 근로조건에 관한 서류

제20조 삭제 〈2014. 12. 30.〉

제21조(권한의 위임 및 위탁) ① 법 제36조에 따라 고용노동부장관은 다음 각 호의 권한을 지방고용노동관서의 장에게 위임한다. 〈개정 2010. 7. 12., 2011. 12. 8., 2016. 3. 8.〉

1. 법 제13조의2에 따른 성희롱 예방 교육기관의 지정 및 지정의 취소
2. 법 제17조에 따른 여성 고용 촉진을 위한 시설의 설치·운영 및 사업시행 비용의 지원
3. 법 제17조의3에 따른 시행계획의 제출 요구, 접수, 보완 요구 및 남녀 근로자 현황의 접수
4. 법 제17조의4에 따른 이행실적의 접수, 이행실적 평가 결과의 통보 및 시행계획 이행의 촉구
5. 법 제21조제3항 및 법 제21조의2에 따른 직장어린이집의 설치·운영에 필요한 지원·지도, 정보 제공 및 상담
6. 법 제23조에 따라 상담을 실시하는 민간단체에 대한 지원
7. 법 제24조에 따른 명예고용평등감독관의 위촉 및 해촉(解囑)
8. 법 제31조에 따른 보고와 관계 서류의 제출 명령, 사업장 출입, 관계인에 대한 질문 및 관계 서류의 검사
9. 법 제39조에 따른 과태료의 부과·징수

② 고용노동부장관은 법 제36조에 따라 다음 각 호의 업무를 「고용정책 기본법」 제18조에 따른 한국고용정보원에 위탁한다. 〈신설 2016. 3. 8.〉

1. 법 제31조의2제1항에 따른 임신·출산 진료비의 신청과 관련된 자료 제공의 요청
2. 법 제31조의2제2항에 따른 제공받은 자료의 고용보험전산망을 통한 처리

[제목개정 2016. 3. 8.]

제21조의2(민감정보 및 고유식별정보의 처리) 고용노동부장관(제21조에 따라 고용노동부장관의 권한을 위임·위탁받은 자를 포함한다)은 다음 각 호의 사무를 수행하기 위하여 불가피한 경우 「개인정보 보호법」 제23조에 따른 건강에 관한 정보나 같은 법 시행령 제19조제1호 또는 제4호에 따른 주민등록번호 또는 외국인등록번호가 포함된 자료를 처리할 수 있다.

1. 법 제18조에 따른 출산전후휴가지원 제도 안내와 그 제도 시행에 필요한 지원 및 지도에 관한 사무
2. 법 제19조에 따른 육아휴직 제도 안내와 그 제도 시행에 필요한 지원 및 지도에 관한 사무
3. 법 제19조의2 및 제19조의3에 따른 육아기 근로시간 단축 제도 안내와 그 제도 시행에 필요한 지원 및 지도에 관한 사무
4. 법 제31조에 따른 명령·출입·질문 및 검사에 관한 사무
5. 법 제31조의2에 따른 자료 제공의 요청 및 제공받은 자료의 고용보험전산망을 통한 처리에 관한 사무

[본조신설 2016. 3. 8.]

[종전 제21조의2는 제21조의3으로 이동 〈2016. 3. 8.〉]

제21조의3(규제의 재검토) 고용노동부장관은 제19조에 따른 보존서류의 종류에 대하여 2020년 1월 1일을 기준으로 5년마다(매 5년이 되는 해의 1월 1일 전까지를 말한다) 그 타당성

을 검토하여 개선 등의 조치를 하여야 한다. <개정 2016. 12. 30., 2020. 3. 3.>
[본조신설 2014. 12. 9.]
[제21조의2에서 이동 <2016. 3. 8.>]

제6장 과태료

제22조(과태료의 부과기준) ① 법 제39조제1항부터 제3항까지의 위반행위의 종류별 과태료 부과기준은 별표와 같다.
② 삭제 <2018. 5. 28.>

부칙 <제30509호, 2020. 3. 3.>
이 영은 공포한 날부터 시행한다.

남녀고용평등과 일 · 가정 양립 지원에 관한 법률 시행규칙(약칭: 남녀고용평등법 시행규칙)

[시행 2020. 1. 6] [고용노동부령 제278호, 2020. 1. 6, 일부개정]

고용노동부(여성고용정책과) 044-202-7473

제1장 총칙

제1조(목적) 이 규칙은 「남녀고용평등과 일 · 가정 양립 지원에 관한 법률」 및 같은 법 시행령에서 위임된 사항과 그 시행에 필요한 사항을 규정함을 목적으로 한다.

제2조(직장 내 성희롱 판단기준의 예시) 「남녀고용평등과 일 · 가정 양립 지원에 관한 법률」(이하 "법"이라 한다) 제2조제2호에 따른 직장 내 성희롱을 판단하기 위한 기준의 예시는 별표 1과 같다.

제3조(남녀고용평등 우수기업의 선정 · 지원) ① 고용노동부장관은 법 제6조제1항제2호에 따라 남녀고용평등 실적이 우수한 기업(이하 "남녀고용평등 우수기업"이라 한다)을 매년 선정할 수 있다. 이 경우 고용의 평등한 기회보장, 직업능력 개발 및 모성보호, 일 · 가정 양립 지원 등 분야별로 성차별적 고용관행을 앞서 개선하거나 그 실적이 우수한 기업을 선정할 수 있다. 〈개정 2010. 7. 12.〉

② 고용노동부장관은 관계 행정기관과 협의하여 남녀고용평등 우수기업에 대한 행정적 · 재정적 지원방안을 마련하여야 한다. 〈개정 2010. 7. 12.〉

③ 그 밖에 남녀고용평등 우수기업의 선정 및 지원 등에 필요한 사항은 고용노동부장관이 정한다. 〈개정 2010. 7. 12.〉

제4조(남녀고용평등 강조 기간의 설정 등) 고용노동부장관은 법 제6조제1항제3호에 따라 매년 5월 25일부터 5월 31일까지를 남녀고용평등 강조 기간으로 정하고 남녀고용평등 의식의 확산을 위한 기념행사, 세미나 등 다양한 사업을 하여야 한다. 〈개정 2010. 7. 12., 2012. 8. 2.〉

제5조(일 · 가정 양립 등 실태조사의 대상 및 시기 등) ① 법 제6조의3에 따른 실태조사는 상시 5명 이상의 근로자를 고용하는 사업 또는 사업장(이하 "사업"이라 한다)을 대상으로 표본조사의 방법으로 하되, 매년 1회 정기적으로 조사하여야 한다.

② 제1항에 따른 실태조사에는 다음 각 호의 사항이 포함되어야 한다. 〈개정 2010. 7. 12., 2012. 8. 2.〉

1. 법 제7조부터 제11조까지의 규정에 따른 남녀의 평등한 고용기회 보장 및 대우의 이행 여부에 관한 사항

2. 「근로기준법」 제74조에 따른 출산전후휴가 또는 유산 · 사산 휴가, 같은 법 제75조에 따른 육아시간의 활용, 법 제18조의2에 따른 배우자 출산휴가 및 그 밖의 법령에 따라 허용하는 모성보호제도의 활용 실태에 관한 사항

3. 법 제19조에 따른 육아휴직, 법 제19조의2에 따른 육아기 근로시간 단축, 법 제19조의5에 따른 육아지원을 위한 조치, 법 제19조의6에 따른 직장복귀를 위한 지원 및 법 제22조의2에 따른 근로자의 가족 돌봄 등을 위한 지원 등 사업에서의 일 · 가정 양립 지원제도 운영 실태에 관한 사항

4. 법 제21조에 따른 직장보육시설의 설치 및 「영유아보육법」에 따른 보육수당 지급 등

사업의 보육지원 실태에 관한 사항
5. 그 밖에 남녀고용평등과 모성 보호, 일 · 가정의 양립 지원을 위하여 실태조사가 필요하다고 고용노동부장관이 인정하는 사항

제2장 고용에 있어서 남녀의 평등한 기회보장 및 대우 등

제5조의2(성희롱 예방 및 금지를 위한 조치) ① 사업주는 법 제13조제4항에 따라 직장 내 성희롱 예방 및 금지를 위하여 성희롱 예방지침을 마련하고 사업장 내 근로자가 자유롭게 열람할 수 있는 장소에 항상 게시하거나 갖추어 두어야 한다.
② 제1항에 따른 성희롱 예방지침에는 다음 각 호의 사항이 포함되어야 한다.
1. 직장 내 성희롱 관련 상담 및 고충 처리에 필요한 사항
2. 직장 내 성희롱 조사절차
3. 직장 내 성희롱 발생 시 피해자 보호절차
4. 직장 내 성희롱 행위자 징계 절차 및 징계 수준
5. 그 밖에 직장 내 성희롱 예방 및 금지를 위하여 필요한 사항
[본조신설 2018. 5. 28.]

제6조(성희롱 예방 교육기관의 지정 등) ① 사업주가 법 제13조의2제1항에 따라 고용노동부장관이 지정하는 기관(이하 "성희롱 예방 교육기관"이라 한다)에 위탁하여 성희롱 예방교육을 하려는 경우에는 해당 사업에서의 「남녀고용평등과 일 · 가정 양립 지원에 관한 법률 시행령」(이하 "영"이라 한다) 제3조제2항제2호 및 제3호에 관한 사항을 성희롱 예방 교육기관에 미리 알려 그 사항이 성희롱 예방 교육에 포함되도록 하여야 한다. 〈개정 2010. 7. 12.〉
② 고용노동부장관은 법 제13조의2제2항에 따라 다음 각 호의 어느 하나에 해당하는 기관 중에서 성희롱 예방 교육기관을 지정하여야 한다. 〈개정 2010. 7. 12.〉
1. 사업주단체
2. 「공인노무사법」 제7조의2에 따른 노무법인
3. 법 제23조에 따라 비용을 지원받는 민간단체
4. 「독점규제 및 공정거래에 관한 법률」 제2조제2호에 따른 기업집단이 운영하는 연수 · 교육 시설
③ 법 제13조의2제2항에서 "고용노동부령으로 정하는 강사"란 다음 각 호의 어느 하나에 해당하는 강사양성교육을 수료한 강사를 말한다. 〈개정 2010. 7. 12.〉
1. 고용노동부장관이 직접 실시하는 강사양성교육
2. 고용노동부장관이 교육과정을 승인하거나 비용의 전부 또는 일부를 지원하는 강사양성교육

제7조(성희롱 예방 교육기관의 지정 절차) ① 성희롱 예방 교육기관으로 지정받으려는 자는 별지 제1호서식의 직장 내 성희롱 예방 교육기관 지정 신청서에 다음 각 호의 서류를 첨부하여 지방고용노동관서의 장에게 제출하여야 한다. 〈개정 2010. 7. 12.〉
1. 예방교육 강사 보유 현황
2. 예방교육 시 사용할 교재 등의 자료
3. 그 밖에 예방교육 자료의 개발 등 관련 사업을 한 경험을 증명할 수 있는 서류

② 제1항에 따른 신청서를 받은 담당 공무원은 「전자정부법」 제36조제1항에 따른 행정정보의 공동이용을 통하여 법인 등기사항증명서(법인인 경우만 해당한다)을 확인하여야 한다. 〈개정 2009. 6. 11., 2012. 12. 27.〉

③ 지방고용노동관서의 장은 제1항에 따른 신청서가 제출된 경우에는 접수된 날부터 10일 이내에 지정 여부를 결정하여 알리되, 지정하는 경우에는 별지 제2호서식의 직장 내 성희롱 예방 교육기관 지정서를 발급하여야 한다. 〈개정 2010. 7. 12., 2013. 12. 31.〉

④ 제3항에 따라 성희롱 예방 교육기관으로 지정받은 자는 지정받은 내용 중 명칭 · 소재지 및 대표자에 관한 사항이 변경된 경우에는 별지 제3호서식의 직장 내 성희롱 예방 교육기관 변경 신청서에 변경 사실을 증명할 수 있는 서류와 제3항에 따라 발급받은 지정서를 첨부하여 지방고용노동관서의 장에게 제출하여야 한다. 이 경우 변경 신청서의 처리에 관하여는 제3항을 준용한다. 〈개정 2010. 7. 12.〉

제8조(성희롱 예방 교육기관의 위탁교육 방법) 성희롱 예방 교육기관의 장은 사업주에게 위탁받아 성희롱 예방 교육을 하는 경우에는 법 제13조의2제3항에 따라 1시간 이상의 교육과정을 편성하여야 하고 제6조제3항에 따른 강사가 교육을 하도록 하여야 한다.

제9조(직장 내 성희롱을 한 자에 대한 징계 등) 사업주는 법 제14조제1항에 따라 직장 내 성희롱을 한 자에 대한 징계나 그 밖에 이에 준하는 조치를 하는 경우에는 성희롱의 정도 및 지속성 등을 고려하여야 한다.

제10조(적극적 고용개선조치 시행계획 수립 · 제출 기준) 법 제17조의3제1항에 따른 여성 근로자의 고용기준에 미달하는 사업은 별표 2와 같다.

제11조(적극적 고용개선조치 시행계획의 제출) 법 제17조의3제1항에 따라 적극적 고용개선조치 시행계획(이하 "시행계획"이라 한다)을 제출하여야 하는 사업주는 별지 제4호서식의 적극적 고용개선조치 시행계획서에 다음 각 호의 사항이 모두 포함된 세부 시행계획을 첨부하여 매년 4월 30일까지 지방고용노동관서의 장에게 제출하여야 한다. 〈개정 2009. 6. 11., 2010. 7. 12., 2017. 12. 28., 2020. 1. 6.〉

1. 다음 각 목의 사항이 포함된 남녀인력 활용 수준의 적정성 분석
   가. 사업별 남녀인력 활용의 적정성 분석
   나. 남녀인력 활용의 불균형이 심한 경우에는 모집 · 채용 · 승진 · 배치 등 고용관리의 단계별 문제점 분석

1의2. 삭제 〈2020. 1. 6.〉

2. 해당 연도 1월 1일부터 12월 31일까지 달성할 전(全) 직종 여성 근로자 및 여성 관리자의 고용목표(장기계획이 필요한 경우에는 그 기간 및 최종 고용목표)
3. 다음 각 목의 사항이 포함된 고용관리개선계획
   가. 다음의 내용을 포함하여 사업주가 추진하여야 하는 각종 남녀 차별적 제도 · 관행의 개선 계획
      1) 여성 근로자 고용목표를 달성하기 위한 취업규칙의 개선
      2) 각종 홍보물 등에 나타난 차별적 요인의 개선
      3) 여성 인력 활용에 관한 인사정책의 고지(告知) 방안
      4) 남녀 근로자 간 임금격차의 개선
   나. 개선 과제별 실행방안 및 연차별 추진 일정
4. 다음 각 목의 사항이 포함된 특이 사항

가. 여성 근로자의 고용비율이 현저하게 낮음에도 불구하고 단기간에 개선하기 어려운 경우에는 그 사유

나. 「근로기준법」 제65조에 따라 임산부 등의 사용이 금지되는 직종이 대다수를 차지하여 여성 인력을 활용하기 어려운 경우에는 그 내용

다. 특정 직종에 여성 전공자가 없어 여성 근로자의 고용목표를 정하기 곤란한 경우에는 그 내용

5. 그 밖에 사업주가 여성 근로자 고용 확대를 위하여 필요하다고 판단하는 사항

제12조(직종별 · 직급별 남녀 근로자 현황 등의 제출) 법 제17조의3제2항에 따라 직종별 · 직급별 남녀 근로자 및 임금 현황을 제출하여야 하는 사업주는 별지 제5호서식의 직종별 · 직급별 남녀 근로자 및 임금 현황을 작성하여 매년 4월 30일까지 지방고용노동관서의 장에게 제출하여야 한다. 〈개정 2009. 6. 11., 2010. 7. 12., 2020. 1. 6.〉

[제목개정 2020. 1. 6.]

제13조(시행계획의 보완 요구) 지방고용노동관서의 장은 법 제17조의3제4항에 따라 사업주에게 시행계획의 보완을 요구하는 경우에는 30일 이상의 기간을 정하여 요구하여야 한다. 〈개정 2010. 7. 12.〉

제14조(이행실적의 제출 및 평가) ① 법 제17조의4제1항에 따라 시행계획의 이행실적(이하 "이행실적"이라 한다)을 제출하여야 하는 사업주는 별지 제6호서식의 적극적 고용개선조치 이행실적 보고서에 다음 각 호의 서류를 첨부하여 매년 4월 30일까지 지방고용노동관서의 장에게 제출하여야 한다. 〈개정 2009. 6. 11., 2010. 7. 12., 2020. 1. 6.〉

1. 이행실적을 확인할 수 있는 자료 1부

2. 이행실적이 부진한 경우에는 그 사유서 1부

② 지방고용노동관서의 장은 법 제17조의4제2항에 따라 사업주에게 이행실적에 대한 평가 결과를 통보하는 경우에는 별지 제7호서식의 적극적 고용개선조치 평가 결과 통보서에 따른다. 이 경우 이행실적이 부진한 사업주에게는 그 내용 및 시행계획의 이행기한을 자세히 밝혀 통보하여야 한다. 〈개정 2010. 7. 12.〉

제3장 분쟁의 예방과 해결

제15조(민간단체의 선정 등) ① 법 제23조에 따라 고용노동부장관이 비용을 지원할 수 있는 민간단체는 다음 각 호의 요건을 모두 갖추어야 한다. 〈개정 2010. 7. 12.〉

1. 해당 민간단체 정관의 목적사업에 차별 및 직장 내 성희롱에 관한 상담사업을 포함하고 있는 비영리법인일 것

2. 해당 민간단체 소속 직원 중 다음 각 목의 어느 하나에 해당하는 사람 1명 이상이 상담원으로 종사하고 있을 것

가. 노동 관련 업무에 3년 이상 종사한 사람

나. 「고등교육법」에 따른 학교에서 사회학 · 심리학 · 여성학 · 경제학 · 법학 관련 분야를 전공하고 노동 관련 업무에 1년 이상 종사한 사람

다. 공인노무사

3. 해당 민간단체의 시설로서 상담사업을 할 수 있는 6.6제곱미터 이상의 사무공간을 확보하고 있을 것

② 제1항의 요건을 갖추고 고용노동부장관이 정하는 절차에 따라 선정된 민간단체는 차별과 직장 내 성희롱에 관한 상담을 전담하는 별도의 상담실(이하 "고용평등상담실"이라 한다)을 설치 · 운영하여야 한다. 〈개정 2010. 7. 12.〉

③ 제2항에 따른 고용평등상담실을 설치 · 운영하는 단체에 지원하는 비용의 수준은 고용노동부장관이 정하되, 매년 운영실적을 평가하여 지원 수준을 다르게 정할 수 있다. 〈개정 2010. 7. 12.〉

④ 고용노동부장관은 제2항에 따른 고용평등상담실을 운영하는 단체가 다음 각 호의 어느 하나에 해당하는 경우에는 비용 지원을 중단할 수 있다. 〈개정 2010. 7. 12.〉

1. 제1항 각 호의 요건 전부 또는 일부를 충족하지 못하게 된 경우
2. 제3항에 따른 평가 결과 고용평등상담실을 운영할 능력이 없다고 판단되는 경우
3. 그 밖에 관계법령의 위반으로 고용평등상담실을 운영하기에 적합하지 아니하다고 인정되는 경우

⑤ 그 밖에 고용노동부장관이 비용을 지원할 수 있는 민간단체의 선정과 상담 수행에 필요한 사항은 고용노동부장관이 정한다. 〈개정 2010. 7. 12.〉

제16조(명예고용평등감독관의 위촉 · 운영 등) ① 법 제24조에 따라 명예고용평등감독관(이하 "명예감독관"이라 한다)으로 위촉할 수 있는 사람은 다음 각 호와 같다.

1. 「근로자참여 및 협력증진에 관한 법률」에 따른 노사협의회(이하 "노사협의회"라 한다)의 위원 또는 고충처리위원
2. 노동조합의 임원 또는 인사 · 노무 담당부서의 관리자
3. 그 밖에 해당 사업의 남녀고용평등을 실현하기 위하여 활동하기에 적합하다고 인정하는 사람

② 명예감독관의 임기는 3년으로 하되, 연임할 수 있다.

③ 명예감독관은 법 제24조제2항에 따른 업무를 수행하는 경우에 노사의 협의를 통하여 해결할 필요가 있다고 판단되는 사안은 노사협의회의 토의에 부쳐 처리하게 할 수 있다.

④ 명예감독관은 업무 수행 중에 알게 된 비밀을 누설하여서는 아니 된다.

⑤ 명예감독관이 법 제24조제2항에 따른 업무를 수행하는 경우에는 비상근, 무보수로 함을 원칙으로 한다.

⑥ 고용노동부장관은 명예감독관이 다음 각 호의 어느 하나에 해당하는 경우 그 명예감독관을 해촉할 수 있다. 〈개정 2010. 7. 12.〉

1. 근로자인 명예감독관이 퇴직 등의 사유로 해당 사업의 근로자 지위를 상실한 경우
2. 명예감독관이 업무 수행 중에 알게 된 비밀을 누설하거나 그 밖에 업무와 관련하여 부정한 행위를 한 경우
3. 사업의 폐지 등으로 명예감독관을 둘 필요가 없게 된 경우
4. 그 밖에 명예감독관으로 활동하기에 부적합한 사유가 있어 해당 사업의 노사 대표가 공동으로 해촉을 요청한 경우

⑦ 그 밖에 명예감독관의 위촉 · 해촉 및 운영 등에 필요한 사항은 고용노동부장관이 정한다. 〈개정 2010. 7. 12.〉

제17조(고충접수 · 처리대장) 영 제18조제3항 및 제4항에 따른 고충접수 · 처리대장은 별지 제8호서식에 따른다.

제18조(경비보조의 범위) 법 제35조제1항에서 "여성의 취업촉진과 복지증진에 관련되는 사

업"이란 다음 각 호의 어느 하나에 해당하는 사업을 말한다. 〈개정 2010. 7. 12.〉

1. 여성 근로자의 모성보호 사업
2. 여성의 직업능력 개발 및 고용 촉진 사업
3. 여성 근로자의 복지증진 사업
4. 여성의 취업과 관련한 조사 · 연구 사업
5. 영유아 보육 사업
6. 그 밖에 고용노동부장관이 여성 근로자의 지위향상과 복지증진을 위하여 필요하다고 인정하는 사업

제19조(규제의 재검토) 고용노동부장관은 다음 각 호의 사항에 대하여 다음 각 호의 기준일을 기준으로 3년마다(매 3년이 되는 해의 기준일과 같은 날 전까지를 말한다) 그 타당성을 검토하여 개선 등의 조치를 하여야 한다.

1. 제10조 및 별표 2에 따른 적극적 고용개선조치 시행계획 수립 · 제출 기준: 2014년 1월 1일
2. 제11조에 따른 적극적 고용개선조치 시행계획의 제출: 2014년 1월 1일

[본조신설 2013. 12. 30.]

부칙 〈제278호, 2020. 1. 6.〉

이 규칙은 공포한 날부터 시행한다.

저자소개

문혁준 가톨릭대학교 아동학과 교수
손서희 숙명여자대학교 가족자원경영학과 교수
김상림 인천대학교 소비자아동학과 교수
양성은 인하대학교 아동심리학과 교수
임양미 전주대학교 가정교육과 교수
전영주 신라대학교 가족노인복지학과 교수

제2판
건강가정론

초 판 1쇄 발행 2015년 8월 5일
초 판 3쇄 발행 2018년 1월 11일
제2판 2쇄 발행 2024년 8월 23일

지 은 이 | 문혁준 · 손서희 · 김상림 · 양성은 · 임양미 · 전영주
펴 낸 이 | 김기섭
편 집 인 | 이은정, 이혜란
펴 낸 곳 | 창지사 www.changjisa.com
08589 서울시 금천구 가산디지털 1로 83 파트너스타워 1차 9층
전화 (02)719-2211~3
팩스 (02)701-9386
등 록 | 1977년 4월 28일 · 제1-421호

ISBN 978-89-426-1431-8 (93330)

값 20,000원